普通高等教育"十二五"规划教材·计算机

Java 程序设计——原理与范例

胡　平　主编

周鸣争　主审

李　鹏　谢晓东

张　义　汪国武　参编

电子工业出版社

Publishing House of Electronics Industry

北京·BEIJING

内 容 简 介

本书是为"Java 语言程序设计"课程编写的教材。全书以原理性、实用性和可实践性为编写总原则，无论是行文风格，还是知识点的扩展，均以使读者具备今后快速、自主学习 Java 平台下企业级软件开发所涉及技术的能力为目标。

全书依托目前最为成熟的 JDK 6.0，系统介绍了 Java SE 6.0 所包含的全部核心知识，并引入了设计模式的内容。本书共分为 17 章，其中第 1～5 章介绍 JDK 安装配置和 Java 基本语法；第 6～7 章介绍类与对象，抽象类、接口与嵌套类；第 8～9 章介绍 GUI 编程和 Swing 高级组件；第 10～11 章介绍异常与处理、I/O 流与文件；第 12 章介绍多线程与并发；第 13 章介绍容器框架与泛型；第 14～15 章介绍字符串与正则表达式、国际化与本地化；第 16～17 章介绍类型信息与反射、元数据与注解。各章基本上都配有习题和实验。此外，本书还以附录的形式列出了主流 IDE 的使用、API 文档和源码查阅、编程规范与最佳实践、Java 相关技术的学习路线等带有强烈"工业"色彩的内容。

本书可作为高等院校计算机和信息类相关专业的本科或专科教材，也可供从事 Java 项目设计和开发的人员参考。

图书在版编目（CIP）数据

Java 程序设计：原理与范例 / 胡平主编. —北京：电子工业出版社，2013.8
普通高等教育"十二五"规划教材·计算机
ISBN 978-7-121-20317-6

Ⅰ. ①J… Ⅱ. ①胡… Ⅲ. ①JAVA 语言－程序设计－高等学校－教材 Ⅳ. ①TP312

中国版本图书馆 CIP 数据核字（2013）第 094539 号

策划编辑：章海涛
责任编辑：徐　萍
印　　刷：涿州市京南印刷厂
装　　订：涿州市京南印刷厂
出版发行：电子工业出版社
　　　　　北京市海淀区万寿路 173 信箱　邮编　100036
开　　本：787×1092　1/16　印张：28.5　字数：730 千字
印　　次：2013 年 8 月第 1 次印刷
定　　价：49.00 元

前　言

作为发展速度最快、最为开放的面向对象编程平台，Java 已成为网络环境下软件开发的首选技术之一。从消费类电子产品到超级计算机，从 Android 智能移动终端应用到企业级分布式计算，Java 已经渗透到人们日常生活的方方面面。

作为具有 12 年 Java 平台下企业级商业项目设计开发经验及 8 年高校计算机专业课程教学经验的"实践派"，本书主编常常思考几个问题：为什么计算机相关专业的很多毕业生在毕业前会报名参加一些社会机构举办的价格不菲的 Java 技术培训（事实上，培训的大多数内容完全可以通过自学完成）？为什么很多毕业生到企业工作后，发现项目所使用的一些主流技术和框架，在校期间完全不熟悉？原因就在于一些 Java 基础教材在组织知识点时仅停留在知识点本身——"学院派"味道十足，未能形成完整的、贴近企业实际场景的知识体系，从而导致学生在课程结束之后，要么不知道应继续学习哪些可用于指导企业实际开发的知识，要么因基础不够扎实而不具备自主学习这些知识的能力。

本书主要定位于高等学校计算机学科相关专业的 Java 语言程序设计课程，对于从事 Java 平台下软件开发的技术人员同样适用。无论是行文风格，还是知识点的扩展，本书均以使读者具备今后快速、自主学习 Java 平台下企业级软件开发所涉及技术的能力为目标。全书以原理性、实用性和可实践性为编写总原则，系统介绍 Java SE 所包含的全部核心知识，同时还以附录列出主流 IDE 的使用、API 文档和源码查阅、编程规范与最佳实践、Java 相关技术的学习路线等带有强烈"工业"色彩的内容。相较于同类教材，本书具有以下特色。

1．注重核心知识，不追求"大而全"

Java 不仅是一门编程语言，而且是语言、平台、标准和规范的总和，这一点可以通过其官方站点的文档所含内容之多得到印证；此外，由于 Java 的发展一直非常活跃，因此即使是只针对 Java SE，也几乎不可能将其所有内容在一本书籍中详述殆尽。尽管一些 Java 基础教材包含的内容非常多，但大多浅尝辄止，或与实际开发关联度不大，有些甚至花了较大篇幅介绍官方早已不再推荐使用或已被取代的技术（如 AWT 组件、Applet 等），而目前众多企业级应用所普遍使用的核心技术（如反射、正则表达式、泛型容器、注解等）却未提及，这不能不说是舍本逐末。

本书不追求"大而全"，而是着重介绍 Java SE 的核心及目前企业开发中经常使用到的知识，使得读者在学习完这些内容后，具备快速学习 Java EE（也包括 Java ME、Android）等其他领域知识的能力。

2．强调"惯例"的重要性

随着 SSH（Struts、Spring、Hibernate）等开源框架在企业级 Java 项目开发中的广泛使用，近年来，在 Java 开发领域流行一句名言——惯例优于配置、配置优于编程。这句话强调了 Java 平台下越来越多的技术对"惯例"的重视，"惯例"已不再是企业对开发人员制定的可遵循可不遵循的代码书写规范，遵守惯例是成为一名优秀的 Java 程序员所必须具备的素质之一。

本书各示例程序无论从类、方法、变量的命名规范，还是代码的组织风格，都遵循着世界上绝大多数 Java 程序员所遵守的惯例，其目的就是使读者意识到惯例的重要性，并从一开始就养成遵守这些惯例的良好习惯。

3．在"快速入门"和"参考指南"之间合理平衡

学习一种新技术，阅读官方站点提供的文档无疑是较好的方式。通过阅读官方文档中类似于"Quick Start"（快速入门）的内容，可以对一种技术有一个概览性的认识——该技术是什么、能做什么，以及该技术的简单示例。若要以该技术开发实际的项目，则还需要继续阅读其"Reference/Guide"（参考/指南）——与该技术的高级主题相关的文档。相比之下，"快速入门"内容简单，读者通过其中可实践的示例，能够快速掌握一门技术最基本的用法，但其缺点也很明显——很难指导实际项目的开发；而"参考/指南"虽扩展和延伸度都较为深入，但初学者阅读这样的内容，不仅需要花费大量的时间，而且往往会因为没有实际项目经验而不知不觉地偏离学习主线，因此不适合初学者。

本书大多数知识点以"快速入门"型的示例程序开始，并在"综合范例"中做适当扩展后及时回归到知识主线。此外，在罗列相关 API 时也针对企业实际需求有所取舍，以期在"快速入门"和"参考/指南"之间找到一个合理的平衡点。

4．从"编程"过渡到"设计"

软件项目的成功实施离不开经验丰富的系统分析和设计人员，"底层的设计"比"上层的编程"更为重要——若底层设计考量充分，即使上层某个模块的代码写得很糟糕，最坏的情况也只是重写该模块；反过来，糟糕的设计不仅会增加上层各模块的编程难度，更为严重的是，需求的一点点变更（软件项目的需求变更是频繁且无法避免的）都可能引起现有代码的大面积重写，从而大大增加了项目失败的风险。因此，在有了一定的编程经验之后，读者应多关注设计、模式和架构等更高层面的知识。

本书在讲解知识点的过程中，适当安排了一些设计模式方面的内容，并通过 10 余个综合范例引导读者加深对软件设计层面的理解，为其今后进入软件从业人员金字塔上层提供可能。

本书由安徽工程大学计算机与信息学院胡平老师统筹，全书共分为 17 章，其中，第 12 章由张义老师编写，第 14 章由汪国武老师编写，第 2、4、11 章由长江大学计算机科学学院李鹏老师编写，其余各章及附录由胡平老师编写。感谢安徽工程大学周鸣争教授认真细致地审阅了本书全稿，并提出了许多宝贵意见，同时也感谢电子工业出版社章海涛编辑为本书出版所做的大量工作，与志同道合的人一起讨论共同关心的问题是愉快的，工作也因此而变得更有动力！

因时间仓促加之编者能力所限，书中难免存在不妥和错漏之处，敬请读者朋友批评指正。

2013 年 3 月

目　录

第 1 章　概　述

本章主要介绍 Java 语言的历史、特点、平台、版本及编程环境的配置等，并通过一个简单的例子介绍 Java 程序的基本结构和编程步骤。学习本章内容时，读者应着重理解 Java 语言的特点、平台组成及编程环境的配置，这将有助于后续章节的学习。

1.1　Java 语言的诞生及发展

1.1.1　Java 的诞生

1990 年 12 月，Sun 公司的工程师 Patrick Norton 获得了公司的一个名为 Stealth 的研究项目，该项目被改名为 Green 之后，James Gosling（后来被誉为 Java 之父）也加入了 Patrick 的研究团队。

随着项目的进行，Sun 公司预测未来科技将被广泛应用于家用电器领域，于是团队开始改变 Green 项目的目标——研究用于下一代智能家电程序的新技术。团队最初考虑使用 C 语言，而包括 Sun 公司当时的首席科学家 Bill Joy 在内的很多成员发现，C 语言及其 API 在某些方面并不能满足项目要求，他们需要的是一种易于移植到各种不同硬件设备上的新技术。为此，Gosling 起初试图修改和扩展 C 语言的功能，后来由于某些原因而放弃了，随后他设计了一种全新的编程语言——Oak（橡树，灵感源于他办公室外的树）。1992 年，Green 项目开始瞄准电视机顶盒市场，但由于当时的市场环境等因素，项目并未在该领域产生任何商业效益。

1994 年 6、7 月间，在经历了一场历时 3 天的头脑风暴讨论后，团队决定再一次改变目标——将 Green 项目应用于万维网。由于当时 Oak 商标已经被一家显卡公司注册，于是团队将 Oak 语言更名为 Java[1]，并提供了 1.0a 版本的下载。在 1995 年 3 月的 Sun World 大会上，Java 语言被首次公开发布，并获得了当时的主流浏览器 Netscape 的支持。1996 年 1 月，Sun 成立了 Java 业务部门，专门负责 Java 相关技术的开发。

1.1.2　Java 的发展历程

从诞生至今，Java 技术取得了巨大的发展，表 1-1 列举了其中的一些里程碑事件。

表 1-1　Java 发展历程中的里程碑事件

序　号	时　间	里程碑事件
1	1996 年 1 月	JDK 1.0 发布
2	1997 年 4 月	Sun 举办第 2 届 JavaOne 大会，参与者逾一万人，创当时全球同类会议规模之纪录
3	1998 年 2 月	JDK 1.1 被下载超过两百万次
4	1998 年 12 月	JDK 1.2 发布，并更名为 Java 2
5	1999 年 6 月	Java 2 被划分为 3 个版本——J2SE、J2EE 和 J2ME

1　Java 是印度尼西亚爪哇岛的英文名称，该岛盛产一种咖啡豆，因此后来 Java 的商标也被设计为一杯冒着热气的咖啡。某些 Java 技术和产品的命名也和咖啡豆有着一定的联系，如 JavaBean、NetBeans 等。

序　号	时　间	里程碑事件
6	2002 年 2 月	JDK 1.4 发布，Java 的执行性能从此有了大幅提升
7	2004 年 9 月	JDK 1.5 发布，其为 Java 引入了众多新特性，是 Java 发展史上的又一重要里程碑。为了表示该版本的重要性，JDK 1.5 更名为 JDK 5.0
8	2005 年 6 月	JDK 6.0 发布，并改变了以往 Java 各版本的命名方式，J2SE、J2EE 和 J2ME 分别更名为 Java SE、Java EE 和 Java ME
9	2007 年 11 月	Google 发布开源智能手机操作系统 Android[1]，该系统基于 Linux 构建，其上的应用程序主要采用 Java 语言编写
10	2009 年 4 月	著名数据库厂商 Oracle 公司宣布收购 Sun 公司
11	2011 年 7 月	JDK 7.0 发布
12	2011 年 10 月	Google 发布 Android 4.0

经过十余年的发展，Java 已经由一门编程语言逐渐演变成为平台、架构、标准和规范的总和，其在各个重要的行业和领域均得到了广泛的应用。迄今为止，Java 已吸引了全球 1 000 多万名软件开发者，采用 Java 相关技术的设备已超过 60 亿，其中包括 8 亿台计算机、30 亿部手机，以及其他智能移动设备。

1.2　Java 语言的特点

Java 诞生并发展于互联网兴起的时代，它继承和舍弃了当时一些主流编程语言各自的优缺点，这也注定了其具有区别于其他编程语言的特点，具体表现在以下方面。

1. 简单

Java 语言的语法与 C 语言很接近，使得大多数编程者能够快速学习和使用 Java。另一方面，Java 舍弃了 C++ 中很少使用的、晦涩且容易出错的特性，如运算符重载、多重继承等。特别地，Java 还从语法层面取消了指针，同时提供了自动内存回收机制，使得编程者不必频繁编写代码显式地释放内存。

2. 完全面向对象

在 Java 世界中，万事万物皆对象[2]。与 C++ 不同，Java 对面向对象的要求十分严格，任何变量和方法都只能包含于某个类的内部，这使得程序的结构更为清晰。Java 提供了封装、继承和多态等基本的面向对象特性，并且只支持单继承。为了能表达多重继承的语义，同时避免引入如 C++ 的多重继承所带来的复杂性，Java 使用了接口的概念——类可以继承另一个类，同时也能实现若干个接口。此外，Java 提供了全面的动态绑定机制，而不像 C++ 只能对虚函数使用动态绑定。总之，Java 是完全的面向对象编程语言。

3. 分布式

作为诞生并发展于互联网兴起时代的编程语言，Java 提供了丰富的用于编写网络应用程序的 API，这在 Java EE 中体现得尤为明显。Java 提供的 RMI（Remote Method Invocation，远程方法调用）机制甚至允许执行网络中另一台机器上的代码，这使得一个 Java 程序可以被分布到网络中

1　Google 发布 Android 后短短一年多的时间便开始迅速占领智能手机市场，截至 2012 年 2 月，搭载 Android 操作系统的智能手机已占全球智能手机市场 52.5% 的份额，大幅超过诺基亚的 Symbian 和苹果的 iOS。

2　由于基本类型（即非对象类型）的存在，严格来说，早期的 Java 并不具有"一切皆是对象"的特性。从 JDK 5.0 开始，Java 提供了基本类型的自动封箱和拆箱机制，从而保证了这一特性。

若干不同的物理机器上，并形成一个逻辑上的整体。更为重要的是，这种分布机制所涉及的细节对于程序的编写者和使用者来说几乎是完全透明的——跨机器的通信就如同访问本地资源一样简单。

4. 安全

Java 程序经常需要被部署在开放的网络环境中，为此，Java 从诞生之初就非常重视安全性。例如，在编译阶段进行语法、语义和类型安全检查；类被装载到 Java 虚拟机时进行字节码校验等。对于通过网络下载的类，Java 也提供了多层安全机制以防止程序被恶意代码侵害，这些机制包括代码行为检查、分配不同的命名空间以防止本地同名类被替换等。此外，Java 还允许用户自定义安全管理器，以便灵活控制访问权限。

5. 健壮

Java 的设计目标之一是协助开发人员编写出各方面可靠的程序。Java 的强类型检查、异常捕获及处理、垃圾自动回收等机制为程序的健壮性提供了重要保证。此外，前述的安全检查机制也使得 Java 程序更具健壮性。

6. 平台中立与可移植

Sun 在 Java 发布之初便宣称 "Write Once, Run Anywhere"，即每个 Java 程序可以不加任何修改而随处运行。然而，互联网是由各种异质平台组成的，这种异质既包括硬件（如 CPU）也包括软件（如操作系统）。为使 Java 程序能够运行在网络中的任何平台，Java 源文件被编译为平台中立（即无关）的字节码文件，后者可以在所有实现了相应规范的 Java 平台上运行。因此，Java 程序的编写者无须考虑程序将来会被放到何种软硬件平台上运行，真正做到了二进制级别的可移植性[1]。

7. 解释型

如前所述，Java 源文件被编译为平台中立的字节码，后者是 CPU 无法直接理解的，因此需要由平台上的 Java 虚拟机将这些字节码"解释"成 CPU 能够理解的指令并交由 CPU 执行。平台中立与可移植性决定了 Java 是一种解释型的编程语言。

8. 高性能

由于存在解释的过程，故从理论上来说，Java 程序的执行性能是低于传统的编译型语言（如 C++）的，在 Java 诞生之初，事实上也的确如此。但与同为解释型的脚本语言（如 Perl、VBScript、JavaScript 等）相比，Java 的性能却要高得多。近年来，随着 JIT（Just In Time，即时的）编译及 HotSpot（一种新的 Java 虚拟机规范）等字节码优化技术的出现，Java 程序的性能已非常接近于 C++，对于绝大多数应用，这种性能差距是完全可以接受的。从另一个角度看，Java 以极小的性能损失为代价换取的平台中立与可移植性却是非常有价值的。

9. 多线程

多线程使得一个程序（进程）可以同时执行多个子任务，从而提高系统资源利用率或带来更好的交互体验。与 C++借助操作系统或第三方类库来实现多线程的方式不同，Java 在语言级就支持多线程，因此 Java 的多线程比 C++更为健壮。

10. 动态

Java 从一开始就被设计成动态的、可扩展的面向对象编程语言，使得用 Java 编写的程序能够较好适应不断变化的运行环境和业务需求。除了接口所提供的动态特性外，Java 语言的动态性更

---

1 相对于 Java，C 语言只做到了源代码级别的可移植性——更换平台时，往往需要重新编译源代码。

多体现在反射机制上。反射机制允许程序在运行阶段动态访问类和对象的元数据（即描述数据的数据），这使得 Java 语言比那些直接被编译成本地代码的语言更具动态性。

11．开放

与其他众多技术不同，Java 从诞生之初便坚持开放路线，任何个人和组织都可以免费下载 JDK 核心类库的源代码，也正因如此，任何 Java 开发者都能扩展官方代码从而创建出适合自己需求的类库[1]。此外，开发者还能以提交 JSR（Java Specification Request，Java 规范请求）的方式，建议官方为 JDK 的下一发布版本增添某些新特性和服务。总而言之，开放性使得 Java 语言的功能和特性日趋丰富，同时也使得开发 Java 程序越来越方便。

基于上述特点，Java 已成为网络环境下软件开发的首选技术之一。从消费类电子产品到超级计算机，从智能移动终端应用到企业级分布式计算，Java 无处不在。

1.3　Java 平台及版本

平台（Platform）通常指运行程序所需的软硬件环境，它是操作系统与底层硬件的组合。Java 平台仅指运行在硬件平台之上的软件环境，它是运行 Java 程序所必需的环境，因此也称为 Java 运行时环境（Java Runtime Environment，JRE）。

1.3.1　平台组成

Java 平台具体由 JVM（Java Virtual Machine，Java 虚拟机）和 API（Application Programming Interface，应用程序编程接口）组成，如图 1-1 所示。

1．Java 虚拟机

Java 源程序文件（扩展名为.java）被编译为类文件（扩展名为.class）后，后者包含的字节码（Bytecode）无法直接被 CPU 理解，需要由一个特殊的程序进行翻译和解释，该程序被称为 Java 虚拟机，如图 1-2 所示。不同的软硬件平台只需安装对应的 Java 虚拟机，同一个类文件便能不加修改地运行在各种平台上，从而保证了 Java 程序的可移植性。

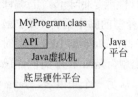

图 1-1　Java 平台的组成

图 1-2　Java 程序的执行过程

2．API

API 是编程语言提供的一组具有基本功能的组件库（如 C 语言的库函数），编程者可以在程序中直接调用它们。对于 Java 来说，其 API 是一些类文件，因这些类文件的数量众多（往往多达几千个），故将它们打包成一个 zip 格式的压缩文件，该文件的扩展名为.jar（Java ARchive，Java 归档），简称 jar 包[2]。

1　例如，目前被广泛使用的 Struts、Hibernate、Spring 等 Java 开源框架。

2　一些第三方 API 也是以 jar 包的形式提供的。

1.3.2　版本划分

从 JDK 1.2 开始，Java 被划分成 3 个版本——J2SE、J2EE 和 J2ME，以开发不同级别的硬件平台与计算环境下的 Java 程序。JDK 6.0 发布时，3 个版本被重新命名为 Java SE、Java EE 和 Java ME。

（1）Java SE：Java Standard Edition，Java 标准版。标准版适合开发运行于客户端的命令行或图形用户界面程序（通常称为桌面程序）。Java SE 包含了 Java 的核心 API，并为 Java EE 提供支撑。Java 初学者应从标准版开始，这也是本书基于的版本。

（2）Java EE：Java Enterprise Edition，Java 企业版。企业版适合开发和部署分布式的、业务逻辑相对复杂及数据量相对庞大的企业级应用。Java EE 构建于 Java SE 的基础之上，其核心是一套关于组件和服务的规范与参考实现，如 JSP、Servlet、EJB、JPA、JMS 和 JTA 等，使得网络中所有遵循 Java EE 规范的异构平台和系统能够良好通信和交互。

（3）Java ME：Java Micro Edition，Java 微型版。微型版适合开发运行在移动设备（如手机）或其他嵌入式设备（如电视机顶盒）上的 Java 程序。由于这些设备的计算能力、存储容量、能源、网络带宽及屏幕分辨率等都较计算机弱，因此，Java ME 的虚拟机与核心 API 使用了 Java SE 的子集。此外，Java ME 还提供了一些可选 API 以支持某些移动设备特有的功能，如多媒体、游戏和蓝牙通信等。世界上绝大多数的手机都不同程度地支持 Java ME 规范[1]。

需要说明的是，Java 的优势和强大之处更多地体现于企业版，绝大多数读者在学习完标准版之后，应继续学习企业版。此外，学习微型版之前也应先学习标准版。

1.3.3　Java 程序的种类

不同版本下的 Java 程序具有不同的开发方式和运行特点，这些程序可以分为以下几类。

（1）Standalone Application：独立应用程序，通常简称为应用程序。这种程序有且仅有一个 main 方法，虚拟机将该方法作为程序的执行入口点。根据运行界面的不同，独立应用程序又可分为控制台（Console，即命令行）独立应用程序和图形用户界面独立应用程序。以 Java 标准版开发的大多属于独立应用程序，本书后续各章节中的程序也是如此。

（2）Applet：小程序，也称为浏览器小程序。这种程序不能独立执行，一般通过两种方式执行：①嵌到 HTML 网页中，由浏览器（如 IE）来执行[2]；②由 JDK 自带的 Applet 查看器执行。实际上，Applet 的本质仍是图形用户界面应用程序，其也是以标准版开发的。

（3）JSP/Servlet：JSP（Java Server Page，Java 服务器网页）是 Java 平台下的动态网页技术标准，属于 Java 企业版定义的规范之一。JSP 的实质是嵌入了 Java 代码的 HTML 页面，其必须被部署到支持 JSP 规范的 Web 服务器[3]中，并通过客户端的浏览器进行访问。Web 服务器首先将 JSP 编译为 Servlet（服务器小程序），然后执行页面中的 Java 代码，并将动态生成的内容填充到 HTML 页面中，最终将 HTML 页面返回给客户端的浏览器。

（4）MIDlet：MIDlet（Mobile Information Device Applet，移动信息设备小程序）是指运行在支持 Java ME 规范的移动设备上的 Java 程序。

Java 是跨平台的编程语言，事实上，除了上述几种程序之外，还有一些基于其他平台的 Java 程序，如目前非常热门的 Android 程序等，这些程序运行在平台厂商特定的一套规范和 API 之上。此外，随着 Java 的不断发展，近年来还出现了一些新的 Java 技术，如 JSF、Java FX 等，但使用

1　尽管同为支持 Java 的移动计算平台，但 Java ME 与 Android 无论是 API 还是程序的开发方式都是截然不同的。

2　这种方式只是通过浏览器将 Applet 下载到本机，Applet 仍由本机上安装的 Java 虚拟机来执行。

3　一种安装于服务器的、能解释 JSP 页面中 Java 代码的软件，如 Tomcat、JBoss 等。

这些技术开发的 Java 程序目前尚未形成主流，故未列出。

1.4　JDK 安装及环境配置

与其他任何编程语言一样，编程之前需要安装和配置开发环境。对于 Java 来说，这个开发环境就是 JDK（Java Development Kit，Java 开发工具包）。考虑到大多数读者使用的是 Windows 操作系统，下面以 Windows XP 为例，讲解 Java 开发环境的安装和配置[1]。

1.4.1　下载与安装

进入 Oracle 官方网站（www.oracle.com），在页面顶部的导航栏依次选择 Downloads→Java for Developers（因页面更新，可能与本书所述不一致，下同），进入 JDK 下载首页。

单击首页中的"Java Platform (JDK)"，进入下载链接页面。接着单击"Accept License Agreement"（接受许可协议），页面下方有对应不同软硬件平台的 JDK 下载链接，名称如"jdk-6u26-xxx-yyy.zzz"。其中，"6"代表 JDK 主版本号（即 6.0）；"u26"代表主版本的第 26 次更新（Update）；"xxx"代表操作系统类别（如 windows）；"yyy"代表 CPU 的架构，PC 一般选择 i586 或 x64，若安装的是 32 位操作系统则只能选择 i586，64 位操作系统选择 i586 或 x64 均可；"zzz"代表安装文件的格式。笔者机器为 Windows XP（32 位），故应选择"jdk-6u26-windows-i586.exe"，请读者根据自身使用的机器下载对应版本。

运行下载的安装程序，其会自动匹配操作系统的默认语言，用户可以更改 JDK 安装路径（本书使用默认的 C:\Program Files\Java\jdk1.6.0_26\），如图 1-3 所示。尽管可以为 JDK 指定任意的安装路径，但考虑到今后在命令行中切换路径方便起见，尽量不要指定过深的或含有中文字符的路径。

图 1-3　JDK 安装选项界面

用户可以选择要安装的功能（默认全部安装），具体包括以下各项。

（1）开发工具：必选，包含开发 Java 程序所必需的工具和类库等。选择此项后，还会安装一个 JDK 专用的 JRE（位于 JDK 的安装路径之下）。

（2）演示程序及样例：必选，包含一些演示程序，可以作为今后学习的参考。

（3）源代码：可选，包含 JDK 运行时类库（名为 rt.jar，包含了 Java 的核心 API）的源代码。若选择此项功能，则 JDK 安装目录下将有一个名为 src.zip 的文件，对其解压，可得到 rt.jar 中绝大多数类文件的源代码。在今后的编程中，建议读者经常查看和跟踪源代码，以深入理解某些 API 的执行细节，因此推荐安装。

（4）公共 JRE：可选，包含一个独立于 JDK 的 JRE，其默认安装在与 JDK 相同的路径之下。公共 JRE 会向操作系统和浏览器注册，以便后二者能识别并调用合适的程序去执行 Java 程序。因安装开发工具时也会安装 JRE，故此处的 JRE 可以选择不安装，并不会影响 Java 程序的开发和调试。值得一提的是，如果读者只想运行而非开发 Java 程序，则可以下载单独的 JRE 安装文件。

（5）Java DB：可选，包含一个纯 Java 编写的关系型数据库管理系统。Java 初学者一般不会涉及数据库编程，此外，有其他免费的、功能更强大的数据库管理系统可供使用（如 Oracle、MySQL 等），因此可以不安装。

1　对于其他 Windows 操作系统也是类似的，Linux 及其他平台下的安装和配置请读者查阅有关资料。

单击下一步按钮，便可开始 JDK 的安装，如果之前选择了安装公共 JRE，则安装过程中还会提示用户选择公共 JRE 的安装路径（默认为 C:\Program Files\Java\jre6\）。

1.4.2 JDK 的目录结构

JDK 安装目录的结构如图 1-4 所示，其下的主要子目录说明如下。

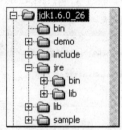

图 1-4　JDK 目录结构

（1）bin：包含若干用于编译、运行和调试 Java 程序的基本工具（实际上是一些可执行程序），具体如表 1-2 所示。此目录需要被配置到环境变量中（见 1.4.3 节）。

表 1-2　JDK 下 bin 目录包含的主要命令

命 令 名 称	功 能 描 述
javac	Java 编译器，负责将源文件编译为类文件。字母 c 表示 compiler（编译器）
java	Java 解释器，负责解释并执行类文件
javadoc	API 文档生成工具，其扫描源文件中的文档注释，并生成 HTML 文档，具体见附录 B。doc 表示 document（文档）
jdb	Java 调试器，用于在命令行调试 Java 程序。db 表示 debug（调试）
javap	Java 类文件解析器，用于获取类文件的部分源代码及相关信息，因此也被称为 Java 反编译器。p 表示 parse（解析）
jar	Java 类库生成工具，用于将多个 Java 类文件打包成一个 jar 包
native2ascii	将含有本地编码字符的文件转换为 Unicode 编码字符的文件，该工具主要用于产生多语言版本程序的资源文件，具体见第 15 章
appletviewer	Applet 查看器，该工具可以直接运行 Applet 程序

（2）demo 和 sample：包含 JDK 自带的演示程序和样例，以及它们的源代码。

（3）jre：JDK 专用 JRE 的根目录，是运行 Java 程序必需的环境，其有两个子目录。

① bin：包含若干可执行程序和 DLL 文件，Java 虚拟机会用到这些文件。

② lib：包含 JRE 用到的核心类库、属性设置和资源文件等。此目录下的 rt.jar 需要被配置到环境变量中（见 1.4.3 节）。

（4）lib：包含开发工具要用到的其他类库及文件等。

初学者只需掌握 javac 和 java 命令，其他命令使用相对较少。

1.4.3 配置环境变量

从 JDK 5.0 开始，安装程序会自动将 JDK 的有关信息写入操作系统（如 Windows 的注册表），特别是采用了 IDE[1]后，配置环境变量已不再是必需的操作。尽管如此，初学者仍需熟练掌握 JDK 环境变量的配置细节，很多 Java 程序，特别是那些用到了第三方类库的程序，能否成功运行往往与环境变量有着密切的关系。在讲解环境变量的配置之前，有必要先知道环境变量的作用是什么，

1　IDE（Integrated Development Environment，集成化开发环境）是指整合了编辑、管理、编译、运行、调试、发布等众多功能的软件开发工具。主流 Java IDE 包括 Eclipse、MyEclipse、NetBeans、IDEA 等。

下面通过一个试验来说明。

打开命令行窗口（开始→所有程序→附件→命令提示符），其当前工作路径（">"左边的路径）为"C:\Documents and Settings\Administrator"，这是命令行窗口被打开时的默认工作路径，其中的 Administrator 是系统的当前登录用户名（在读者机器上可能不同）。接着，在命令行窗口中输入"calc"（Windows 自带的计算器程序，位于 C:\WINDOWS\system32 下）并回车，如图 1-5 所示。

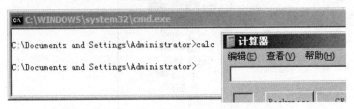

图 1-5　默认路径下输入 calc

不难发现，尽管路径"C:\Documents and Settings\Administrator"下并没有名为 calc.exe 的程序，但命令行仍然成功打开了计算器程序，这是为什么呢？现在打开"环境变量"对话框[我的电脑（右键）→属性→高级→环境变量]，在对话框下部的"系统变量"中找到名为 Path 的项并双击，如图 1-6 所示。

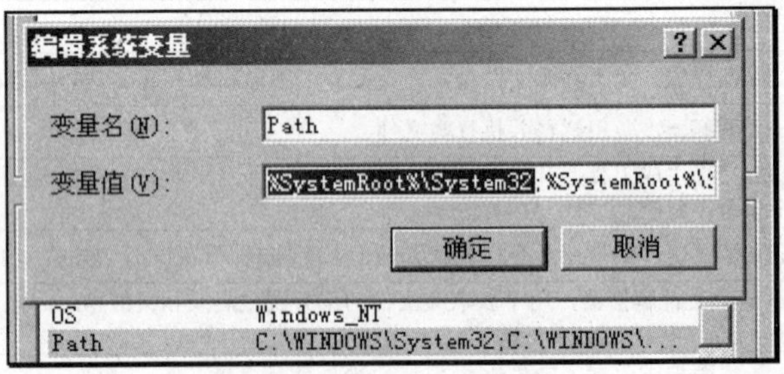

图 1-6　Path 环境变量

Path 环境变量的值由多个路径组成，彼此以西文分号分隔。其中一个路径名为 %SystemRoot%\System32，此处的 %SystemRoot% 并不是真正的路径，而是表示引用名为 SystemRoot 的环境变量的值，该变量在系统注册表中定义，其值为 Windows XP 的默认安装根目录——C:\WINDOWS。因此，%SystemRoot%\System32 等同于 C:\WINDOWS\System32，而这正是 calc.exe 所在的目录。当在命令行窗口中输入一个非内部命令并回车后，系统会依次在 Path 环境变量中指定的各个路径中寻找该命令，若找到则执行该命令，否则报错。

现在删除变量值中的 %SystemRoot%\System32 部分[1]，并单击两次确定直至回到"系统属性"对话框，然后重复之前图 1-5 所示的操作（注意要关闭并重新打开命令行窗口，否则无效）。如图 1-7 所示，尽管工作路径及输入命令与之前一样，但由于此时已将 calc.exe 所在的路径从 Path 环境变量中删除，故而报错了。

图 1-7　默认路径下输入 calc（修改了 Path 环境变量之后）

1　"环境变量"对话框上部的"Administrator 的用户变量"中可能也有一个名为 Path 的变量，该变量的值可能也含有 C:\WINDOWS\System32 路径，为成功演示，请读者将该路径一并删除。

通过上述试验不难看出，将某个路径（假设为 P）添加到 Path 环境变量中的作用在于——能够在命令行的任何工作路径下执行 P 路径下的程序，而不用先将工作路径切换到 P。

理解了环境变量的作用之后，下面来对其进行配置。JDK 的环境配置涉及两个环境变量：Path 和 Classpath。

1. 配置 Path

类似地，为了能够在命令行的任何工作路径下执行 JDK 安装路径中 bin 目录下的工具命令，需要将 bin 的完整路径添加到 Path 环境变量中，如图 1-8 所示。

图 1-8   在 Path 环境变量中添加 bin 所在路径

几点说明：

（1）若 Path 环境变量不存在，可自行新建。

（2）bin 目录不是指 JDK 安装路径中 jre 目录下的 bin。

（3）添加的路径要一直指定到 bin。

（4）因路径较长，为避免出错，可先浏览到 bin 目录，然后复制地址栏并粘贴到变量值中。

（5）可以将 bin 路径添加到 Path 的任何位置，但要在合适位置输入一个西文分号以与其他路径隔开。输入原则是保证除了首个路径外，其余路径左边均有一个分号。

单击两次确定并重新打开命令行窗口，输入 javac 并回车，若配置成功则出现如图 1-9 所示界面，以后便可以在命令行的任何工作路径下执行 bin 下的工具命令。

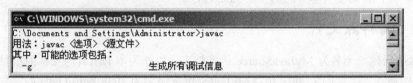

图 1-9   配置 Path 环境变量后输入 javac 命令

2. 配置 Classpath

在"环境变量"对话框中单击下部的"新建"按钮（注意有两个），在弹出对话框的"变量名"一栏输入"Classpath"，"变量值"一栏输入".; C:\Program Files\Java\jdk1.6.0_26\jre\lib\rt.jar"，如图 1-10 所示。

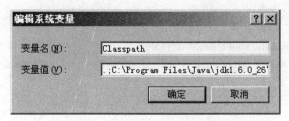

图 1-10   新建 Classpath 环境变量

几点说明：

（1）Windows 不区分大小写，故写成 Classpath、classpath 或 CLASSPATH 均可。

（2）class 与 path 之间没有空格。

（3）变量值开头是一个西文点号和一个西文分号。

（4）分号后要一直指定到 rt.jar 这个文件，而不只是其所在的路径，这是初学者容易犯的错误之一。

（5）同样，为避免出错，可先浏览到 lib 目录，然后复制地址栏并粘贴到变量值中，再输入"\rt.jar"。

关于 Classpath 环境变量的作用，将在 1.5 节中通过实例加以阐述。

1.5 第一个 Java 程序

安装并配置完 JDK 之后，便可以开始编写 Java 程序了。本节的目的并不在于讲解 Java 语言的语法细节，而是期望通过一个简单的程序让读者对 Java 程序的编写步骤有一个粗略的认识，同时阐述 1.4 节中配置的 Classpath 环境变量的作用。

编程之前，先请读者思考一个问题——用什么样的工具来编写源文件？在学习 C 语言时一般采用 Turbo C 或 Visual Studio 等 IDE。然而，IDE 的使用并非必需，任何编程语言的源文件都是纯文本格式的，因此，从理论上来说，仅仅采用简单的纯文本编辑工具（如 Editplus、UltraEdit、Windows 自带的记事本等）就能编写任何语言的源文件了。

初学者需要掌握 Java 编程的一些基本原理和细节，而这些往往只有通过命令行的方式才能有较为深刻的理解，另一方面，很多 IDE 在某些操作和配置上也与这些原理和细节有着一定的联系。因此，建议读者在初学阶段使用纯文本编辑器来编写 Java 程序，在理解了必要的原理和细节后再使用 IDE，以提高开发效率[1]。

接下来，我们开始编写本书的第一个 Java 程序。

1.5.1 编辑源文件

在 D 盘下新建一个名为 MyJavaSource 的文件夹，以作为本书所有源文件的根目录，然后在文本编辑器中输入以下代码[2]，并保存到 MyJavaSource 下名为 HelloWorld.java 的文件中。

```
HelloWorld.java
001    import java.lang.System;
002
003    public class HelloWorld {
004        /*
005         * 程序入口
006         */
007        public static void main(String[] args) {
008            System.out.println("神奇的 Java 之旅!");      // 在显示器上输出一行文字
009        }
010    }
```

---

1 推荐初学者使用 Editplus，其免费并且支持行号显示和语法高亮。IDE 则推荐 Eclipse，具体见附录 A。

2 为方便标识代码，本书所有示例程序均在左侧加了行号，行号不属于源代码的一部分。

保存文件时需要注意：

（1）Java 源文件的文件名必须和代码中 class 后的名称严格一致（包括每个字母的大小写，并且中间不能含空格），对于本例，文件名必须是 HelloWorld。

（2）.java 是所有 Java 源文件的扩展名[1]。

HelloWorld.java 虽然只有数行，但却具有一个 Java 源文件的大部分如下特征。

（1）第 1 行表示程序引入了 JDK 类库所提供的一个类，该类名为 System，位于 java.lang 包下（包的概念将在第 6 章介绍）。

（2）第 3 行中的 class 表示定义的是一个类，类是 Java 程序的基本组成单元。class 之后是类的名称，类名后以一对花括号括起来的内容称为类体（第 4～9 行）。

（3）第 3 行中的 public 修饰了类的可见性，表示 HelloWorld 类是公共的。

（4）第 4～6 行中的 "/*" 与 "*/" 是块注释符号，用于注释连续的多行；第 8 行中的 "//" 是单行注释符号，用于注释本行其后的内容。注释是对代码的解释和说明，一般放在要说明的代码上边或右边。注释是给人看的，编译器不会解析它们，因此注释可以是任何内容。为代码加上必要的注释可以增加代码的可理解性。

（5）第 7 行中的 main 是方法名称，类似于 C 中的函数。方法位于类中，其后一对圆括号中的内容是方法的形式参数，圆括号后以一对花括号括起来的内容称为方法体（第 8 行）。方法体中可以包含语句，每条语句均以分号结尾。

（6）main 方法是 Java 独立应用程序的入口，程序总是从 main 方法开始执行。一个 Java 独立应用程序有且仅有一个名为 main 的方法。

（7）第 8 行中，System 是第 1 行所引入的类的名字；out 是 System 类中的一个静态字段的名字，其类型是 PrintStream（打印流，同样是 JDK 提供的类）；println 是 PrintStream 类所具有的一个方法的名字，其功能是向标准输出流（此处为命令行窗口）打印一些内容并换行，其后一对圆括号中的内容是 println 方法的实际参数，其指定了要打印的内容（以一对双引号括起来的字符串常量）。

（8）通过点号访问类的字段及方法（第 8 行），这与访问 C 语言中结构体的成员类似。

上述大部分特征与 C 语言是一致的，没有面向对象编程经验的读者可能会对其中部分内容较为陌生，这里只需有一个初步的认识，详细内容将在后续章节分别介绍。

1.5.2　编译源文件

源文件编辑完毕后，就可以对其编译了。打开命令行窗口，执行以下操作。

（1）输入 "D:" 并回车，工作路径将切换到 D 盘。

（2）输入 "CD　MyJavaSource" 并回车，工作路径将切换到 D 盘下的 MyJavaSource 目录，即 Java 源文件所在的目录[2]。

（3）输入 "javac　HelloWorld.java" 并回车，注意 javac 后的文件名要与之前保存的文件名严格一致。若源文件没有错误，则执行完此命令后如图 1-11 所示。

打开 D 盘下的 MyJavaSource 文件夹，会发现多了一个名为 HelloWorld.class 的文件，它就是源文件被成功编译的结果——类文件。

1　新建或重命名 Java 源文件时，为防止将 ".java" 作为文件名的一部分，应先让操作系统显示所有文件的扩展名（我的电脑→工具→文件夹选项→查看→高级设置：反选 "隐藏已知文件类型的扩展名" 并确定）。

2　CD（Change Directory，改变目录）是命令行的内部命令，用于改变命令行的工作路径。

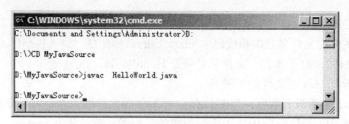

图 1-11　成功编译源文件

1.5.3　运行类文件

有了类文件，接下来就可以运行它了。在命令行窗口中输入"java　HelloWorld"（注意不要在 HelloWorld 后加 ".class"），程序将在命令行窗口中打印一行文字，如图 1-12 所示。

请读者思考两个问题：

（1）Java 解释器是如何找到 HelloWorld.class 这个类文件的？

（2）HelloWorld 类用到了 JDK 类库提供的 System 类，后者又是如何被找到的？

1.4 节中配置的 Classpath 环境变量指定了两部分内容——"." 和 "rt.jar"，前者代表命令行窗口的当前工作路径。由于在运行 HelloWorld 类之前，已经将工作路径切换到了 HelloWorld.class 文件所在的路径（即 D 盘下的 MyJavaSource 目录），因此 Java 解释器能在该路径下找到相应的类文件。

如前所述，多个 Java 类文件可以被压缩为一个扩展名为 jar 的文件，因此，每个 jar 文件都相当于一个目录。读者可以用解压缩工具浏览 rt.jar 的目录结构，如图 1-13 所示。当把某个 jar 文件加到 Classpath 中后，Java 运行环境就能根据 Classpath 环境变量找到该 jar 文件，从而找到该 jar 文件中所有的类。HelloWorld 类所引入的 System 类就在 rt.jar 中（具体是在压缩文件的 java 目录下的 lang 目录中），而该 jar 文件已经被加到了 Classpath 环境变量中。

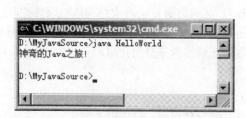

图 1-12　成功运行 Java 类文件

图 1-13　rt.jar 文件

可见，Classpath 环境变量的作用是让 Java 运行环境知道到哪里去找需要的类文件，因此，完全可以将自己编写的类文件所在的路径加到 Classpath 中[1]。如果程序用到了第三方 jar 文件中的类，则应该将这些 jar 文件（包括其所在路径）也加到 Classpath 环境变量中。

1.6　程序错误与调试

绝大多数的初学者在编写第一个程序时，往往都会出现这样或那样的错误，这是完全正常的。

1　例如，可以将"D:\MyJavaSource"加到 Classpath 中，这样就可以在任何工作路径下直接输入"java HelloWorld"运行 HelloWorld 类了。一般很少这样做，是因为 class 文件所在的路径往往不固定。既然配置了 "."，故只要先将工作路径切换到 class 文件所在路径，便能找到该路径下的 class 文件。

事实上，即使是有着丰富开发经验的编程者，也几乎不可能编写出不经任何修改就运行无误的程序（除非功能特别简单）。程序中的错误可以分为 3 类——语法错误、运行时错误和逻辑错误。

1.6.1　语法错误

语法错误是指源文件的某些代码不符合编程语言的语法规范（如缺少一个分号），具有语法错误的程序是不能运行的——因为无法通过编译。

在编译源文件时，编译器会分析源文件的语法，若有错误则会给出错误所在的行号与描述信息，因此语法错误的定位与修改较为简单。以 1.5 节中的 HelloWorld.java 为例，现对其做几处修改以故意制造语法错误：将第 3 行中的 public 改成 Public，删除第 8 行中字符串的结束双引号。保存并编译，结果如图 1-14 所示。

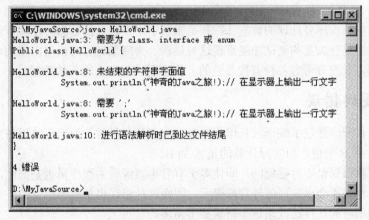

图 1-14　编译有语法错误的源文件

图 1-14 中，编译器提示了错误的个数、每个错误所在的行号（源文件名后的数字）、具体位置（"^"符号指示的地方）及描述信息（行号后的文字）等，需要注意以下几点。

（1）编译器提示的错误个数可能不准确。如刚才制造了 2 个语法错误，但编译器提示有 4 个。实际上，后 3 个错误都是由同一个错误引起的（缺少双引号）。因此，不要总是试图在程序中找出与提示相一致的错误个数，比较好的做法是，每改正一个错误（或所有能够确定的错误）后立刻保存并重新编译。

（2）编译器提示的错误描述信息也不一定准确。如第 3 个错误提示第 8 行"需要分号"，但该行并不缺少分号，而是缺少结束的双引号，因为 Java 中的字符串字面值（即常量）都是用一对双引号括起来的——该错误实际上已被第 2 个错误提示描述了。

（3）一般来说，提示的错误所在行号总是准确或相对准确的。因此，要根据错误所在行号并结合描述信息及位置，综合判断出真正的错误所在。

语法错误还包括一类不安全的、无效的或在特定情况下可能引发逻辑错误的"轻微错误"，例如，声明了从未被用到的变量、存在永远都不可能被执行的代码、使用了原始类型的容器等，这类"错误"被称为警告。

严格来说，警告并不属于语法错误的范畴，有警告的源文件依然能够被成功编译并运行，并且在通常情况下对程序的运行逻辑没有影响。因此，警告的去除并不是必需的，但出于可靠性和代码优化角度的考虑，去除警告有助于降低运行程序时出现逻辑错误的可能性[1]。

1　要求比较严格的商业软件项目的开发文档一般会规定程序员编写的代码必须符合"零警告"。

此外，大多数编程语言的编译器及 IDE 都提供了多种编译选项，允许以不同的宽松级别对待程序中的警告。对于 Java 语言，还可以通过注解机制有选择性地"抑制"程序中的某些警告（参见 17.2.3 节）。

1.6.2　运行时错误

运行时错误是指程序在运行阶段出现的错误，这种错误通常由程序中的某些数据（如表示数组下标的变量超出范围）、来自用户的输入（如输入的除数是零）或程序所处的运行环境（如程序试图访问本机不存在的盘符）引起，因而无法在编译阶段检查出来。

运行时错误通常会中断程序的执行，严重的运行时错误甚至会引起程序的崩溃。在 Java 中，运行时错误通常以异常的形式出现（具体见第 10 章），编程者根据程序输出的异常信息，一般能够快速判断出运行时错误出现的原因及出错代码所在的位置。

因运行时错误与程序要处理的数据（特别是来自于用户输入的数据）及运行环境有关，故很多时候需要对程序进行大量的测试才能重现这种错误。为降低运行时错误出现的可能性，应尽量避免数据硬编码，并充分考虑各种有代表性的、将来用户可能会输入的数据。

1.6.3　逻辑错误

逻辑错误是指程序通过了编译，且运行时没有出现任何异常，但运行结果与预期不一致，例如，要求计算 A 乘 B 的值，但实际计算的是 A 加 B。

程序出现逻辑错误是不可避免的，即使对于有着丰富经验的程序员也是如此。另一方面，逻辑错误发生时，程序不会出现任何异常或提示，因而这种错误也是最难察觉的。寻找具有逻辑错误的代码所耗费的时间往往比改正这个错误要多得多。

通常，应先根据程序的输出信息判断出错误所在的大致位置（范围），然后通过人工检查的方式逐行检查范围内的每行代码是否正确——注意不是检查语法上是否正确，而是检查代码是否完成了预期的逻辑，如"应该是乘而不是加"。

人工检查的方式只适合程序的代码行数较少或判断出的错误所在范围较小的情况，在实际开发中，这些情况很少满足。另一方面，由于粗心或思维定势等原因，这种方式经常不能检查出错误所在。因此，更为可靠的定位并改正逻辑错误的方法是调试程序。

1.6.4　程序调试

无论使用何种编程语言和编程工具，调试（Debug）的基本原理总是一样的。

（1）通过人工检查的方式粗略判断出错误所在的范围，若无法判断，则认为被执行的第一行代码就可能有错误。

（2）在范围的起始处设置断点，并以调试方式执行程序，程序执行到断点处会暂时停止执行。

（3）查看相关的、感兴趣的变量或者表达式在这一时刻的实际值与预期值（即人脑计算出来的值，假设该值总是正确的）是否一致，若一致，则让程序从该断点处继续执行下一行代码。重复这一过程直至发现不一致，此时，被执行完的最后一行代码就是错误所在的位置。在对比实际值与预期值的过程中，同时需要注意对比程序的实际执行流程是否与预期流程一致，这对于判断分支、循环等结构的代码错误所在尤为有用。

编程工具一般会提供诸如设置断点、查看变量或表达式，以及让程序从断点处执行下一行（或下若干行）代码等功能。JDK 也提供了用于调试程序的工具——jdb.exe，但该工具是基于命令行的，在实际使用中非常不方便，对于较为复杂的程序，通常借助 IDE 来调试（参见附录 A）。

人工检查与调试这两种判断逻辑错误所在位置的方式，读者都应当熟练掌握，当程序逻辑较为复杂时，应优先考虑使用调试方式。当然，调试方式也有自身的局限性，对于某些特定的程序，有时很难用调试的方式来定位逻辑错误，如多线程程序[1]。对于这样的程序，可以采用一些辅助的技巧来帮助寻找逻辑错误，如在程序的合适位置添加输出语句将变量或表达式的值输出到命令行窗口以观察程序的运行细节、注释或取消注释某些代码行并结合排除法判断错误所在行等。

总而言之，在定位程序的逻辑错误时，没有一种方法能适用于所有场合。编程时，应学会并尽量遵守某些已被证明是行之有效的编码规范和最佳实践（参见附录 C），以最大限度减少逻辑错误的出现机会。当错误不可避免地发生时，应当根据错误所表现的具体特征及实际情况，灵活运用多种方式来分析和定位逻辑错误。

习题 1

简答题

（1）简述 Java 程序的执行过程，Java 如何保证平台中立与可移植特性？

（2）Java 被划分为哪几个版本？各自适用于什么样的平台？

（3）Java 源文件的文件名命名有何规则？制定这样的规则有何意义？

（4）配置环境变量 Path 与 Classpath 的目的是什么？具体怎样配置？

（5）简述 javac.exe 与 java.exe 命令的功能，并给出各自的使用格式。

（6）程序中的错误分为哪几种？各自是由什么原因引起的？

（7）什么是 Debug？Debug 的一般步骤是什么？

实验 1　熟悉 Java 编程环境

【实验目的】

（1）了解 JDK 安装文件的下载及安装选项。

（2）深刻理解环境变量 Path 和 Classpath 的作用并能熟练配置。

（3）熟练掌握 Java 程序的编译和运行方法。

【实验内容】

（1）到 Oracle 官网下载与你机器相匹配的 JDK 安装文件并安装，然后配置 Path 和 Classpath 环境变量。

（2）安装一个支持 Java 语法高亮的纯文本编辑工具（如 Editplus、UltraEdit、Notepad 等）作为 Java 源文件编辑器。

（3）在 D 盘下建立 MyJavaSource 文件夹，并将下面两个类分别保存到该文件夹下的 Clock.java 和 MagicButton.java 中（编辑代码时注意采用正确的缩进）。

```
Clock.java
001    import java.text.SimpleDateFormat;
```

1　如果在多线程程序的代码中设置了断点，程序会因为该断点而暂停执行其他线程。另一方面，由于 CPU 对多个线程的调度时机是无法预期的，断点的设置将影响实际的线程执行顺序，换句话说，对于完全相同的代码和数据，程序的运行逻辑和结果与用户选择让程序从断点处继续向后执行的时机有关，这使得对程序的调试具有不确定性。

```
002    import java.util.Date;
003
004    class Timer extends Thread {
005        private SimpleDateFormat sdf =
                        new SimpleDateFormat("yyyy 年 MM 月 dd 日  HH:mm:ss");
006
007        public void run() {
008            while (true) {
009                System.out.print("\r 现在时间是：");
010                Date now = new Date();
011                System.out.print(sdf.format(now));
012                try {
013                    sleep(1000);
014                } catch (InterruptedException e) {
015                    e.printStackTrace();
016                }
017            }
018        }
019    }
020
021    public class Clock {
022        public static void main(String[] args) {
023            Timer timer = new Timer();
024            timer.start();
025        }
026    }
```

MagicButton.java

```
001    import java.awt.Rectangle;
002    import java.awt.event.MouseAdapter;
003    import java.awt.event.MouseEvent;
004    import java.util.Random;
005
006    import javax.swing.JButton;
007    import javax.swing.JFrame;
008
009    public class MagicButton extends MouseAdapter {
010        JFrame win;
011        JButton button = new JButton("你点不到我");
012        Random rand = new Random();
013
014        void initUI() {
015            win = new JFrame();
016            win.setLayout(null);
```

```
017
018            button.setSize(100, 40);
019            button.addMouseListener(this);
020
021            win.add(button);
022            win.setSize(400, 300);
023            win.setResizable(false);
024            win.setLocationRelativeTo(null);
025            win.setDefaultCloseOperation(JFrame.EXIT_ON_CLOSE);
026            win.setVisible(true);
027        }
028
029        public static void main(String[] args) {
030            MagicButton demo = new MagicButton();
031            demo.initUI();
032        }
033
034        public void mouseEntered(MouseEvent e) {
035            int mouseX = button.getX() + e.getX();
036            int mouseY = button.getY() + e.getY();
037
038            int buttonWidth = button.getWidth();
039            int buttonHeight = button.getHeight();
040
041            while (true) {
042                int x = rand.nextInt(win.getWidth() - buttonWidth);
043                int y = rand.nextInt(win.getHeight() - buttonHeight - 20);
044
045                Rectangle r = new Rectangle(x, y, buttonWidth, buttonHeight);
046                if (!r.getBounds().contains(mouseX, mouseY)) {
047                    button.setLocation(x, y);
048                    break;
049                }
050            }
051        }
052    }
```

（4）参照本章 1.5 节，分别编译、运行上述两个程序（按 Ctrl+C 组合键结束第一个程序）。

第 2 章　基本类型

数据类型相当于自然语言中的形容词，其意义主要体现在以下几个方面：

（1）Java 中的任何数据在任何时刻都有着确切的类型。

（2）不同的数据类型能够存放不同性质和意义的数据。例如，整型能够用来表示年龄，而逻辑型能够用来表示性别是否为男性。

（3）不同的数据类型在内存中被分配的字节数也不尽相同，从而它们各自能表示的数的范围也不同。

（4）数据类型决定了在数据上能够施加的操作。例如，可以对整型数据做"移位"的操作、可以对字符型数据做"转大写"的操作。

本书之所以将基本类型作为一章，是为了与后述的对象类型相区别。Java 的数据类型可以分为两大类——基本类型和对象类型。基本类型又称为原始（Primitive）类型，用以表示具有原子性的数据，如整数、小数、字符等；而对象类型则是复合的数据类型，它是由基本类型或对象类型"组合"而成的（类似于 C 语言的结构体）。

如表 2-1 所示，Java 的基本类型可以分为 4 类——整型、浮点型、字符型和布尔型。其中，前两类用来表示整数和实数，各自又分为几种不同的长度或精度；字符型用来表示单个字符；布尔型用来表示逻辑值（又称真假值）。

表 2-1　Java 的基本类型

分　类	类 型 名	占据的字节数	表 示 范 围	默 认 值
整型	byte	1	$-2^7 \sim 2^7-1$	0
	short	2	$-2^{15} \sim 2^{15}-1$	
	int	4	$-2^{31} \sim 2^{31}-1$	
	long	8	$-2^{63} \sim 2^{63}-1$	
浮点型	float	4	$-3.4E+38 \sim 3.4E+38$（6 ～ 7 位有效数字）	0.0
	double	8	$-1.7E+308 \sim 1.7E+308$（15 ～ 16 位有效数字）	
字符型	char	2	$0 \sim 2^{16}-1$	'\0'（空字符）
布尔型	boolean	未明确指定[1]	true（真）和 false（假）	false

需要注意的是，Java 中所有的数值型（整型、浮点型）都是有符号数。此外，Java 中各种基本类型在内存中占据的字节数是固定的，即与所使用的编译器和软硬件平台无关[2]，这样设计的目的很明显——使 Java 跨平台。

1　boolean 类型所占字节数与虚拟机的实现有关，Oracle 官方文档的解释是：boolean "呈现"为 1 位信息，但其"大小"有时难以精确定义。考虑到计算机存取信息的最小单位是字节，因此可以简单地认为 boolean 类型占 1 字节（高 7 位均为 0），读者对此可不必深究。

2　对于 C 语言中的 int 型，若用 Turbo C 编译器编译源程序，则被分配 2 字节；而用 Visual C++ 6.0 编译器，则被分配 4 字节。

2.1 标识符

标识符（Identifier）是编程语言的"单词"，它是组成程序最基本的元素。标识符可以分为关键字和用户标识符。

2.1.1 关键字

关键字（Keyword）有时又称为保留字（Reserved Word），是被某种编程语言保留的、具有特殊用途的标识符。关键字通常用于表示数据类型、程序结构或修饰变量等，它们对于编译器有着特殊的含义。表 2-2 列出了 JDK 6.0 中所有的关键字。

表 2-2　JDK 6.0 中的关键字

分　类		关　键　字
类型相关	基本类型名	boolean、byte、short、int、long、char、float、double
	类型值	false、true、null
	类型定义	class、interface、enum
	与其他类型的关系	extends、implements
	对象引用	this、super
	对象创建	new
修饰符	访问控制	private、protected、public
	属性控制	final、abstract、static
	浮点精度控制	strictfp
	本地方法	native
	序列化相关	transient
	多线程相关	synchronized、volatile
	返回类型相关	void
流程控制	分支	if、else、switch、case、default
	循环	for、do、while、break、continue
	异常处理	try、catch、finally、throw、throws
	其他	instanceof、assert、return
包相关		import、package
留待扩展（当前未用）		const、goto

Java 中所有的关键字都是小写的。表 2-2 中最后一行的 const 和 goto 被留待扩展，不排除会被后续的 JDK 新版本支持，但目前尚不能使用。其余大部分关键字的具体作用和用法将在后续章节分别介绍，在此不必记忆。

需要注意的是，C 语言支持的 sizeof 并非 Java 的关键字，其不受 Java 支持。此外，随着 JDK 版本的更新，关键字可能会有所增加，如 strictfp 和 enum 分别是 JDK 1.2 和 5.0 引入的。

2.1.2 用户标识符

用户标识符（User Identifier）是除关键字之外的任何合法标识符，它们是由用户（即编程者）命名的。用户标识符有时也称为自定义标识符，通常简称为标识符。如同给人起名字一样，标识符的命名也有着一定的规则，只有满足这些规则的标识符才会被编译器接受。

Java 的标识符命名规则包括：

（1）能包含数字（0～9）、英文字母（a～z、A～Z）[1]、下画线（_）、美元符号（$）。

（2）不能以数字开头。

（3）不能与关键字相同。

表 2-3 列举了一些合法和非法的标识符。

表 2-3 标识符举例

标 识 符	说 明
aBC、max_value、xy$ab、$1_value$	合法
true123	合法，允许关键字作为标识符的一部分
If、NULL	合法，If、NULL 不是关键字
π、学生甲	合法，允许出现非西文字符（但不推荐）
1_max	非法，以数字开头
for	非法，与关键字相同
the-value	非法，含有非法字符（横线）
min value	非法，含有非法字符（空格）

几点说明：

（1）标识符的长度没有限制，但不要过长。

（2）Java 的标识符区分大小写（或称大小写敏感），如 Max 和 max 是不同的标识符。

（3）除某些特定地方之外，命名应尽量使用英文单词，并做到顾名思义，如 CourseInfo、getCurrentValue、userName、user_name。

（4）标识符可以包含下画线而非横线，Java 编译器会将后者理解为运算符，从而导致语法错误，如 user-name 是非法标识符。这是初学者容易犯的错误之一。

（5）一般不推荐使用$字符。若确实需要将标识符分隔成几部分，可使用下画线。

2.1.3 命名惯例和约定

除必须满足的命名规则外，在实际开发中还应遵守一些命名惯例和约定，原因在于：

（1）这些惯例和约定已经被大量实践证明有利于软件代码的编写和维护。

（2）全世界绝大多数 Java 程序员包括 JDK 类库的编写者，都遵守着这些惯例和约定。

（3）遵守这些惯例和约定不仅有利于团队中的其他人理解自己编写的代码，也有利于理解自己以前编写的代码。

下面以表格的形式给出这些惯例和约定，见表 2-4。

表 2-4 Java 标识符的命名惯例和约定

分 类	命名惯例和约定	示 例
包	● 采用"从大到小"的方式，与网络域名类似。 ● 每级包名都用小写字母。 ● 若由多个单词组成，则直接连在一起	edu.ahpu.mis.ui com.mycompany.mysoft
类	● 使用"大驼峰"表示法——每个单词的首字母大写，其余小写。 ● 尽量使用名词结尾	Account、MobilePhone、VipCustomer
接口	● 使用"大驼峰"表示法。 ● 通常以"able"结尾，有时以大写字母 I（interface）开头	Drawable、IShape、MouseListener
方法	● 使用"小驼峰"表示法——从第 2 个单词开始首字母大写。 ● 第一个单词一般是动词。 ● 若是取值型（读）方法，一般以 get 开头。 ● 若取的值是 boolean 型，一般以 is 开头。 ● 若是设值型（写）方法，一般以 set 开头	deleteStudent getUserName isFemale setParentNode

---

1 事实上，因 Java 采用了 Unicode 字符集（见 2.5.1 节），故 Java 中的标识符完全可以包含非西文字符（如中文），但为了保证代码的可读性和避免潜在错误的发生，一般不推荐使用非西文字符命名标识符。

分　类	命名惯例和约定	示　例
字段和局部变量	<ul><li>使用"小驼峰"表示法。</li><li>命名应能体现变量值的意义。</li><li>短名称一般只用于局部变量且是基本类型。如循环结构中的整型计数器可命名为 i、j、k1、k2 等。</li><li>若变量是数组或容器，则应使用单词的复数形式。</li><li>组件型变量也可以采用"匈牙利"表示法：类型缩写前缀+变量描述，如 btnLogin、dlgDeletion、frmLogin 等</li></ul>	studentWithMaxAge allMaleEmployees loginDialog okButton
常量	<ul><li>全部大写，多个单词以下画线隔开</li></ul>	PI WINDOW_HEIGHT

　　尽管命名惯例和约定不是强制性的，但建议读者在初学时就遵守并逐渐形成习惯。除标识符的命名之外，还有一些编程惯例和约定，具体可参考附录 C。

2.2　变量与常量

　　变量与常量相当于自然语言中的名词，它们是表示和访问数据的基础。

2.2.1　变量

　　变量（Variable）是指在程序运行期间其值能被修改的量。与 C 语言一样，Java 是强类型的编程语言——变量必须先声明（Declaration），即指定了类型后才能使用。此外，变量一旦被指定为某种类型，在程序运行期间该变量将一直保持这一类型。

　　Java 中变量的声明格式如下：

　　　　[修饰符]　类型名　变量名 1[=初始值 1][, 变量名 2[=初始值 2]...];

几点说明：

（1）方括号中的内容是可选的（除非特别说明，本书后续章节也是这样）。

（2）类型名与首个变量名之间至少要有一个空格。

（3）可以在声明变量的同时为其赋初值，也可以只声明而不赋初值。

（4）可以一次声明多个变量，各变量名之间用西文逗号隔开。

（5）最后有一个西文分号。

阅读下面的代码。

```
001    int age; // 仅声明一个变量
002    int i, j, k; // 一次声明多个变量
003    public static long ID = 2010070120L; // 声明的同时赋初值，并使用了多个修饰符
004    char ch1 = 'A', ch2, ch3 = 'Z'; // 部分赋初值
005    private boolean isMale = false, enabled = true;// 每个变量都赋了初值
```

　　某些情形下，变量可以只声明而不赋初值，此时的变量具有一个默认值，如表 2-1 所示。有关修饰符及为变量赋初值的内容将在第 6 章介绍。

2.2.2　常量

　　常量（Constant）是指在程序运行期间其值不能被修改的量，具体可以分为两种——字面常量和 final 常量。

　　（1）字面常量：字面常量无须声明，可在代码中直接书写出来，如 123、-5、3.14、'A'、'我'、

"Hello, World!"等。字面常量也称为直接常量，通常简称为常量。

（2）final 常量：final 常量是指以 final 关键字修饰的变量，其只能被赋值一次，且以后再不允许被赋值，因此也称为"最终"变量[1]。final 常量的声明格式如下：

> [修饰符]　final　类型名　常量名 1[=常量值 1][, 常量名 2[=常量值 2]...];

几点说明：

（1）final 常量名一般全部用大写字母，若有多个单词，则用下画线连接。

（2）可以在声明 final 常量时赋值，也可以在后面某处赋值。

（3）一经赋值，以后即使将同样的值赋给 final 常量也是不允许的。

阅读下面的代码。

```
001    final double PI = 3.14159; // 字母均大写
002    final int LOGIN_WINDOW_HEIGHT = 200; // 下画线连接多个单词
003    final int COUNT = 10; // 首次赋值
004    ...
005    COUNT = 10; // 非法，即使赋以相同的值也不允许
```

2.3　整型

整型用以存放整数。Java 中的整型具体分为 4 种——字节型（byte）、短整型（short）、基本整型（int）和长整型（long）。

2.3.1　整型常量

Java 用前缀来标识整型常量的进制，用后缀来标识整型常量的类型。

1．前缀

（1）0：八进制整数，如 0123、-080。

（2）0x 或 0X：十六进制整数，如 0x123、-0X80。

（3）无前缀：十进制整数，如 123、-80。

2．后缀

（1）l 或 L：long 型，占 8 字节，如 123l、-80L。

（2）无后缀：默认为 int 型，占 4 字节，如 123、-80。

前缀与后缀可以同时使用，如-0X123L。Java 并未提供用于 byte 和 short 型整数的后缀。

本章开头给出了基本类型各自的表示范围，对于整型来说，范围的上下界不仅难以记忆，而且直接写在代码中也不直观。可以肯定，每种基本类型的最大和最小值都是固定的，而这些值都被定义在了基本类型对应的包装类中。例如，打开 Long 类（long 型的包装类）的源代码，会发现如下的代码：

> public static final long MAX_VALUE = 0x7fffffffffffffffL;

代码中的 MAX_VALUE 是 final 常量，其值则是一个十六进制的 long 型字面常量。有关包装类的内容，将在本章后续小节介绍。

1　final 常量的本质仍然是变量，考虑到其一经赋值便不允许修改的特性，本书将其归为常量。

2.3.2 整型变量

阅读下面的代码：

```
001     int i = 100;                  // 正确：十进制 int 型常量赋给 int 型变量
002     int j = -0x100;               // 正确：十六进制 int 型常量赋给 int 型变量
003     int k = 100L;                 // 错误：long 型常量赋给 int 型变量（即使值在 int 型范围内）
004     int m = 10000000000000;       // 错误：int 型常量超过了 int 型范围
005     byte b1 = 10;                 // 正确：int 型常量赋给 byte 型变量（值在 byte 型范围内）
006     byte b2 = 200;                // 错误：int 型常量赋给 byte 型变量（值超过 byte 型范围）
007     short s1 = 400;               // 正确：int 型常量赋给 short 型变量（值在 short 型范围内）
008     short s2 = 40000;             // 错误：int 型常量赋给 short 型变量（值超过 short 型范围）
009     long p = 50000;               // 正确：int 型常量赋给 long 型变量
010     long q = 50000L;              // 正确：long 型常量赋给 long 型变量
```

通过上述代码中的错误，总结出为整型变量赋值时需要注意的几点：

（1）不要将 long 型常量赋给非 long 型变量，即使常量值在变量范围内，如第 3 行。

（2）字面常量不要超过其所属类型的表示范围，如第 4 行。

（3）Java 中没有 byte 和 short 型字面常量，因此可以将 int 型常量赋给 byte 和 short 型变量，但要注意不要超过相应的范围，如第 6、8 行。

（4）int 型常量总是可以赋给 long 型变量。因为前者总在后者范围内，如第 9 行。

实际开发时，可以根据整数值的大小选择合适的整型。一般来说，long 型已满足大多数应用对整数的需求。若不能满足，则可以考虑使用 java.math 包下的 BigInteger 类，该类可以表示无限大小的整数。此外，某些特定应用需要使用特定的整型，例如，在处理网络通信或分析文件格式时，会经常用到 byte 型。

2.4 浮点型

浮点表示法是计算机采用得最为广泛的表示实数的方法。相对于定点表示，浮点表示法利用指数使小数点的位置可以根据需要而左右浮动，从而可以灵活地表达更大范围的实数。Java 中的浮点型分为两种——单精度浮点型（float）和双精度浮点型（double），后者能够表示更大范围和更高精度的实数。

2.4.1 浮点型常量

常规形式的浮点型常量的书写形式与数学表示基本一致，如 123.4、0.56、-10.2。除此之外，当整数（或小数）部分为零时，可以省略小数点左边（或右边）的 0，如 0.0123 可写为.0123、456.0 可写为 456.。

与整型常量一样，Java 也采用后缀来表示浮点型常量的类型。

1. 后缀

（1）f 或 F 后缀：float 型，占 4 字节，如-123f、3.14F。

（2）d 或 D 后缀：double 型，占 8 字节，如-123d、3.14D。

（3）无后缀：默认为 double 型，如-123.4、3.14。

与整型常量不同，不能用前缀来表示常规形式的浮点型常量的进制。阅读下面的代码：

```
001     double d1 = 0x10.2;        // 错误
002     float f1 = 0x10.2f;        // 错误
003     float f2 = 010.2;          // 错误
004     float f3 = 010.2f;         // 正确
```

上述代码中，第 1、2 行都是错误的，因为不允许在浮点型常量左边加 0x 前缀。第 3、4 行在 10.2 左边加 0 却是允许的，因为此处的 0 并非表示八进制数的前缀，而是作为填充位数用的"前导零"。第 3 行之所以错误，是因为 010.2 是 double 型的，不允许赋给 float 型变量（见 2.4.2 小节）。

2. 指数形式

众所周知，任一实数 N 可以用指数形式表示为 $N = \pm M \times 10^E$，其中，M 是尾数（或称系数），E 是指数（或称阶数）。Java 允许用指数形式来书写浮点型常量，这特别适合于表示较大的实数，具体格式为：

[±][0x|0]尾数 E|P[±]指数[f|d]

其中：

（1）第 1 个±表示浮点数的符号，若未指定则为正。

（2）竖线"|"表示"或"，即只能指定"|"分隔开的若干项中的某一项。

（3）尾数可以是整数或小数，均可带前缀（这与常规形式的浮点型常量不同）。

（4）前缀 0x 表示尾数是十六进制数，而前缀 0 只是前导零并非八进制数。

（5）E 表示以 10 为底，P 表示以 2 为底，大小写均可。

（6）当尾数是十进制数时，只能使用 E。

（7）当尾数是十六进制数时，只能使用 P——E 字母是十六进制数的一个基数。

（8）第 2 个±表示指数的符号，若未指定则为正。

（9）指数必须是十进制整数，可以带前导零。

表 2-5 列举了若干以指数形式表示的浮点型常量。

表 2-5　以指数形式表示的浮点型常量

示　例	十进制数值	类　型	说　明
2E3F	2 000.0	float	2×10^3，F 是 float 型后缀
2.4E+3	2 400.0	double	2.4×10^3，默认为 double 型
-2.4E04d	−24 000.0	double	-2.4×10^4，指数可以带前导零，d 是 double 型后缀
2.4E+3.5	非法	—	指数不能是小数
2.4E0x3d	非法	—	指数不能是十六进制数
0x2E3F	11 839	int	不是浮点型，是十六进制整型
0x2E-3F	非法	—	尾数是十六进制数时，不允许使用 E，而 2E-3F 是一个非法的十六进制数
012E+2D	0.120 0	double	12×10^{-2}，0 是前导零，D 是 double 型后缀
012.4E2	1 240.0	double	12.4×10^2
12.4P2D	非法	—	尾数是十进制数时，不允许使用 P
0x20P-6f	0.5	float	32×2^{-6}，P 是以 2 为底，f 是 float 型后缀
-0x2.4P-3	−0.281 25	double	-2.25×2^{-3}

在实际应用中，为提高代码的可理解性，应使用最为常规的指数形式，如-12.3E+5，其他形式仅做一般了解。

2.4.2 浮点型变量

阅读下面的代码：

```
001     float f1 = -12.3E+5;        // 错误，不能将 double 型常量赋给 float 型变量
002     float f2 = -12.3E+5f;       // 正确
003     double d1 = 2011.7;         // 正确
004     double d2 = 2011.7d;        // 正确
005     double d3 = 2011.7f;        // 正确，float 型的范围在 double 型之内
006     float f3 = 0x1234;          // 正确，int 型的范围在 float 型之内
007     float f4 = 01234L;          // 正确，long 型的范围在 float 型之内
008     double d4 = 1234L;          // 正确，long 型的范围在 double 型之内
```

容易看出，总是可以将"小"类型常量赋值给"大"类型[1]，因为前者能表示的数的范围在后者之内，如第 5、6、7、8 行；反之却不行，如第 1 行。

有关 float 和 double 型的表示范围和精度，读者不必深究。一般来说，double 型已能满足绝大多数应用对实数的需求。若对精度要求较高或涉及货币计算，则应优先考虑使用 java.math 包下的 BigDecimal 类，该类可以表示任意精度的有符号十进制数。

2.5 字符型

2.5.1 Unicode 概述

大多数读者应该对 ASCII 码不陌生，它是一套基于拉丁语言的字符编码方案，适用于英语和部分西欧语言。因 ASCII 码是单字节的，故最多只能表示 256 个字符。显然，对于非拉丁语言（如汉语、俄语、阿拉伯语等）中的字符，ASCII 码是无能为力的。一部分国家在 ASCII 码基础之上制定了适合本国语言的编码标准，这些编码标准能很好地处理拉丁语言和本国语言中的文字，但无法应对不兼容的多语言文字混合出现的情况[2]。

为解决上述问题，一个名为 Unicode Consortium（统一码联盟[3]）的机构迅速成立，并在 1991 年发布了 Unicode 规范的第一个版本。Unicode 旨在为世界上所有语言和文字中的每个字符都确定一个唯一的编码，以满足跨语言、跨平台进行文字的转换和处理的需求。在问世以来的十多年里，Unicode 已被广泛应用到可扩展标记语言（XML）、编程语言和操作系统等领域，目前最新的 Unicode 规范是 6.0 版。

Unicode 规范可分为编码和实现两个层次。目前实际使用较为广泛的 Unicode 编码采用 16 位的编码空间，即每个字符占用 2 字节，理论上共能表示 65 536 个字符，基本满足各种语言的需要。Unicode 的实现不同于编码，尽管每个字符的 Unicode 编码是确定的，但在实际传输过程中，因不同系统和平台的设计可能不一致及出于节省空间的考虑，故而出现了 Unicode 编码的不同实现方式。Unicode 的实现方式称为 UTF（Unicode Transformation Format，Unicode 转换格式），如 UTF-8、UTF-16（包括 UTF-16LE 和 UTF-16BE 两种变体）等，这些实现往往与每个国家和地区自己定义

---

1 这里的"大小"是指数据类型在内存中占用的字节数多少。

2 因为这些语言各自遵循着不同的编码标准，例如，中国大陆地区使用 GB2312/GBK 编码，而中国台湾地区使用 BIG5 编码，这样就可能出现同一个编码在不同标准中对应着不同字符的情况，从而降低程序的通用性。

3 统一码联盟是一个负责制定 Unicode 规范的非营利性机构，由多个国家的政府和软件厂商的代表组成，致力于以 Unicode 规范取代现有的多种字符编码方案，以支持多语言环境。

的编码标准不兼容。

Java 在诞生之初就考虑了跨语言的兼容性问题，因此采用了 Unicode 编码。具体来说，Java 源文件被编译为 class 文件后，无论源文件中的字符和字符串采用何种编码存储，在 class 文件中均被转换成 Unicode 编码。当 class 文件被执行时，Java 虚拟机会自动探测所在操作系统的默认语言[1]，并将 class 文件中以 Unicode 编码表示的字符和字符串转换成该语言使用的编码。也就是说，若操作系统（或用以显示运行结果的软件环境）所设置语言的编码与源文件的编码一致（或兼容），就能正确显示源文件中的字符和字符串，否则将出现乱码[2]。有兴趣的读者可查阅有关 Unicode 和 Java 虚拟机规范的资料，初学者对此不必深究。

需要说明的是，Unicode 编码是兼容 ASCII 码的，也就是说，ASCII 码中每个字符的编码值在 Unicode 编码中并无变化，只是由原来的 8 位扩展到了 16 位。

2.5.2　字符型常量

Java 中的字符型常量用一对西文单引号括起来，具体有 3 种表示形式。

1．常规表示

常规表示适用于常规字符，在单引号中直接书写即可，如'A'、'$'、'风'、'風'、'★'。

2．转义表示

对于特殊字符，若以常规表示的形式直接书写，会破坏程序的语法，因此要对这些字符进行转义（Escape）。转义字符以反斜杠"\"开头，如表 2-6 所示。

几点说明：

（1）命令行窗口的默认宽度为 80 列（即一行可容纳 80 个拉丁字符）。程序总是在当前光标处输出字符，若输出的是拉丁字符，则输出后光标右移 1 列；若输出的是中文字符，则输出后光标右移 2 列——每个中文字符占 2 列宽度。

表 2-6　常用的转义字符

字　　符	转义字符	说　　明
'	\'	西文单引号
"	\"	西文双引号
\	\\	反斜杠
回车	\r	return，光标跳到本行开头
换行	\n	new line，光标跳到下一行开头
退格	\b	backspace，光标左移一列
跳格/制表	\t	table，光标跳到下一个制表列

（2）若\b 左侧是中文字符，则光标回退 2 列。

（3）\b 并不会抹去左侧的字符，除非后面还有输出，这与在文本编辑器中按下"退格"键有所不同。

（4）命令行窗口中的第 1、9、17、……列称为制表列。

（5）\t 是 1 个字符，而不是 8 个。若光标当前分别在第 9、13、16 列，则下一个制表列同为第 17 列。

（6）光标从当前位置跳到下一个制表列时，会抹去中间的所有字符。

需要说明的是，某些转义字符对光标的控制与具体运行平台和环境有关，例如，Eclipse 的控制台窗口遇到\r 也换行，而\b 则根本不被识别。表 2-6 所示仅对 Windows 的命令行窗口而言，读者对此不必深究。

3．编码表示

严格来说，编码表示也属于转义表示，但是考虑到这种方式能以一种统一的格式表示任何一

1　对于 Windows 操作系统，可在"控制面板→区域和语言选项→高级选项卡"中更改。

2　事实上，中文乱码问题绝大多数 Java 初学者都会遇到，尤其是用 Java 编写 Web 或数据库程序时。

个字符，因此单独列出。字符的编码表示见表 2-7。

表 2-7　字符的编码表示

格　　式	说　　明	举　　例
\ddd	用于表示拉丁字符。ddd 是 1～3 位的八进制数，可以加前导零	'\101': 'A'　　'\63': '3'　　'\063': '3' '\81': 非法的八进制数 '\0101': 超过了 3 位，非法
\uxxxx	能表示所有 Unicode 字符。u 必须小写，xxxx 是 4 位的十六进制数，若不够 4 位，必须加前导零补足 4 位，并且不能加 0x 前缀	'\u0041': 'A'　　'\u0033': '3' '\u98A8': '風'　　'\u98CE': '风' '\u41': 不足 4 位，非法 '\U0041': u 大写，非法

"\ddd" 的格式与 C 语言是相同的，其只能表示拉丁字符，因此 "\uxxxx" 的格式更为通用。此外，在编写多语言版本的 Java 程序时，经常需要将代码中的非拉丁字符转义成 "\uxxxx" 的格式，此时可以借助前述表 1-2 中的 native2ascii.exe 工具来完成，IDE 一般也会提供更为便捷的工具。

4．字符串常量

多个字符常量可以放在一对西文双引号中组成字符序列，称为字符串（String）常量。需要说明的是，字符串不是基本类型，而是对象类型。考虑到其与字符的关系较为密切，同时为方便后述演示程序的编写，故放在此处介绍。有关字符串的详细内容见第 14 章。

【例 2.1】 字符和字符串常量演示（见图 2-1）。

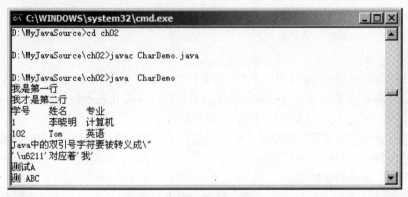

图 2-1　字符和字符串常量演示

CharDemo.java

```
001    public class CharDemo {
002        public static void main(String[] args) {
003            System.out.println("我是第一行\n 我是第二行\r 我才是第二行");
004            System.out.println("学号\t 姓名\t 专业");
005            System.out.println("1\t 李晓明\t 计算机");
006            System.out.println("102\tTom\t 英语");
007            System.out.println("Java 中的双引号字符要被转义成\\\"");
008            System.out.println("'\\u6211'对应着'\u6211'");
009            System.out.println("测试 A\b\b");
010            System.out.println("测试 B\b\bABC");
011        }
012    }
```

应注意的是，为便于组织，本书将所有源文件按章号放在 MyJavaSource 下的相应文件夹内，编译前需要先将命令行窗口的工作路径切换到源文件所在路径，后同。

2.5.3　字符型变量

字符型变量以关键字 char（Character，字符）声明，为其赋值时需要注意：

（1）不能将字符串常量赋值给字符型变量，即使前者仅包含一个字符。

（2）一对单引号中必有且仅有一个字符常量[1]。

阅读下面的代码：

```
001     char ch1, ch2 = 'A';                          // 合法
002     char ch3 = '\t', ch4 = '\102', ch5 = '\u98CE';  // 合法
003     char ch6 = '';                                // 非法，单引号中必须有一个字符常量
004     char ch7 = 'abc';                             // 非法，单引号中不能有两个及以上的字符常量
005     char ch8 = "A";                               // 非法，不能将字符串赋值给字符型变量
```

2.6　布尔型

在介绍布尔型之前，先来看一段 C 语言的代码：

```
001     int i = 1;
002     if(i = 2.1) {
003         printf("i=2.1");
004     }
```

运行上述程序会发现，无论 i 值为多少，总会打印 i=2.1。由于在 C 语言中没有专门用以表示真假值的类型，或者说 C 语言中任何数值都能表示真假（只有 0 表示假，其他值均表示真）。而 i=2.1 作为赋值表达式，返回值是 2.1，所以 if 条件总为真。

上述代码有意将“关系等”运算符（==）写成“赋值”运算符（=），C 的编译器并不认为这是语法错误，但程序此时的逻辑与预期逻辑完全不同。可见，C 语言的这种以数值表示真假值的方式为程序带来了潜在的逻辑错误。

Java 摒弃了 C 语言的不安全做法，专门用布尔型表示真/假、成立/不成立的概念。

（1）布尔型常量：布尔型专门用于表示真假，故只有两个常量——true（真）和 false（假），它们实际上是 Java 中的关键字。

（2）布尔型变量：以关键字 boolean 声明，取值只能是 true 或 false，默认为 false。

需要注意的是，布尔型和整型有着本质的区别，true 和 false 并不对应着某两个具体的整数，因此不要试图在布尔型和整型之间做类型转换的操作。

2.7　类型转换

本章前述内容介绍了 Java 的 8 种基本类型，在实际编程时，经常会遇到不同类型的数据混合出现的情形。另一方面，某些运算对参与运算的数据类型有所要求，可能需要先将某种类型的数据“强行”转换成符合要求的类型。为此，Java 提供了两种类型转换的机制——自动转换和强制转换。

1　C 语言中，允许一对单引号紧挨在一起，此时表示的是 ASCII 码为 0 的空字符，而 Java 不允许这样。

2.7.1 自动转换

自动转换又称为隐式转换或类型提升，由 Java 编译器和运行时环境自动完成。自动转换一般发生于基本类型混合出现的情形。阅读下面的代码：

```
001    int a = 100;
002    long b = 200;
003    long c = a + b;
```

上述代码中，变量 a 是 int 型，变量 b 则是 long 型。对于第 3 行代码，Java 会自动将 a（的值）转换成 long 型，然后完成相加的运算（结果为 long 型），并将结果赋给变量 c。

Java 对基本类型混合出现时的自动转换规则如下所示：

(byte, short, char) → int → long → float → double

编程者通常无须关心自动转换的细节。不同的基本类型相遇时，自动转换总是将"小"类型提升为"大"类型，这样做的目的很明显——保证值和精度不会丢失。例如，byte 型与 long 型相遇时，前者将被"符号扩展"为 64 位的 long 型。对于 byte、short 和 char 型，它们相遇时不会发生自动转换，如果确实需要转换，可以使用 2.7.2 节的强制转换。

2.7.2 强制转换

强制转换又称为显式转换或造型（Cast），这种转换由代码显式"告知"Java 编译器和运行环境将某种类型的数据转换成其他类型，其语法格式如下：

(目标类型)式子   或   (目标类型)(式子)

其中，目标类型是要转换到的类型。若式子仅含单个常量或变量，则可以省略其外的一对圆括号，否则不能省略，如(long)(a+b)。

【例 2.2】 强制转换演示（见图 2-2）。

```
C:\WINDOWS\system32\cmd.exe
D:\MyJavaSource\ch02>java CastDemo
1：short → byte：32767 → -1
2：int → char：65633 → a
3：byte → long：64 → 64
4：int → float：65633 → 65633.0
5：double → float：123.456787654321 → 123.45679
6：float → double：456.78 → 456.7799987792969
7：float → int：456.78 → 456
```

图 2-2 强制转换演示

CastDemo.java

```
001    public class CastDemo {
002        public static void main(String[] args) {
003            short s = 32767;        // 二进制数：1111 1111 1111 1111
004            int i = 65536 + 97;     // 二进制数的低 16 位对应十进制数 97
005            byte b = 64;
006            double d = 123.456787654321; // 小数位较多
007            float f = 456.78f;
008
009            System.out.println("1：short → byte："+ s +" → " + (byte) s);
```

```
010            System.out.println("2: int → char: " + i + " → " + (char) i);
011            System.out.println("3: byte → long: " + b + " → " + (long) b);
012            System.out.println("4: int → float: " + i + " → " + (float) i);
013            System.out.println("5: double → float: " + d + " → " + (float) d);
014            System.out.println("6: float → double: " + f + " → " + (double) f);
015            System.out.println("7: float → int: " + f + " → " + (int) f);
016        }
017    }
```

为便于观察结果，上述代码第 9~15 行输出了一些辅助信息，其中 "+" 运算符的作用是将其两侧的内容"拼接"成一个新字符串（见第 3 章）。对于基本类型，强制转换具体有以下几种情况（箭头表示强制转换的方向）。

（1）小整型 → 大整型：值不会丢失，如第 11 行。

（2）大整型 → 小整型：只保留低若干字节，值有可能丢失，如第 9 行。

（3）整型 → 字符型：保留整型数据低 16 位（有符号数，若不足 16 位则符号扩展至 16 位），并作为字符的 Unicode 编码（无符号数），如第 10 行。

（4）浮点型 → 整型：直接丢弃浮点型的小数部分（并非四舍五入），如第 15 行。

（5）整型 → 浮点型：整数部分的值不会丢失，小数部分为 0，如第 12 行。

（6）double ⟷ float：值和精度（小数位较多时）都有可能丢失[1]，如第 13、14 行。

实际应用中，强制转换更多的是用于那些彼此间具有"继承"关系的对象类型（见第 6 章），例如，将 Person 类型的对象强制转换为 Student 类型的对象。相对于自动转换，强制转换更为灵活，使得编程者能自由控制转换的方向以满足不同的需求，但需要注意：

（1）不能在 boolean 型与其他基本类型之间做强制类型转换。

（2）无论是自动转换还是强制转换，转换的过程中只是得到一个临时的变量，而被转换变量的类型并没有发生变化，仍然是声明变量时所指定的类型。例如，上述代码的第 10 行执行完后，变量 i 依然是 int 型。

2.8 基本类型的包装类

基本类型虽能满足程序对数值、字符及布尔值的需求，但在某些方面具有局限性：

（1）有时候，程序还关心除了值和所属类型之外的其他信息，如 float 型的最大值。

（2）程序需要对值进行某种操作，如判断一个字符串是否为合法的数字、将 long 型的值转换成其八进制数形式的字符串。

尽管可以编写专门的代码以获得、完成上述信息和操作，但这无疑增加了工作量，并且编写出的代码通常是不健壮的。

本节部分内容涉及第 6 章的知识点，之所以将包装类列于本章，是考虑到其与基本类型的联系较为紧密，初学者对本节内容只需做简单了解。

2.8.1 包装类

如同包装类（Wrapper Class）的名字一样，Java 以类的形式为每种基本类型提供了相应的"包装"。通过包装类，可以将基本类型的常量或变量包装为对象类型，并通过包装类提供的方法方

1　十进制小数在计算机中采用近似表示，即使是 float 型转换为 double 型，小数部分的值也有可能变化。

便地获取相关信息或执行某些常用操作。

表 2-8 的第 2 列给出了每种基本类型的包装类，它们均位于 java.lang 包下。容易看出，除了 Character 和 Integer 外，其他包装类的名称均是将对应基本类型名首字母改为大写即可。第 3 列给出了每种包装类所继承的父类，因前 5 种基本类型都属于数值型，故它们对应的包装类都继承自 Number 类，而 Character 数和 Boolean 类则继承自 Object 类。

表 2-8　Java 基本类型对应的包装类

基 本 类 型	包 装 类	直 接 父 类
byte	Byte	
short	Short	
int	Integer	
long	Long	Number
float	Float	
double	Double	
char	Character	
boolean	Boolean	Object

2.8.2　包装类的主要方法

每个包装类都提供了大量的方法，可以通过这些方法完成常用的与基本类型相关的操作。考虑到不同包装类中的某些方法的功能非常类似，下面以功能来划分包装类的方法。

1．创建包装类的对象

该类方法主要用于从基本类型（或字符串）创建对应的包装类对象，即"包装"基本类型，格式如下：

　　　　包装类名　对象名 = new　包装类名(基本类型或字符串);

阅读下面的代码：

```
001      int a = 20;
002      boolean b = true;
003
004      Integer intObject1 = new Integer(10);        // 从基本类型字面常量创建包装类对象
005      Character charObject = new Character('A');
006      Integer intObject2 = new Integer("10");      // 从字符串创建包装类对象
007      Float floatObject = new Float("3.14");
008      Integer intObject3 = new Integer(a);         // 从基本类型变量创建包装类对象
009      Boolean boolObject = new Boolean(b);
```

2．将字符串解析为基本类型

该类方法是静态方法（无须通过对象而直接以类名调用），主要用于将一个字符串解析（Parse）为其对应的基本类型的值，格式如下：

包装类名.parseXxx(字符串[, 进制]);

方法的第 2 个参数是可选的，用以指定解析整型数据时采用的进制。阅读下面的代码：

```
001      int i = Integer.parseInt("12");              // i=12
002      byte b = Byte.parseByte("12", 16);           // b=18
003      double d = Double.parseDouble("123.456");     // d=123.456
004      Boolean.parseBoolean("true");                // 得到 true
005      int k = Integer.parseInt("ABC12");           // ABC12 无法解析为整数，运行时出错
```

需要注意的是，若指定字符串不能被解析为对应类型则会出错，如第 5 行。

3．从包装类对象获得值

该类方法主要用于从包装类的对象中获得其对应基本类型的值，格式如下：

对象名.xxxValue();

阅读下面的代码：

```
001    Integer intObject = new Integer(10);
002    Character charObject = new Character('A');
003    Float floatObject = new Float("3.14");
004
005    int i = intObject.intValue();          // i=10
006    char c = charObject.charValue();       // c='A'
007    float f = floatObject.floatValue();    // f=3.14
```

容易看出，该种方法实际上是前述第 1 类方法的"逆操作"。

4. 将基本类型转为字符串

该类方法主要用于将基本类型的值转换为字符串，格式如下：

包装类名.toString(基本类型[, 进制]);

方法的第 2 个参数是可选的，用以指定将整型数据转换为字符串时所采用的进制。阅读下面的代码：

```
001    System.out.println(Integer.toString(10));      // 输出 10
002    System.out.println(Long.toString(12, 2));      // 输出 1100
003    System.out.println(Long.toString(12, 16));     // 输出 c
004    System.out.println(Float.toString(-3.2E4f));   // 输出-32 000.0
005    System.out.println(Boolean.toString(false));   // 输出 false
```

容易看出，该种方法实际上是前述第 2 种方法的"逆操作"。

除了方法之外，包装类还提供了一些静态常量，如基本类型的最大和最小值等，具体请查阅 JDK 的 API 文档（参见附录 B）。

2.8.3 自动装箱和拆箱

阅读下面的代码：

```
001    int i;
002    Integer a = 10;        // 相当于 Integer a = new Integer(10);
003    i = a;                 // 相当于 i = a.intValue();
```

第 2 行中，将 int 型常量赋值给 Integer 型变量看起来是错误的，毕竟前者是基本类型，而后者是对象类型。对于第 3 行，也是类似的。

从 JDK 5.0 开始，Java 提供了自动装箱和自动拆箱的机制。

（1）自动装箱（Auto Boxing）：将基本类型（包括常量和变量）自动包装成其对应的包装类对象，如上述代码第 2 行。

（2）自动拆箱（Auto Unboxing）：从包装类的对象中自动提取出其对应的基本类型的数据，如上述代码第 3 行。

程序被编译时，编译器会自行判断是否需要进行自动装箱或拆箱的操作，使得在那些本应使用包装类对象的地方可以直接使用其对应的基本类型的数据，反之亦然。因此，上述代码是正确的，它们分别等价于各自注释中的代码。

Java 的自动装箱和拆箱机制隐藏了基本类型与其对应包装类之间的转换细节，不仅使编写的代码更加简洁，而且保证了 Java 的"万事万物皆对象"特性——基本类型的数据也能被视为对象。尽管如此，读者仍需理解基本类型与包装类之间的联系和差异。

习题 2

一、简答题

（1）Java 中用户标识符的命名规则是什么？

（2）除了要满足命名规则之外，常量和变量一般还要遵循哪些命名惯例和约定？

（3）Java 具有哪些基本类型？各自占用多少字节？

（4）Java 中的基本类型所占字节数是否会因软硬件平台或编译器的不同而不同？为什么？

（5）什么是最终变量？如何声明？

（6）字符型数据的存储实质是什么？为什么 Java 中的字符型变量能存放汉字？

（7）类型转换分为哪两种？各自有何特点？

（8）自动转换通常发生于什么场合？具体转换规则是什么？

（9）给出每种基本类型对应的包装类，并列出其常用方法的名称及意义。

（10）简述基本类型的自动装箱和拆箱机制，该机制对于编程者有何意义？

（11）若没有自动装箱和拆箱机制，如何通过代码完成相同的操作？

二、编程题

（1）写出满足以下要求的 Java 代码。

① 声明一个 float 型变量 value，并赋以初值 2.5。

② 同一行声明两个 boolean 型的变量 b1 和 b2，其中 b2 被赋以初值 true。

③ 声明字符型最终变量 AN_HUI，并赋以初值"皖"。

④ 分别输出上述变量。

（2）求"程"、"序"这两个汉字各自的 Unicode 编码。

（3）写出将 int 型数据 123 转换为字符串"123"及逆向转换的代码。

（4）调用包装类的方法，输出十进制整数 32 767 的八进制形式。

第3章 运算符与表达式

3.1 概述

运算符（Operator，也称操作符）是一些特定的符号，允许对常量和变量施加某种操作，相当于自然语言中的动词，那些被操作的常量和变量称为操作数（Operand）。不同的运算符对参与运算的操作数的数目和类型可能有不同的要求。此外，与数学上一样，Java 中的运算符也具有优先级。若多个运算符出现在同一式子中，则优先级高的先运算，对于优先级相同的运算符，视运算符的结合性而定，具体如表 3-1 所示。

表 3-1 运算符的优先级与结合方向

优 先 级	运 算 符	结 合 性
1	() (显式先运算、方法调用) [] .	→
2	! +（正） -（负） ~ ++ -- () （强制转换）	←
3	* / %	→
4	+（加） -（减）	→
5	<< >> >>>	→
6	< <= > >= instanceof	→
7	== !=	→
8	&	→
9	^	→
10	|	→
11	&&	→
12	||	→
13	?:	←
14	= += -= *= /= %= &= ^= |= <<= >>= >>>=	←

几点说明：

（1）表 3-1 中优先级从高到低排列。

（2）运算符可分为单目、双目和三目运算符，分别要求 1 个、2 个和 3 个操作数参与运算。与 C 语言一样，Java 中的绝大多数运算符都是双目的。

（3）结合性是指多个具有相同优先级的运算符出现在同一个式子中时，运算所采取的方向，大部分运算符的结合性都是从左向右（或称左结合，表中以→表示）。较为典型的从右向左（或称右结合，表中以←表示）的运算符是负号，例如，式子"3+-4"等价于"3+(-4)"。

（4）尽管逗号可以出现在 Java 代码的某些位置（如一次声明多个变量），但其并不是 Java 的运算符。

（5）同一个运算符出现在式子的不同位置，可能具有不同的含义、优先级甚至结合性。例如，圆括号用作显式先运算或方法调用（将实参括起来）时，优先级为 1（结合性为→），而用作强制转换时，优先级为 2（结合性为←）。类似的运算符还有+和-等。

Java 包含的运算符非常丰富，本章后续内容将根据功能来划分，分别介绍这些运算符。需要注意的是，实际开发中，若某个式子含有多个运算符，即使编程者清楚地知道各运算符的优先级与结合性，也应当尽量使用圆括号（优先级最高）显式标识出式子中的哪一部分先运算[1]——提高代码的可理解性。因此，除了经常使用的运算符（如=、+、!等）之外，通常无须刻意记忆运算符的优先级与结合性。

---

1 除非多个运算符的优先级高低关系非常明显。例如，通常不需要将式子"a=b+c"写成"a=(b+c)"，因为"="运算符的优先级最低是众所周知的。

3.2　赋值运算符

赋值运算符是使用频率最高的双目运算符，其功能是将某个式子的值赋给某个变量。赋值运算符具体包含两种——简单赋值运算符和复合赋值运算符。

1．简单赋值

简单赋值运算符是指"="，其将"="右边式子的值赋给左边的变量。

几点说明：

（1）"="的优先级是最低的，它总是被最后运算。

（2）"="左边只能是变量，右边通常是常量或变量，也可以是其他任何式子。

（3）"="运算符与数学上的"="不同。后者除了"="左右均可以是任何式子之外，还有强调"左右相等"之意，而前者无此含义——这是初学者易犯的错误之一。

（4）"="右边式子值的类型与左边变量的类型可以不一致。若右边类型较左边类型"小"，则系统自动将右边小类型转换为左边大类型，反之则视为语法错误。

阅读下面的代码：

```
001    int a, b = 2;
002    long c = 0x100000101L, d;
003    a = 3;              // 合法，a 为 3
004    b = a;              // 合法，b 为 3
005    b = b;              // 合法，但有警告（无效代码）
006    a = a + b;          // 合法，a 为 6
007    3 = a;              // 非法
008    a + b = 3;          // 非法
009    d = a;              // 合法（小类型赋给大类型），d 为 6L
010    a = c;              // 非法（大类型赋给小类型）
011    a = (int) c;        // 合法（强制转换），a 为 257
012    a = (byte) c;       // 合法（强制转换），a 为 1
```

2．复合赋值

复合运算符具体包含 11 个，如前述表 3-1 的最后一行。复合赋值运算符是 11 个运算符分别与"="运算符的组合——在完成某种运算的同时进行赋值运算，如式子"a+=2"等价于"a=a+2"。3.1 节有关简单赋值运算符的说明也适用于复合赋值运算符。复合赋值运算符涉及的 11 个运算符将在本章后续内容介绍。

3.3　算术运算符

算术运算符用以完成数学中的加减乘除运算，具体包括 7 个：+、-、*、/、%、++和--。其中前 5 个统称为四则运算符，后 2 个分别称为自增和自减运算符。

3.3.1　四则运算

四则运算符与数学中对应的符号基本一致，它们都是双目运算符，即要求两个操作数参与运算。比较特殊的是其中的"%"——模除运算符，其计算某个整数对另一个整数的余数，因此也称为取余运算符。此外，"+"和"-"还可以作为单目运算符，以表示某个数的正、负。

阅读下面的代码：

```
001    int a = 5, b = -2;
002    long c = 20, d = 10, m;
003    float f1 = 3.2F, f2 = -2F, f3;
004    m = a + b;                  // 合法，m=3L
005    m = -c + -b;                // 合法，m=-18L
006    m = +b - d - a;             // 合法，m=-17L
007    m = a / b - 2 * a;          // 合法，m=-12L
008    m = b - 2a;                 // 非法，乘号不能省略
009    m = a / (b - a) * d;        // 合法，m=0L
010    m = a % b;                  // 合法，m=1L（商为-2，余数为1）
011    m = a % f1;                 // 非法，float 型不能赋给 long 型
012    m = (long)a + f1;           // 非法，同上（"+"优先级比强制转换低）
013    m = (long)(a + f1);         // 合法，m=8L
014
015    f3 = -a / b * 1.0f;         // 合法，f3=2.0F（整除）
016    f3 = 1.0f * a / b;          // 合法，f3=-2.5F（精确除）
017    f3 = a % f1;                // 合法，f3=1.8F
018    f3 = f1 / f2;               // 合法，f3=-1.6L（精确除）
019    f3 = (f1 - 0.1F) / f2;      // 合法，f3=-1.5500001L（结果不准确）
020    f3 = f1 % f2;               // 合法，f3=1.2L
```

几点说明：

（1）与数学中一样，乘除优先级高于加减并具有左结合性（第7、9行）。但+、-分别用作取正、取负时的优先级高于乘除，并具有右结合性（第5行）。

（2）对负数取正无效（第6行）。

（3）乘号不能省略，否则视为语法错误（第8行）。

（4）对于"/"，若参与运算的均为整数则做整除（第7行），否则做精确除（第18行）。

（5）若整除时两个数的符号相反，则余数符号与被除数相同，并向零靠近（第7行）。

（6）对于"%"，若参与运算的两个数（假设分别为 a 和 b）均为整数[1]，则结果为整除所得的余数（第10行），否则结果为 a-(b*q)，其中 q=(int)(a/b)，如第17行。

（7）不同类型相遇时，小类型被自动提升为大类型，运算结果为大类型（第15行）。

（8）因浮点型有精度限制，故除法（包括%）的结果可能不准确（第19行）。

作为双目运算符，"+"还具有拼接字符串的功能。

【例3.1】 "+"运算符演示（见图3-1）。

图3-1 "+"运算符演示

---

[1] 这与 C 语言不一致，C 语言要求参与"%"运算的必须是整数。为避免不必要的复杂性，一般不要在 Java 中对浮点型数据做取余运算。

AddDemo.java
```
001    public class AddDemo {
002        public static void main(String[] args) {
003            int a = 1, b = 3;
004            char c = '我';                    // "我"字符的 Unicode 编码为 25105
005            System.out.print(a + b + c + "\t");      // 打印后不换行
006            System.out.print(a + b + "我" + "\t");
007            System.out.print("I am " + true + "\t");
008            System.out.print("我" + a + b + "\t");
009            System.out.print("我" + (a + b) + "\t");
010            System.out.print("我" + (a + "" + b));
011        }
012    }
```

几点说明：

（1）当"+"两侧都是数值（包括字符）型时，完成的是相加而非拼接（第5行）。

（2）当"+"两侧都是字符串时，直接拼接。若仅有某一侧是字符串，系统会自动将另一侧的值转换为对应的字符串形式，并拼接二者。

（3）以"+"拼接字符串的方式存在一定的性能损失，不要过多使用（特别是在循环结构中）。此时可采用 StringBuilder 或 StringBuffer 类（见第14章）。

3.3.2 自增与自减

"++"和"－－"均是单回运算符，分别称为自增和自减运算符，它们的作用是将某个变量的值加1或减1后存回该变量。根据出现的位置不同，自增和自减运算符各自都有两种形式——前置和后置形式，具有不同的意义。下面以"++"为例来讲解，对于"－－"也是类似的。

1．前置自增

若"++"位于变量之前，如式子"++i"，此时称为前置自增运算符——将 i 自增1，然后用增1后的值参与式子的运算。

2．后置自增

若"++"位于变量之后，如式子"i++"，此时称为后置自增运算符——用 i 的原值参与式子的运算，然后将 i 自增1。

阅读下面的代码：

```
001    int i = 1, m;
002    5++;              // 非法
003    (i+i)++;          // 非法
004    i++;              // i=2，等价于 i=i+1
005    i = 1;
006    ++i;              // i=2，等价于 i=i+1
007    i = 1;
008    m = i++;          // m=1，i=2。等价于 m=i 及 i++
009    i = 1;
010    m = ++i;          // m=2，i=2。等价于 i++ 及 m=i
011    i = 1;
```

```
012        m = (++i) + (++i) + (++i);      // m=2+3+4=9, i=4
013        i = 1;
014        m = (i++) + (i++) + (i++);      // m=1+2+3=6, i=4
015        i = 1;
016        m = i + (++i) + (i++);          // m=1+2+2=5, i=3
017        m = m++;                        // m=5
018        m = ++m;                        // m=6
```

几点说明：

（1）只能对变量而不能对常量和式子进行自增或自减（第 2、3 行）。

（2）自增和自减运算符的使用场合相对固定，如 for 循环的第 3 个式子等（见第 4 章），其他地方应尽量使用常规的加减法形式，除非仅仅想对某个变量自增或自减 1 而不参与其他式子的运算（第 4、6 行）。

（3）尽量不要在一个式子中多次对同一变量使用自增或自减运算符，以免降低代码的可理解性（第 12、14、16 行）。

（4）无论前置还是后置形式，相应变量总要被自增或自减 1（第 12、14、16 行）。

（5）尽量不要对变量自增或自减后赋给相同变量（第 17、18 行）。

3.4 关系和条件运算符

3.4.1 关系运算符

关系运算符均是双目运算符，用于比较两个操作数的大小关系，具体包括 6 个：==、!=、>、>=、<和<=。分别用于判断两个操作数的值是否为相等、不相等、大于、大于等于、小于和小于等于的关系，故关系运算符构成的式子的值是 boolean 类型。阅读下面的代码：

```
001        boolean b1 = false, b2 = true, result;
002        int m = 2, n = 3;
003        char c = 'A';
004        float f = 3.00000003F;
005        result = b1 == m;               // 非法
006        result = b1 >= b2;              // 非法
007        result = m < n < f;             // 非法
008        result = m != n;                // result=true
009        result = m < 3;                 // result=true
010        result = ++m < 3;               // result=false（3<3），m=3
011        result = b1 != b2;              // result=true
012        result = b1 == b2;              // result=false
013        result = b1 = b2;               // result=true（赋值，从右向左），b1=true
014        result = c > n;                 // result=true
015        result = n == f;                // result=true（f=3.0）
016        result = n - 2.12 == 0.88;      // result=false（3-2.12=0.879 999 999 999 999 9）
```

几点说明：

（1）关系运算符的优先级低于算术运算符，前者内部，==和!=的优先级低于其他4个。

（2）boolean型不能被转换为数值型，故其不能与其他基本类型进行关系运算（第5行）。此外，两个boolean型数据间只能进行相等或不相等的比较（第6行）。

（3）不能用数学中"a<b<c"的形式来连续比较数值型（第7行）[1]，因为式子"a<b"的值是boolean型，不能与数值型c比较。此时应当用3.5节的逻辑运算符来连接。

（4）注意"=="与"="运算符的区别（第12、13行）。

（5）由于精度限制，尽量不要使用关系运算符在整型与浮点型、浮点型与浮点型之间做直接的大小比较，否则可能得到非预期的结果（第15、16行）[2]。

（6）尽量不要用"=="判断两个字符串是否相等，而应使用String类的equals方法（见第14章）。

3.4.2　条件运算符

条件运算符是指"? :"——Java中唯一的三目运算符，其使用"?"和":"隔开3个式子，格式如下：

式子1 ? 式子2 : 式子3

条件运算符的逻辑是：若式子1成立，则取式子2的值作为整个式子的值，否则取式子3的值。因整个式子的取值取决于式子1是否成立，故式子1也被称为条件，且其值必须是boolean型。阅读下面的程序：

```
001    boolean b1 = false, b2 = true, b;
002    int m = 2, n = 3, max, maxOrMin;
003    b = b1 == true ? false : true;       // b=true（将 b1 取反赋给 b），b1 不变
004    b = b2 ? false : true;               // b=false（将 b2 取反赋给 b），b2 不变
005    max = m > n ? m : n;                 // max=3（将 m 和 n 的较大者赋给 max）
006    // 条件运算符的结合性是从右向左的，因此第 9 行代码等价于第 7 行代码
007    // maxOrMin = b2 ? (m > n ? m : n) : (m < n ? m : n);
008    // 其具体逻辑请读者分析
009    maxOrMin = b2 ? m > n ? m : n : m < n ? m : n;
010    max = m++ > n ? m-- : ++n;// max=4，m=3（m--未执行），n=4
```

条件运算符能够实现简单的选择逻辑（见第4章），其代码往往较选择结构更简洁。此外，条件运算符的优先级几乎是最低的——只比赋值运算符高，故通常不需要对3个式子加圆括号，但若式子中存在多个条件运算符，则最好加上圆括号。

3.5　逻辑运算符

逻辑运算符具体包括3个：!、&&和||。它们均要求参与运算的式子的值为boolean型，并且整个式子的值也是boolean型，具体运算规则如表3-2所示，其中A、B均是值为boolean型的式子。

1　C语言允许这样写，但结果可能与预期不一致，如"2<1<3"结果为1（即成立）。

2　若确实需要比较，可以判断两个数之差的绝对值是否小于某个值（如0.000 000 1），若小于，则认为相等。

表 3-2　逻辑运算符的运算规则

运　算　符	使 用 格 式	运　算　规　则
!（逻辑非）	!A	若 A 为 true，则整个式子为 false，否则为 true
&&（逻辑与）	A&&B	只有当 A、B 同为 true 时，整个式子才为 true，其他情况均为 false
‖（逻辑或）	A‖B	只有当 A、B 同为 false 时，整个式子才为 false，其他情况均为 true

阅读下面的代码：

```
001    int a = 2, b = 3, c = 6;
002    boolean aIsMin, aIsNotMin, isOrdered, t = false;
003    t = !t;                    // t=true，"="右边等价于 t==false
004    t = !!t;                   // t=true（不变）
005    t = !(t == true);          // t=false，"="右边等价于 t!=true
006    t = a && b;                // 非法
007    // aIsMin=true，判断 a 是否是最小者（与第 10 行互为"补集"）
008    aIsMin = a <= b && a <= c;
009    // aIsNotMin=false，判断 a 是否不是最小者
010    aIsNotMin = a > b || a > c;
011    // isOrdered=true，判断 a、b、c 是否严格有序
012    isOrdered = (a > b && b > c) || (a < b && b < c);
```

几点说明：

（1）! 是单目运算符，其优先级高于四则运算符和关系运算符，且具有右结合性。

（2）&&的优先级高于‖，故可将第 12 行中的两对圆括号去掉，但不推荐这样做。

（3）与 C 语言不同，不能对非 boolean 型数据进行逻辑运算，如第 6 行。

（4）与数学中的补集运算类似，式子"A&&B"不成立等价于"A 不成立‖B 不成立"，式子"A‖B"不成立则等价于"A 不成立&&B 不成立"，如第 8、10 行。

对于式子"A&&B"，若 A 为 false，则无论 B 是否成立，整个式子的值都能确定（false），故此时式子 B 不会被执行。类似地，对于式子"A‖B"，若 A 为 true，则式子 B 也不会被执行。以上称为逻辑运算符的短路（Short Circuiting）规则[1]。阅读下面的代码：

```
001    int m = 2, n = 3;
002    boolean b;
003    b = m > n && ++m > 0;      // b=false，m 不变
004    b = m < n || ++m < n++;    // b=true，m、n 均不变
005    b = ++m >= n++ || m++ > 0; // b=true，m=3，n=4
```

3.6　位运算符

位运算符的操作对象是二进制位，并要求操作数必须是整数（或字符）型。位运算符使用相对较少，可分为两类——按位运算符和移位运算符。

3.6.1　按位运算符

按位运算符依次对操作数的每位进行运算，具体包括 4 个：～、&、| 和^。

---

1 可以把 A 和 B 想象成两个电路开关，A&&B 相当于开关的串联，A‖B 则相当于开关的并联。

1．按位非：～

按位非是位运算符中唯一的单目运算符，其对操作数的每个二进制位进行"非"运算——0变1、1变0，如图3-2（a）所示。

2．按位与：&

按位与对两个操作数的每对二进制位分别进行"与"运算——只有1和1相遇，结果才为1，其他情况均为0。按位与运算符可以实现对整数A的某些二进制位清0，其余位不变。为了达到这样的效果，需要选取合适的整数B——将B对应于A要清0的位的那些位设为0，其余位设为1，此时的整数B称为掩码（mask），如图3-2（b）所示。

3．按位或：|

按位或对两个操作数的每对二进制位分别进行"或"运算——只有0和0相遇，结果才为0，其他情况均为1。按位或运算符可以实现对整数A的某些二进制位置1，其余位不变，将掩码B对应于A要置1的位的那些位设为1，其余位设为0，如图3-2（c）所示。

4．按位异或：^

按位异或对两个操作数的每对二进制位分别进行"异或"运算——相异为真（1），即1和0或者0和1相遇，结果为1，其他情况均为0。按位异或运算符可以实现对整数A的某些二进制位取反，其余位不变，将掩码B对应于A要取反的位的那些位设为1，其余位设为0，如图3-2（d）所示。

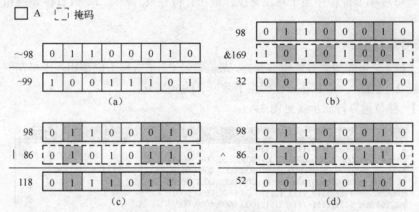

图3-2 按位运算符的运算规则[1]

【例3.2】 按位运算符演示（见图3-3）。

图3-3 按位运算符演示

BitDemo.java

```
001    public class BitDemo {
002        public static void main(String[] args) {
003            int a = 98, mask;
004            System.out.print("~" + a + "=" + ~a + "        ");
```

---

1 假设操作数均为 int 型，图 3-2 中只给出了它们的低 8 位，高 24 位均为 0。对于图 3-2（a），结果的高 24 位均为 1。

```
005          mask = 169;
006          System.out.print(a + "&" + mask + "=" + (a & mask) + "      ");
007          mask = 86;
008          System.out.print(a + "|" + mask + "=" + (a | mask) + "      ");
009          mask = 86;
010          System.out.print(a + "^" + mask + "=" + (a ^ mask));
011      }
012  }
```

3.6.2 移位运算符

移位运算符将操作数对应的二进制位向左或向右移动若干位，具体包括 3 个：<<、>>、>>>。它们均是双目运算符，运算符左侧是要移动的数，右侧是移动位数，如 a<<3。

1. 有符号数左移：<<

每移动 1 位，二进制数的最高位被舍弃，最低位补 0。在没有产生溢出的前提下，每左移 1 位都相当于将左侧操作数（有符号数）乘以 2，故左移 n 位相当于乘以 2 的 n 次方。

2. 有符号数右移：>>

每移动 1 位，二进制数的最低位被舍弃，最高位补原来的最高位（即符号扩展），以保持数的符号不变。每右移 1 位都相当于将左侧操作数（有符号数）整除 2，故右移 n 位相当于整除 2 的 n 次方。

3. 无符号数右移：>>>

每移动 1 位，二进制数的最低位被舍弃，最高位补 0。每右移 1 位都相当于将左侧操作数（无符号数）除以 2（整除），故右移 n 位相当于除以 2 的 n 次方。

【例 3.3】 移位运算符演示（见图 3-4）。

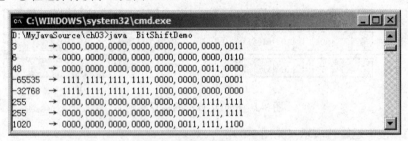

图 3-4　移位运算符演示

BitShiftDemo.java
```
001  public class BitShiftDemo {
002      public static void main(String[] args) {
003          int a = 3, b;
004          b = a << 1;              // b=6, a 不变
005          printBits(a);
006          printBits(b);
007          a = a << 4;              // a=3*16=48
008          printBits(a);
```

```
009          a = -0xFFFF;           // a=-65 535
010          printBits(a);
011          a >>= 1;               // a=-32 768
012          printBits(a);
013          b = a;                 // b=-32 768
014          a >>>= 24;             // 将 a 当作无符号数右移 24 位，a=255
015          printBits(a);
016          a = b;                 // a=-32 768
017          a >>>= 56;             // 56 的低 5 位为 24（即 56%32），故与第 14 行等价
018          printBits(a);
019          a <<= -126;            // -126（补码）的低 5 位为 2，故相当于将 a*4
020          printBits(a);
021      }
022
023      static void printBits(int n) { // 打印 n 的二进制形式的方法（见第 6 章）
024          int mask = 0x80000000;         // 做掩码用，最高位=1，低 31 位均为 0
025          int i = 1;                     // 循环计数器
026          System.out.print(n + "\t→ ");
027          while (i <= 32) {              // 循环 32 次（int 型占 32 位）（见第 4 章）
028              // n 与 mask 按位与，结果是否为 0（32 位均为 0）取决于 n 的最高位
029              // 若结果为 0（说明 n 的最高位为 0），则打印 0，否则（n 的最高位为 1）打印 1
030              System.out.print((n & mask) == 0 ? "0" : "1");
031              // 每 4 位打印一个逗号以分隔二进制数（最后一个逗号不打印）
032              System.out.print((i % 4 == 0) && (i != 32) ? "," : "");
033              mask >>>= 1;               // 修改掩码（高位的 1 向右移），以测试 n 的下一位
034              i++;                       // 修改循环计数器
035          }
036          System.out.println();          // 注意此行不受循环控制
037      }
038  }
```

几点说明：

（1）移位操作并不改变被移动的操作数，除非将结果存回去，如第 4、7 行。

（2）若对 byte、short 和 char 型数据移位，则数据会自动转换成 int 型。

（3）移动位数 n 可以是任何整数（包括负数），但实际取其低 5 位值（即 0～31，对 int 型移位）或低 6 位值（即 0～63，对 long 型移位），如第 17、19 行。

本章至此介绍了 Java 中大部分的运算符，剩下的几个因涉及其他内容，故在后续章节讨论。初学者应重点关注运算符的功能和使用时需要注意的事项，而不要关注它们的优先级与结合性。

3.7 表达式

表达式（Expression）相当于自然语言中的短语，通常由常量、变量及运算符组成。本章前述的"式子"即表达式。

表达式是有类型的，一般来说，一个表达式中最后被运算的部分决定了整个表达式的类型。

例如，表达式"a=b+c"是赋值表达式，而表达式"(a=b)+c"是算术表达式。此外，任何表达式都有一个值，故表达式可以嵌套——只要表达式的值符合运算符的相应规定，该表达式就可以作为另一个表达式的操作数。具体来说，赋值表达式的值是赋值运算符右边表达式的值，其他类型表达式的值则为相应的运算结果。表 3-3 列出了常见类型的表达式及它们各自的值（以 Exp 表示）。

表 3-3 常见类型的表达式及其值

表达式类型	示　　　例	

赋值表达式	a=b=1+2
	a*=b+4
	c=!(d=(1>2))
		// b=3, a=3, Exp=3
		// a=21, Exp=21
		// d=false, c=true, Exp=true

算术表达式	(i=4)*(−−i)
	i−−
	++i
	i*3%4
		// i=3, Exp=12
		// i=2, Exp=3
		// i=3, Exp=3
		// i=3, Exp=1

关系表达式	false==(1>=2?true:false)	// Exp=true
条件表达式	false==1>=2?true:false	// Exp=true

逻辑表达式	true && (i=6)>9
	++i%7==0 ‖ −−i<5
	!(i%7==0) && −−i<5
	!(i%7==0 && −−i<5)
		// i=6, Exp=false
		// i=7, Exp=true
		// i=7, Exp=false
		// i=6, Exp=true

按位表达式	(a=2) & -1 a ^ a	// a=2, Exp=2 // a=2, Exp=0
移位表达式	(a=3) << a	// a=3, Exp=24

除了由常量、变量及运算符组成的表达式之外，表达式还可能包含方法调用、对象创建等，这些内容将在第 6 章介绍。

习题 3

一、简答题

（1）什么是逻辑运算符的短路规则？

（2）当表达式中出现较多的运算符时，应如何提高代码可读性？

（3）逻辑运算符与位运算符有何区别？

（4）对于任意整数 m，表达式 m<<1 的结果是否一定是 2*m？为什么？

（5）哪些运算符组成的表达式的值是布尔值？

（6）设 int i; char ch;，写出满足以下要求的表达式。

① 判断 i 是否为奇数。

② 判断 i 是否为 3 位的十进制数。

③ 判断 ch 是否为十进制数字字符。

④ 判断 ch 是否为十六进制数字字符。

⑤ 判断 ch 是否为英文字母。

⑥ 计算十进制数字字符 ch 对应的数值。

⑦ 计算十六进制数字字符 ch 对应的数值。

二、阅读程序题

（1）设 a、b 为 int 型，c、d 为 double 型，判断下列表达式的合法性（若非法请说明原因）。

① a + c +++ d　　② (a + b) −−　　③ c << b　　④ a ++ ? c : d

（2）设 int a=3, b=5;，计算下列表达式及相关变量的值（各表达式彼此无关，下同）。

① (a + b) % b   ② b >> a   ③ −b >>> a   ④ a & b   ⑤ ++a-b ++

（3）设 int   x=3, y=17;   boolean   flag=true;，计算下列表达式及相关变量的值。

① x + y * x −−   ② −x * y +y   ③ x < y && flag   ④ !flag && x++

⑤ y != ++x ? x : y   ⑥ y++ / −−x   ⑦ −y >>> 3

实验 2 运算符与表达式

【实验目的】

（1）熟练掌握各种运算符的功能及使用要求。

（2）理解表达式及其值的概念。

【实验内容】

（1）运行下列程序，并分析无论 *a*、*b* 为何值，result 值始终为 0 或 1 的原因。若要计算数学式 $2ab/(a^2 + b^2)$ 的值，应如何修改代码？

```
001    public class Exam2_1 {
002        public static void main(String[] args) {
003            int a = 2, b = 3, result;
004            result = 2 * a * b / (a * a + b * b);
005            System.out.println("result=" + result);
006        }
007    }
```

（2）交换两个变量的值（不允许使用中间变量）。

（3）逆序输出一个 7 位整数，如 8 639 427 输出为 7 249 368（不允许使用循环语句）。

（4）对于 int 型变量 a，以最快的速度计算 34*a 的值。

（5）字符型变量 ch 中存放着一个大小写未知的英文字母，判断其大小写后，将 ch 的值转换为小写或大写字母（不允许使用加减运算符和 if 语句）。

（6）使用嵌套的条件运算符，求 a、b、c 中的最大者。

第 4 章　程序流程控制

通常，代码在文件中出现的顺序就是它们被执行的顺序，显然，这样的程序能完成的功能非常有限。流程控制允许程序有选择性地跳过或重复执行某些特定的代码，从而改变程序的执行流程。本章介绍 Java 的流程控制语句，它们的语法结构与 C/C++非常类似。

4.1　语句及语句块

语句（Statement）相当于自然语言中的句子，是程序的基本执行单元，具体分为以下 4 种。

（1）表达式语句：表达式后跟一个分号[1]。这些表达式包括：

① 赋值表达式，如 "i = 3;"。

② 自增或自减表达式，如 "i++;"、"--i;"。

③ 方法调用，如 "System.out.println("Hi");"。

④ 创建对象，如 "new　Integer(10);"。

（2）声明性语句：变量声明后跟一个分号，如 "char　ch;"、"int　a=1;"。

（3）流程控制语句：用以控制程序执行流程的语句，如 4.2 节中的 if 语句。

（4）空语句：只有一个分号的语句。

有时需要将连续的多条语句当作一个整体——以一对花括号括起来，这些语句连同花括号一起被称为语句块（Block），有时也称为复合语句。语句块具有以下特点：

（1）语句块可以不包含任何语句，此时称为空语句块（注意与空语句的区别）。

（2）可以在语句块内声明变量，但该变量只在语句块内部有效。

（3）语句块内部声明的变量不能与之前外部声明的变量重名（这与 C/C++不一致）。

（4）在语句块内部可以访问之前在外部声明的变量。

（5）语句块可以嵌套，并列的多个语句块内部可以声明重名的变量。

【例 4.1】　语句块演示。

```
BlockDemo.java
001    public class BlockDemo {
002        public static void main(String[] args) {
003            {   // 语句块 1（空语句块）
004            }
005            int a = 1;
006            {   // 语句块 2
007                System.out.println(a);          // 访问语句块外的变量 a，打印 1
008                int i = 2;    // 在语句块内声明变量
009                int a = 3;    // 非法（与语句块外的变量 a 重名）
```

---

[1] 注意，在 Java 中，不是所有的表达式都能跟一个分号以构成语句，如 "i+1;"、"2;" 等均是非法语句（在 C/C++中是合法的）。可以这样理解，Java 中的语句必须完成有意义的操作。

```
010                   {  // 语句块 3（嵌套在语句块 2 内部）
011                       System.out.println(a);      // 打印 1
012                   }
013               }
014           System.out.println(i);    // 非法（此处不能访问语句块 2 中的变量 i）
015           {  // 语句块 4（与语句块 1、2 并列）
016               int i = 4;   // 与语句块 2 中的变量 i 重名
017               System.out.println(i);       // 打印 4
018           }
019       }
020   }
```

4.2   分支结构

分支结构也称为选择结构，其特点是：根据某个表达式的成立与否（或不同取值），让程序执行不同的分支。分支结构具体包含 3 种语句——if 语句、if-else 语句及 switch 语句。

4.2.1   if 语句

  if 语句的执行流程如图 4-1 所示，即当条件成立时，执行某个语句或语句块[1]，否则跳过它们，什么都不执行。if 语句的语法格式如下：

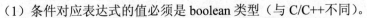

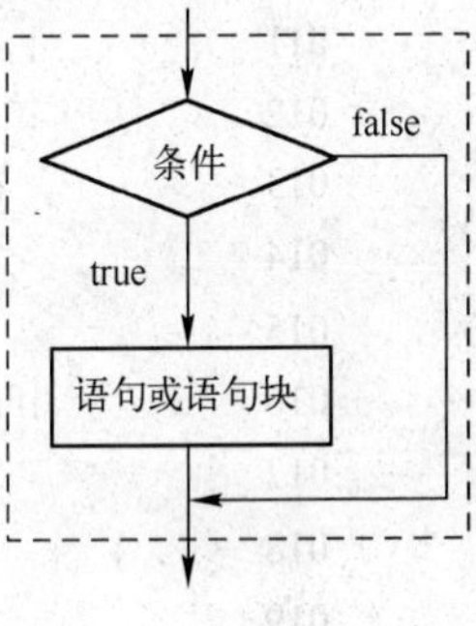

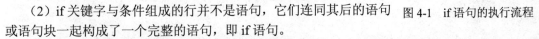

图 4-1   if 语句的执行流程

  if(条件)
    语句或语句块

几点说明：

  （1）条件对应表达式的值必须是 boolean 类型（与 C/C++不同）。

  （2）if 关键字与条件组成的行并不是语句，它们连同其后的语句或语句块一起构成了一个完整的语句，即 if 语句。

  （3）若要让 if 控制多条语句，这些语句必须被置于一对花括号中以构成语句块，否则 if 只控制其后的第 1 条语句[2]，而后面的语句并不受 if 控制。

  （4）不要在右圆括号后加分号。若加了，并不会出现语法错误，但此时 if 控制的是一条空语句，而原本想控制的语句或语句块则不受 if 控制。

  （5）if 控制的语句应尽量采取缩进形式[3]，以提高代码的可读性。具体做法是：受控语句行相对于 if 关键字的所在列向右缩进 4 个或 8 个空格，属于同一级别的语句行应对齐。此外，语句块的起始花括号可以放在 if 起始行的最后（通常采用这种风格），也可以单独占一行，但结束花括号最好单独占一行。

  上述说明也适用于后面介绍的大部分流程控制语句，此后不再赘述。

---

1 通常称该语句或语句块受 if 控制，这种叫法也适用于其他流程控制语句。

2 一个良好的编程习惯是，即使只想让 if 控制一条语句，也应将该语句置于花括号中，这样可使程序结构更加清晰，也方便将来增加新的受控语句。对于其他流程控制语句也应如此，具体参见附录 C。

3 缩进是学习任何编程语言都应具备的基本素质之一，事实上，除了流程控制语句外，在定义类和方法时也应该缩进。尽管缩进与否并不会影响程序的运行结果，但不缩进的代码通常很难阅读。读者在初学时就应养成正确的缩进习惯。此外，IDE 一般会提供自动格式化（即缩进）代码的功能。

【例 4.2】 if 语句演示（见图 4-2）。

图 4-2　If 语句演示

IfDemo.java

```
001    public class IfDemo {
002        public static void main(String[] args) {
003            int a = 1, b = 2;
004            if (a < b)                              // true
005                System.out.print("a<b\t");          // 执行
006            if (a > b)                              // false
007                System.out.print("a>b\t");          // 不执行
008            if (a<b) {                              // true
009                System.out.print("+++\t");          // 执行
010                System.out.print("---\t");          // 执行（属于语句块）
011            }
012            if (a>b)                                // false
013                System.out.print("***\t");          // 不执行
014            // 执行（缩进对程序运行没有影响，下一行不受第 4 个 if 控制）
015            System.out.print("///\t");
016            if (a>b);                               // false，此 if 控制的是空语句
017                System.out.print("%%%");            // 执行
018        }
019    }
```

4.2.2　if-else 语句

if-else 语句的执行流程如图 4-3 所示，即当条件成立时，执行语句或语句块 A，否则执行 B。if-else 语句的语法格式如下：

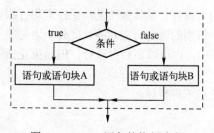

图 4-3　if-else 语句的执行流程

```
if(条件)
    语句或语句块 A
else
    语句或语句块 B
```

几点说明：

（1）语句或语句块 A 和 B 二者是互斥的，即必有且仅有一个被执行。

（2）else 之前必须有与其匹配的 if，前者不能单独出现。

（3）if 与 else 之间若有多条语句，则必须置于一对花括号中，否则视为语法错误。

【例 4.3】 if-else 语句演示（见图 4-4）。

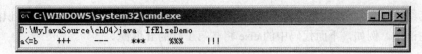

图 4-4　if-else 语句演示

IfElseDemo.java

```
001    public class IfElseDemo {
002        public static void main(String[] args) {
003            int a = 1, b = 2;
004            if (a > b)                           // false
005                System.out.print("a>b\t");       // 1 条语句可以不加花括号
006            else
007                System.out.print("a<=b\t");      // 执行（此行受 else 控制）
008
009            if (a < b) {                         // true
010                System.out.print("+++\t");       // if 与 else 之间的多条语句必须加花括号
011                System.out.print("---\t");
012            } else;                              // 加了分号并不会有语法错误
013                System.out.print("***\t");       // 执行（此行不受 else 控制）
014
015            if (a > b)                           // false
016                System.out.print("@@@\t");
017            else {
018                System.out.print("%%%\t");       // else 控制多条语句也必须加花括号
019                System.out.print("!!!\t");
020            }
021        }
022    }
```

4.2.3 if 及 if-else 的嵌套

if 和 if-else 语句都能嵌套自身或互相嵌套，即它们控制的语句包含了 if 或 if-else 语句。阅读图 4-5 虚线框中的代码。

001	if (a>b)		001	if (a>b)		001	if (a>b)
002	if (b>c)		002	if (b>c)		002	if (b>c)
003	语句或语句块 A		003	语句或语句块 A		003	语句或语句块 A
004	else		004	else		004	else
005	语句或语句块 B		005	语句或语句块 B		005	语句或语句块 B

图 4-5　else 与 if 匹配的两种理解

请读者思考：从整体上看，虚线框中的代码（故意未缩进）是 if 语句还是 if-else 语句？问题的关键在于第 4 行的 else 与之前的哪个 if 匹配——若与第 1 行的 if 匹配，则是 if-else 语句；若与第 2 行的 if 匹配，则是 if 语句。这两种理解方式所对应的逻辑是完全不一样的。

Java 中 else 与 if 的匹配规则和 C 语言一样——else 总是与之前最近的、未被匹配的 if 相匹配，即上述两种理解方式的后一种。也可以这样看：第 2～5 行是一个完整的 if-else 语句，其受第 1 行的 if 控制。

当嵌套结构较为复杂时,为提高代码的可读性,编程者应尽量使用花括号显式标识出 if 和 else 各自控制的语句。例如,下面代码中的 else 将与第 1 行的 if 匹配。

```
001    if(a>b) {
002        if(b>c)
003            语句或语句块 A
004    } else {
005        语句或语句块 B
006    }
```

【例 4.4】 if 及 if-else 语句的嵌套演示(见图 4-6)。

图 4-6 if 及 if-else 语句的嵌套演示

NestedIfElseDemo.java

```
001    public class NestedIfElseDemo {
002        public static void main(String[] args) {
003            int a = 1, b = 2, c = 3, d = 4;
004            if (a < b)                          // true
005                if (c > d)                      // false
006                    System.out.print("A");
007                else
008                    System.out.print("B");      // 打印 B
009
010            if (a < b) {                        // true
011                if (c < d)                      // true
012                    System.out.print("C");      // 打印 C
013            } else
014                System.out.print("D");
015
016            // 依次判断多个条件。一旦某个条件为 true,执行完相应语句或语句块后退出整
017            // 个结构。若所有条件都不成立,则执行最后的 else 控制的语句或语句块。为方
018            // 便读者理解,采用了规范的缩进(因过深,故实际常缩进为第 31~38 行的格式)
019            if (a > b)                          // false
020                System.out.print("E");
021            else
022                if (a > c)                      // false
023                    System.out.print("F");
024                else
025                    if (c < d)                  // true
026                        System.out.print("G");  // 打印 G
027                    else
028                        System.out.print("H");
```

```
029
030         // 下面的结构与上一结构完全等价
031         if (a > b)                          // false
032             System.out.print("E");
033         else if (a > c)                     // false
034             System.out.print("F");
035         else if (c < d)                     // true
036             System.out.print("G");          // 打印 G
037         else
038             System.out.print("H");
039     }
040 }
```

4.2.4 switch 语句

switch 语句又称为开关语句，是一种多分支语句，其执行流程如图 4-7 所示（灰色背景标识的部分是可选的），即将表达式的值依次与值 1、值 2、……、值 n 进行比较，若某次比较相等，则执行相应的语句或语句块。每个语句或语句块都可以跟一个 break 语句——break 关键字加一个分号，以结束整个 switch 语句。若表达式的值与给定的 n 个值均不相等，则执行默认语句或语句块（若存在），整个 switch 语句也执行结束。switch 语句的语法格式如下：

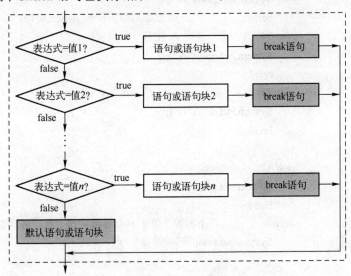

图 4-7　switch 语句的执行流程

```
switch (表达式) {
    case  值 1: 语句或语句块 1
            [break;]

    case  值 2: 语句或语句块 2
            [break;]

    ...
```

```
case   值 n: 语句或语句块 n
                [break;]

[default:   默认语句或语句块
                [break;]]
}
```

【例 4.5】 switch 语句演示（见图 4-8）。

图 4-8   switch 语句演示

SwitchDemo.java

```
001    public class SwitchDemo {
002        public static void main(String[] args) {
003            char answer = 'A';              // char 型
004            float score = 48;               // float 型
005            switch (answer) {               // char 型自动提升为 int 型
006                case 'B':                   // 直接常量（case 子句控制的多条语句可以不加花括号）
007                    System.out.print("B");
008                    break;                  // 立即结束所在的 switch 语句，下同
009                case 64 + 1:                // 相等（常量表达式）
010                    System.out.print("A");
011                    break;
012                case 'D': {                 // 花括号可以省略
013                    System.out.print("D");
014                    break;
015                }
016                case 'C':
017                    System.out.print("C");
018                    break;
019                default:    // 均不相等（位于 switch 最后的子句，可以省略 break 语句）
020                    System.out.print("错误答案！");
021            }
022            System.out.print("\t");
023            switch (answer) {
024                case 'B':
025                    System.out.print("B");
026                case 'A':    // 相等（此后不再比较，继续执行后面的 case 子句）
027                    System.out.print("A");
028                case 'D':
029                    System.out.print("D");
030                case 'C':
031                    System.out.print("C");
```

```
032                  break;      // 到这里才结束 switch 语句
033              default:
034                  System.out.print("错误答案！");
035          }
036          System.out.print("\t");
037          if (score >= 0 && score <= 100) {           // 判断分数范围
038              switch (((int) score) / 10) {           // 强制取整后进行整除
039                  case 0:
040                  case 1:
041                  case 2:
042                  case 3:
043                  case 4:
044                  case 5:        // 0～59
045                      System.out.print("不及格");
046                      break;
047                  case 6:        // 60～69
048                      System.out.print("及格");
049                      break;
050                  case 7:        // 70～79
051                      System.out.print("中等");
052                      break;
053                  case 8:        // 80～89
054                      System.out.print("良好");
055                      break;
056                  case 9:
057                  case 10:       // 90～100
058                      System.out.print("优秀");
059              }
060          } else {               // 超过范围
061              System.out.print("分数小于 0 或大于 100！");
062          }
063      }
064  }
```

几点说明：

（1）表达式的值及各 case 关键字后的值必须是 int 型或枚举类型[1]，若是 byte、short 和 char 型，则自动提升为 int 型。

（2）各 case 关键字后的值必须是直接常量（如 2）、final 常量或常量表达（如 1+2），且不能重复出现。此外，值与 case 关键字之间至少要有 1 个空格。

（3）case 关键字、值、冒号连同冒号后的语句或语句块一起称为 case 子句（Clause），类似的还有 default 子句。

（4）switch 语句可以有零至多个 case 子句，但至多有一个 default 子句。

---

1 枚举类型见第 6 章。值得一提的是，JDK 7.0 中的 switch 语句开始支持字符串型。

（5）case 和 default 子句可以不含任何语句或语句块，但冒号不能省略。

（6）case 和 default 子句控制的多条语句可以不放在花括号中。

（7）如果表达式的值与某个 case 子句中的值相等，执行完相应语句或语句块后，若没有遇到 break 语句，则此后不再比较，而直接执行后面的 case 和 default 子句，直至遇到 break。

（8）若每个 case 和 default 子句最后都有 break 语句，则它们的顺序可以任意交换，而不影响运行结果。通常，default 子句位于所有 case 子句之后，此时 default 子句可以不带 break 语句——执行完 default 子句，switch 语句便结束了。

4.3　循环结构

循环结构的特点是：当条件成立时，重复执行某段代码。循环结构具体包含 3 种语句——while 语句、do-while 语句及 for 语句。

4.3.1　while 语句

while 语句的执行流程如图 4-9 所示，即当条件成立时，重复执行某个语句或语句块，否则结束 while 语句。while 语句的语法格式如下：

while（条件）

    循环体

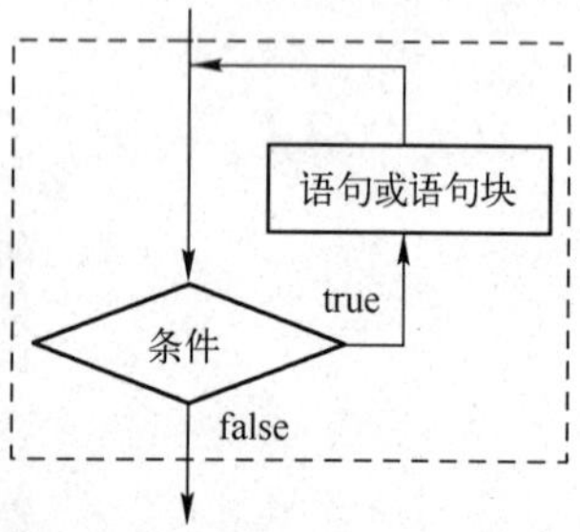

几点说明：

（1）被重复执行的语句或语句块称为循环体（Loop Body）。

（2）条件决定着是否执行循环体，因此也称为循环条件，其对应的表达式的值必须是 boolean 类型。

（3）因先判断条件，再决定是否执行循环体，故 while 语句的

图 4-9　while 语句的执行流程

循环体可能一次都不执行。

（4）进入循环前，通常要为相应的变量赋以合适的初值，这称为循环条件的初始化。

（5）通常不应在右圆括号后加分号。若加了，并不会出现语法错误，但此时循环体是一条空语句，而原本想作为循环体的语句或语句块则不受 while 控制，这很可能导致 while 语句陷入无限循环（也称死循环）而无法结束。

（6）为防止陷入死循环，循环体中应包含使循环条件趋于不成立的语句。

上述说明也适用于后述的两种循环。

【例 4.6】　计算 n 的阶乘（见图 4-10）。

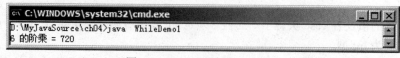

图 4-10　while 语句演示（1）

WhileDemo1.java

```
001    public class WhileDemo1 {
002        public static void main(String[] args) {
003            int factorial = 1;        // 存放累乘积的变量初始化为 1
004            int n = 6, i = 2;         // i 作为循环变量（也称循环计数器）
005            while (i <= n) {          // 计算 2*3*...*n
```

```
006              factorial *= i;          // 累乘
007              i++;                      // 修改 i，以便下一次累乘
008          }
009          System.out.println(n + " 的阶乘 = " + factorial);
010      }
011  }
```

上例中，由于循环前 i 和 n 的值已知，因此循环次数可以预先确定（n−i+1 次）。while 语句也适用于循环次数难以预先确定的场合。例如，利用下列多项式计算圆周率，直至最后一项的绝对值小于或等于 10^{-6}（不含该项）。

$$\frac{\pi}{4} = 1 - \frac{1}{3} + \frac{1}{5} - \frac{1}{7} + \frac{1}{9} - \cdots$$

对于类似的问题，通常通过以下步骤求解：①根据每项的规律找出通项；②用循环对每项进行累加或累乘。

【例 4.7】 计算圆周率（见图 4-11）。

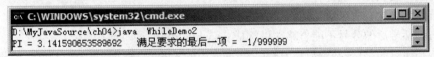

图 4-11 while 语句演示（2）

WhileDemo2.java

```
001  public class WhileDemo2 {
002      public static void main(String[] args) {
003          double pi = 0;                  // 存放累加和的变量初始化为 0
004          double item = 1;                // 当前项（含符号，第 1 项为 1）
005          int deno = 1;                   // 当前项的分母（第 1 项分母为 1）
006          int sign = 1;                   // 当前项的符号（第 1 项符号为正）
007          // 调用了 Math 类的 abs 方法求当前项的绝对值
008          while (Math.abs(item) > 1e-6) {  // 与指数形式的浮点数进行比较
009              pi += item;                 // 累加
010              sign = -sign;               // 计算下一项的符号（正负交替）
011              deno += 2;                  // 计算下一项的分母
012              item = sign * 1.0 / deno;   // 计算下一项（注意 sign/deno 为整除）
013          }
014          pi *= 4;                        // 公式计算的是π/4
015          System.out.print("PI = " + pi + "    满足要求的最后一项 = ");
016          // while 语句结束后，item 是满足要求的最后一项的下一项，故要重新计算其前一项
017          System.out.print((-sign) * 1 + "/" + (deno - 2));
018      }
019  }
```

4.3.2   do-while 语句

如图 4-12 所示，do-while 语句的执行流程与 while 语句类似，即当条件成立时，重复执行循环体，否则结束 do-while 语句。do-while 语句的语法格式如下：

```
do
    循环体
while (条件);
```

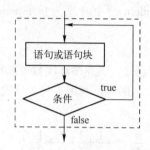

图 4-12　do-while 语句的执行流程

几点说明：

（1）与 while 语句不同的是，do-while 语句先执行循环体再判断循环条件，因此 do-while 语句的循环体至少要执行一次。

（2）若循环体含有多条语句，则必须置于一对花括号中，否则视为语法错误。

（3）右圆括号后的分号不能省略，以构成 do-while 语句。

需要特别注意的是，一些资料将 C/C++和 Java 中的 while 循环称为"当型"循环，而将 do-while 循环称为"直到型"（until）循环，对于后者，笔者并不认同。英语的"do something until ..."从句表达的语义是：当 until 后的条件成立时，停止做某件事情——而这与 do-while 的逻辑恰好相反。直到型循环的称法更适合于 Pascal 语言中的 REPEAT- UNTIL 循环，其与英语的 until 从句表达的语义一致。读者应该牢记——C/C++和 Java 中所有的循环均是在循环条件成立时才重复执行循环体。

【例 4.8】　逆序输出整数（见图 4-13）。

图 4-13　do-while 语句演示

DoWhileDemo.java

```
001    public class DoWhileDemo {
002        public static void main(String[] args) {
003            long n = 987654321;                    // 要逆序输出的整数
004            do {
005                System.out.print(n % 10);          // 打印个位数
006                n /= 10;                           // 整除（去掉个位数）
007            } while (n != 0);                      // n 被整除到 0 时，结束循环
008        }
009    }
```

4.3.3　for 语句

for 语句是使用最为频繁的循环语句，其执行流程如图 4-14 所示：①执行表达式 1；②判断表达式 2 是否成立，若成立，执行循环体，否则结束 for 语句；③执行完循环体后执行表达式 3，然后转②。for 语句的常规语法格式如下：

```
for ([表达式 1]; [表达式 2]; [表达式 3])
    循环体
```

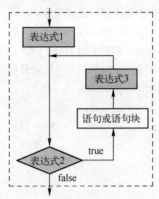

图 4-14   for 语句的执行流程

几点说明：

（1）表达式 1 执行且仅执行一次，通常用于循环条件的初始化，如 i=1。

（2）循环体是否继续执行取决于表达式 2 是否成立，因此 for 语句的循环体可能一次都不执行。与 while 和 do-while 语句的循环条件一样，表达式 2 的值必须是 boolean 型，如 i<10。

（3）表达式 3 在每次执行完循环体之后执行，通常用于修改循环条件，如 i++。

（4）表达式 1 和表达式 2 分别指定了循环条件的起始和结束边界，因此，for 语句较适合于循环次数能预先确定的场合。

（5）可以在表达式 1 中声明变量，该变量只在 for 语句内有效，如：

```
for (int i=1; i<10; i++) {
    // 此处可以访问 i
}
```

（6）表达式 2 和表达式 3 中可以用逗号分隔多个表达式，以方便初始化和修改多个用以控制循环的变量，如：

```
for (i=1, j=10; i<10 && j>1; i++, j--)
    循环体
```

（7）与 while 语句类似，通常不应在右圆括号后加分号，否则可能导致无限循环。

【例 4.9】 计算斐波那契（Fibonacci）数列的前 18 项（见图 4-15）。斐波那契数列的前两项均为 1，后面的每一项均等于该项的前两项之和。

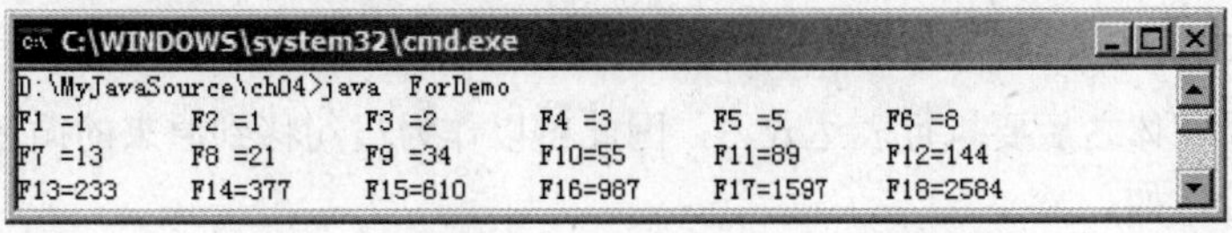

```
C:\WINDOWS\system32\cmd.exe                                    _ □ ×
D:\MyJavaSource\ch04>java  ForDemo
F1 =1        F2 =1        F3 =2        F4 =3        F5 =5        F6 =8
F7 =13       F8 =21       F9 =34       F10=55       F11=89       F12=144
F13=233      F14=377      F15=610      F16=987      F17=1597     F18=2584
```

图 4-15   for 语句演示

ForDemo.java

```
001    public class ForDemo {
002        public static void main(String[] args) {
003            int f1 = 1, f2 = 1;                          // 相邻的两项
```

```
004          for (int i = 1; i <= 9; i++) {              // 循环 9 次（每次求两项）
005              // 为对齐结果，使用了格式化打印方法，与 C 语言的
006              // printf 库函数类似，具体见第 14 章
007              System.out.printf("F%-2d=%-8d", 2 * i - 1, f1);
008              System.out.printf("F%-2d=%-8d", 2 * i, f2);
009              if (i % 3 == 0) {                        // 每打印 6 项换行
010                  System.out.println();
011              }
012              f1 = f1 + f2;                            // 计算下一项（此行与下一行不能交换顺序）
013              f2 = f2 + f1;                            // 继续计算下一项
014          }
015      }
016  }
```

for 语句的 3 个表达式均可以省略（图 4-14 中以灰色背景标识的部分），但分号不能省略，也就是说，for 语句的圆括号内有且仅有两个分号。当省略了表达式时，为了使程序的执行逻辑与省略前一致，需要在合适的位置添加相应的代码，具体如下所述。

1．省略表达式 1

表达式 1 只在进入 for 语句时执行一次，因此可以作为语句移到 for 语句之前，如：

```
001      表达式 1;
002      for ( ; 表达式 2; 表达式 3)              // 省略了表达式 1
003          循环体
```

2．省略表达式 2

表达式 2 决定了是否继续执行循环体，因此可以移到循环体内部判断，如：

```
001      for ( ;  ; 表达式 3) {                   // 省略了表达式 1 和表达式 2
002          if (表达式 2)
003              原来的循环体
004          else
005              break;
006      }
```

新的循环体（第 2~5 行）增加了一个 if-else 语句，并将表达式 2 作为条件，若成立，则执行原来的循环体，否则执行 break 语句（此处的作用是结束 for 语句）——这与省略表达式 2 之前的逻辑是一致的。有关 break 语句出现在循环中的内容将在 4.3.4 节介绍。

3．省略表达式 3

每次执行完循环体之后要执行表达式 3，因此可以作为语句移到原来的循环体之后，并作为新循环体的一部分，如：

```
001      表达式 1;
002      for ( ;  ; ) {                           // 省略了 3 个表达式
003          if (表达式 2) {
004              原来的循环体
005              表达式 3;
```

```
006            }
007        else
008            break;
009    }
```

除常规形式的 for 语句之外，JDK 从 5.0 开始还提供了专门用于迭代数组和容器类型的新语法——迭代型 for 语句，有关内容将在第 5 章介绍。

本节介绍的 3 种循环语句可以相互转化，其中 for 和 while 语句使用相对较多。

4.3.4　break 与 continue 语句

当满足一定条件时，可能需要结束循环，此时可以使用 break 或 continue 语句。

1．break 语句

除了 switch 语句，break 语句还可以出现在循环语句中。对于后者，其作用是结束 break 语句所在的那一层循环（循环可以嵌套），并继续执行该层循环之后的代码。

【例 4.10】从键盘输入一个整数，判断其是否为素数（见图 4-16）。

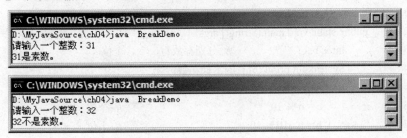

图 4-16　break 语句演示（2 次运行）

BreakDemo.java

```
001    import java.util.Scanner;     // 引入 Scanner 类供本程序使用，具体见第 6 章
002
003    public class BreakDemo {
004        public static void main(String[] args) {
005            // 构造读入器对象以方便程序在运行时刻输入数据，具体见第 11 章
006            Scanner scanner = new Scanner(System.in);
007            int n;              // 待判断是否为素数的数
008            int i = 2;          // 除数从 2 开始
009            System.out.print("请输入一个整数：");      // 打印提示文字
010            n = scanner.nextInt();         // 等待键盘输入一个 int 型数据并赋值给 n
011            for (; i < n; i++) {           // 用 2～n-1 逐一试探（即穷举法）
012                if (n % i == 0) {          // 若某次能除尽
013                    System.out.println(n + "不是素数。");
014                    break;        // 结束所在的 for 语句（无须再除），跳至第 19 行继续执行
015                }
016            }
017            // 若 i 被加到了 n，说明前面的 for 语句是由第 2 个表达式（i<n）不成立
018            // 而结束的，即 2～n-1 都不能将 n 除尽，则 n 是素数
019            if (i == n) {
```

```
020            System.out.println(n + "是素数。");
021          }
022        }
023    }
```

2. continue 语句

与 break 语句不同，continue 语句只能出现在循环语句中，其作用是结束本次循环，并继续执行下一次循环。执行 continue 语句时，将略过循环体中位于 continue 之后的语句。

【例 4.11】 求所有水仙花数（见图 4-17）。水仙花数是 3 位数，其个、十、百位的立方之和等于该数。

图 4-17　continue 语句演示

ContinueDemo.java
```
001    public class ContinueDemo {
002        public static void main(String[] args) {
003            int a, b, c;              // 分别存放百、十、个位
004            System.out.print("所有的水仙花数：");
005            for (int n = 100; n < 1000; n++) {    // 穷举
006                c = n % 10;                        // 个位
007                b = n / 10 % 10;                   // 十位
008                a = n / 100;// 百位
009                if (a * a * a + b * b * b + c * c * c != n) { // 若不相等
010                    continue;    // 直接试探下一个数（略过本行之后的循环体）
011                }
012                // 本行属于循环体。能执行到本行，说明前面的 if 条件不成立（即相等）
013                System.out.print(n + "   ");
014            }
015        }
016    }
```

4.3.5 循环的嵌套

循环的嵌套是指某个循环语句的循环体又包含循环语句，前者称为外层循环，后者称为内层循环。前述的 3 种循环均可以相互嵌套。

【例 4.12】 求解百马百担问题（见图 4-18）。大马驮 3 担、中马驮 2 担、2 匹小马驮 1 担，现有 100 匹马正好驮 100 担，问大、中、小马各有多少匹？

NestedLoopDemo1.java
```
001    public class NestedLoopDemo1 {
002        public static void main(String[] args) {
003            int a, b, c;              // 分别存放大、中、小马的匹数
004            System.out.println("大马\t 中马\t 小马");
```

```
005                    System.out.println("--------------------");
006                    for (a = 0; a <= 33; a++) {              // 穷举（大马最多 33 匹）
007                        for (b = 0; b <= 50; b++) {          // 中马最多 50 匹
008                            c = 100 - a - b;                 // 计算小马匹数
009                            // 若正好 100 担（注意 c/2 是整除，故应加上 c 是 2 的倍数的限制）
010                            if (3 * a + 2 * b + c / 2 == 100 && c % 2 == 0) {
011                                System.out.println(a + "\t" + b + "\t" + c);
012                            }  // if 语句结束
013                        }  // 内层 for 语句结束
014                    }  // 外层 for 语句结束
015                }
016            }
```

几点说明：

（1）可将内层循环视为普通语句，其作为外层循环的循环体要执行多次。

（2）每次进入内层循环之前，应注意重新初始化内层循环的循环条件。

（3）需要注意，尽管 Java 对循环嵌套的层数没有限制，但尽量不要超过 3 层，否则会使代码难以阅读。

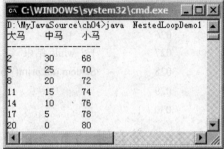

图 4-18　循环的嵌套演示（1）

【例 4.13】 计算整数的所有素数因子，如 90=2*3*3*5（见图 4-19）。

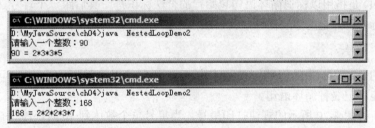

图 4-19　循环的嵌套演示（2）（2 次运行）

NestedLoopDemo2.java

```
001    import java.util.Scanner;
002
003    public class NestedLoopDemo2 {
004        public static void main(String[] args) {
005            Scanner scanner = new Scanner(System.in);
006            int n;          // 待求解的数
007            int i = 2;      // 因子从 2 开始
008            System.out.print("请输入一个整数：");
009            n = scanner.nextInt();
010            System.out.print(n + " = ");
011            while (n > 1) {           // 求得最后一个素因子后，n 被自除到 1
012                if (n % i == 0) {     // 判断 i 是否是 n 的因子
013                    int j = 2;
014                    for (; j < i; j++) {     // 判断 i 是否是素数
```

61

```
015                        if (i % j == 0) {
016                            break;              // 结束 for 语句（跳至第 19 行继续执行）
017                        }
018                    } // for 结束
019                    if (j == i) {               // 若成立则 i 是素数
020                        System.out.print(i + "*");    // 打印素因子 i
021                        n /= i;                  // 每求得一个素因子，将 n 自除该素因子
022                        i = 2;                   // 求得一个素因子后，下次继续从 2 开始试探
023                    }
024                } else {
025                    i++;                         // i 不是 n 的因子，继续试探下一个数
026                }
027            } // while 结束
028            System.out.print("\b ");            // 抹去最后一个*字符（注意\b 后有一个空格）
029        }
030    }
```

4.3.6　带标号的 break 与 continue 语句

前面介绍的 break 和 continue 语句用于结束和继续它们所在的循环，有时可能需要结束或继续外面某一层的循环，此时可以使用带标号的 break 和 continue 语句。

标号（Label）是指用以标记循环语句起始行的合法标识符[1]，其后跟一个冒号。带标号的 break 语句用以结束标号所标记的那层循环，其语法格式如下：

　　break　标号;

需要注意的是，Java 中的标号与 C 语言中 goto 语句使用的标号不同，后者可以标记任何语句，但前者只能标记 3 种循环语句。

【例 4.14】　按图 4-20 所示的规律打印星号，当星号总个数达到 40 时，停止打印。

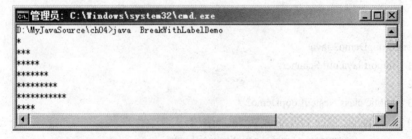

图 4-20　带标号的 break 语句演示

BreakWithLabelDemo.java
```
001    public class BreakWithLabelDemo {
002        public static void main(String args[]) {
003            final int LIMIT = 40;                          // 星号数上限
004            int i = 1, j;
```

1　Java 不支持 goto 语句。C 语言中的 goto 语句可以跳到程序的任何位置，使得高级语言具有汇编语言的特点，过多使用 goto 语句会严重降低代码的可理解性。

```
005          int total = 0;                          // 已打印的星号数
006          OUTTER: while (true) {                   // 外层循环（加了标号）
007              for (j = 1; j <= 2 * i - 1; j++) {   // 内层循环
008                  System.out.print("*");
009                  if (++total == LIMIT) {          // 到达上限
010                      // 结束外层循环（注意下一行受内层循环控制）
011                      break OUTTER;
012                  }
013              }
014              System.out.println();                // 换行
015              i++;
016          }
017      }
018  }
```

带标号的 continue 语句用以结束标号所标记的那一层循环的本次循环，并继续执行该层的下一次循环，其语法格式如下：

    continue   标号;

带标号的 continue 语句与不带标号的 continue 语句类似，只不过前者指定了继续哪一层循环的下一次循环，限于篇幅，不再编写其演示程序。

4.4 综合范例1：简单人机交互

通过流程控制语句可以编写出执行流程相对复杂的程序。本书以综合范例的形式将每章已介绍的知识点进行综合应用，以此加深读者的理解。

【综合范例1】 编写一个程序，根据用户的输入，执行相应的功能并显示结果（见图 4-21）。

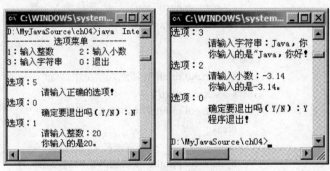

图 4-21 简单人机交互

InteractionDemo.java

```
001  import java.util.Scanner;
002
003  public class InteractionDemo {
004      public static void main(String[] args) {
005          int option;    // 存放输入选项
006          int i;
```

```java
007         float f;
008         String s;
009         System.out.println("---------- 选项菜单 --------");
010         System.out.println("1：输入整数        2：输入小数    \n
                            3：输入字符串      0：退出        ");
011         System.out.println("--------------------------");
012         Scanner scanner = new Scanner(System.in);
013         loop: while (true) {                // 循环条件永远为 true（用 break 语句结束）
014             System.out.print("选项：");
015             option = scanner.nextInt();    // 等待输入选项
016             switch (option) {              // 判断输入的选项
017                 case 0:                    // 退出
018                     System.out.print("\t 确定要退出吗（Y/N）：");
019                     s = scanner.next();    // 等待输入字符串
020                     // 判断字符串是否相等不要用 "==" 运算符（见第 15 章）
021                     if (s.equalsIgnoreCase("Y")) {
022                         System.out.println("\t 程序退出！");
023                         break loop;        // 结束 while 循环
024                     } else {
025                         break;             // 结束 switch
026                     }
027                 case 1:                    // 整数
028                     System.out.print("\t 请输入整数：");
029                     i = scanner.nextInt();// 等待输入整数
030                     System.out.println("\t 你输入的是" + i + "。");
031                     break;
032                 case 2:
033                     System.out.print("\t 请输入小数：");
034                     f = scanner.nextFloat();   // 等待输入小数
035                     System.out.println("\t 你输入的是" + f + "。");
036                     break;
037                 case 3:
038                     System.out.print("\t 请输入字符串：");
039                     s = scanner.next();
040                     System.out.println("\t 你输入的是\"" + s + "\"。");
041                     break;
042                 default:                       // 其他选项
043                     System.out.println("\t 请输入正确的选项！");
044             }  // switch 结束
045         }  // while 结束
046     }
047 }
```

习题 4

一、阅读程序题

（1）下列希望计算 1 累加到 n 的程序段错在哪里？执行后 i 和 s 的值分别是多少？

```
001        int i = 1, n = 10, s = 0;
002        for (; i <= n; i++);
003            s += i;
004        System.out.println("1+2+...+n=" + s);
```

（2）给出以下程序段各自运行后的输出。

①
```
001        int i, j;
002        for (j = 5; j >= 1; j--) {
003            for (i = 1; i <= j - 1; i++)
004                System.out.print(" ");          // 打印 1 个空格
005            for (; i <= 5; i++)
006                System.out.print(5 - i + 1);
007            System.out.println();
008        }
```

②
```
001        int i, j;
002
003        for (i = -3; i <= 3; i++) {
004            for (j = 1; j <= Math.abs(i); j++)     // Math.abs(i)为求 i 的绝对值
005                System.out.print(" ");          // 打印 1 个空格
006            for (j = 1; j <= 4 - Math.abs(i); j++) {
007                System.out.print(" *");          // 打印 1 个空格和 1 个*
008            }
009            System.out.println();
010        }
```

③
```
001        int a = 3, b = 5;
002        if (a == 3)
003            if (b == 1)
004                a++;
005            else
006                b++;
007        System.out.println(a + "," + b);
008        int x = 1, y = 4;
009        if (x == 2) {
010            if (y == 4)
011                x++;
012        } else
013            y++;
014        System.out.println(x + "," + y);
```

④
```
001        for (int i = 1; i <= 4; i++) {
002            switch (i) {
003                case 1:
004                    System.out.print('a');
005                case 2:
006                    System.out.print('b');
007                    break;
008                case 3:
009                    System.out.print('c');
010                case 4:
011                    System.out.print('d');
012                    break;
013            }
014        }
```

⑤
```
001        HERE: for (int i = 2; i < 10; i++) {
002            for (int j = 2; j < i; j += 2) {
003                if (i % j == 0)
004                    continue HERE;
005            }
006            System.out.print(i + "\t");
007        }
```

二、编程题

（1）计算多项式 1! + 2! + 3! + ... n!，当和超过 10 000 时停止，输出累加和及 n 的值。

（2）小球从 100m 高度自由落下，每次触地后反弹到原高度一半，求第 10 次触地时经历的总路程和第 10 次的反弹高度。

实验 3 程序流程控制

【实验目的】

（1）深刻理解各种分支、循环语句的功能和语法结构。

（2）熟悉 Eclipse 的下载、安装和常用配置，了解 Java 工程的概念和目录结构。

（3）熟练运用 Eclipse 编辑、编译、运行和调试 Java 工程。

【实验内容】

（1）完成以下有关 Eclipse 的操作。

① 阅读附录 A，下载并安装适合你所在机器的 Eclipse 版本。

② 新建名为 JavaExam 的 Java 工程（Project），作为后续所有实验的工程。

③ 在 JavaExam 工程下新建名为 exam03 的包（Package，后续实验也应先建立类似名称的包），以作为本实验下所有源文件的存放目录。

（2）在 exam03 包下新建名为 ReverseNumber 的类（Class，注意每道题尽量使用表意性强的类名），在类中使用循环结构逆序输出任意位数的整数。

（3）输出以下由数字组成的菱形（要求将输出行数存放于变量中以便随时更改）。

（4）输出以上由数字组成的三角形（要求将输出行数存放于变量中以便随时更改）。

			1									
		1	2	1			1	3	6	10	15	21
	1	2	3	2	1		2	5	9	14	20	
1	2	3	4	3	2	1	4	8	13	19		
	1	2	3	2	1		7	12	18			
		1	2	1			11	17				
			1				16					

实验内容（3）图　　　　　　　　　　　实验内容（4）图

（5）计算多项式 8+88+888+8 888+88 888+... 的前 8 项之和。

（6）输出 10 000 以内的所有 Smith 数。Smith 数满足"其数位之和等于其全部素数因子的数位之和"，如 9 975=3×5×5×7×19，9+9+7+5=3+5+5+7+1+9=30。（提示：本题可参照【例 4.13】）

第5章 数 组

基本类型的变量只能存放单个的值，而程序经常需要处理若干具有相同类型的数据，如 100 个学生的某一科成绩。尽管可以声明 100 个变量来分别存放 100 个成绩，但显然这样的方式过于烦琐，此时采用数组将极大地方便编程。

数组（Array）实际上是一种容器，是由若干具有相同类型的元素构成的有序集。数组中的元素可以是基本类型，也可以是对象类型，但同一数组中的所有元素必须具有相同的类型——如 int 数组和字符串数组分别表示数组中所有元素是 int 类型和字符串类型（对象类型）。

数组中元素的总个数称为数组的长度（Length），每个元素在数组中所处的位置称为该元素的下标（Index），通过下标来定位数组中的某个元素。需要特别说明的是，Java 中的数组与 C/C++ 有较大区别，读者在学习时应予以注意。

5.1 一维数组

若能以一个下标定位到数组中的元素，此时的数组称为一维数组。

5.1.1 声明一维数组

数组是一种特殊的变量，因此也需要先声明。一维数组的声明有两种等价的格式：

    类型[] 数组名; // 如 "int[]   a;"，声明了基本类型的数组 a
    类型   数组名[]; // 如 "String   names[];"，声明了对象类型的数组 names

几点说明：

（1）此处的方括号不代表可选项，而是数组特有的语法。数组名左侧的类型并非指数组的类型，而是指数组中元素的类型。因此，前一种声明方式更能体现数组的实质——推荐这种方式，而后一种声明方式则与 C 的语法一致。

（2）无论数组中的元素是何种类型，数组本身是一种对象类型。至于数组对象所属的具体类型，则交由系统维护，对编程者是透明的。

（3）声明数组时不能在方括号中指定数组长度，而要在创建数组时指定。如下面的代码存在语法错误：

    int[5] a;   // 声明数组时不能在方括号中指定数组长度

5.1.2 创建一维数组

仅仅声明数组，数组元素并未被分配内存单元，因此声明数组后要进行创建的操作——为数组元素分配内存单元，否则不能访问该数组。创建一维数组的语法格式如下：

    数组名 = new   类型[长度];   // 如 a = new   int[5];

几点说明：

（1）new 关键字右侧的类型必须与声明时指定的类型一致（对于对象类型则要兼容）。

（2）长度不能省略，其可以是任何值为 int 型的表达式（但不能为负数）。若长度是 byte、short 或 char 型，则自动提升为 int 型。

（3）可以在声明的同时创建数组，也可以先声明，再单独创建，如：

```
int[] a = new   int[5];          // 在声明的同时创建数组
float[] b;                       // 先声明
b = new float[10];               // 再单独创建
```

（4）创建数组后，各元素的值均为默认值（见前述表 2-1，对于对象类型则为 null）。

从内存的角度看，数组名实际上代表着数组对象的引用，被分配在栈中，而数组中的元素则被分配在堆中，如图 5-1 所示。有关引用、栈和堆的内容见 6.7 节。与其他编程语言一样，Java 中的数组也占据着一段连续的内存单元，因此数组具有随机存取（Random Access）[1]的特性。

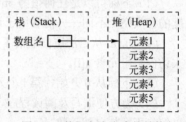

图 5-1　数组在内存中的结构

与 C 语言一样，也可以在声明数组的同时为各元素指定初值，其语法格式如下：

```
类型[]   数组名 = {初值 1, 初值 2, ...};       // 如  int[] a = {5, 4, 3, 2, 1};
```

几点说明：

（1）多个初值彼此以逗号隔开，初值的个数决定了数组的长度。花括号中可以没有任何初值，此时数组长度为零。此外，结束花括号后有一个分号。

（2）系统先根据初值个数创建出数组，然后将各初值按顺序赋给各元素。

（3）若初值个数较多，且具有一定规律，则通常采用循环结构在运行时为各元素赋值，而不采用此种方式。

（4）各初值的类型要与声明的类型一致。若不一致，则系统会试图将初值类型自动转换为声明的类型，若不能转换，则视为语法错误，如：

```
int[] a = { 1, 2, 'a', 3L };                  // 非法（3L 为 long 型，不能自动转换为 int 型）
```

（5）不允许先声明数组，再单独赋以初值，如：

```
int[] a;
a = { 1, 2, 3, 4, 5 };                        // 非法
```

5.1.3　访问一维数组

1. 取得数组长度

Java 中的任何数组都有一个名为 length 的属性——表示数组长度，编程者可以通过"数组名.length"的形式动态取得数组长度[2]，如：

```
int[] a = new int[10];
System.out.println("数组 a 的长度是： " + a.length);       // 打印 10
```

1　随机存取是顺序存储结构的特性，结构中任一元素的存放位置都是计算出来的——结构的首地址加上元素相对于该首地址的偏移量，计算机存取（或称访问）每个元素所耗费的时间是一样的。

2　将数组长度写成字面常量的编程风格称为硬编码（Hard Coding），这种编程风格不利于代码的修改和维护，例如，修改了数组长度后，还需要修改代码中其他位置出现的长度。应尽量避免使用硬编码。

需要注意，length 是 final 常量，由系统自动赋值一次，故编程者不能修改该属性。

2．访问数组元素

与 C 语言一样，Java 也通过下标来访问数组中的元素。对于一维数组，通过一个下标即能定位到数组中的元素，其语法格式如下：

数组名[下标]   // 如 a[2] = 4; a[i] = 2 * i + 1;

几点说明：

（1）下标可以是任何值为 int 型的表达式。此外，尽管下标也位于方括号中，但其与数组长度的意义完全不同——前者用于访问数组元素，后者用于创建数组。

（2）Java 从语法层面取消了指针，故不支持如 C/C++中"*(a+i)"那样通过元素所占的地址来访问数组元素 a[i]。

（3）下标从 0 开始，第 i 个元素的下标是 i-1，即下标与自然计数之间相差 1。

（4）为方便编写及阅读程序，声明数组时可以将数组长度增 1，并约定下标为 0 的元素不用，以统一下标与自然计数。

需要特别注意，Java 程序在运行时，系统会检查数组元素的下标是否越界（即不在 0 至数组长度-1 范围内）。若越界，则抛出名为 IndexOutOfBoundsException（下标越界异常，见第 10 章）的错误。而 C/C++并不检查下标，当访问越界下标对应的元素时，不会提示任何错误（但得到的值是不确定的），从这个角度看，Java 比 C/C++更安全。

【例 5.1】 以冒泡排序法将数组中的 20 个元素按非递减顺序排列并输出（见图 5-2）。

```java
AccessArrayDemo.java
001    import java.util.Random;
002
003    public class AccessArrayDemo {
004        public static void main(String[] args) {
005            Random random = new Random();              // 创建随机数生成器对象
006            int[] a = new int[16 + 1];                 // 创建数组（只使用后 16 个元素）
007            int temp;                                  // 用于交换的临时变量
008            boolean exchanged;                         // 每轮排序中是否发生了元素交换
009            System.out.print("排序前的数组：");
010            for (int i = 1; i < a.length; i++) {
011                a[i] = random.nextInt(100);            // 产生 0～99 的随机整数（可能出现重复）
012                System.out.print(a[i] + "   ");        // 打印元素
013            }
014            //N 个元素进行冒泡排序，至多执行 N-1 轮
015            for (int i = 1; i < a.length - 1; i++) {
016                exchanged = false;                     // 每轮排序前，初始化交换标志
017                for (int j = 1; j < a.length - i; j++) {
018                    if (a[j] > a[j + 1]) {             // 相邻位置的元素比较
019                        temp = a[j];                   // 若左大右小则交换
020                        a[j] = a[j + 1];
021                        a[j + 1] = temp;
022                        exchanged = true;              // 发生了交换，修改交换标志
```

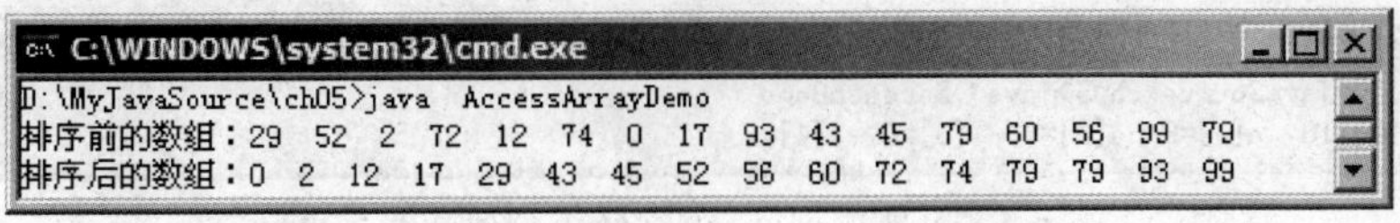

図 5-2 访问数组元素演示（冒泡排序）

```
023                    }
024                }
025                if (exchanged == false) {        // 若未发生任何交换，则不用继续下一轮
026                    break;                        // 结束外层 for 循环
027                }
028            }
029        System.out.print("\n 排序后的数组：");
030        for (int i = 1; i < a.length; i++) {      // 打印排序后的数组
031            System.out.print(a[i] + "   ");
032        }
033    }
034 }
```

3．访问数组整体

与 C 语言不同，Java 允许通过数组名将数组作为整体进行访问，如：

```
001    int[] a = new int[5];
002    a = new int[10];                    // 重新创建数组
003    int[] b = new int[20];
004    a = b;                              // 数组作为整体相互赋值
```

上述代码第 2、4 行其实是修改数组对象的引用 a，使其指向新的数组对象。

5.1.4 迭代型 for 循环

JDK 从 5.0 开始提供了快速访问数组中所有元素的新语法——迭代型 for 循环（也称 foreach 循环），其语法格式如下：

```
for (类型   e : 数组名) {
    循环体              // 访问元素 e
}
```

几点说明：

（1）上述结构在执行时，会依次取得数组中的各个元素并赋值到变量 e。

（2）元素 e 的类型要与声明数组时的类型一致。

（3）迭代型 for 循环屏蔽了数组元素的下标，若要在循环体中取得下标，可以在循环外部声明一个初值为 0 的 int 型变量，并在循环体结束前将该变量自增 1。

除数组外，迭代型 for 循环还支持对容器的访问，有关内容将在第 13 章介绍。

【例 5.2】 以迭代型 for 循环输出数组中各元素（见图 5-3）。

ForeachDemo.java

```
001    public class ForeachDemo {
```

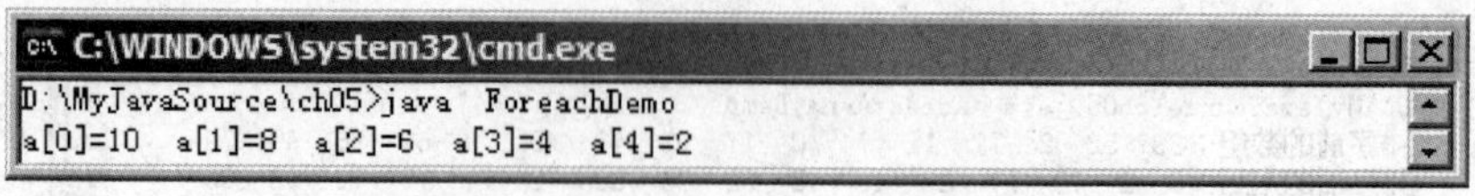

```
C:\WINDOWS\system32\cmd.exe
D:\MyJavaSource\ch05>java  ForeachDemo
a[0]=10   a[1]=8   a[2]=6   a[3]=4   a[4]=2
```

图 5-3　以迭代型 for 循环输出数组中各元素

```
002        public static void main(String[] args) {
003            int[] a = new int[5];
004            for (int i = 0; i < a.length; i++) {     // 用循环赋值（元素具有一定规律）
005                a[i] = 10 - 2 * i;
006            }
007            int i = 0;                               // 下标
008            for (int e : a) {                        // 迭代型 for 循环
009                System.out.print("a[" + (i++) + "]=" + e + "   ");
010            }
011        }
012    }
```

5.1.5　命令行参数

有时，程序可能需要一些额外的信息才能正确执行，这些信息一般在命令行中指定，故称为命令行参数。例如，Windows 下的 copy 命令至少需要指定 1 个参数——要复制的文件，若未指定，则该命令无法正确执行，如图 5-4 所示。

图 5-4　copy 命令至少需要 1 个参数

类似地，作为每个 Java 独立应用程序的入口，main 方法可能也需要一些参数才能正确执行，这些参数存放在 main 方法的形式参数——1 个字符串数组中，如：

```
public static void main(String[] args) {   // args 即 Arguments（参数）
    方法体
}
```

执行 Java 程序时，类名后可以跟零至多个参数，彼此以一个至多个空格隔开，如：

    java　类名　参数 1　参数 2　...

以上述格式运行 Java 程序时，系统会将各个参数依次赋给 args 数组中的元素。

几点说明：

（1）命令行中输入的参数全部是字符串类型，可能需要将它们转换成所需的类型。

（2）参数从类名后开始，且不包括类名[1]。

（3）参数若含有空格，则应当用一对双引号括起来。

【例 5.3】　输出命令行中指定的若干整数中的最大者（见图 5-5）。

1　C/C++的命令行参数包括了要执行的.exe 文件名。

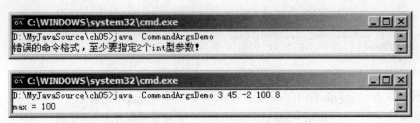

图 5-5　命令行参数演示（2 次运行）

CommandArgsDemo.java

```
001    public class CommandArgsDemo {
002        public static void main(String[] args) {
003            if (args.length < 2) {                    // 少于 2 个参数
004                System.out.println("错误的命令格式，至少要指定 2 个 int 型参数！");
005                System.exit(0);                       // 结束虚拟机的运行（即退出 Java 程序）
006            }
007            int value;                                // 存放参数
008            // 将首个参数作为当前最大者（注意参数均是字符串，要先解析为所需的 int 型）
009            int max = Integer.parseInt(args[0]);
010            for (int i = 1; i < args.length; i++) {   // 从第 2 个参数开始比较
011                value = Integer.parseInt(args[i]);
012                max = (max < value ? value : max);    // 修改 max（找到了新的最大者）
013            }
014            System.out.println("max = " + max);
015        }
016    }
```

5.2　综合范例 2：约瑟夫环问题

约瑟夫环（Joseph Ring）描述了这样的问题——编号为 1~N 的 N 个人按顺时针方向围坐成一圈，从第 S 个人开始报数（从 1 报起），报数为 M 的人出圈，再从他的顺时针方向的下一个人开始重新报数，如此下去，直至所有人出圈为止。给出 N 个人的出圈顺序。

求解约瑟夫环问题的算法有很多种，下面给出其中较容易理解的一种：①设置一个 boolean 数组 out——元素 out[i] 标记了编号为 i 的人是否已出圈；②从编号为 S 的人开始报数，若未报数至 M，则寻找下一个出圈标记为 false 的人，并继续报数；③输出报数为 M 的人的编号，并将其对应的出圈标记修改为 true；④若出圈人数未达到 N，则继续寻找下一个出圈标记为 false 的人并重新报数，否则结束。该算法的完整程序如下。

【综合范例 2】　求解约瑟夫环问题（见图 5-6）。

JosephRing.java

```
001    public class JosephRing {
002        public static void main(String[] args) {
003            final int N = 13;                         // 总人数
004            final int S = 3;                          // 从第 S 个人开始报数
005            final int M = 5;                          // 报数为 M 的人出圈
006            boolean[] out = new boolean[N + 1];       // 统一下标与人的编号（自然计数）
```

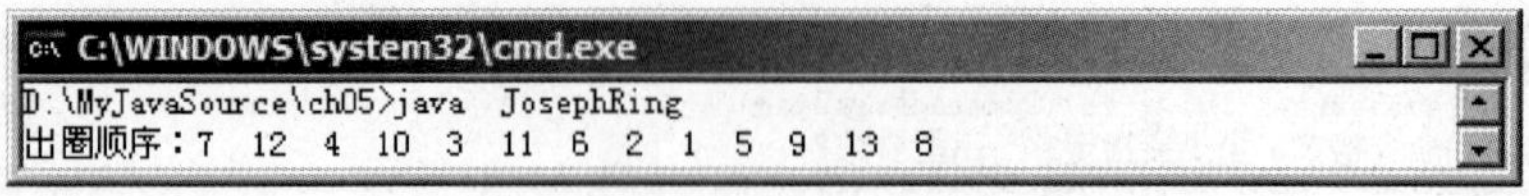

```
C:\WINDOWS\system32\cmd.exe

D:\MyJavaSource\ch05>java  JosephRing
出圈顺序：7  12  4  10  3  11  6  2  1  5  9  13  8
```

图 5-6　约瑟夫环问题

```
007            for (int i = 1; i <= N; i++) {        // 初始化数组元素
008                out[i] = false;                    // 报数前所有人均未出圈
009            }
010            int i = S;                             // i 存放下次开始报数的人的编号
011            int n = 0;                             // 已出圈的人
012            int count;                             // 报数为 count 的人
013            System.out.print("出圈顺序：");
014            while (n < N) {                        // 仍有人在圈内
015                count = 0;                         // 出圈后，重新计数
016                while (count < M) {                // 未报数至 M
017                    if (out[i] == false) {         // 报数的人未出圈
018                        count++;                   // 报数
019                    }
020                    if (count < M) {               // 未报数至 M（上面的 if 语句可能修改了 count）
021                        // 求下一个人的编号（到达 N+1 则回到第 1 个人）
022                        i = (i + 1 > N ? 1 : i + 1);
023                    }
024                } // 内层 while 结束
025                System.out.print(i + "  ");        // 内层 while 结束，编号为 i 的人出圈
026                out[i] = true;                     // 标记出圈的人
027                n++;                               // 又有 1 人出圈
028            } // 外层 while 结束
029        }
030   }
```

5.3　二维数组

5.3.1　声明和创建二维数组

1．声明二维数组

二维数组中的每个元素是一个一维数组，其声明格式如下：

　　　类型[][]　数组名;　　　　　　　　　　　　　　// 或　　类型　　数组名[][];

两对方括号决定了数组是二维的，前述有关一维数组声明和创建的说明大多也适用于二维数组，后面不再赘述。

2．创建二维数组

创建二维数组的常规语法格式如下：

　　　数组名 = new　类型[行数][列数];　　　　　　// 如 a = new　int[4][3];
　　　类型[][]　数组名 = new　类型[行数][列数];　　// 也可以在声明的同时创建

74

二维数组经常用于表示数学上由若干行和若干列构成的矩阵，故其第 1 维长度也称为行长度（或行数），第 2 维长度则称为列长度（或列数），如图 5-7 所示。

与一维数组类似，也可以在声明数组的同时为各元素指定初值，其语法格式如下：

　　　类型[][]　数组名 = {{第 1 行初值}, {第 2 行初值}, ...};

需要注意 Java 中的二维数组与 C 语言不同的地方：

（1）内层花括号必不可少，其对数确定了二维数组的行数。

（2）每一对内层花括号中值的个数可以不同——Java 允许二维数组的每一行具有不同的列数，如：

　　　int[][] a = { { 1, 2 }, { 3, 4, 5, 6 }, { 7, 8, 9 } };

此时的二维数组如图 5-8 所示。

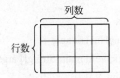

图 5-7　用二维数组表示矩阵

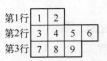

图 5-8　二维数组各行的列数不同

5.3.2　二维数组的存储结构

计算机的内存空间总是一维结构——由若干字节线性排列而成，因此，无论数组是几维的，它们都会被映射成一维结构。对于二维数组，可以将其每一行视为一个元素，图 5-8 所示的二维数组其实是一个包含 3 个元素（a[0]、a[1]、a[2]）的一维数组，每个元素又是一个包含若干元素的一维数组，具体如图 5-9 所示。

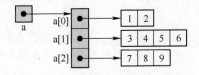

图 5-9　二维数组的实质仍是一维数组

几点说明：

（1）图 5-9 中以灰色背景标识的是引用。可以将 a[0]、a[1] 和 a[2] 当作一维数组名。

（2）二维数组中不同行的元素所占的内存单元可能不连续（与 C 语言不同）。

（3）二维数组的各行是相对独立的，故创建二维数组时可以省略列数（但行数不能省略，与 C 语言不同），然后单独创建每一行，如：

```
int[][] a = new int[3][];          // 省略了列数
a[0] = new int[2];                 // 创建第 1 行（共 2 列）
a[1] = new int[4];                 // 创建第 2 行（共 4 列）
a[2] = new int[3];                 // 创建第 3 行（共 3 列）
```

5.3.3　访问二维数组

1．取得数组长度

可以对二维数组及其每一行取长度，如：

```
int[][] a = new int[3][];
a[0] = new int[2];
a[1] = new int[4];
System.out.println(a.length);      // 打印 3（有 3 行）
System.out.println(a[1].length);   // 打印 4（第 2 行有 4 列）
```

```
System.out.println(a[2].length);              // 运行时将出错（因尚未创建第 3 行）
int[][] b = { {} };                           // 1 行 0 列
System.out.println(b.length);                 // 打印 1
System.out.println(b[0].length);              // 打印 0
```

2．访问数组元素

访问二维数组的元素需要给出两个下标——行下标和列下标，其语法格式如下：

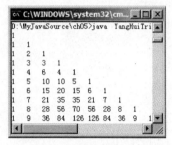

数组名[行下标][列下标]   // 如 a[1][3]

【**例 5.4**】 打印 10 阶杨辉三角形（见图 5-10）。杨辉三角形是方阵的左下半，方阵中第 1 列和主对角线上的元素均为 1，其余位置的元素均满足 a[i][j]=a[i-1][j]+a[i-1][j-1]。

图 5-10   10 阶杨辉三角形

YangHuiTriangle.java

```
001    public class YangHuiTriangle {
002        public static void main(String[] args) {
003            final int N = 10;                           // 阶数
004            int[][] a = new int[N][];                   // 省略了列数（因每行列数不同）
005            for (int i = 0; i < a.length; i++) {        // 循环 N 次
006                a[i] = new int[i + 1];                  // 第 i 行（从 0 开始）有 i+1 列
007                a[i][0] = 1;                            // 每行第一列为 1
008                a[i][a[i].length - 1] = 1;              // 每行最后一列为 1（可写为 a[i][i]=1）
009            }
010            for (int i = 2; i < a.length; i++) {        // 从第 3 行开始为元素赋值
011                // 从第 2 列开始为元素赋值（不包括最后一列）
012                for (int j = 1; j < a[i].length - 1; j++) {
013                    a[i][j] = a[i - 1][j] + a[i - 1][j - 1];
014                }
015            }
016            for (int i = 0; i < a.length; i++) {        // 打印 N 行
017                for (int j = 0; j < a[i].length; j++) { // 打印第 i 行
018                    System.out.printf("%-4d", a[i][j]); // 打印元素
019                }
020                System.out.println();                   // 每打印一行换行（属于外层 for）
021            }
022
023        }
024    }
```

二维以上的多维数组也能被视为一维数组，只是嵌套层次更深，它们的声明方式与二维数组类似。创建多维数组时，最高维长度不能省略，若省略了最高维长度，则必须省略低维长度，否则视为语法错误，如：

```
int[][][][] a1 = new int[4][5][2][5];         // 合法，四维数组，共 4*5*2*5 个元素
int[][][][] a2 = new int[4][5][][];           // 合法
int[][][][] a3 = new int[4][][][];            // 合法
```

76

```
int[][][][] a4 = new int[][][][];                    // 非法
int[][][][] a5 = new int[4][][2][];                  // 非法
```

尽管 Java 对数组的维数没有限定，但实际使用中通常不会超过三维。访问 N 维数组中的元素时，需要给出 N 个下标。此外，三维以上的多维数组可能没有相对应的数学模型，读者应抓住多维数组的存储实质来理解。

5.4　综合范例 3：螺旋方阵

【综合范例 3】　打印 10 阶螺旋方阵（见图 5-11）。螺旋方阵将从 1 开始的连续整数由方阵的最外圈以顺时针向内螺旋排列。

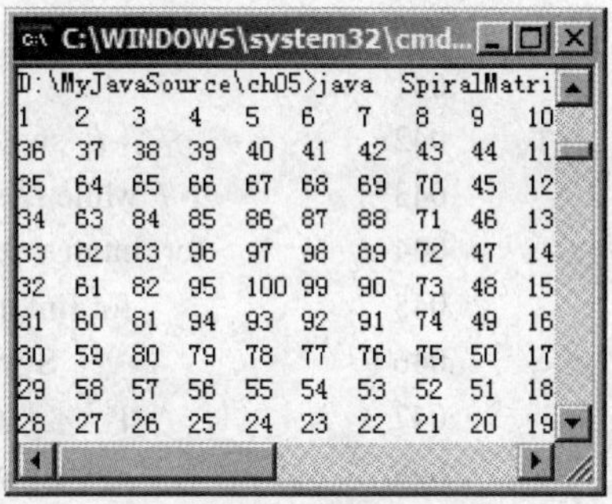

图 5-11　10 阶螺旋方阵

SpiralMatrix.java

```
001    public class SpiralMatrix {
002        public static void main(String[] args) {
003            final int ROWS = 10;                              // 方阵的阶数
004            int start = 1;                                    // 左上角的起始值
005            int a[][] = new int[ROWS][ROWS];                  // 方阵（全部元素均为 0）
006            char direction = 'R';                             // 初始方向为右
007            int i = 0, j = 0;                                 // 起始步的行列下标
008            while (a[i][j] == 0) {
009                a[i][j] = start++;                            // 后置自增
010                switch (direction) {                          // 根据方向判断下一步的位置
011                    case 'R':                                 // 右
012                        if (j + 1 < ROWS && a[i][j + 1] == 0) // 未走到最右且未走过
013                            j++;                              // 向右走
014                        else {                                // 走到最右端或已走过
015                            i++;                              // 下转
016                            direction = 'D';                  // 修改方向
017                        }
018                        break;
019                    case 'D':                                 // 下
020                        if (i + 1 < ROWS && a[i + 1][j] == 0) // 未走到最下且未走过
021                            i++;
022                        else {
023                            j--;                              // 左转
024                            direction = 'L';
025                        }
026                        break;
027                    case 'L':                                 // 左
028                        if (j > 0 && a[i][j - 1] == 0)
029                            j--;
030                        else {
031                            i--;                              // 上转
032                            direction = 'U';
033                        }
034                        break;
```

77

```
035                    case 'U':                              // 上
036                        if (i > 0 && a[i - 1][j] == 0)
037                            i--;
038                        else {
039                            j++;                            // 右转
040                            direction = 'R';
041                        }
042                    } // switch 结束
043                } // while 结束
044                for (int m = 0; m < ROWS; m++) {            // 打印方阵
045                    for (int n = 0; n < ROWS; n++) {
046                        System.out.printf("%-4d", a[m][n]);
047                    }
048                    System.out.println();
049                }
050        }
051    }
```

习题 5

一、简答题

（1）如何理解数组具有的随机存取特性？

（2）作为引用类型，数组变量与基本类型的变量有哪些区别？

（3）Java 中二维数组的每一行能否具有不同的长度？如何做到？

（4）如何取得二维数组 a 的行数及第 i 行的列数？

（5）从内存的角度看，语句“int[] a = new int[5];”的作用是什么？

（6）如何访问数组中某个位置的元素？需要注意什么？当访问的位置实际并不存在时，Java 运行时环境是如何处理的？

（7）下列两行代码是等价的，哪一种写法更能体现数组的实质？为什么？

```
int a[] = new int[5];
int[] a = new int[5];
```

二、编程题

（1）将 Fibonacci 数列的前 20 项存放于一维数组中。

（2）判断以字符数组表示的字符串 s 是否为回文（左右对称的文字，如 level、deed 等）。

（3）将矩阵 m 转置并输出（矩阵不少于 8 行 5 列）。

实验 4　数组

【实验目的】

（1）理解数组的存储实质和特性。

（2）熟练掌握数组的声明、初始化、访问元素等语法。

（3）熟练运用数组表示常用数学模型并求解。

（4）了解命令行参数的语法及访问方式。

【实验内容】

（1）产生 10 个 100 以内的随机整数以填充一维数组，实现以下功能。

① 找出最大及最小值。

② 查找给定整数 a 在数组中最后一次出现的位置，若不存在则提示。

③ 判断数组是否呈非递减排列。

④ 将数组元素翻转存放。

提示：使用以下代码产生随机数（请查阅 java.util 包下的 Random 类的 API 文档）。

```
import java.util.Random;            // 程序开头加上此行 import 语句
    …
    Random rand = new Random();     // 构造 Random 对象
    i = rand.nextInt(100);          // 产生一个 100 以内的随机整数赋值给 int 型变量 i
```

（2）将 a 插入到一个长度不小于 10 且元素呈递增排列的一维数组中，并保证插入之后的数组依然递增（若 a 在插入前的数组中存在，则输出提示并忽略）。

（3）找出阶数不小于 8 的方阵的鞍点值及位置（鞍点值在该行上最大、该列上最小），若无鞍点则提示。

（4）编写如下图所示的程序以模拟命令行的 copy 命令。

（5）输出如上图所示的循环移位方阵（第一行存于一维数组，循环右移该行元素一个位置以产生下一行，依次类推）。

```
D:\MyJavaSource>java MyCopy
命令语法不正确，使用格式为 MyCopy D:\123.txt E:

D:\MyJavaSource>java MyCopy D:\1.mp3 E:\Music
成功将 "D:\1.mp3" 复制到 "E:\Music"。

D:\MyJavaSource>
```

```
7 4 8 9 1 5
5 7 4 8 9 1
1 5 7 4 8 9
9 1 5 7 4 8
8 9 1 5 7 4
4 8 9 1 5 7
```

实验内容（4）图　　　　　　　　实验内容（5）图

（6）给定一个以阿拉伯数字书写的金额，将其转换为中文形式。例如，将 123.45 转换为"壹佰贰拾叁圆肆角伍分"。程序应满足以下特殊情形：

① 当金额为整数（或小数部分为 0）时，结尾添加"整"。如 123 和 123.00 转换为"壹佰贰拾叁圆整"。

② 当金额含有连续的 0 时，只转为一个"零"。如 10 005 转换为"壹万零伍圆整"。

③ 10 的省略表示。如 110 和 10 分别转换为"壹佰壹拾圆整"和"拾圆整"。

第 6 章 类 与 对 象

本章主要介绍面向对象的基本理论和如何编写 Java 类。本章和第 7 章对于系统地学习 Java 语言是非常重要的，读者在学习这些内容时，不仅要关注相应的语法规则，更要通过大量的编程实践来深刻理解它们与面向对象理论的联系。

6.1 面向对象概述

Java 是完全意义上的面向对象编程语言——在 Java 世界中，一切皆是对象。实际上，Java 中的很多关键字和语法规则都是面向对象思想的具体实现。为了更好地学习后续内容，有必要先介绍面向对象的产生背景、相关概念及基本特征。

6.1.1 产生背景

面向对象是在结构化设计方法（C 语言程序所基于的设计思想）出现了一些问题的背景下产生的。结构化设计方法将软件视为若干具有特定功能的模块的集合，并采取"自顶而下、逐步求精"的求解策略——将要解决的问题逐层分解，直至分解出来的子问题较容易被求解，接着再以合适的数据结构和算法分别描述子问题待处理的数据和具体的处理过程。面对日趋复杂、多变的软件业务和需求，结构化设计方法在以下方面逐渐暴露出不足。

1．与人类惯用思维不一致

仔细分析可以发现，待解决问题所描述的很多事物恰恰是现实世界中客观存在的实体或由人类抽象出来的概念，我们将这些事物称为客体，它们是人类观察和解决问题的主要目标。例如，对于学生管理系统，无论简单还是复杂，系统总会包含两种客体——学生和老师。

每种客体都具有一些属性（Property）和行为（Behavior）。属性标识了客体的状态，如学生的学号、姓名等，而行为则标识了客体所支持的操作，如学生入学、选课、考试等。客体所具有的行为可以获取或改变依附于客体的属性，而人类所惯用的解决问题的思维就是让这些客体相互作用、相互驱动，最终使得每个客体都按照设计者的意愿去维护自身状态。

结构化设计方法并不将客体作为一个整体，而是将客体具有的行为抽取出来，并以功能为目标来设计软件系统。这种做法将由客体构成的问题空间映射到由功能模块构成的解空间，背离了人类观察和解决问题的惯用思维，从而降低了软件系统的可理解性。

2．软件难以维护和扩展

对于任何一类问题，客体的种类是相对稳定的，而客体的行为却是不稳定的。例如，不论是国家图书馆还是学校图书馆，都含有图书这种客体，但它们对图书的管理方式可能截然不同。结构化设计方法将观察问题的角度定位于不稳定的行为之上，并将客体的属性和行为分开，使得日后对软件系统进行维护和扩展相当困难，一个微小的需求变更就可能牵连到系统的其他众多部分[1]，从而引起现有代码被大面积重写——这对项目的影响是致命的。

---

[1] 需求的变更在软件开发领域是司空见惯、甚至可以说是无法避免的。

3．可重用性不足

可重用性标识着软件系统的可复用能力，是衡量一个软件产品成功与否的重要标志。当今的软件开发领域，人们越来越青睐于使用已有的、可重用的组件（如按钮组件，见第 8 章）来开发新的软件系统，使得软件开发方式由过去的代码级重用发展到现在的组件级组装，从而极大提高了软件开发效率。由于结构化设计方法的基本单元是模块，而每个模块只是实现特定功能的过程描述，因此，结构化设计方法下的可重用单元只能是模块级——如编写 C 语言程序时被大量使用的库函数。对于当今的软件行业来说，这种粒度的重用显得微不足道，软件开发者期望的是可重用度更高的组件。

面对问题规模的日趋扩大、软硬件环境的日趋复杂及需求变更的日趋频繁，将计算机解决问题的基本方法统一到人类的惯用思维之上，以期提高软件系统的可理解性、可扩展性和可重用性，这是面向对象理论被提出的主要原因。

1967 年，挪威计算中心的两位科学家开发了 Simula-67 语言，其提供了比函数更高一级的抽象和封装，引入了数据抽象和类的概念，被认为是世界上第一个面向对象编程语言。1972 年，由 Xerox PARC[1] 开发的 Smalltalk 进一步完善了面向对象的思想，其对随后出现的一些编程语言起到了极大的推动作用，如 Objective-C、Java 和 Ruby 等。20 世纪 90 年代出现的许多软件开发思想也都起源于 Smalltalk，如设计模式、敏捷编程和代码重构等。

6.1.2　相关概念

1．面向对象（Object - Oriented）

从方法学的角度来看，面向对象强调直接以问题域[2]中客观存在的事物为中心来观察和分析问题，并根据这些事物的本质特点，将它们抽象为对象，作为软件系统的基本组成单元。面向对象使得软件系统直接映射到问题域，保持了问题域中各事物及其相互关系的本来面貌。从编程的角度来看，面向对象首先根据用户需求（业务逻辑）抽象出业务对象，然后利用封装、继承和多态等编程手段逐一实现各业务逻辑，最后通过整合，使得软件系统达到高内聚、低耦合[3]的设计目标。

面向对象涉及软件开发的众多方面，除了面向对象编程（简称 OOP）外，其思想更多地是体现在面向对象分析（简称 OOA）和面向对象设计（简称 OOD）上。

2．对象（Object）

对象是人们要进行研究的具体事物（即前述的客体），从最简单的整数到极其复杂的飞机都可看作对象，它不仅能表示现实世界中有形的实体，也能表示无形的（即人脑抽象出来的）规则、计划或事件等。可以从不同的角度来理解对象——从设计者的角度，对象是具有明确责任并能够为其他对象提供服务的实体[4]；从编程者的角度，对象是由数据（描述了事物的属性）和作用于数据的操作（体现了事物的行为）构成的整体；从用户角度，对象是他们所熟知的现实世界中的具体个体，如"王老师"、"这辆汽车"、"那个窗口"等。

1　Xerox PARC（Xerox Palo Alto Research Center，施乐帕罗奥多研究中心）曾是施乐公司最重要的研究机构，位于美国加利福尼亚州的帕罗奥多，成立于 1970 年。Xerox PARC 是许多现代计算机技术的诞生地，其创造性的研发成果包括 Smalltalk、激光打印机、鼠标、以太网、图形用户界面等。

2　问题域是指软件系统的应用领域，即在客观世界中由该系统负责处理的业务范围。

3　内聚是指一个软件模块中各要素彼此此的相关程度，高内聚是指一个软件模块只包含相关性很强的代码，它们只负责一项任务，高内聚也被描述为单一责任原则。耦合是指同属于一个软件的不同模块之间的关联程度，多个模块的关联越紧密，则这些模块的独立性也就越差——对某个模块做了修改，可能会影响其他模块。是否满足高内聚和低耦合是衡量软件设计质量的重要度量。

4　这种理解方式关注的是对象的意图和行为，而非实现细节，更能揭示对象的本质。

3．类（Class）

类是人脑对若干具有相同（或相似）属性和行为的对象的抽象，如人们根据认知经验从现实世界中的"这只麻雀"、"那只燕子"等具体对象抽象出了"鸟类"的概念。类与对象的关系是密不可分的，这种关系包括：

（1）类是对象的抽象，其是一种概念，强调的是对象间的共性，而对象则是类的具体实例（Instance）。对象与类的关系就如同"张三"与"人类"的关系。

（2）从编程角度看，类是属性和行为的集合，必须先编写类，然后才能创建该类的对象[1]，创建对象也称为实例化（Instantiate）对象。

（3）可以创建出一个类的多个不同对象，任何对象都至少有一个所属的类。

此外，不同的类之间可能存在着一定的关系，通常有以下两种：

（1）特殊与一般的关系。其表达的逻辑是，类 A "是一种"（is-a）类 B——前者比后者更为具体、特性更为丰富。例如，汽车（类）是一种交通工具（类）。

（2）整体与部分的关系。其表达的逻辑是，类 A "有一个"（has-a）类 B——前者包含了后者、后者是前者的一部分。例如，汽车（类）有一个发动机（类）。

4．消息（Message）

对象之间通过消息进行通信与交互，软件系统就是由成百上千彼此间能传递消息的对象构成的。若对象需要履行自身所支持的某个行为（即完成某个操作），则需要向该对象发送一个消息。消息包含了使对象完成操作的全部信息——接收消息的对象（谁来完成操作）、消息的名称（要完成哪个操作）及消息的相关信息（操作涉及的其他信息）。从代码角度来看，发送消息实际上相当于调用某个对象的某个方法并传入相应参数。

6.1.3 基本特性

面向对象主要提供了 3 大特性——封装、继承和多态。

1．封装（Encapsulation）

封装是一种信息隐蔽技术，其将对象的属性和行为封装为一个整体，并使得用户（其他对象）只能看到该对象的外部接口（对象暴露给外部的行为说明），而对象的内部实现（对象的属性及行为的具体实现细节）对用户则是不可见的。封装的目的在于隔离对象的编写者与使用者——使用者不必知晓行为的具体实现细节，只需通过编写者为对象提供的外部接口来访问该对象。例如，驾驶员只需要操纵方向盘、离合器和加速踏板等（汽车提供的外部接口），就能够控制汽车的行为（转向、加速等），不需要知道诸如踩下加速踏板后发动机如何将活塞的上下运动转化为齿轮的旋转运动、齿轮如何带动车轮等细节。

面向对象中的类是封装良好的模块。封装所带来的最大好处是降低了软件系统的耦合程度，当外部接口涉及的行为的实现细节发生了变化，只要接口不变，则使用该接口的那些对象也不需要做任何修改。例如，即使更换了发动机型号（行为的实现细节发生了变化），驾驶员仍然可按原来的方式驾驶。

2．继承（Inheritance）

如前所述，有些类之间存在着特殊与一般的关系，面向对象通过继承来表达这样的关系，其中，一般类称为父类，特殊类称为子类。即使未给子类指定任何属性和行为，其仍具有父类的全

1　这与人类认知客观世界的过程是相反的。

部属性和行为。例如，若交通工具类（父类）具有颜色、最高时速两个属性和启动、加速、停止 3 个行为，则汽车类（子类）也具有这些属性和行为。子类还能对继承自父类的属性和行为进行修改和扩充——青出于蓝而胜于蓝。例如，汽车类可以修改父类的启动行为，也能增加父类所没有的"车门个数"属性和"更换轮胎"行为。

继承具有传递性——若类 A 继承了类 B、类 B 继承了类 C，则可以称类 A 也继承了类 C，为示区别，前者称为直接继承，后者称为间接继承。此外，继承可分为单继承和多继承，前者指类只有一个父类，后者指类具有多个父类。多继承可以表达现实世界中类 A 既是一种类 B 也是一种类 C 的逻辑（注意，类 B 和类 C 间没有继承关系），例如，汽车既是一种交通工具也是一种能避雨的事物。

继承极大地提升了软件代码的可重用性和软件系统的可扩展性，同时使得设计出符合 OCP 原则[1]的软件系统成为可能。

3．多态（Polymiorphism）

简单地说，多态是指类的某个行为具有不同的表现形态，具体可分为两种级别。

（1）一个类中：一个类的多个行为具有相同的名称，但各自要处理的数据类型不同。

（2）多个类中：父类的某个行为在其各个子类中具有不同的实现方式。

假设有这样的需求——设计一个能够绘制不同形状的类。经验不足的设计人员可能做出这样的设计：定义一个 Painter 类，考虑到不同形状的绘制细节各有差异，故让 Painter 类包含若干名为 draw 的行为，并使这些同名的行为接收不同的形状（如 Square、Triangle 等）。此时，Painter 类的 draw 行为对于不同的形状具有不同的表现形态。

不难看出，上面的设计导致了较差的扩展性——当要求绘制新的形状时，需要在现有 Painter 类中增加新的行为，而这恰恰违背了 OCP 原则。另一方面，根据"对象是具有责任的实体"这一表述及高内聚的目标，"绘制"行为应当是"形状"自身的职责——任何形状总是知道如何绘制自身，而不应交给别的类（如 Painter）。

可以做这样的设计：

（1）定义一个父类 Shape，其具有唯一的 draw 行为，该行为不需要任何额外信息，也不指定任何的绘制细节——因为不知道具体的形状是什么，故而无法绘制。

（2）使 Square、Triangle 等类继承 Shape，并指定父类 draw 行为的绘制细节——因为子类是具体的形状，知道如何绘制自身。

（3）当要求绘制新的形状（如 Circle）时，定义出新的 Circle 类（同样使其继承 Shape），并指定父类 draw 行为的绘制细节。

上述设计明显优于之前的设计——增加新的需求时不需要修改现有类，使得设计符合 OCP 原则。此时，父类 Shape 的 draw 行为在其各个子类中具有不同的表现形态。

本节主要介绍了面向对象的相关概念和基本特征，这些知识看似简单，但其涉及的很多深层思想都是经无数软件项目（包括失败的）总结出来的，读者需要在编程实践中不断思考和分析才能真正领悟。值得一提的是，目前绝大多数的主流编程语言都属于面向对象编程语言，如 Java、C#、C++、JavaScript 等，深入理解面向对象的思想有助于快速学习这些编程语言。本章后续内容将从语法层面介绍 Java 语言对面向对象思想的具体实现。

1　OCP（Open-Closed Principle，开-闭原则）是指"一个软件实体应当对扩展开放，而对修改关闭"，其表达的真正含义是"设计良好的软件系统应允许增加新的功能需求，但增加的方式不是通过修改现有的模块（类），而是通过增加新的模块（类）做到的"。提出 OCP 原则的原因很明显——修改现有模块很可能导致那些与被修改模块有关联的、本来正常的模块出现问题，而增加模块则不会。

6.2 类

6.2.1 类的定义格式

类是对具体对象的抽象，必须先定义类，才能创建该类的对象。

【例 6.1】 定义一个 Person 类，以描述现实世界中"人"的概念。

```
Person.java
001    public class Person {                        // 定义 Person 类
002        String name;                             // 属性——姓名
003        int age = 20;                            // 属性——年龄
004        String id;                               // 属性——身份证号码
005
006        String getName() {                       // 行为——得到姓名
007            return name;                         // 行为的细节（返回姓名属性）
008        }
009
010        int getAge() {                           // 行为——得到年龄
011            return age;
012        }
013
014        void setAge(int newAge) {                // 行为——设置年龄
015            age = newAge;                        // 修改年龄属性
016        }
017
018        void sleep(int minutes) {                // 行为——睡觉
019            System.out.println("睡 " + minutes + " 分钟...");
020        }
021    }
```

类是属性和行为的集合。从代码的角度看，属性通常被称为成员变量（Member Variable）或字段（Field）[1]，而行为则通常被称为成员方法（Member Method，简称方法），字段和方法统称为类的成员。类的常规定义格式如下：

```
[修饰符]  class  类名  [extends 父类名]  [implements 接口名 1, 接口名 2, ...] {
    [修饰符] 类型 字段名 1;
    [修饰符] 类型 字段名 2;

    [修饰符] 类型 方法名 1([形参表]) {
        方法体
    }

    [修饰符] 类型 字段名 3;
```

---

1 成员变量是 C++中的称法，在 Java 中，属性通常被称为字段。

```
        [修饰符] 类型 方法名 2([形参表]) {
            方法体
        }


        [修饰符] 类型 字段名 4;
    }
```

几点说明：

（1）class 是关键字，用于定义类，其后以一对花括号括起来的内容称为类体（Class Body），其中包含了零至多个字段和方法。

（2）类名、字段名、方法名均应是合法的标识符，并尽量遵守相应的命名惯例（见表 2-4）。

（3）类名、字段名、方法名均可以带可选的修饰符，具体见 6.5 节。

（4）extends 关键字指定类所继承的父类（至多 1 个），implements 关键字则指定类所实现的接口（可以有多个），它们都不是必需的，有关内容将在后续章节介绍。

（5）字段可以出现在类内部的任何位置，但必须位于方法之外，且彼此不能重名。字段的定义（或称声明）格式与第 2 章中的变量相同，其类型可以是任意的，如 int、Integer、float[ ]、Person 等。

需要注意的是，一个源文件通常只包含一个类，且源文件名（不含.java）要与类名严格一致[1]，编译得到的 class 文件与源文件名相同。一个源文件也可以包含多个类，通常这些类之间是平行的关系（即不是彼此包含），此时的源文件名必须与被 public 修饰的类名严格一致（具体见 6.5.1 节），编译后将得到多个 class 文件，文件名分别与每个类名相同。

6.2.2　变量的作用域

作用域（Scope）是指一个变量起作用的范围，即允许在类的哪些位置访问该变量。根据变量在类中出现的位置不同，Java 中的变量可分为字段和局部变量。

1．局部变量的作用域

局部变量（Local Variable，也称本地变量）定义在方法的内部，具体可分为以下 3 种。

（1）方法体中定义的变量：其作用域从定义处至方法结束。

（2）语句块中定义的变量：其作用域从定义处至语句块结束。

（3）方法的形参（见 6.3.1 节）：其作用域是整个方法体。

2．字段的作用域

与 C 语言中的全局变量（Global Variable）不同，字段的作用域是整个类体而并非从定义处开始（字段间的访问除外）。因此，字段可以被类中的任何方法访问，无论该字段是定义在这些方法之前还是之后。

【例 6.2】　变量的作用域演示。

ScopeDemo.java
001　public class ScopeDemo {

1　C/C++等语言允许将源文件命名为如 1、aaa 这样无意义（但合法）的名字，Java 从语法层面对源文件的命名做出了限制。例如，上述 Person 类必须被保存到 Person.java 文件中。Java 这样规定的原因很明显——仅从源文件名（或 class 文件名）就可以大致知道文件中类的含义和功能而不用打开文件（前提是类的命名是合适的），这在一定程度上提高了软件的可管理性。

```
002       int i = 1;                          // 字段
003       int m = 3, n = m + 1;               // 字段（访问之前已定义的字段，合法）
004       int j = k + 3;                      // 字段（非法，不能访问后面定义的字段）
005
006       void m1(int n, int arg) {           // 合法（形参可以与字段重名）
007           int i = -1;                     // 方法体中的局部变量（与字段重名，合法）
008           int n = 9;                      // 非法（局部变量不能与形参重名）
009           int value = 100;                // 方法体中的局部变量
010           System.out.println(m);          // 打印 3（在方法体中访问字段，合法）
011           System.out.println(k);          // 打印 5（在方法体中访问后面定义的字段，合法）
012           System.out.println(i);          // 打印-1（字段 i 被"屏蔽"）
013           n = 9;                          // 修改的是形参而非字段 n
014           int p = 10;                     // 方法体中的局部变量
015           if (p > 0) {
016               int q = 12;                 // 语句块中的局部变量
017               // 非法（不能与之前方法体中定义的变量重名，这与 C/C++不同）
018               int p = 20;
019               // 打印 10（语句块中可以访问之前方法体中定义的变量）
020               System.out.println(p);
021               System.out.println(q);   // 打印 12
022               // 打印 5（在语句块中访问后面定义的字段，合法）
023               System.out.println(k);
024           }
025           if (i > 0) {                    // 下面两行虽然不会执行，但仍要被编译
026               int p = 30;              // 非法
027               int q = 22;          // 合法（此处的 q 与上面 if 语句中的 q 分属不同的语句块）
028           }
029           System.out.println(p);          // 打印 10
030           System.out.println(q);          // 非法（此处超出了 q 的作用域）
031           int q = 13;                     // 合法（方法体中的变量与之前语句块中的变量重名）
032       }
033
034       void m2(int arg) {                  // 合法（不同方法的形参可以重名）
035           int value = 200;                // 合法（不同方法的局部变量可以重名）
036           System.out.println(p);          // 非法（不能访问别的方法中定义的变量）
037       }
038
039       int k = 5;                          // 字段（定义在方法后，合法）
040   }
```

6.3　方法

6.3.1　方法定义

方法必须先定义再调用，Java 的方法与 C 语言的函数非常类似，其常规定义格式如下：

```
[修饰符] 返回类型 方法名([类型 形参名 1[, 类型 形参名 2, ...]]) {
        方法体
    }
```

几点说明：

（1）方法的定义描述了操作，而操作可能需要一些数据，这些数据的类型和名称通过形式参数（Formal Parameters，简称形参）指定。每个形参都要指定类型和名称，彼此用逗号隔开，构成形参表。

（2）方法可以没有形参（此时称为无参方法），也可以有多个形参。无论参数个数多少，方法名后的圆括号必不可少。

（3）圆括号后以一对花括号括起来的内容称为方法体（Method Body），其描述了操作的细节，由局部变量的定义、语句及语句块组成。方法体可以为空（即方法未进行任何操作），但其外的一对花括号必不可少。

（4）一个类的各个方法彼此间是平行的，不能在方法内部定义另一个方法（即方法定义不能嵌套）。此外，方法在类中的先后位置对程序的执行没有影响。

（5）方法执行完毕后，可能需要带回一个结果，该结果的类型以方法名左边的返回类型指定。若方法不带回任何结果，则返回类型必须以 void 关键字代替，不能省略[1]。

（6）与字段类似，方法的形参类型与返回类型均可以是任意的。

需要说明的是，任何一个 Java 独立应用程序对应的多个类中，有且仅有一个名为 main 的方法（返回类型为 void，形参是一个字符串数组），该方法所在的类称为主类。main 方法是程序的启动入口，即程序总是从 main 方法开始执行，无论该方法位于类的什么位置。

6.3.2　return 语句

某些方法在执行过程中，若满足一定条件，需要立即结束方法的执行，还有些方法需要在方法结束的同时带回一个结果——这就是 return 语句的作用。其语法格式如下：

```
return   [表达式];          // 或  return[(表达式)];
```

几点说明：

（1）return 是关键字，其意义是结束所在方法的执行并返回一个结果。return 语句会改变程序的执行流程，属于流程控制语句，

（2）返回类型为 void 的方法可以不含 return 语句（方法体执行完毕，方法便结束了），若含，则 return 后不能跟任何内容而直接以分号结尾。

（3）返回类型不是 void 的方法至少要含一条 return 语句，且 return 后必须跟一个表达式以作为返回结果，并以分号结尾。对于含有分支结构的方法体，无论执行的是哪条分支，都要确保方法结束时返回一个值。

（4）表达式可以用圆括号括起来，否则，其与 return 之间至少要有一个空格。

（5）return 后表达式值的类型应尽量与方法的返回类型一致，若不一致，系统会试图将表达式的值转换为方法的返回类型，若不能转换则报错。

（6）方法体可以含有多条 return 语句，但它们彼此是互斥的，即一旦执行了其中一条，方法立即结束。

1　C语言中，若函数省略了返回类型，则其返回类型默认为 int。

6.3.3 方法调用

定义了方法后，就能对其进行调用了，方法调用的常规格式为：

方法名([实参 1[, 实参 2, ...]])

几点说明：

（1）方法调用代码所在的方法称为主调方法，被调用的方法则称为被调方法。

（2）调用方法时，直接给出方法名，并在其后的圆括号内给出需要操作的实际数据，这些数据称为实际参数（Actual Parameters，简称实参）。实参不需要指定类型，多个实参彼此用逗号隔开，构成实参表。

（3）实参必须具有确切的值，通常是常量或变量，也可以是表达式或具有返回值的函数调用代码等。

（4）实参的个数应与方法定义处的形参个数严格一致，并且每个实参的类型也应尽量与其对应的形参类型一致，若不一致，系统会试图将实参转换为对应的形参类型，若不能转换则报错。对于无参方法，方法名后的圆括号必不可少。

（5）方法调用时，系统会将各实参的值依次传递给对应的形参，然后将程序的执行流程转到被调方法，被调方法执行结束后，将返回主调方法的调用代码处继续执行。实参向形参传递数据的机制与参数的类型有关，具体将在 6.3.4 节介绍。

（6）对于返回类型不是 void 的方法，可以将方法调用代码直接作为其他表达式的操作数，或作为其他方法调用的实参（即方法调用可以嵌套）。

（7）与 C 语言不同，在 Java 中可以直接调用位于主调方法之后的方法，而不需要在调用代码前加上被调函数的原型声明。

【例 6.3】 方法调用演示（见图 6-1）。

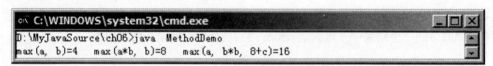

图 6-1 方法的定义及调用演示

MethodDemo.java

```
001    public class MethodDemo {
002        static void doNothing() {       // 不返回任何值，且方法体为空
003        }
004
005        public static void main(String[] args) {       // 程序入口方法
006            int a = 2, b = 4, c = 6;
007            long max;
008            // 直接调用位于 main 之后的方法，并将调用结果作为表达式的一部分
009            max = getMax(a, b);          // a、b 为实参（b 的值会被自动转为 long 型）
010            System.out.print("max(a, b)=" + max + "     ");
011            max = getMax(a * b, b);      // 表达式作为实参
012            System.out.print("max(a*b, b)=" + max + "     ");
013            // 函数调用作为实参，因 getMax 的第一个形参要求是 int 型，
014            // 而对应的实参是 long 型，系统无法自动转换，故需要强制转换
```

```
015        max = getMax((int)getMax(a, b * b), 8 + c);
016        System.out.print("max(a, b*b, 8+c)=" + max);
017        doNothing();                    // 调用无参方法
018    }
019
020    // 被调方法，返回 long 型的值，a、b 为形参
021    static long getMax(int a, long b) {
022        if (a > b) {
023            return(a);    // 结束 getMax 方法，并将 a 的值带回，等价于 return a;
024        }
025        return b;    // 确保每条分支都返回值。请思考此行为何可以不放在 else 结构中？
026    }
027 }
```

6.3.4　方法重载

与 C 语言不同，Java 允许类具有多个同名的方法，但这些方法的形参不尽相同，这称为方法的重载（Overload）。方法重载实际上是多态特性在同一个类中的体现。

【例 6.4】　利用方法重载实现前述 6.1.3 节中的例子。

```
Painter.java
001 class Square {                         // 矩形类
002 }
003
004 class Triangle {                       // 三角形类
005 }
006
007 public class Painter {                 // 绘制器类，含有 draw 方法的 5 个重载版本
008    void draw(String str) {             // 版本 1
009        System.out.println("绘制字符串。");
010    }
011    void draw(Square s) {               // 版本 2
012        System.out.println("绘制矩形。");
013    }
014    void draw(Square s, int x, int y) { // 版本 3
015        System.out.println("在指定坐标绘制矩形。");
016    }
017    void draw(int x, int y, Square s) { // 版本 4
018        System.out.println("在指定坐标绘制矩形。");
019    }
020    void draw(Triangle t) {             // 版本 5
021        System.out.println("绘制三角形。");
022    }
023 }
```

几点说明：

（1）方法名相同的方法才是重载方法，但形参个数和类型不能完全相同。

（2）不允许具有多个名称和形参完全相同的方法，即使它们的返回类型不同也不行。

（3）方法调用时，会根据实参的个数和类型来决定调用哪个重载方法[1]。

6.3.5　构造方法

Java 通过特殊的方法来创建对象，这种方法称为构造方法（Constructor，也称构造器）。

【例 6.5】　为 6.2.1 节的 Person 类增加几个构造方法。

```
Person.java
001    public class Person {                    // 增加了构造方法的 Person 类
...        // 原有代码略
023        // 因编写了构造方法，故系统不再为 Person 类提供默认构造方法
024        Person(String _name) {               // 通过姓名构造 Person 对象
025            name = _name;                     // 修改 Person 的姓名字段
026            // 因形参不含身份证号码，故为其指定一个默认值
027            id = "100100198001010000";
028        }
029
030        // 通过姓名、身份证号码构造 Person 对象
031        Person(String _name, String _id) {
032            name = _name;
033            id = _id;
034        }
035
036        // 通过姓名、年龄、身份证号码构造 Person 对象
037        Person(String _name, int _age, String _id) {
038            name = _name;
039            age = _age;
040            id = _id;
041        }
042    }
```

构造方法专门用于创建对象[2]，其并不像常规方法那样代表着对象的行为。与常规方法相比较，构造方法具有以下特点：

（1）构造方法的名称必须与类名严格一致，且没有返回类型——连 void 关键字都没有，如上述代码第 24、31、37 行。

（2）构造方法也可以有多个重载的版本，其中，包含全部字段的构造方法称为完全构造方法，

1　有时，各重载方法中没有任何一个方法的形参类型与实参类型完全相同，此时调用的是具有比实参类型稍"大"的形参对应的方法。例如，方法 m 的 3 个重载版本的形参分别是 byte、int 和 long 型，则 m('A')调用的是形参为 int 型的方法。对于参数是对象类型的方法也是类似的。

2　严格来说，创建对象和初始化对象是两个不同的概念，前者为对象分配内存，后者设置对象的初始状态，因此，创建要先于初始化。在 Java 中，创建和初始化被捆绑在了一起——以构造方法描述。

如第 37 行开始的构造方法。不带任何参数的构造方法称为默认构造方法或无参构造方法，上述 Person 类没有。

（3）若类不含任何构造方法，则系统自动为该类提供一个默认构造方法。反过来说，只要编写了任何一个构造方法，系统就不会提供默认构造方法，如上述 Person 类。

（4）构造方法不允许使用除访问权限修饰符之外的任何其他修饰符，具体见 6.5 节。

（5）通常使用 new 关键字调用构造方法。

下面编写一个测试类，其创建 Person 类的几个对象，然后访问它们的字段和方法（见图 6-2）。

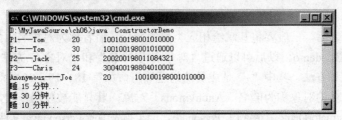

图 6-2　构造方法演示

ConstructorDemo.java

```
001    public class ConstructorDemo {      // 用以测试 Person 类的测试类
002        public static void main(String[] args) {      // 程序入口
003            // 下一行代码有错误（系统不会为 Person 类提供默认构造方法）
004            // Person p = new Person();
005            // 调用不同的构造方法创建 Person 类的对象，并赋给 Person 类型的变量
006            Person p1 = new Person("Tom");
007            Person p2 = new Person("Andy", "100200198011081234");
008            Person p3 = new Person("Chris", 24, "30040019880401000X");
009
010            // 创建测试类的对象 demo，以调用其 printPerson 方法，
011            // ConstructorDemo 类没有编写任何构造方法，则系统自动提供默认构造方法
012            ConstructorDemo demo = new ConstructorDemo();
013            // 以 "对象名.方法名(实参表)" 的形式调用对象的方法
014            demo.printPerson("P1", p1);
015            p1.setAge(30);                          // 修改 p1 对象的年龄
016            demo.printPerson("P1", p1);      // 重新打印 p1 对象
017            p2.name = "Jack";          // 以 "对象名.字段名" 的形式访问对象的字段
018            p2.id = "200200198011084321";      // 修改 p2 对象的身份证号码
019            p2.setAge(25);                          // 修改 p2 对象的年龄
020            demo.printPerson("P2", p2);      // 打印 p2 对象
021            demo.printPerson("P3", p3);      // 打印 p3 对象
022            // 直接将创建的对象作为 printPerson 方法的第 2 个实参，
023            // 该对象没有赋给 Person 类型的变量，只能使用一次，称为 "匿名对象"
024            demo.printPerson("Anonymous", new Person("Joe"));
025            p1.sleep(15);
026            p1.sleep(30);
027            p1.sleep(10);
```

```
028        }
029
030        // 打印形参 p 指定的 Person 对象的信息，为便于观察结果，形参 tag 用作标记对象
031        void printPerson(String tag, Person p) {
032            System.out.println(tag + "——" + p.name + "\t" + p.age + "\t" + p.id);
033        }
034    }
```

几点说明：

（1）创建对象之后，一般要将其赋给相应类型的变量，后者称为对象名，如第 6、7、8、12 行中的 p1、p2、p3、demo。以后可以通过"对象名.字段名"和"对象名.方法名(实参表)"的形式访问对象的字段和方法，其中"."是成员访问运算符，如第 18、19、20 行等。

（2）没有对象名的对象称为匿名（Anonymous）对象，其只能被使用一次，如第 24 行。

（3）尽管 ConstructorDemo 类用到了 Person 类，但无须先编译 Person.java 文件，编译 Constructor Demo.java 时将自动编译 Person.java。

6.3.6　this 关键字

this 关键字只能用于方法内部，表示当前对象，即调用 this 所在方法的对象。this 关键字通常用于以下 3 种场合。

1．访问字段和方法

（1）当字段与局部变量未重名时，在方法内可以直接访问字段，如 6.3.5 节 Person 类中的第 25 行（【例 6.5】，下同）。但加上 this 可以增加代码的可读性，如该行可以改为"this.name = _name"，以强调赋值运算符左侧表示的是字段。

（2）若字段与局部变量重名，则必须通过 this 访问字段。例如，若将第 24 行的形参改为 name——与字段 name 重名，则第 25 行必须改为"this.name = name"—— 赋值运算符左侧是字段 name，右侧是形参 name[1]。

（3）调用同一个类的方法 m 时，可以直接调用，也可以加上 this 以增加代码可读性，如"this.m(实参表)"。

2．在构造方法中调用其他构造方法

6.3.5 节 Person 类的 3 个构造方法存在一些重复的代码，如第 25、32、38 行等。在构造方法中，可以通过 this 关键字调用同一个类的其他构造方法。例如，第 31 行开始的第 2 个构造方法可以改为：

```
Person(String _name, String _id) {
    this(_name, 20, _id);    // 也可以写成"new Person(_name, 20, _id)"
}
```

需要说明的是，以 this 关键字调用本类构造方法的语句只能出现在构造方法中，且必须作为构造方法的第一条语句。

3．返回当前对象

有时为了简化代码，需要连续多次调用对象的方法，此时可以将 this 关键字放在 return 之

1　实际上，Java 的构造方法经常采用这种编写风格，很多 IDE 根据字段自动生成的构造方法代码也是这样的。

后——返回当前对象。例如，6.3.5 节 Person 类中的 sleep 方法可以改为：

```
Person sleep(int minutes) {                    // 行为——睡觉
    System.out.println("睡 " + minutes + " 分钟...");
    return this;
}
```

则 ConstructorDemo 类中的第 25～27 行可以改为：

```
p1.sleep(15).sleep(30).sleep(10);
```

【例 6.6】 修改后的完整 Person 类。

```
Person.java
001   public class Person {                         // 修改后的 Person 类
002       String name;                              // 调用构造方法时，必须指定 name
003       int age;                                  // 构造方法 1、2 指定了默认值，此处不再指定
004       String id;                                // 构造方法 1 指定了默认值，此处不再指定
005
006       String getName() {
007           return this.name;
008       }
009
010       int getAge() {
011           return this.age;
012       }
013
014       void setAge(int age) {
015           this.age = age;
016       }
017
018       Person sleep(int minutes) {                       // 返回类型为 Person
019           System.out.println("睡 " + minutes + " 分钟...");
020           return this;                                  // 返回当前对象
021       }
022
023       Person(String name) {                             // 构造方法 1
024           this(name, 20, "100100198001010000");         // 调用完全构造方法
025       }
026
027       Person(String name, String id) {                  // 构造方法 2
028           this(name, 20, id);                           // 调用完全构造方法
029       }
030
031       Person(String name, int age, String id) {         // 构造方法 3（完全构造方法）
032           this.name = name;
```

```
033            this.age = age;
034            this.id = id;
035        }
036    }
```

6.3.7 变长参数方法

假设有这样的需求：编写一个方法，其返回传递给它的若干整数中的最大者。根据目前已介绍的内容，这样的方法可以通过两种方式定义。

（1）编写方法的多个重载版本，分别具有不同个数的形参，如 4 个 getMax 方法分别具有 2～5 个形参。然而方法重载的次数是有限的，显然不能满足更多个数的参数，如获得 8 个整数中的最大者。

（2）只编写一个方法，将其唯一的形参指定为数组类型（如 main 方法）。这种方式能满足任何个数的参数，但调用之前需要先创建数组，并将各参数设置到该数组。

定义方法时，能否将方法的形参指定为具有不确定的个数呢？学习过 C 语言的读者可能知道，C 语言的 printf 库函数的参数个数其实就是不确定的——在调用时，可以传入任何个数的实参，如：

```
printf("Hello");                    // 1 个实参
printf("%d", i);                    // 2 个实参
printf("%d,%d, %d", i, j, k);       // 4 个实参
```

那么，printf 函数的形参是如何定义的呢？打开 stdio.h 文件，会发现如下原型声明：

```
int __cdecl printf(const char *, ...);
```

容易看出，printf 函数的第 1 个参数是字符串常量（即输出格式控制串，必须有），后面的省略号（其实是连续的 3 个点号）则代表了不确定个数的参数（零至多个）。

从 JDK 5.0 开始，Java 也提供了类似的机制——可以定义形参个数不固定的方法，这样的方法称为变长参数（Variable Arguments[1]）方法。

【例 6.7】 变长参数方法演示（见图 6-3）。

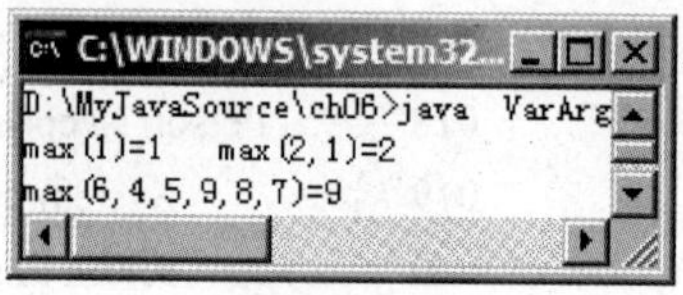

VarArgsDemo.java

图 6-3　变长参数方法演示

```
001    public class VarArgsDemo {
002        // 变长参数的格式为 "类型... 形参名"
003        int getMax(int first, int... varArgs) {
004            int max = first;                          // 将第 1 个作为当前最大者
005            for (int i : varArgs) {                   // 迭代（变长参数的本质是数组）
006                max = i > max ? i : max;              // 修改 max
007            }
008            return max;                               // 返回 max
009        }
010
011        public static void main(String[] args) {
012            VarArgsDemo demo = new VarArgsDemo();     // 创建测试类的对象
```

1　单词 Argument 也有参数之意，一些资料用 Argument 特指实参，而以 Parameter 特指形参。

```
013                   // 调用方法，分别传入 1、2、6 个实参
014                   System.out.print("max(1)=" + demo.getMax(1) + "    ");
015                   System.out.println("max(2,1)=" + demo.getMax(2, 1));
016                   System.out.println("max(6,4,5,9,8,7)=" + demo.getMax(6, 4, 5, 9, 8, 7) + "    ");
017           }
018    }
```

几点说明：

（1）变长参数只能出现在方法的形参中，不能将其定义为变量或字段。

（2）一个方法只能有一个变长参数，且变长参数必须是方法的最后一个形参。

（3）变长参数实际上会被编译器转换为数组。

（4）若重载的方法中，有些含有变长参数，有些没有，并且它们都能匹配某个方法调用中的实参，则优先调用没有变长参数的方法。例如，若在上述程序中增加"int getMax(int first)"方法，则第 14 行调用的将是此增加的方法。

（5）若重载的方法均含有变长参数，并且它们都能匹配某个方法调用中的实参，则该调用存在语法错误——编译器不知道调用的是哪个方法。例如，若在上述程序中增加"int getMax(int... varArgs)"方法，则第 14～16 行中的方法调用均有错误。

6.4 包

6.4.1 包的概念

一个软件项目可能会包含成百上千的类[1]，将它们全部放到同一个目录下显然不是好的解决方案。与管理计算机上的文件类似，可以根据功能，将多个类组织到不同的目录下，这些目录称为包（Package）。与目录可以含有文件和子目录类似，包可以含有类和子包，它们形成了一个层级结构（读者可以对 JDK 核心类库 rt.jar 解压缩，以查看其目录结构）。包的意义主要体现在：

（1）位于同一包下的多个类之间具有一定的联系，方便了项目的管理。

（2）每个类都隶属于一个包，不同的包可以含有同名的类，利于类的多版本维护。

（3）便于编程者快速找到一个类。例如，与输入/输出相关的类均位于 java.io 包下。

（4）包提供了某种级别的访问权限控制，具体见 6.5 节。

需要注意的是，包是一个相对路径，其与存放所有源文件的根目录有关。例如，本章目前为止编写的所有类均未指定包名，这些类对应的源文件均存放在 D:\MyJavaSource\ch06 下，若以该目录为根目录，则名为 demo 的包对应着 D:\MyJavaSource\ch06\demo 目录。若以 D:\MyJavaSource 为根目录，则 demo 包对应着 D:\MyJavaSource\demo 目录。

为避免二义性，一个软件项目用以存放所有源文件的根目录通常是固定的，该目录称为默认包。本书从现在起，将 D:\MyJavaSource 作为所有源文件的根目录，并将这些源文件对应的类组织到以各章为名的包下。例如，若想将 LoginClient 类组织到 ch10.login 包下，则 LoginClient.java 必须被存放到 D:\MyJavaSource\ch10\login 目录下。

6.4.2 package 语句

是否仅将源文件存放到默认包的某个目录下，源文件对应的类就被组织到了相应的包下了

---

1 因某些内容尚未介绍，此处的类是一种泛称，具体可以是类、接口、枚举和注解等，下同。

呢？答案是否定的。应该这样理解：类所在的包并不是通过将源文件存放到某个目录做到的，而是由代码指定的，这样的代码称为 package（打包）语句。

【**例 6.8**】 将 PackageDemo 类组织到 ch06.demo 包下。

```
PackageDemo.java
001    package ch06.demo;   // package 语句，指定了 PackageDemo 位于 ch06.demo 包下
002
003    public class PackageDemo {    // 此类仅做演示
004        public static void main(String[] args) {
005            System.out.println("运行成功！");
006        }
007    }
```

几点说明：

（1）package 后的包名可以是多级包名，各级间通过"."分隔，每级包名应是合法的标识符，并尽量遵守相应的命名惯例（见表 2-4）。

（2）类可以不含 package 语句，此时的类属于默认包，但一般不推荐这样做，即每个类都要有一条 package 语句，以显式指定其所在的包名。

（3）一个源文件最多只有一条 package 语句，且必须位于第一行，以分号结尾。

如 6.4.1 节所述，指定了包名之后，还必须将源文件存放到与包名相对应的目录下。对于上述 PackageDemo.java，其必须存放在 D:\MyJavaSource\ch06\demo 目录下。对于指定了包名的源文件，在命令行中应采用如下格式对其编译：

    javac   包名/类名.java

需要注意，编译前应先将命令行的工作路径切换到默认包所在路径。编译完成后，得到的 class 文件将被存放到所有 class 文件所在的根目录下与包名相对应的目录下。在命令行开发方式下，class 文件根目录默认与源文件根目录相同，因此，上述命令生成的 PackageDemo.class 文件也位于 D:\MyJavaSource\ch06\demo 下[1]。执行 class 文件的命令格式与之前的编译类似，完整过程如图 6-4 所示。

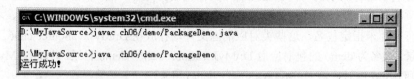

图 6-4　编译和运行带 package 语句的类

包的概念较容易理解，但具体编程时（特别是在命令行方式下），初学者可能会遇到一些问题，应注意多加实践和体会。

6.4.3　import 语句

import 语句用于引入某些包下的类，以便程序直接使用这些类。

1　这种将源文件与 class 文件存放在同一目录下的方式不利于软件项目的管理和发布，使用 IDE 后，通常会将它们分开存放。例如，Eclipse 默认的源文件根目录是"工作空间所在路径\项目名\src"，class 文件根目录是"工作空间所在路径\项目名\bin"。

【例 6.9】 import 语句演示。

ImportDemo.java

```
001    package ch06;
002
003    import java.lang.Integer;              // 系统会自动引入 java.lang 包下的类，此行可以省略
004    import java.util.Date;
005    import javax.swing.*;                   // 引入 javax.swing 包下的所有类，不推荐
006    // 上一行不会引入 swing 的子包（如 border）下的类，因此要单独引入
007    import javax.swing.border.*;
008    import java.awt.Color;
009    import ch06.demo.PackageDemo;           // 引入自己定义的类
010
011    public class ImportDemo {
012        Integer i = new Integer(5);
013        Object o = new Object();             // Object 类位于 java.lang 包下，无须引入
014        Date d1 = new Date();                // java.util 包下的 Date 类
015        // java.sql 包下的 Date 类，与 java.util 包下的 Date 类重名，故使用完全限定名
016        java.sql.Date d2 = new java.sql.Date(0);
017        // javax.swing 包下的 JButton 类
018        JButton b = new JButton("确定按钮");
019        // javax.swing.border 包下的 LineBorder 类
020        LineBorder border = new LineBorder(Color.BLUE);
021        // ch06.demo 包下的 PackageDemo 类
022        PackageDemo demo = new PackageDemo();
023    }
```

几点说明：

（1）import 语句也以分号结尾，紧跟在 package 语句之后，可以有零至多条。

（2）若要引入一个包下的所有类（不包括子包下的类），可使用通配符"*"，但这种引入方式会降低编译性能，因此不推荐，如第 5、7 行。

（3）java.lang 包是 Java 的核心包，包名中的 lang 即 language（语言）。任何类都可以不引入该包而直接使用其下的类，如第 13 行。

（4）与正在编写的类处于同一包的类不需要被引入，可以直接使用它们。

（5）为避免冲突，不同包下的同名类只能引入一个，其余类必须通过完全限定名（即带完整包名的类）的形式来访问，如第 4、14、16 行。

（6）可以使用静态 import 语句导入静态字段（见 6.5 节），例如：

```
import static java.lang.System.out;
...
// 后面的代码可以直接使用 out
out.println(("Hello");                              // 等价于 System.out.println(("Hello");
```

在实际开发中，由于要引入的类往往较多，并且编程者很难记住每个类的准确名称及它们所在的完整包名。使用 IDE 编写程序时，通常不需要手工输入各 import 语句，而是直接输入类的前

几个字母（或将光标置于这些字母的右侧），并按下某个快捷键，IDE 会弹出列表显示所有可用的、以这些字母开头的类，当用户从中选择了某个类后，IDE 会自动加上相应的 import 语句。有关内容请参见附录 A。

6.5　常用修饰符

修饰符（Modifier）实际上是一些可选的关键字，主要用以修饰类、字段和方法的特性。Java 共有 11 个修饰符，根据功能可分为两类——访问权限修饰符和非访问权限修饰符。

6.5.1　访问权限修饰符

在定义类时，可能需要指定类的某些字段和方法只能被特定位置的代码访问，同时还需要控制访问的级别（如只能获得而不能修改某个字段），这就是访问权限控制[1]。例如，使 Person 类中用于表示身份证号码的 id 字段只能被 Person 类本身修改，而其他类仅能获得该字段。Java 提供了若干用以控制访问权限的关键字，称为访问权限修饰符，主要包括 3 个：public、protected 和 private，如表 6-1 所示。

表 6-1　访问权限修饰符

修　饰　符	中　文　称　法	可　修　饰			可见性/可访问性			
		类	字段	方法	包外	子类	包内	类内
public	公有的	√	√	√	●	●	●	●
protected	受保护的		√	√		●	●	●
未指定	包权限	√	√	√			●	●
private	私有的		√	√				●

几点说明：

（1）权限访问修饰符修饰的是类、字段和方法的可"被"访问性，即谁能看到它们。

（2）未指定任何权限访问修饰符时，具有默认权限或称包权限。

（3）protected 和 private 不能修饰类（仅指外部类，对嵌套类则不同，见第 7 章）。

（4）出于安全考虑，在满足要求的前提下，尽量使用权限小的修饰符。

（5）字段尽量使用 private 修饰，然后编写对字段进行读/写的方法[2]，并采用合适修饰符有选择地公开这些方法。

现改写 6.3.6 节中的 Person 类，部分代码如下。

```
private String id;              // 私有字段（不允许其他类访问身份证号码）

public String getId() {         // 公有方法（允许其他类获取身份证号码）
    return this.id;             // 类内部仍能访问本类的私有字段
}
```

访问权限修饰符与面向对象理论有着紧密的联系，前者基于的核心思想是"让用户无法碰触他们不该碰触的东西"。类的编写者可以有选择地公开类的某些行为（即接口），对于那些未公开

1　访问权限控制能做的绝不仅仅如此，其意义更多的是体现在软件的设计层面。

2　即获取和设置字段的方法，因方法名往往以 get 和 set 开头，故这些方法也称为 getter 和 setter。

的（即不可见的）行为，用户无须关注，也无法关注，这不仅提高了代码的安全性，同时也降低了使用难度。另一方面，通过访问权限修饰符对用户公开接口、隐藏实现，使得行为实现细节的改变不会影响行为的使用者。

此外，一个源文件可以定义多个类，但其中只能有一个类是以 public 修饰的，且源文件名要与该类严格一致。若源文件中所有类都不是 public 的，则文件名可以是任意的[1]。

6.5.2　final 和 static

非访问权限修饰符具体包括 8 个：final、static、abstract、transient、synchronized、volatile、native 和 strictfp，其中后 3 个较少使用。本节先介绍 final 和 static，如表 6-2 所示，其余修饰符将分别在第 7、11、12 章介绍。

表 6-2　final 和 static 修饰符

修 饰 符	可 修 饰	意 义
final	类	最终类，即类不能被继承。final 类中的所有方法均是 final 方法
	方法	最终方法，即方法不能被子类重写，见 6.8 节
	字段	即第 2 章中的 final 常量。以 final 修饰的字段和局部变量，一旦赋值便不能修改（即使再赋以相同值也不允许）
	局部变量	
static	类	static 只能修饰嵌套类，具体见第 7 章
	方法	静态方法（静态字段），直接通过类名来访问，无须先创建对象，因此也称为类方法（类字段）。换句话说，以 static 修饰的方法和字段独立于类的任何对象，在类被加载后（创建对象前），它们就已经初始化了。无论创建了多少个对象（包括零个），静态字段只有一份，并被所有对象共享
	字段	
	语句块	静态语句块，位于方法外部，当类被加载时，虚拟机会执行语句块中的代码。这对于想在类的加载阶段做一些复杂的初始化操作非常有用

【例 6.10】　final 和 static 修饰符演示（见图 6-5）。

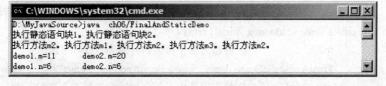

图 6-5　final 和 static 修饰符演示

FinalAndStaticDemo.java

```
001    package ch06;
002
003    public class FinalAndStaticDemo {
004        static final int MIN = 1;                    // static 经常与 final 组合使用
005        final static int MAX = 10;                   // static 与 final 的顺序可以交换
006        // 实例字段（或称对象字段），每个对象的实例字段都有独立的内存空间，彼此互不影响
007        int m;
008        static int n = 5;                            // 静态字段（或称类字段），供所有对象共享
009
010        // 访问权限修饰符经常与 static 和 final 组合使用
```

1　不推荐这样做。即使所有类都不是 public 的，文件名也应该与其中一个类名严格一致。

```
011        private static FinalAndStaticDemo demo1;              // 私有静态字段
012
013        static {                                    // 静态语句块（位于方法外）
014            System.out.print("执行静态语句块 1。");
015            demo1 = new FinalAndStaticDemo(10);       // 静态语句块中可以调用构造方法
016        }
017
018        FinalAndStaticDemo(int m) {                  // 构造方法
019            this.m = m;
020        }
021
022        private void m1() {                          // 实例方法（或称对象方法）
023            System.out.print("执行方法 m1。");
024            m2();                                    // 非静态方法中可以访问静态方法和字段
025            m3();                                    // 非静态方法中可以访问非静态方法和字段
026        }
027
028        private static void m2() {                   // 静态方法（或称类方法）
029            System.out.print("执行方法 m2。");
030        }
031
032        private void m3() {                          // 实例方法
033            System.out.print("执行方法 m3。");
034        }
035
036        // main 方法总是静态的，以便虚拟机无须创建对象便能调用该方法启动程序
037        public static void main(String[] args) {
038            m2();              // 静态方法中可以访问静态方法和字段
039            FinalAndStaticDemo demo2 = new FinalAndStaticDemo(20);
040            demo2.m1();        // 静态方法中不能直接访问非静态方法和字段，必须通过对象
041            demo2.m2();        // 可以通过对象访问静态方法和字段（但不推荐）
042            demo1.m = demo1.m + 1;           // 修改实例字段（不会影响其他对象）
043            System.out.print("\ndemo1.m=" + demo1.m + "\t");      // 打印 11
044            System.out.println("demo2.m=" + demo2.m);            // 打印 20
045            demo1.n = demo1.n + 1;           // 修改类字段（会影响其他对象）
046            System.out.print("demo1.n=" + demo1.n + "\t");        // 打印 6
047            System.out.println("demo2.n=" + demo2.n);            // 打印 6
048        }
049
050        static {        // 类可以包含多个静态语句块，依次执行
051            System.out.print("执行静态语句块 2。\n");
052        }
053    }
```

需要注意，因 this 关键字代表当前对象，故其不能出现在静态方法或静态语句块中。

6.6 综合范例 4：单例模式

设计模式（Design Pattern）是一套关于软件项目的最佳实践与良好经验的总结，其关注的是软件在设计层面上的问题。设计模式并不告诉人们如何编写代码，而是描述软件系统中普遍存在的各种问题的最佳设计方案，遵循并合理使用这些方案将极大提升软件代码的可理解性、可重用性和可扩展性。

以 Erich Gamma 为首的 4 位专家（Gang of Four，俗称四人组或 GoF）在 1995 年出版的《设计模式：可重用的面向对象软件元素》一书中首次将设计模式提升到理论高度，并提出了 23 种基本的设计模式，它们对此后十余年的面向对象软件设计产生了深远影响。事实上，现今流行的众多软件框架（Framework，如 Java 平台下的 Struts、Hibernate、Spring 等）都使用了多种设计模式，学习设计模式有助于快速掌握和深入理解这些框架的工作原理。

作为本书介绍的首个设计模式，单例模式便是 GoF 提出的 23 种设计模式之一。单例（Singleton）即单个实例，单例模式有 3 个要点：①确保类只有唯一的实例（即对象）；②自动创建该唯一实例；③能向外界提供该唯一实例。根据前述知识有：

（1）实现要点①的关键是将类的构造方法设为私有的，以防止外界调用。

（2）对于要点②，考虑到一个类只被虚拟机加载一次，因此可以在类的加载阶段调用一次构造方法，这能通过静态字段或语句块做到。另一种方式是按需创建以提高性能——在外界首次需要对象时，才调用构造方法，此后则不再调用。

（3）因外界无法通过构造方法创建对象，故类还应提供一个静态方法返回之前创建的对象并向外界公开，以实现要点③。

【综合范例 4】 编写程序实现单例模式（见图 6-6）。

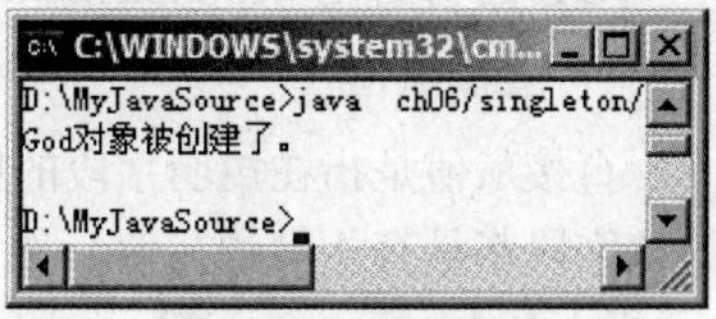

图 6-6 单例模式演示

God.java

```
001    package ch06.singleton;
002
003    public class God {        // 单例类（只有一个上帝）
004        // 存放唯一对象的私有字段（外界无法访问），因 getInstance 方法
005        // 要使用此字段，其是静态的，因此该字段也必须是静态的
006        private static God instance = null;
007
008        private God() {        // 私有构造方法（外界无法调用）
009            System.out.println("God 对象被创建了。");        // 仅作为演示用
010        }
011
012        // 公有方法，外界通过 God 类名直接调用此静态方法，以获得唯一对象
013        public static God getInstance() {
014            if (instance == null) {        // 若是首次调用 getInstance 方法
015                // 创建对象并赋给 instance 字段
016                // 即使多次调用 getInstance 方法，下一行也只执行一次
017                instance = new God();
018            }
019            return instance;    // 返回唯一对象
020        }
```

```
021    }
```
SingletonDemo.java
```
001    package ch06.singleton;
002
003    public class SingletonDemo {// 单例模式测试类
004        public static void main(String[] args) {
005            // 得到单例类的对象（g1、g2、g3 其实是同一个对象的不同名称）
006            God g1 = God.getInstance();
007            God g2 = God.getInstance();
008            God g3 = God.getInstance();
009        }
010    }
```

以上是最简单的单例模式，未考虑多线程等复杂因素，读者若需了解可进一步查阅有关资料。

6.7　对象

对象是类的具体实例，Java 中的一切都是对象，软件系统就是由成百上千的、能彼此交互的对象构成的。本节介绍与对象有关的更多细节。

6.7.1　对象的初始化

对象的初始化（Initialization）是指为对象的字段赋以初值，一般通过以下 4 种方式。

1．直接赋值

直接赋值是指在声明字段的同时显式赋以初值，若在创建对象时未修改该字段，则每个对象的该字段都具有相同的初值，如 6.2.1 节中 Person 类的 age 字段。

2．使用默认值

由于类中的任何方法都可以修改字段，且同一个字段在多个对象中往往需要不同的值，因此声明字段的同时赋以初值并没有太大意义，但让字段具有不确定的值则会带来潜在的安全问题。所以，Java 允许只声明字段而不赋以初值（以 final 修饰的字段除外），但会为每个字段提供一个默认值，如 6.2.1 节中 Person 类的 name 和 id 字段。具体来说，对于基本类型，默认值如表 2-1 所示，对于对象类型，默认值则为关键字 null——空对象。

需要注意的是，对于方法内部声明的局部变量（除形参外），由于它们不可能被其他方法修改，即使系统为它们提供初始值也没有意义。因此，使用局部变量前，它们必须被显式赋以初值[1]，否则视为语法错误。与此类似的还包括以 final 修饰的字段。

3．通过构造方法

如方式 2 所述，可以在构造方法中为字段赋值，这种初始化方式具有更大的灵活性，是最为常用的对象初始化方式，如 6.3.6 节中 Person 类的 3 个构造方法。需要注意的是，若同时使用了方式 1 与此种方式，则方式 1 所做的初始化会被覆盖——因为构造方法后执行。

4．通过静态语句块

也可以在静态语句块中对静态字段赋以初值，如 6.5.2 节中 FinalAndStaticDemo 类的第 15 行。

---

[1]　C 语言中，未赋值的局部变量具有不确定的值，这是引发很多逻辑错误的根源。

因静态语句块是在类的加载阶段（创建对象前）执行的，因此，此种方式实际上是初始化类而非对象。

6.7.2　对象的引用

在 C/C++中，允许以两种方式操作变量：①通过变量名直接操作；②通过指针间接操作。Java从语法层面取消了 C/C++中的指针类型，取而代之的是引用（Reference）[1]，即前述的对象名。在Java 中，通过对象的引用来操作对象，例如：

```
Person p = new Person("Tom");        // 将创建的对象赋给引用 p
p.sleep(60);                         // 通过引用操作对象
// 匿名对象也有引用，只是该引用由系统生成，对编程者不可见
new Person("Andy").sleep(5);
```

可以将对象想象为电视机，引用则是遥控器——只要持有遥控器，就能保持与电视机的联系。例如，当要减小音量或切换频道时，实际操作的是遥控器，再由遥控器去操作电视机，若想在走动的同时仍能操作电视机，只需携带遥控器即可。

引用可以单独存在而不与任何对象关联（即使没有电视机，遥控器也可单独存在），此时的引用称为空引用——被赋以 null[2]，空引用不指向任何对象，如图 6-7 中的引用 3。操作空引用将发生运行时错误（注意不是语法错误），例如：

```
Person p = null;                     // p 不指向任何对象
p.sleep(5);                          // 执行到此行将发生错误（空指针异常，见第 10 章）
```

不同的引用可以指向同一个对象（多个遥控器可以控制同一台电视机），如图 6-7 中的引用 2和 4 均指向对象 3。但一个引用不能同时指向多个对象（这与现实中一个遥控器可以同时控制多台电视机不同）。

6.7.3　栈和堆

栈（Stack）和堆（Heap）是程序对内存的逻辑划分，分别用于存放不同的数据。与 C++不同，Java 自动管理栈和堆，编程者不能通过代码显式地设置栈或堆。

栈是一种具有后进先出（LIFO，Last In First Out）特性的数据结构，如弹匣——后压入的子弹总是先被发射出去。计算机从底层就提供对栈的支持，例如，内存中划分有代码段、CPU 有专门指向栈顶位置的寄存器、CPU 的指令集直接支持入栈和出栈操作等。栈是一段连续的存储区，其优势是访问性能较高，只需要移动栈顶指针就能完成内存的分配和释放，但其缺点也很明显——栈中所有数据所占的字节数与生存期必须是确定的，缺乏灵活性。

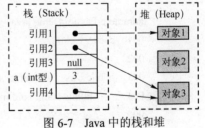

图 6-7　Java 中的栈和堆

如图 6-7 所示，Java 将基本类型的数据及对象的引用存放于栈中，这是因为：①基本类型的数据在内存中所占的字

---

[1] 引用的本质仍然是指针，其与 C++中的句柄（Handle）类似。

[2] 空引用的称法沿用了 C 中的空指针，严格来说，这种称法是不准确的。无论引用是否指向了对象，引用本身在内存中总是会占据用以存放地址的若干字节。此外，Java 中的 null 与 C 中的 NULL 具有本质上的不同——前者是 Java 用以标识空对象的关键字，而后者是 C 定义的用以标识空指针的宏（值为 0）。

节数与平台无关，永远是固定的；②引用的本质就是对象的首地址，而任何具体的平台下，地址位数总是确定的，例如，32 位操作系统下，内存单元的地址是 32 位的；③以上二者占用的字节数较少。

对于对象来说，程序需要多少对象、它们的具体类型是什么、它们的生存期如何，类似这样的问题往往只有在程序的运行时刻才能确定。为了提供这些灵活性，Java 将对象存放于堆——内存的动态存储区中。堆的优势是允许程序在运行时刻动态地为对象分配内存[1]，这些对象的生存期不必事先告诉编译器，Java 的垃圾回收器会自动回收那些不被任何引用指向的对象所占的内存空间（如图 6-7 中的对象 2），因此比栈更灵活。堆不是连续的存储区，对象的定位、动态分配及自动回收等均需要耗费一定时间，故访问性能较栈低。此外，可以通过虚拟机启动参数-Xms 和-Xmx 来指定堆的初始和最大容量，读者可查阅相关资料。

6.7.4 参数传递

方法调用时，实参要向形参传递数据，不同种类的参数具有不同的传递方式：

（1）对于基本类型的参数，传递的是值，形参得到值的拷贝。

（2）对于对象类型，传递的则是引用[2]，形参得到引用而非其指向的对象的一份拷贝。

之所以将参数传递划分为传值和传引用，是因为二者有着明显不同的效果：

（1）对于值传递，由于形参与实参各自占据着不同的内存单元，因此，若在方法内修改形参，并不会影响实参原来的值。

（2）对于引用传递，尽管形参与实参也占据着不同的内存单元，但它们指向的是同一个对象，换句话说，此时的形参与实参只是同一对象的不同别名。因此，若在方法内修改形参指向的对象（注意不是修改形参），实际上修改的是实参指向的对象（注意不是实参）。

【例 6.11】 参数传递演示（见图 6-8）。

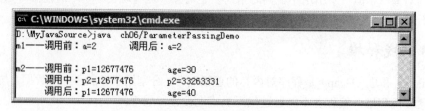

图 6-8　参数传递演示

ParameterPassingDemo.java

```
001    package ch06;
002
003    public class ParameterPassingDemo {
004        public static void main(String[] args) {
005            // 静态方法内不能直接调用非静态方法，故先创建对象
006            ParameterPassingDemo demo = new ParameterPassingDemo();
007            int a = 2;// m1 的实参
008            System.out.print("m1——调用前：a=" + a + "\t"); // 调用 m1 前打印实参
```

---

[1] 从这个角度看，Java 中用以创建对象的 new 关键字与 C 语言的动态内存分配函数 malloc 有一定的相似性。

[2] 有一种观点认为，Java 中任何参数所传递的都是值——即使对于对象类型的参数，其传递的引用也是一种特殊的值（即地址）。实际上，C 语言也存在类似的争论（传值和传地址），读者对此不必深究。

```
009              demo.m1(a);        // 调用 m1
010              System.out.println("调用后：a=" + a + "\n");·        // 调用 m1 后打印实参（未变）
011
012              // 构造对象以作为 m2 的实参
013              Person p1 = new Person("Ben", 30, "N/A");
014              // 调用 m2 前，打印实参引用及其指向对象的 age 字段
015              // hashCode 是父类 Object 的方法，其得到对象的哈希码，
016              // 以对象的首地址（即引用）表示
017              System.out.print("m2——调用前：p1=" + p1.hashCode() + "\t");
018              System.out.println("age=" + p1.getAge());
019              demo.m2(p1);                              // 调用 m2
020              // 调用 m2 后再打印。p1 未变（仍指向原来对象），但 age 变了（对象被修改了）
021              System.out.print("        调用后：p1=" + p1.hashCode() + "\t");
022              System.out.println("age=" + p1.getAge());
023          }
024
025      private void m1(int a) {                          // 基本类型的参数：传值
026              a++;          // 修改形参不会影响传入的实参
027          }
028
029      private void m2(Person p2) {                      // 对象类型的参数：传引用
030              // 打印形参引用 p2，其与实参引用 p1 相等，指向同一对象
031              System.out.print("        调用中：p2=" + p2.hashCode() + "\t");
032              p2.setAge(p2.getAge() + 10);              // 修改形参 p2 指向的对象
033              // 修改形参，使其指向另外的对象，实参仍指向原来的对象
034              p2 = new Person("Tom");
035              System.out.println("p2=" + p2.hashCode());   // p2 变了
036          }
037  }
```

6.7.5　垃圾回收

与任何有生命的事物一样，Java 中的对象也要经历创建、使用和回收等阶段，这些阶段称为对象的生命周期（Lifecycle）。对象被使用完后，应当释放其所占的内存单元，以使这些内存可被分配给将来创建的对象，这一过程在 Java 中称为垃圾回收（Garbage Collection，GC），由垃圾回收器负责完成。

垃圾回收器是 Java 虚拟机的一个重要组成部分，其作用是查找和回收不再被使用的对象，以便更有效地使用内存资源。垃圾回收器具有以下特点。

1．自动性

Java 程序启动后，虚拟机会启动一个系统级线程（见第 12 章），并由该线程自动监视程序中对象的状态，一旦对象变为无用的，垃圾回收器便会在合适时机回收这些对象占据的内存。Java 语言的优势之一是——编程者能将更多的精力投入对软件业务的关注上，而无须像 C/C++ 那样编写大量代码显式地释放内存。另一方面，垃圾自动回收也有效降低了由编程者的疏忽可能导致的

内存泄露等风险[1]。

凡事有利必有弊，垃圾自动回收的一个潜在缺点是其对程序执行性能的影响。虚拟机需要遍历程序中所有的对象以命中无用内存，然后进行内存块的复制、碎片整理及更新对象引用等，这些都需要一定的时间开销。随着 Java 平台软硬件性能的不断提升和垃圾回收算法的不断改进，通常不必关注垃圾回收对程序执行性能的影响。

2．不可预知性

负责垃圾回收的线程受到各种运行环境的影响，如 CPU 的调度时机、可用内存的容量等，因此，虚拟机执行垃圾回收的准确时间点是无法预知的[2]。换句话说，对象一旦成为垃圾，其所占内存不一定被立刻回收，极端情况下，甚至可能根本不被回收（程序结束时，由操作系统回收）。一般情况下，当堆内存的可用容量较小时，虚拟机便会执行垃圾回收的工作。

编程者能够参与垃圾回收的唯一方式是显式调用 System 类的静态方法 gc——请求虚拟机执行垃圾回收，即便如此，虚拟机是否响应请求及响应的准确时机仍无法预知。大多数情况下，调用该方法后的很短时间内（毫秒级），虚拟机会响应请求。若程序中同时含有大量对象，频繁的垃圾回收会导致程序性能下降，过于稀疏则会导致可用内存不足，此时在程序的适当位置调用 System.gc()方法是很有必要的。

【例 6.12】 垃圾回收演示（见图 6-9）。

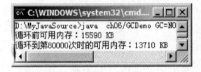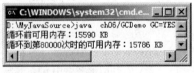

图 6-9　垃圾回收演示（2 次运行，注意命令行参数的不同）

GCDemo.java

```
001    package ch06;
002
003    public class GCDemo {
004        public static void main(String[] args) {
005            // 通过命令行参数指定是否请求垃圾回收
006            boolean gc = args[0].equals("GC=YES");
007            Runtime rt = Runtime.getRuntime();        // 获得运行时环境
008            // 获得并打印循环前的可用内存容量
009            long free = rt.freeMemory() / 1024;
010            System.out.println("循环前可用内存：" + free + " KB");
011            for (int i = 1; i <= 100000; i++) {
012                // 每次进入循环，之前创建的 Person 对象将变为垃圾
013                Person p = new Person("Tom");
014                // 是否每创建 2 000 个对象后请求一次垃圾回收
015                if (gc && (i % 2000 == 0)) {
016                    System.gc();                      // 请求垃圾回收
017                }
```

---

1 以 C/C++编写的程序常常因内存泄露而引发假死或崩溃，而 Java 程序则很少出现。
2 可以通过虚拟机启动参数如-XX:+PrintGCDetails 等来设置和显示垃圾回收的细节，读者可查阅相关资料。

```
018                    // 创建第 80 000 个对象后，获得并打印当前可用内存容量
019                    if (i == 80000) {
020                        free = rt.freeMemory() / 1024;
021                        System.out.println("循环到第 80000 次时的可用内存：" + free + " KB");
022                        break;
023                    }
024                }
025            }
026    }
```

尽管编程者无法直接控制垃圾回收，但仍然可以通过某些良好的编程习惯使对象尽量满足垃圾回收的条件，具体包括以下两点。

（1）将使用完的引用显式赋为 null，如：

```
Person p = new Person("Tom");
...            // 使用对象 p
p = null;
```

（2）复用之前的引用，如：

```
Person p = new Person("Tom");
...            // 使用对象 p
p = new Person("Jack");
```

需要说明的是，垃圾回收器在回收垃圾对象时，会调用对象所属类的 finalize 方法（相当于 C++的析构函数），因此，可以为类编写 finalize 方法以控制对象被回收时的善后操作。然而，前面已经提到，垃圾对象可能根本不会被回收，也就是说，即使编写了 finalize 方法，也不能保证该方法一定会被执行，所以，以纯 Java 语言编写的程序通常不需要为类编写 finalize 方法[1]。

6.8 类的继承

继承是面向对象的重要特性之一，其提供了在已有类的基础之上定义新类的机制，是提高代码复用性的重要保证。若类 B 继承了类 A，则类 A 称为父类或超类（SuperClass），类 B 称为子类（SubClass）或派生类[2]。

继承意味着子类自动拥有父类的属性与行为。例如，若 Student 类继承了 Person 类，则即使 Student 类未编写任何代码，其默认也具有 Person 类的属性和行为。此外，子类还可以增加父类所没有的属性与行为。例如，可以为 Student 类增加学号属性和上课行为等。显而易见，继承使得子类的特性和功能越来越丰富。

6.8.1 继承的语法与图形化表示

必须先有父类，而后才有子类，继承的语法格式如下：

---

1 Java 程序允许调用以 C/C++等语言编写的函数，这些函数在 Java 中通过 native 关键字修饰为本地方法。finalize 方法主要用于调用了本地方法的 Java 程序，因为以 C/C++编写的方法需要由代码显式释放内存。

2 派生是 C++惯用的称法，其与继承的方向恰好相反——子类继承父类，父类派生子类。

```
                [修饰符]  class   子类名   extends   父类名 {
                    类体
                }
```

几点说明：

（1）继承实际上描述了类之间的"is-a"关系，即子类一定"是一种"父类。也就是说，子类对象可以赋给父类引用[1]，而不会有语法错误，反之则不然——父类对象不一定"是一种"子类对象。

（2）Java 只支持单继承，即一个类只能有一个父类。若未显式指定父类，则类默认继承自 java.lang 包下的 Object 类。也就是说，Java 中的所有类都是 Object 类的直接或间接子类，因此，Object 类称为根类。

（3）如表 6-1 所示，子类不会拥有父类中以 private 修饰的字段和方法。对于以 public 或 protected 修饰的字段和方法，无论子类是否与父类同属一个包，子类都拥有它们。对于默认权限的字段和方法，只有子类与父类同属一个包，子类才拥有它们。

（4）以 final 修饰的类不能被继承。

（5）子类不会自动拥有父类的构造方法。例如，若父类 Person 具有 Person(String)构造方法，不意味着子类 Student 也拥有 Student(String)构造方法。

【例 6.13】 类的继承演示。

```
        Son.java
        001   package ch06;
        002
        003   class Father {                    // 父类（默认继承 Object 类）
        004       protected int m = 2;          // 保护字段
        005       private int n = 4;            // 私有字段
        006
        007       public Father() {             // 无参构造方法
        008       }
        009
        010       public Father(String s) {     // 有参构造方法
        011       }
        012
        013       public void methodA() {       // 公有方法
        014       }
        015
        016       void methodB() {              // 默认权限方法
        017       }
        018
        019       private void methodC() {      // 私有方法
        020       }
```

---

1   这就是里氏替换原则（Liskov Substitution Principle，LSP）——任何父类可以出现的地方，子类一定可以出现。换句话说，若子类替换父类后程序不能正确运行，则它们不应该被设计为继承关系。里氏替换原则是使代码符合开闭原则的重要保证——开闭原则的关键是抽象，而继承是抽象的实现机制之一。

```
021
022        public void testFather(Father f) {        // 形参为父类对象
023        }
024   }
025
026   class Son extends Father {                     // 子类 Son 继承父类 Father
027        public void testSon(Son s) {              // 形参为子类对象
028        }
029
030        public static void main(String[] args) {
031            Son s1 = new Son();                   // 创建子类对象（该无参构造方法由系统提供，
                                                      // 而非来自父类）
032            System.out.println(s1.m);             // 合法（即使 Father 与 Son 不在同一包中也合法）
033            System.out.println(s1.n);             // 非法
034            s1.toString();                        // 合法（toString 方法是 Object 类的方法）
035            s1.methodA();                         // 合法
036            s1.methodB();                         // 合法（若 Father 与 Son 不在同一包中则非法）
037            s1.methodC();                         // 非法
038            s1.testFather(s1);                    // 合法（子类对象可以赋给父类引用）
039            Father f = new Father();              // 创建父类对象
040            s1.testSon(f);                        // 非法（父类对象不能赋给子类引用）
041            Son s2 = new Son("test");             // 非法（子类不会自动拥有父类的构造方法）
042        }
043   }
```

在软件的设计阶段，通常采用图形来描述类之间的关系，如图 6-10 以 UML[1]（Unified Modeling Language，统一建模语言，这也是本书后续章节所使用的图形化表示方式）中的类图描述了两个类之间的继承关系。一个类可以有多个子类，子类又可以有子类，最终，多个具有继承关系的类形成了一棵继承树。

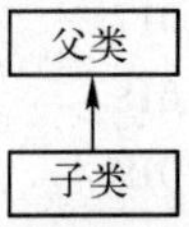

图 6-10 继承的 UML 表示

6.8.2 super 关键字

有时，需要在子类中访问父类的字段或方法（特别是当子类定义了父类中已定义的字段或方法时），此时可以使用 super 关键字。super 实际上代表着父类对象的引用，其使用形式一般如下：

（1）访问父类的字段或方法，如 super.m++、super.methodA()。

（2）调用父类的构造方法，如 super()、super(实参表)。通过 super 关键字调用父类构造方法的意义在于初始化父类的各个字段以供子类使用，由于父类可能具有多个重载的构造方法，系统会根据圆括号内的实参个数及类型决定调用父类的哪个构造方法。

super 关键字与 this 非常类似：①以 super 调用父类构造方法的语句必须作为构造方法的第一条语句；②super 关键字不能出现在静态方法或静态语句块中。

---

1 UML 融合了 Booch、OMT 和 OOSE 方法中的基本概念，于 1997 年被 OMG 采纳为面向对象标准建模语言，并逐渐成为贯穿于软件生命周期各个阶段事实上的工业标准。

6.8.3 构造方法的调用顺序

使用 new 关键字调用构造方法创建对象时，看起来只执行了构造方法内的代码，实际上远非如此——当调用子类的构造方法时，若子类的构造方法未通过 super（或 this）语句显式调用父类（或本类）的构造方法（即第 1 条语句不是 super 或 this 语句），则系统会自动先调用父类的无参构造方法，若父类不具有无参构造方法则报错。

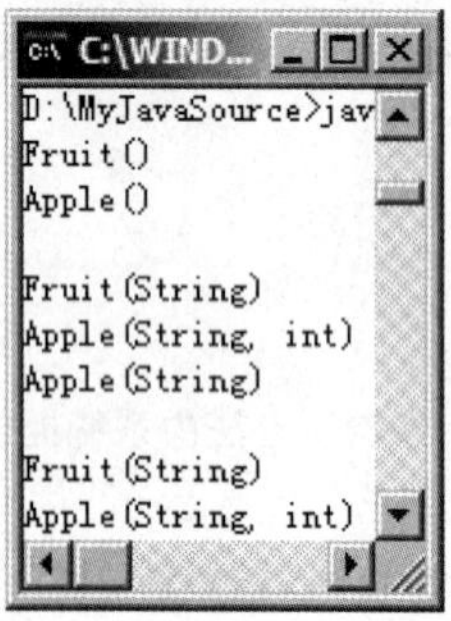

图 6-11 对象的创建过程演示

【例 6.14】 对象的创建过程演示（见图 6-11）。

```
CreateInstanceDemo.java
001    package ch06;
002
003    class Food {                              // 食物类
004    }
005
006    class Fruit extends Food {                // 水果类继承食物类
007        Fruit() {                             // 系统会先调用 Food()
008            System.out.println("Fruit()");
009        }
010
011        Fruit(String color) {                 // 系统会先调用 Food()
012            System.out.println("Fruit(String)");
013        }
014    }
015
016    class Apple extends Fruit {               // 苹果类继承水果类
017        Apple() {                             // 系统会先调用 Fruit()
018            System.out.println("Apple()");
019        }
020
021        Apple(String color) {
022            this(color, 0);                   // 显式调用 Apple(String, int)
023            System.out.println("Apple(String)");
024        }
025
026        Apple(String color, int count) {
027            super(color);                     // 显式调用 Fruit(String)
028            System.out.println("Apple(String, int)");
029        }
030    }
031
032    public class CreateInstanceDemo {         // 演示类
033        public static void main(String[] args) {
034            Apple a1 = new Apple();
035            System.out.println();
```

```
036                Apple a2 = new Apple("red");
037                System.out.println();
038                Apple a3 = new Apple("green", 20);
039        }
040    }
```

若注释第 22 行，则创建 a2 对象时首先打印的将是"Fruit()"，也就是说，无论调用子类的哪个构造方法，系统都会自动先调用父类的无参构造方法（前提是子类的构造方法内没有 this 或 super 语句）。此外，若注释 Fruit 类的无参构造方法，则 Apple 类的无参构造方法将报错——系统找不到父类 Fruit 的无参构造方法。

6.8.4 方法重写与运行时多态

有时，从父类继承而来的方法或许不能满足子类的需要，此时子类可以重新定义父类的方法，这称为方法重写（Override，或称覆盖）[1]。若子类重写了父类的方法，则此后通过子类对象调用该方法时，访问的是子类而非父类的方法——相当于父类的方法被隐藏了。实际上，多个具有继承关系的类的多态性正是以方法重写的形式体现的。

【例 6.15】编写程序实现前述 6.1.3 节中关于多态的需求（见图 6-12）。

图 6-12 多态的需求演示

```
ShapeType.java
001    package ch06.override;
002
003    public class ShapeType {                              // 形状类型类（定义了 4 个静态常量）
004        public static final String UNKNOWN = "未知形状";
005        public static final String SQUARE = "正方形";
006        public static final String TRIANGLE = "三角形";
007        public static final String CIRCLE = "圆形    ";
008    }
```

```
Shape.java
001    package ch06.override;
002
003    public class Shape {                                  // 父类
004        String type = ShapeType.UNKNOWN;                  // 父类字段
005
006        public void draw() {                              // 父类方法（会被子类重写，故其方法体无实际意义）
007            System.out.println("......");
008        }
009    }
```

```
Square.java
001    package ch06.override;
002
003    public class Square extends Shape {                   // Square 类继承 Shape 类
```

---

1 子类也可以重写父类的字段，但通常没有必要——在子类内给继承自父类的字段赋以需要的值就可以了。

```
004          public void draw() {                    // 重写父类方法
005              type = ShapeType.SQUARE;             // 修改继承自父类的字段（并非重写父类字段）
006              System.out.println("绘制" + type + ": 画 4 条线。");
007          }
008      }
```

Triangle.java

```
001   package ch06.override;
002
003   public class Triangle extends Shape {
004          public void draw() {                    // 重写父类方法
005              type = ShapeType.TRIANGLE;
006              System.out.println("绘制" + type + ": 画 3 条线。");
007          }
008      }
```

Circle.java

```
001   package ch06.override;
002
003   public class Circle extends Shape {
004          public void draw() {                    // 重写父类方法
005              type = ShapeType.CIRCLE;
006              System.out.println("绘制" + type + ": 画 1 个圆。");
007          }
008      }
```

ShapeDemo.java

```
001   package ch06.override;
002
003   public class ShapeDemo {                        // 演示类
004          public static void main(String[] args) {
005              Square s = new Square();
006              Triangle t = new Triangle();
007              Circle c = new Circle();
008              s.draw();
009              t.draw();
010              c.draw();
011          }
012      }
```

几点说明：

（1）子类重写父类方法时，方法名、形参表及返回类型必须与父类方法严格一致，否则就不是重写，而是子类定义新的与父类无关的方法。

（2）子类方法的访问权限可以与父类方法不一致，但不能比父类被重写方法的权限低。

（3）子类不能重写父类中以 final 或 static 修饰的方法。

（4）子类若想调用父类被重写的方法，必须通过 super 关键字。

如前所述，Java 允许将子类对象赋给父类引用，若此时调用父类的某个方法，由于该方法可能被子类重写了——显然无法在编译时确定到底调用的是父类还是子类的方法，例如：

```
001     Shape shape = new Triangle();        // 子类对象赋给父类引用
002     shape.draw();                         // 调用 Shape 还是 Triangle 类的 draw 方法？
```

若 Triangle 类重写了父类 Shape 的 draw 方法，则第 2 行调用的是 Triangle 类的 draw 方法，否则调用的是 Shape 类的 draw 方法，这一切必须等到程序运行时才能确定。因此，前述第 2 种级别的多态也称为运行时多态[1]。

无论引用是指向本类对象还是子类对象，当通过该引用调用某个方法时，系统首先从引用指向的对象所属的类中寻找被调用的方法，若找到则执行该方法，否则到父类中寻找，直至到达根类 Object。若根类 Object 中都未找到该方法，则视为语法错误。

6.8.5　对象造型与 instanceof 运算符

前述第 2 章的强制转换（即造型）也适用于对象类型，目的是将某种类型的对象显式转换为另一种类型，其语法格式如下：

```
(目标类型)对象                        // 或  (目标类型)(对象)
```

几点说明：

（1）对象造型只适用于具有继承关系（即兼容）的类型，否则视为非法，例如：

```
Square s = new Square();
Triangle t = (Square) s;              // "=" 右边非法（类型不兼容）
```

（2）将父类引用造型为子类对象时，语法上总是合法的，但运行时可能会出现名为 ClassCastException（造型异常，见第 10 章）的错误，具体视父类引用指向的是父类对象还是子类对象，例如：

```
Shape s1 = new Shape();
// 合法，但运行时出现错误（因父类对象无法造型为子类对象）
Square s2 = (Square) s1;

Shape s3 = new Square();              // 父类引用指向的实际上是子类对象
Square s4 = (Square) s3;              // 合法，运行时也正确
Triangle s5 = (Triangle) s3;          // 合法，但运行时出现错误（类型不兼容）
```

（3）因子类对象总是能赋给父类引用，故无须将子类对象造型为父类对象，例如：

```
Square s6 = new Square();
Shape s7 = (Shape) s6;                // 等价于  Shape s7 = s6;
```

（4）与基本类型一样，被造型的对象（实际上是对象的引用）的类型没有发生变化，但不一样的是，对象造型并不会得到一个临时对象，如上述 s3 和 s4 指向的是同一对象。

有时，程序需要判断某个对象的所属类型，以便进行下一步操作，此时可以使用 instanceof

---

[1] 重载的多个方法具有不同的形参表，编译器能够根据方法调用所指定的实参表来确定调用的到底是哪个方法，因此，前述第 1 种级别的多态也称为编译时多态。

（Java 的关键字，注意 instance 与 of 之间无空格）运算符，其语法格式如下：

对象　**instanceof**　类型

上述语法实际上是一个返回 boolean 值的表达式，其逻辑是判断给定对象是否"是一种"给定类型（并非判断对象的真实类型），例如：

```
Shape s = new Square();
System.out.println(s instanceof Shape);       // true
System.out.println(s instanceof Square);      // true
System.out.println(s instanceof Object);      // true
System.out.println(s instanceof Triangle);    // false
```

6.8.6　根类 Object

在 Java 中，一切皆是对象——所有的类都直接或间接继承自 java.lang.Object 类。Object 类定义了一些常用方法，具体包括下列几项。

1．int hashCode()

得到用以标识对象的哈希码。该方法默认将对象在内存中的地址转换为一个 int 型整数以作为该对象的哈希码。因此，若未重写 hashCode 方法，则任何对象的哈希码都是唯一的。在判断子类对象的等价性，特别是使用第 13 章介绍的容器框架类时，通常要重写该方法。

2．final Class getClass()

得到对象所属的类型。java.lang.Class 是类类型（注意不是 class 关键字），其包含了类的所有信息（如类名、包名、字段和方法等）。任何对象所属的类都是确定的，故该方法不能被子类重写。通过 Class 类，程序可以在运行时动态访问类的信息，具体将在第 16 章介绍。

3．String toString()

将对象转换为字符串，该方法的源代码如下：

```
public String toString() {
        return getClass().getName() + "@" + Integer.toHexString(hashCode());
}
```

可见，Object 类将对象的类名通过@字符与对象哈希码的十六进制形式连接，以作为对象的字符串描述——这通常不能满足子类的要求，因此，若需要自定义子类对象的文字描述，通常要重写该方法。

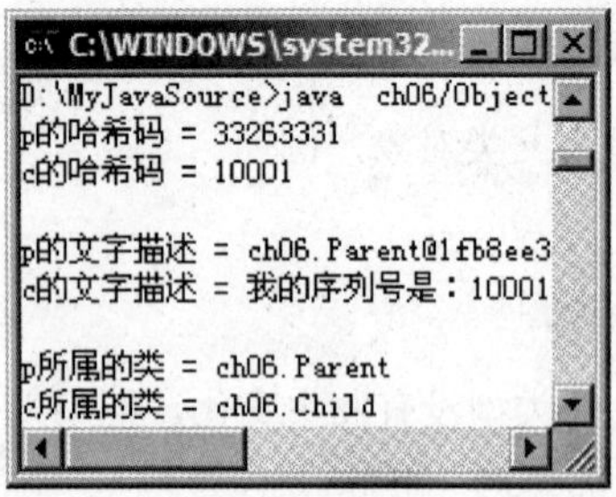

图 6-13　Object 类的常用方法演示

【例 6.16】　Object 类的常用方法演示（见图 6-13）。

```
ObjectClassDemo.java
001    package ch06;
002
003    class Parent {                    // 默认继承 Object 类
004                                       // 未重写父类 Object 的任何方法
005    }
006
007    class Child extends Parent {      // 继承 Parent 类
008        int seriesNo;                 // 序列号字段
```

```
009
010        public Child(int seriesNo) {                    // 构造方法
011            this.seriesNo = seriesNo;
012        }
013
014        public int hashCode() {                         // 重写 Object 类的方法
015            return seriesNo;                            // 以序列号字段为对象的哈希码
016        }
017
018        public String toString() {                      // 重写 Object 类的方法
019            return "我的序列号是：" + seriesNo;          // 自定义对象的文字描述
020        }
021    }
022
023 public class ObjectClassDemo {                          // 测试类
024    public static void main(String[] args) {
025        Parent p = new Parent();
026        Child c = new Child(10001);
027        System.out.println("p 的哈希码  = " + p.hashCode());
028        System.out.println("c 的哈希码  = " + c.hashCode() + "\n");
029        System.out.println("p 的文字描述  = " + p.toString());
030        System.out.println("c 的文字描述  = " + c.toString() + "\n");
031        System.out.println("p 所属的类  = " + p.getClass().getName());
032        System.out.println("c 所属的类  = " + c.getClass().getName());
033    }
034 }
```

除上述方法外，Object 类还包含一个 equals(Object obj)方法，该方法对于判断对象的等价性非常重要，故单独介绍。

6.8.7 对象的等价性

当以"=="运算符比较两个基本类型的变量时，其比较的是值。若用于对象，则比较的是对象的引用[1]。很多情况下，编程者并不关心两个对象的引用是否相等，而关心对象的"内容"是否相同。例如，若两个产品对象的编号相同，则认为它们是"相等"的，显然"=="运算符不能满足这样的需求——因为两个对象各自占据着不同的内存单元。

Object 类提供了 equals 方法用于比较两个对象，其完整源代码如下：

```
public boolean equals(Object obj) {
        return (this == obj);
}
```

容易看出，equals 方法与"=="运算符的实质是一样的，因此，若需自定义子类对象的判等

---

1   对于字符串类 String 又有例外，具体将在第 14 章介绍。

逻辑，通常要重写该方法。

【例 6.17】 对象的等价性演示（见图 6-14）。

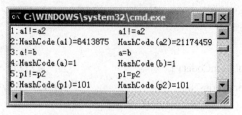

图 6-14　对象的等价性演示

ObjectEqualsDemo.java

```
001    package ch06;
002
003    class Product {            // 产品类
004        int id;                // 产品编号
005        String name;           // 产品名称
006
007        public Product(int id, String name) {        // 构造方法
008            this.id = id;
009            this.name = name;
010        }
011
012        public boolean equals(Object obj) {          // 重写 equals 方法
013            if (obj instanceof Product) {            // obj 是否为产品类型
014                return id == ((Product) obj).id;     // 比较 id
015            }
016            return false;
017        }
018
019        public int hashCode() {                      // 重写 hashCode 方法
020            return id % 1000;            // 以 id 为计算标准（id 相同则哈希码一定相同）
021        }
022    }
023
024    public class ObjectEqualsDemo {
025        public static void main(String[] args) {
026            Apple a1 = new Apple("red");             // 创建前述 Apple 类的对象
027            Apple a2 = new Apple("red");
028            System.out.print("1:" + (a1 == a2 ? "a1=a2" : "a1!=a2") + "\t\t");
029            System.out.println(a1.equals(a2) ? "a1=a2" : "a1!=a2");
030            System.out.print("2:HashCode(a1)=" + a1.hashCode() + "\t");
031            System.out.println("HashCode(a2)=" + a2.hashCode());
032
```

116

```
033          Integer a = new Integer(1);                    // Integer 类重写了 equals 方法（比较值）
034          Integer b = new Integer(1);
035          System.out.print("3:" + (a == b ? "a=b" : "a!=b") + "\t\t\t");
036          System.out.println(a.equals(b) ? "a=b" : "a!=b");
037          // Integer 类重写了 hashCode 方法（以值作为哈希码）
038          System.out.print("4:HashCode(a)=" + a.hashCode() + "\t\t");
039          System.out.println("HashCode(b)=" + b.hashCode());
040
041          Product p1 = new Product(100101, "iPhone 4S");
042          Product p2 = new Product(100101, "HTC G12");
043          System.out.print("5:" + (p1 == p2 ? "p1=p2" : "p1!=p2") + "\t\t");
044          System.out.println(p1.equals(p2) ? "p1=p2" : "p1!=p2");
045          System.out.print("6:HashCode(p1)=" + p1.hashCode() + "\t");
046          System.out.println("HashCode(p2)=" + p2.hashCode());
047      }
048  }
```

需要注意，equals 方法与前述的 hashCode 方法有着紧密的联系。尽管从语法上来说，使 equals 方法返回 true 的两个对象的哈希码可以不相同，但这违反了官方文档中对 hashCode 方法的约定，极端情况下可能导致程序出现难以察觉的错误。因此，若子类重写了 equals 方法，通常有必要重写 hashCode 方法，并使后者的计算逻辑与前者的判等逻辑相同——确保使 equals 方法返回 true 的两个对象的哈希码一定相同。

6.9　综合范例 5：简单工厂模式

简单工厂（Simple Factory）模式是工厂模式的一种，用于创建对象（如同工厂生产产品），又称为静态工厂方法模式，其结构如图 6-15 所示。

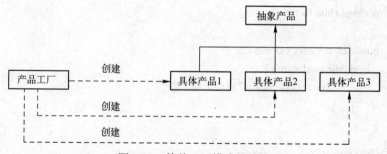

图 6-15　简单工厂模式的结构

抽象产品类有若干具体产品子类，外界通过产品工厂类获得各个具体产品类的对象。图 6-15 中带箭头的虚线是 UML 中用以描述两个具有依赖关系的类的图形符号，依赖关系是指某个类（箭尾端）使用到了另一个类（箭头端）的方法——产品工厂类需要调用各个具体产品子类的构造方法以创建产品对象。需要说明的是，抽象产品被声明为抽象类或接口更为合适，因为其只是用于描述各个具体产品子类共同的属性和行为，而并不代表工厂要生产的具体产品，外界不应该（也不允许）获得抽象产品的对象。有关抽象类和接口的内容将在第 7 章介绍。下面给出简单工厂模式的示意代码。

图 6-16　简单工厂模式演示

【综合范例 5】 编写程序实现简单工厂模式（见图 6-16）。

Car.java

```
001    package ch06.factory;
002
003    public class Car {                    // 抽象产品类
004        public void start() {             // 规定各个子类应具有的行为
       // 此处编写任何代码都没有实际意义，子类会重写此方法
005
006        }
007    }
```

Benz.java

```
001    package ch06.factory;
002
003    public class Benz extends Car {        // 具体产品子类
004        public void start() {              // 重写父类方法
005            System.out.println("启动奔驰。");
006        }
007    }
```

Bmw.java

```
001    package ch06.factory;
002
003    public class Bmw extends Car {
004        public void start() {
005            System.out.println("启动宝马。");
006        }
007    }
```

Chery.java

```
001    package ch06.factory;
002
003    public class Chery extends Car {
004        public void start() {
005            System.out.println("启动奇瑞。");
006        }
007    }
```

CarFactory.java

```
001    package ch06.factory;
002
003    public class CarFactory {                           // 产品工厂类
004        public static Car createCar(String which) {     // 静态工厂方法
005            if ("benz".equalsIgnoreCase(which))         // 根据名称创建产品对象
006                return new Benz();                       // 子类对象一定是父类对象
007            else if ("bmw".equalsIgnoreCase(which))
008                return new Bmw();
```

```
009              else if ("chery".equalsIgnoreCase(which))
010                  return new Chery();
011              else {                                    // 没有对应的产品子类
012                  System.out.println("没有" + which + "的生产线。");
013                  return null;                          // 返回 null 对象
014              }
015          }
016      }
```

SimpleFactoryDemo.java

```
001    package ch06.factory;
002
003    public class SimpleFactoryDemo {                       // 演示类
004        public static void main(String[] args) {
005            Car c1 = CarFactory.createCar("benz");        // 调用静态方法创建产品对象
006            Car c2 = CarFactory.createCar("bmw");
007            Car c3 = CarFactory.createCar("chery");
008            c1.start();
009            c2.start();
010            c3.start();
011            Car c4 = CarFactory.createCar("rolls-royce");  // c4 为 null
012        }
013    }
```

简单工厂模式的核心是产品工厂类，其包含了必要的判断逻辑，以决定创建哪个具体产品子类的对象。外界不需要直接创建产品对象，而只负责消费产品对象——清晰分离了产品对象的生产者与消费者的责任。

简单工厂模式的缺点也很明显：①产品工厂类集中了所有的创建逻辑，当需要支持新的产品子类时，必须修改产品工厂类的代码——违背了开闭原则（可以通过反射机制解决，见第 16 章）；②当产品家族具有多层级的继承关系时，产品工厂类也需要进行多级的判断，这使得代码难以扩展；③创建产品对象的方法是静态的，无法被子类继承，故而无法形成基于继承的多级产品工厂。以上缺点可以在另外两种工厂模式——工厂方法模式和抽象工厂模式中加以克服，读者可进一步查阅有关资料。

6.10　枚举

回到前述【例 6.15】，ShapeType 类包含 4 个字符串类型的静态常量，分别表示 4 种形状，然后在 Shape 类中定义了一个字符串类型的字段 type 以表示该类及其子类的形状，这样的设计使得程序存在一些潜在的问题——在编写 Shape 及其子类时，完全可以将任意的字符串赋值给 type 字段，至少从语法上是合法的。

如何将变量的取值限定在某些常量集合的范围之内呢？从 JDK 5.0 开始引入的枚举（Enumeration）类型正是用于解决上述问题的。枚举类型实际上是由若干常量构成的集合，这些常量称为枚举常量，声明为枚举类型的变量的取值只能是这些枚举常量中的某一个。枚举类型的定义格式如下：

```
[修饰符]  enum   枚举类型名  [implements   接口名 1, 接口名 2, ...] {
            枚举常量 1, 枚举常量 2, ... [;]
     }
```

几点说明：

（1）从语法上来看，虽然枚举类型使用了 enum 而非 class 关键字，但枚举类型实质上就是一个类——可以包含字段、构造方法或其他方法（甚至是 main 方法）。

（2）当枚举类型包含字段和方法时，最后一个枚举常量后的分号不能省略。

（3）每个枚举常量都会被分配一个 int 型的值——序数，其从 0 开始，并以 1 递增。

（4）枚举常量可以出现在 switch 语句中的 case 关键字之后，但此时不能使用完全限定名，即枚举常量前不能跟"枚举类型名."——编译器根据 switch 后括号内的枚举对象知道 case 后的枚举常量是在哪个枚举类型中定义的。

所有的枚举类型实际上都隐含继承自 java.lang.Enum 类，因此不能再继承其他的类。Enum 类的常用方法如表 6-3 所示。

表 6-3   Enum 类的常用方法

序　号	方 法 原 型	方法的功能及参数说明
1	final Class getDeclaringClass()	得到枚举对象对应的类类型
2	final String name()	得到枚举对象取值的名称，其为枚举常量对应的字符串
3	final int ordinal()	得到枚举对象取值对应的序数

除上述方法之外，编译器还会为每个枚举类型生成一个无参的静态方法 values，该方法返回所有枚举常量构成的数组。

图 6-17 Enum 类的常用方法演示

【例 6.18】 Enum 类的常用方法演示（见图 6-17）。

```
EnumDemo.java
001    package ch06;
002
003    enum ShapeType {              // 定义枚举类型及枚举常量
004          UNKNOWN, SQUARE, TRIANGLE, CIRCLE
005    }
006
007    public class EnumDemo {  // 演示类
008         public static void main(String[] args) {
009              ShapeType[] allTypes = ShapeType.values();   // 得到所有的枚举常量
010              for (ShapeType t : allTypes) {                  // 迭代枚举常量数组
011                   // 打印枚举常量的序数和名称
012                   System.out.println(t.ordinal() + ": " + t.name());
013              }
014              ShapeType type = ShapeType.TRIANGLE;     // 声明和初始化枚举对象
015              // 得到枚举对象的类类型的名称
016              System.out.println(type.getDeclaringClass().getName());
017              switch (type) {
018                   case UNKNOWN:
019                        System.out.println("未知形状");
```

```
020                break;
021            case SQUARE:
022                System.out.println("正方形");
023                break;
024            case TRIANGLE:
025                System.out.println("三角形");
026                break;
027            case CIRCLE:
028                System.out.println("圆形");
029                break;
030        }
031    }
032 }
```

需要注意，每个枚举常量都是枚举类型，而并不是其序数所属的 int 型，因此，不能像操作 int 型数据那样操作枚举常量。此外，与 C/C++不同，不允许显式改变枚举常量的序数，也不允许将 int 型造型为枚举常量。

有时，可能需要自定义枚举常量的字符串描述，此时可以为枚举类型编写带字符串参数的构造方法，并以"枚举常量(字符串)"的形式来自定义枚举常量。

【例 6.19】 带构造方法的枚举类型演示（见图 6-18）。

EnumDemo2.java

图 6-18 带构造方法的枚举类型演示

```
001  package ch06;
002
003  enum WeekDay {                              // 定义枚举类型
004      MON("星期一"), TUE("星期二"), WED("星期三"),
005      THU("星期四"), FRI("星期五"), SAT("星期六"),
006      SUN("星期日");                          // 定义枚举常量时调用构造方法
007
008      // 字段（表示枚举常量的字符串描述）
009      private String friendlyName;
010
011      // 构造方法（不允许在枚举类型外部通过构造方法创建枚举对象，故是私有的）
012      private WeekDay(String name) {
013          this.friendlyName = name;          // 设置枚举常量的字符串描述
014      }
015
016      public String getFriendlyName() {      // 得到枚举常量的字符串描述
017          return friendlyName;
018      }
019  }
020
021  public class EnumDemo2 {                     // 演示类
022      public static void main(String[] args) {
023          for (WeekDay day : WeekDay.values()) {
```

```
024              System.out.println(day.ordinal() + ": " + day.name() + " - " + day.getFriendlyName());
025          }
026          WeekDay today = WeekDay.WED;
027          System.out.println("今天是" + today.getFriendlyName());
028      }
029  }
```

习题 6

一、简答题

（1）简述面向对象的概念和基本特征。

（2）什么是类？什么是对象？二者有何联系和区别？

（3）有哪几种访问权限修饰符？各自有何特点？

（4）如何从面向对象的角度理解类所包含的字段和方法？

（5）什么是包？如何将某个类置于某个包下？

（6）如何理解对象及对象的引用？

（7）基本类型与对象类型有何区别？

（8）变量可以定义在类的哪些位置？各自的作用域是什么？

（9）什么是静态方法？调用静态方法与普通方法有何不同？

（10）什么是静态语句块？相对于普通语句块，静态语句块有何特点？

（11）静态方法（字段）和非静态方法（字段）互相访问时有何限制？为什么？

（12）什么是方法重载？什么是方法重写？如何从面向对象的角度理解它们？

（13）子类重写父类方法时有何限制？

（14）什么是构造方法？其有何特点？构造方法是否允许被子类重写？

（15）什么是默认构造方法？当类不含任何构造方法时，Java 虚拟机如何处理？

（16）什么是最终类？其有何特点？

（17）如何创建类的对象？创建对象的实质是什么？

（18）简述 this 和 super 关键字分别能出现的场合，以及各自的作用。

（19）创建子类对象的过程中具体发生了哪些事情？

（20）子类对象和父类对象间如何相互转换？需要注意什么？

（21）对象等价性分别有哪几种级别？各自有何特点？

（22）基本类型和对象类型的参数传递有何区别？

（23）分别采用静态最终变量和枚举表示那些固定不变的值，哪种方式较好？为什么？

（24）什么是垃圾回收？其所带来的好处是什么？

（25）如何通过代码显式回收垃圾？这是否能保证垃圾一定会被回收？为什么？

（26）查阅 java.util 包下的 Date 类的 API 文档，简述其各个方法的意义。

二、阅读程序题

（1）下列各程序是否有错。请说明理由。

①

```
001   public class Test {
002       final int i;
```

```
003
004        public void doSomething() {
005            System.out.println("i = " + i);
006        }
007    }
```

②

```
001    class Other {
002        public int i = 3;
003    }
004
005    public class Test {
006        public static void main(String[] args) {
007            Other o = new Other();
008            new Test().addOne(o);
009        }
010
011        public void addOne(final Other o) {
012            o.i++;
013        }
014    }
```

③

```
001    public class Test {
002        public static void main(String[] args) {
003            Test t = new Test();
004            System.out.println(doSomething());
005        }
006
007        public String doSomething() {
008            return "Do something ...";
009        }
010    }
```

（2）给出以下程序各自运行后的输出。

①

```
001    public class Test {
002        public static void changeStr(String str) {
003            str = "welcome";
004        }
005
006        public static void main(String[] args) {
007            String str = "1234";
008            changeStr(str);
```

```
009              System.out.println(str);
010          }
011    }
```

②

```
001    public class Test {
002        static boolean show(char c) {
003            System.out.print(c);
004            return true;
005        }
006
007        public static void main(String[] argv) {
008            int i = 0;
009
010            for (show('A'); show('B') && (i < 2); show('C')) {
011                i++;
012                show('D');
013            }
014        }
015    }
```

③

```
001    class A {
002        int m = 1;
003        double n = 2.0;
004
005        void show() {
006            System.out.println("Class A: m=" + m + ",n=" + n);
007        }
008    }
009
010    class B extends A {
011        float m = 3.0f;
012        String n = "Java program.";
013
014        void show() {
015            super.show();
016            System.out.println("Class B: m=" + m + ",n=" + n);
017        }
018    }
019
020    public class Test {
021        public static void main(String[] args) {
022            A a = new A();
```

```
023            a.show();
024            A b = new B();
025            b.show();
026        }
027    }
```

实验 5　类与对象

【实验目的】

（1）深刻理解面向对象的相关概念和特性。

（2）熟练掌握类的定义格式、包的声明、对象的创建、方法的调用、类的继承、方法的重写、运行时多态、访问权限修饰符的使用等。

（3）熟练运用 JDK 提供的常用类及 API。

【实验内容】

（1）验证本章【例 6.15】，理解继承与多态的意义。

（2）在【例 6.15】的基础上，将 draw 方法改为计算形状自身面积的 calcArea 方法并在测试类中测试。（提示：可根据需要在 Shape 的每个子类中增加用以计算面积所必需的字段，如为 Square 类增加边长字段、Circle 类增加半径字段等，然后编写含相应字段的构造方法以构造具体的形状对象）

（3）编写 TimeCounter 类，其静态方法 startCount(int　begin)方法根据指定的初始秒数 begin 在命令行显示倒计时（每隔 1s 刷新，时间为 0 时退出程序），然后在 main 方法中调用 startCount 方法。[提示：外层循环条件为 begin - - > 0，内层循环条件为 true，进入内层循环前记录当前时间，然后在内层循环内不断取得当前时间并与之前记录的时间相比较，若相差等于或超过 1 000（1s=1 000ms），则显示 begin 值并退出内层循环。取得系统当前时间可使用 System 类的静态方法 currentTimeMillis]

（4）编写 Complex 类表示数学上的复数概念，具体包括：

① real 和 image 字段，分别表示复数的实部和虚部。

② 读取和设置 real/image 字段的 get 和 set 方法。

③ 根据实部和虚部参数构造复数对象的构造方法。

④ 打印当前复数对象内容及其与另一复数相加的方法，原型为：

```
void    printInfo();
Complex    add(Complex    anotherComplex);
```

⑤ 重写父类 Object 的 equals 方法，相等逻辑为"若两个复数对象的实部和虚部分别对应相等，则这两个复数相等"。

最后，编写一个带 main 方法的测试类 ComplexTest，分别测试 Complex 中的各个方法。

（5）查阅 java.util 包下的 GregorianCalendar 类的 API 文档，编写 MyDate 类继承该类，并实现以下方法：

```
MyDate(int year, int month, int day);      // 根据指定的年月日构造日期对象
int getYear();                             // 得到当前日期的年份
int getMonth();                            // 得到当前日期的月份
```

int getDayOfYear();	// 得到当前日期是本年的第几天
int getDayOfMonth();	// 得到当前日期是本月的第几天
int getDayOfWeek();	// 得到当前日期是本周的第几天（即星期几）
MyDate getBeforeDate(int beforeDays);	// 得到当前日期之前若干天对应的日期对象
MyDate getAfterDate(int afterDays);	// 得到当前日期之后若干天对应的日期对象
int daysBetweenWith(MyDate d);	// 得到当前日期与指定日期 d 相隔多少天

最后，编写一个带 main 方法的测试类 MyDateTest，分别测试 MyDate 中的各个方法。（提示：① 可通过父类 GregorianCalendar 相应方法的组合实现上述各方法；② 注意父类中根据年月日创建日历对象的构造方法中，月份参数是从 0 开始的）

第7章 抽象类、接口与嵌套类

7.1 抽象类

7.1.1 抽象方法

回到第 6 章中的【例 6.15】，读者可能会思考这样的问题：

（1）从软件设计人员的角度来看，作为正方形、三角形和圆形等具体形状类的共同父类，形状类（即 Shape 类）表示的是一种抽象的概念，即不应该允许下层的代码编写人员创建出 Shape 类的具体实例——常规的类显然不能满足此要求。

（2）Shape 类的 draw 方法描述了形状的绘制行为，但由于此时不知道具体的形状是什么，因此无法指定绘制的细节，也就是说，draw 方法的方法体实际上没有任何意义。

（3）任何具体的形状类总是知道如何绘制自身，即应该强制 Shape 类的每个子类都要重写父类的 draw 方法，【例 6.15】的设计显然不能满足此要求——Shape 类的 3 个子类（包括以后新增的子类）完全可以不重写其 draw 方法而没有语法错误。

解决上述几个问题的关键就是通过 abstract 关键字将 draw 方法修饰为抽象的，此时的方法称为抽象方法，其格式如下：

[访问权限修饰符] abstract 返回类型 方法名([形参表]);

几点说明：

（1）抽象方法不带方法体，其是对方法的基本说明，类似于 C 的函数原型声明。

（2）即使方法形参表所在圆括号后的一对花括号内没有任何代码，此时的方法也是带方法体的普通方法。也就是说，抽象方法连一对花括号都不带，而直接以分号结尾。

（3）可选的访问权限修饰符不能是 private，因为抽象方法要被子类重写。

（4）abstract 不能与 final 或 static 关键字一起修饰方法。

（5）构造方法不能是抽象的。

7.1.2 抽象类

方法位于类中，若类含有抽象方法，则类必须以 abstract 关键字声明为抽象类。相较于普通类，抽象类具有以下特点：

（1）抽象类可以含零至多个普通方法，也可以含零至多个抽象方法。

（2）无论抽象类是否含抽象方法，其都不允许实例化，即不能创建抽象类的对象，因为其描述的是抽象概念。

（3）抽象类可以含构造方法，以在创建子类对象时由虚拟机调用，不能通过代码调用抽象类的构造方法。

（4）抽象类不能以 final 关键字修饰，因为抽象类通常需要被子类继承。

（5）若父类是抽象类，且子类不想成为抽象类，则子类必须将父类中的所有抽象方法重写为带方法体的普通方法，否则子类仍必须是抽象类。

【例 7.1】 编程实现图 7-1 所示的继承关系。

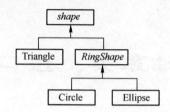

图 7-1　UML 以斜体表示抽象类

Shape.java

```
001    package ch07;
002
003    public abstract class Shape {                          // 抽象类
004        abstract void draw();                              // 抽象方法
005
006        void setColor(java.awt.Color c) {                  // 抽象类可以含普通方法（Color 为颜色类）
007            System.out.println("设置形状的颜色： " + c.toString());
008        }
009    }
```

Triangle.java

```
001    package ch07;
002
003    public class Triangle extends Shape {                  // 三角形
004        void draw() {                                      // 重写父类抽象方法
005            System.out.println("绘制三角形。");
006        }
007    }
```

RingShape.java

```
001    package ch07;
002
003    // 环形（未重写 Shape 的抽象方法，故仍是抽象类）
004    public abstract class RingShape extends Shape {
005
006    }
```

Circle.java

```
001    package ch07;
002
003    public class Circle extends RingShape {                // 圆形（继承自环形）
004        void draw() {                                      // 重写父类抽象方法
005            System.out.println("绘制圆形。");
006        }
007    }
```

Ellipse.java

```
001    package ch07;
```

```
002
003    public class Ellipse extends RingShape {        // 椭圆形（继承自环形）
004        void draw() {                              // 重写父类抽象方法
005            System.out.println("绘制椭圆形。");
006        }
007    }
```

7.2 接口

7.2.1 声明接口

接口是对抽象类的进一步延伸，提供了更高级别的抽象，其声明格式如下：

> [public] **interface** 接口名 {
>   [**public static final**] 字段类型 字段名=初始值;
>   [**public abstract**] 返回类型 方法名([形参表]);
> }

几点说明：

（1）接口只能包含公共抽象方法，因此可以省略方法声明中的 public 和 abstract 关键字。

（2）与类一样，接口也可以包含字段，但它们只能是公共静态常量，因此可以省略字段声明中的 public、static 和 final 关键字[1]。

（3）可以将接口理解成以 interface 关键字修饰的特殊类，其也可以作为引用类型。

（4）与抽象类一样，不允许实例化接口，即不能创建接口对象。

7.2.2 继承接口

与类的继承类似，接口之间也可以继承，其语法格式如下：

> [public] **interface** 接口名 **extends** 父接口 1，父接口 2, ... {
>   // 字段和抽象方法
> }

几点说明：

（1）接口只能继承接口，而不能继承类。

（2）与类的继承类似，接口的继承也表达了"is-a"的逻辑。

（3）与类只能继承一个父类不同，接口可以继承多个父接口，彼此以逗号隔开（各父接口的顺序可任意），表达的逻辑是子接口既是一种父接口 1，也是一种父接口 2，... 。

（4）若子接口继承的多个父接口定义了同名的字段，则在子接口中必须通过"父接口名.字段名"的方式显式指定访问的是哪个父接口的字段，否则会出现语法错误。

【例 7.2】接口的继承演示。

```
A.java
001    package ch07;
002
```

---

1 实际上，因 JDK 5.0 之前不支持枚举，很多静态常量都是定义在接口中的，如 javax.swing. SwingConstants。

```
003    public interface A {                                // 此处接口名仅作为演示，实际编程时要符合命名惯例
004        public static final int VALUE = 1;     // 接口中的字段
005        int SIZE = 2;                                    // 省略了 public static final 关键字，与不省略时等价
006    }
```

B.java

```
001    package ch07;

002

003    public interface B {

004        int VALUE = 3;                                // 与接口 A 中的字段同名

005    }
```

C.java

```
001    package ch07;

002

003    public interface C extends A, B {          // 接口 C 继承接口 A 和 B

004        int M = SIZE;                                   // 直接书写父接口的字段名，合法，M=2

005        int N = A.SIZE;                                // 通过 "父接口名.字段名" 显式访问，合法，N=2

006        int P = VALUE;                                // 非法，不知道访问的是哪个父接口的字段

007        int Q = B.VALUE;                            // 合法，Q=3

008    }
```

7.2.3 实现接口

Java 不支持多重继承，即一个类只能有一个直接父类。然而现实世界中的某些具体事物是属于其他多种事物的。例如，粉笔既是教学用具，又是能画画的东西（假设教学用具和能画画的东西之间不存在继承关系），那么如何用 Java 来表示这样的逻辑呢？答案就在于接口——Java 通过接口变相实现多重继承。

为了区别于类继承类、接口继承接口，Java 将类"继承"接口描述为类"实现"接口，以 implements（实现）关键字表示，其语法格式如下：

> [修饰符] class 类名 [extends 父类名] [implements 接口名 1, 接口名 2, ...] {
>   // 类体
> }

几点说明：

（1）类可以实现零至多个接口，接口名彼此间以逗号隔开，且顺序无关。

（2）若类 A 实现了接口 B，则称 A 为 B 的实现类。一个接口可以有多个实现类。

（3）类必须重写其实现的所有接口的所有抽象方法，否则类必须被声明为抽象类。

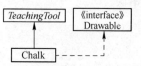

图 7-2 通过接口变相实现多重继承

（4）UML 中以图 7-2 的形式表示接口及实现接口。

（5）与继承类有所不同，实现接口真正表示的是"like-a"的逻辑[1]，具体见 7.3.2 节。

【例 7.3】 编程实现图 7-2 所示的"粉笔既是教学用具，又能画画"的逻辑（见图 7-3）。

---

1 初学者完全可以将实现接口的逻辑理解为"is-a"——若类 A 实现接口 B，则认为"A is-a B"。

TeachingTool.java

```
001    package ch07;
002
003    public abstract class TeachingTool {      // 教学用具（抽象类）
004        abstract void teaching();             // 抽象方法
005    }
```

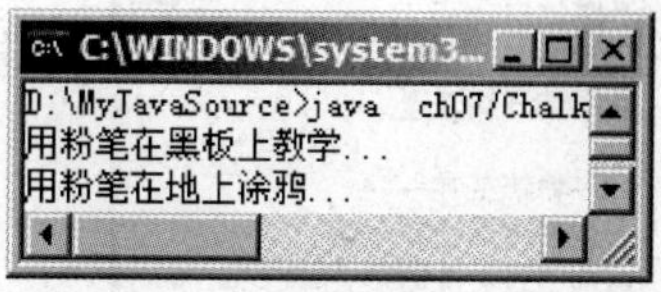

Drawable.java

```
001    package ch07;
002
003    public interface Drawable {               // 能画画的东西（接口）
004        void draw();                          // 抽象方法
005    }
```

图7-3　实现接口演示（1）

Chalk.java

```
001    package ch07;
002
003    // 粉笔类继承教学用具类，并实现能画画的东西接口
004    public class Chalk extends TeachingTool implements Drawable {
005        void teaching() {                     // 重写父类的方法
006            System.out.println("用粉笔在黑板上教学...");
007        }
008
009        public void draw() {                  // 实现父接口的抽象方法
010            System.out.println("用粉笔在地上涂鸦...");
011        }
012
013        // 测试方法
014        public static void main(String[] args) {
015            Chalk c = new Chalk();
016            c.teaching();
017            c.draw();
018        }
019    }
```

　　Java 中的接口与现实世界中接口的概念极为相似。例如，只要符合 USB 总线规范（接口），则无论鼠标、U 盘还是数码相机等外设（接口的实现类）都能通过 USB 接口与计算机进行通信。面向对象思想的核心就是对现实世界的模拟和抽象，从面向对象的角度看，接口实际上是其实现类所必须拥有的一组行为的集合，其体现了"如果你是……，则必须能……"的思想。例如，现实世界中的人都具有"吃东西"这一行为，即"如果你是人，则必须能吃东西"。那么，模拟到计算机程序中，就应该有一个 IPerson 接口，该接口定义了一个 eat 方法，并规定——每个能表示人这一概念的具体类（如学生、律师等），都必须实现 IPerson 接口，即必须重写 eat 方法。

　　一个接口可以有多个不同的实现类，接口充当了这些实现类的公共协议或契约[1]。接口清晰分

1　某些面向对象编程语言使用 protocol（协议）关键字来完成与接口相同的功能。将接口理解为协议或契约（Contract）更能体现接口的本质——各个类所共同遵守的行为。

离了软件系统的功能说明（即接口）和功能实现细节（即实现类），降低了二者的耦合程度——当功能的实现细节发生变化时，只要接口不变，则调用该接口的代码也不需要做任何修改，使得软件系统符合 OCP 原则，从而提升了系统的可扩展性。

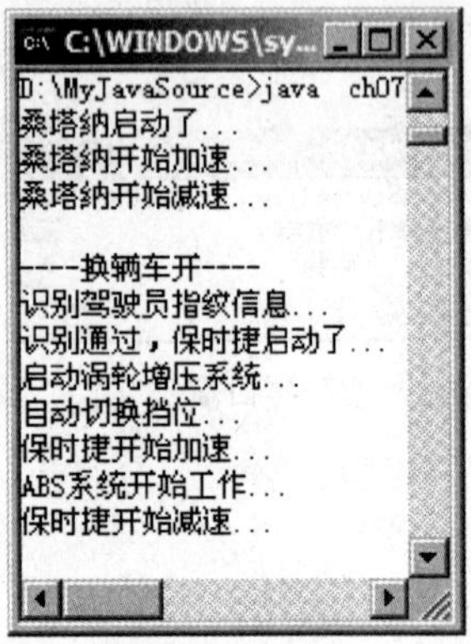

【例 7.4】 编写程序演示"持有 C 驾照的驾驶员能驾驶任何小轿车"（见图 7-4）。

图 7-4 实现接口演示（2）

Car.java
```
001    package ch07;
002
003    public interface Car {                    // 小轿车接口
004        void start();                         // 启动
005        void accelerate();                    // 加速
006        void brake();                         // 制动
007    }
```

Santana.java
```
001    package ch07;
002
003    public class Santana implements Car {        // 桑塔纳实现小轿车接口
004        /**** 重写 Car 接口各方法 ****/
005        public void start() {
006            System.out.println("桑塔纳启动了...");
007        }
008
009        public void accelerate() {
010            System.out.println("桑塔纳开始加速...");
011        }
012
013        public void brake() {
014            System.out.println("桑塔纳开始减速...");
015        }
016    }
```

Porsche.java
```
001    package ch07;
002
003    public class Porsche implements Car {        // 保时捷实现小轿车接口
004        /**** 重写 Car 接口各方法 ****/
005        public void start() {
006            System.out.println("识别驾驶员指纹信息...");
007            System.out.println("识别通过，保时捷启动了...");
008        }
009
010        public void accelerate() {
011            System.out.println("启动涡轮增压系统...");
```

132

```
012                System.out.println("自动切换挡位...");
013                System.out.println("保时捷开始加速...");
014          }
015
016      public void brake() {
017                System.out.println("ABS 系统开始工作...");
018                System.out.println("保时捷开始减速...");
019          }
020    }
```

Driver.java

```
001    package ch07;
002
003    public class Driver {          // 驾驶员（测试类）
004        void drive(Car c) {        // 测试方法（接口可以作为引用类型）
005                // 程序运行时，根据 c 的实际类型调用相应实现类的方法（即运行时多态），
006                // 驾驶员无须关心驾驶的是何种品牌的小轿车
007                c.start();
008                c.accelerate();
009                c.brake();
010          }
011
012        public static void main(String[] args) {
013                Driver d = new Driver();       // 创建驾驶员对象
014                // 创建 Car 对象（实现类对象赋给父接口引用）
015                Car c1 = new Santana();
016                Car c2 = new Porsche();
017
018                d.drive(c1);                   // 调用测试方法
019                System.out.println("\n----换辆车开----");
020                d.drive(c2);
021          }
022    }
```

7.3 抽象类与接口的比较

抽象类与接口是 Java 提供的对现实世界中的实体进行抽象的两种机制，二者具有很大的相似性，同时也具有明显的区别。在软件系统的分析和设计阶段，到底是选择抽象类还是接口，体现了设计是否忠实反映对问题域中概念本质的理解。

根据面向对象理论，所有的对象都是通过类来描述的[1]，但反过来却不是这样——并非所有的类都是用来描述对象的，若类不能包含足够的信息用以描述具体的对象，则这样的类应该被设计为抽象类或接口。抽象类和接口的本质是用来表征对问题域进行分析和设计所得出的抽象概念，

---

1 此处指广义上而并非语法层面的类，可以是 class、abstract class 和 interface 等。

这些抽象概念各自描述了一系列看上去不同但本质相同的具体概念的抽象。例如，在设计一个图形编辑软件时，会发现问题域中存在着圆形、三角形等一些具体概念，它们是不同的，但都属于形状这一抽象概念——形状的概念在问题域中是不存在的。正是因为抽象概念在问题域中没有对应的具体概念，故而用以表征抽象概念的抽象类或接口不能被实例化。下面分别从语法和设计层面来比较抽象类和接口的区别。

7.3.1 从语法层面

表 7-1 列出了抽象类和接口在语法层面的主要区别。

表 7-1 抽象类和接口在语法层面的主要区别

比 较 点	抽 象 类	接 口
关键字	abstract class	interface
字段	无限制	必须是 public、static 和 final 的
方法	既可以含普通方法，也可以含抽象方法	只能含抽象方法，且必须是 public 的
继承/实现	只能被类或抽象类继承	既可以被接口继承，也能被类或抽象类实现
多重继承	不支持	可以继承多个父接口

简言之，抽象类是一种功能不全的类，而接口只是方法原型声明和公共静态常量的集合，二者都不能被实例化。

7.3.2 从设计层面

从语法层面比较抽象类和接口是一种低层次、非本质的比较，读者应注意多从设计层面着眼，才能更加深刻地理解二者的本质区别。

如第 6 章所述，父类和子类之间存在着 "is-a" 关系，即父类和子类在概念本质上应该是相同的，这一点同样适用于抽象类，但对于接口来说则不然。若类 A 实现接口 B，并不表示 "A is-a B" 的逻辑，而仅仅表示 A 实现了 B 定义的契约（或 A 支持 B 定义的行为），从这一点看，实现接口所表示的逻辑可以称为 "like-a"。为便于理解，下面通过一个例子予以说明。

假设在问题域中有一个抽象概念——门，其具有开和关两个行为，可以通过抽象类和接口两种方式分别表示门这一抽象概念。

（1）方式一：使用抽象类。

```
001    public abstract class Door {          // 以抽象类表示门
002        abstract void open();
003        abstract void close();
004    }
```

（2）方式二：使用接口。

```
001    public interface Door {               // 以接口表示门
002        void open();
003        void close();
004    }
```

当编写具体的门类时，可以继承或实现上述抽象类或接口，然后重写 open 和 close 方法（代码略），此时的抽象类和接口看起来好像没有明显的区别。现增加一个新需求——要求门支持报警功能，我们很自然地想到在上述抽象类或接口中增加一个新的用以表示报警的抽象方法（代码略），并在具体的门类中重写该方法，代码如下。

（1）方式一：继承抽象类。

```
001    public class AlarmDoor extends Door {
002        public void open() {
003            // 开门
004        }
005
006        public void close() {
007            // 关门
008        }
009
010        public void alarm() {
011            // 报警
012        }
013    }
```

（2）方式二：实现接口。

```
001    public class AlarmDoor implements Door {
002        public void open() {
003            // 开门
004        }
005
006        public void close() {
007            // 关门
008        }
009
010        public void alarm() {
011            // 报警
012        }
013    }
```

不难看出，以上两种方式均存在一个重大的不足——将门固有的行为（开、关）和另一个与门并无关系的行为（报警）混在了一起，这样的设计会使那些仅仅依赖于门这一概念的代码因报警行为的改变[1]（如修改了 alarm 方法的参数）而改变。

以上不足实际上揭示了面向对象设计的另一个重要原则——ISP（Interface Segregation Principle，接口隔离原则），该原则强调：使用多个专门的小接口比使用单一的大接口更好。换句话说，站在接口调用者的角度，一个类对另一个类的依赖性应建立在最小接口上，即不应强迫调用者依赖他们不会使用到的行为，过于臃肿的接口是对接口的污染。

既然开、关和报警行为分属两个不同的概念，根据 ISP 原则应把它们分别定义在代表这两个概念的抽象类或接口中。具体的定义方式有 3 种：①两个概念都定义为抽象类；②两个概念都定

---

1 在门所固有的行为相对稳定的情况下，不能保证报警行为的稳定，毕竟报警这一行为并非门所固有。报警被设计为报警器这一概念的行为则更加合理。

义为接口；③一个概念定义为抽象类，另一个概念定义为接口。显然，由于 Java 不支持多重继承，故方式①不可行。后两种方式从语法上都是可行的，但对于它们的选择却体现了设计是否忠实反映对问题域中概念本质的理解。

若采用方式②，将两个概念都定义为接口，然后让能报警的门同时实现这两个接口，则暴露了未能清楚理解问题域的问题——能报警的门在本质上到底是门还是报警器？因为实现接口表示的并非"is-a"的逻辑。

若采用方式③，则体现了对问题域的不同理解——能报警的门在本质上是门（或报警器），同时具有报警器（或门）的功能[1]。若对问题域的理解是前者，则很明显应将门设计为抽象类，而报警器应被设计为接口，反之则交换。最终的设计代码如下：

```
Door.java
001    package ch07;
002
003    public abstract class Door {          // 以抽象类表示门
004         abstract void open();
005         abstract void close();
006    }
```

```
Alarm.java
001    package ch07;
002
003    public interface Alarm {              // 以接口表示报警器
004         void alarm();
005    }
```

```
AlarmDoor.java
001    package ch07;
002
003    // 能报警的门在本质上是门，同时具有报警器的功能
004    public class AlarmDoor extends Door implements Alarm {
005         public void open() {
006              // 开门
007         }
008
009         public void close() {
010              // 关门
011         }
012
013         public void alarm() {
014              // 报警
015         }
016    }
```

1　对问题域的理解是多种多样的，在实际需求和特定场景下，只有合理而没有绝对正确的理解。

7.4 综合范例 6: 适配器模式

有时, 类所提供的接口与客户类(即调用接口的类)所期望的并非完全一致[1], 如方法名称、形参个数及类型等。为了满足调用需求并最大限度地重用现有类, 需要对现有类的接口进行转换就——这便是适配器(Adapter)模式的作用。

适配器模式用于将类的现有接口转换成客户所希望的接口, 使得原本因接口不兼容而不能一起工作的类可以一起工作。生活中有很多适配器的例子, 例如, 为手机充电时, 插座提供的是 220V 交流电, 但手机需要的是 5V 直流电, 此外, 还存在手机无法直接插到插座上(接口不一致)等问题。因此, 需要由电源适配器来完成电压、交直流及接口转换——这也是适配器模式的名称由来。

适配器模式的实现方式有两种——类适配器模式和对象适配器模式, 其中前者使用较多, 具体如图 7-5 所示。

几点说明:

(1) Target 接口包含了客户类(如手机)希望调用的方法——如充电。

(2) Adaptee 是需要被适配的现有类——如插座。

(3) Adapter 类继承 Adaptee 并实现 Target——如电源适配器。

当客户类调用 Adapter 的方法时, 由后者调用 Adaptee 的方法, 这个过程对客户类是透明的——客户类并不直接访问 Adaptee 类。

【综合范例 6】 以类适配器模式模拟为手机充电(见图 7-6)。

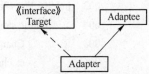

图 7-5 类适配器模式

图 7-6 类适配器模式演示

```
ChargeService.java
001    package ch07.adapter;
002
003    public interface ChargeService {          // 客户类要使用的充电服务接口(Target)
004        void charge();                         // 充电方法
005    }

PowerSocket.java
001    package ch07.adapter;
002
003    public class PowerSocket {                 // 现有的电源插座(Adaptee)
004        public void get220vAC() {              // 现有方法(不能满足客户类要求)
005            System.out.println("得到 220V 交流电...");
006        }
007    }

PowerAdapter.java
001    package ch07.adapter;
002
003    // 电源适配器(Adapter)
004    public class PowerAdapter extends PowerSocket implements ChargeService {
```

---

1 此处并非指 Java 语言中的接口, 而是站在面向对象角度, 泛指类暴露给外界并能被外界访问的服务。

```
005        public void charge() {                                    // 重写 ChargeService 接口的方法
006            get220vAC();                                          // 调用 PowerSocket 类的方法
007            System.out.println("转换为 5V 直流电...");        // 其余转换细节
008            System.out.println("充电中...");
009        }
010    }
```

IPhone4S.java
```
001    package ch07.adapter;
002
003    public class IPhone4S {                                       // 测试类（客户类）
004        public static void main(String[] args) {
005            ChargeService cs = new PowerAdapter();
006            cs.charge();
007        }
008    }
```

类适配器模式还有另一种特殊形式——默认适配器模式，其核心思想是为某个接口提供默认的实现类（重写接口各方法时，方法体均留空，该类通常被设计为抽象类），子类可以继承该默认实现类，并只重写默认实现类中那些感兴趣的方法（而不用像直接实现接口那样，必须重写接口中所有的方法）。实际上，在 Java 的 GUI 事件处理模型中（具体见第 8 章），大量运用了此种模式，有兴趣的读者可分析 java.awt.event 包下的 WindowAdapter 类和 WindowListener 接口的源代码。

适配器模式的另一种实现方式——对象适配器模式的不同之处在于 Adapter 包含（而非继承）了 Adaptee 对象，其原理与类适配器模式类似，故不再赘述。

7.5   嵌套类

Java 中各个类的定义通常是平行的，但某些情况下，类可以定义在另一个类中，前者称为嵌套类（Nested Class），后者称为外部类（Outer Class）。从类是否以 static 关键字修饰的角度看，可以将嵌套类分为静态嵌套类和非静态嵌套类，其中非静态嵌套类又称为内部类（Inner Class）。如下面的代码：

```
class OuterClass {                                      // 外部类
    ...
    static class StaticNestedClass {                   // 静态嵌套类
        ...
    }

    class InnerClass {                                 // 非静态嵌套类（内部类）
        ...
    }
}
```

几点说明：
（1）可以将嵌套类当作其外部类的成员。

（2）与外部类不同的是，嵌套类可以使用 4 种访问权限修饰符中的任何一种。

（3）编译时只需要编译外部类，但会为每个嵌套类都生成一个 class 文件，文件名形如"外部类名$嵌套类名"。例如，编译上述代码将生成 3 个 class 文件——OuterClass.class、OuterClass$StaticNestedClass.class 和 OuterClass$InnerClass.class。若嵌套类内又定义了类，则继续以$分隔。

7.5.1 静态嵌套类

静态嵌套类是与其外部类（而非外部类的对象）相关联的，在静态嵌套类的内部不能直接访问其外部类的非静态成员——这些成员必须通过外部类的对象被访问。与第 6 章的静态字段和方法类似，静态嵌套类通过其外部类的类名访问，例如：

> OuterClass.StaticNestedClass nestedObj = new OuterClass.StaticNestedClass();

【例 7.5】 静态嵌套类演示。

```
StaticNestedClassDemo.java
001    package ch07.nested;
002
003    public class StaticNestedClassDemo {          // 外部类
004        private int id = 001;
005        private static String name = "Daniel";
006
007        static class Person {                     // 静态嵌套类
008            private String address = "AHPU";
009            public String mail = "admin@gmail.com";
010            public static int age = 33;           // 静态嵌套类内可以定义静态字段
011
012            public void display() {
013                System.out.println(id);           // 非法（不能直接访问外部类的非静态成员）
014                System.out.println(name);         // 合法（直接访问外部类的静态成员）
015                System.out.println(address);      // 合法（访问本类成员）
016            }
017        }  // 静态嵌套类 Person 定义结束
018
019        public void test() {
020            display();                            // 非法（外部类不能直接访问嵌套类的成员）
021            Person.display();                     // 非法（外部类不能直接访问嵌套类的非静态成员）
022            Person p = new Person();
023            p.display();                          // 合法（外部类通过对象访问嵌套类的非静态成员）
024            System.out.println(address);                              // 非法
025            System.out.println(mail);                                 // 非法
026            System.out.println(p.address);                            // 合法
027            System.out.println(p.mail);                               // 合法
028            System.out.println(Person.age);                           // 合法
029        }
030    }  // 外部类 StaticNestedClassDemo 定义结束
```

```
031
032    class AnotherClass {                          // 另一个顶层类
033        void test() {
034            // 非法（Person 是 StaticNestedClassDemo 类的嵌套类）
035            Person p1 = new Person();
036            StaticNestedClassDemo.Person p2 = new StaticNestedClassDemo.Person(); // 合法
037        }
038    } // 顶层类 AnotherClass 定义结束
```

　　静态嵌套类访问其所在外部类（或其他类）的非静态成员的方式与顶层类是一致的。换句话说，可以将静态嵌套类看成逻辑上的顶层类，只因出于某种类结构的封装需要，而将其嵌套在了另一个顶层类之中。静态嵌套类通常较少使用。

7.5.2　内部类

　　与静态嵌套类不同，内部类（即非静态嵌套类）是与其外部类的对象相关联的，在内部类中可以直接访问外部类对象的成员，即使成员是被声明为 private 的。此外，不能在内部类中定义静态成员。

```
外部类对象
  内部类对象
```

图 7-7　内、外部类对象间的关系

　　内部类的对象仅存在于其外部类的对象之中，如图 7-7 所示。因此，必须先存在外部类的对象，才能创建内部类对象。当在内部类中使用 this 关键字时，其指的是内部类的当前对象。需要特别注意的是，若要在外部类之外（即另一个类中）创建内部类对象，则要采用如下所示的特殊语法（注意 new 关键字的位置）：

```
OuterClass.InnerClass    innerObj = outerObj.new    InnerClass();
```

【例 7.6】　内部类演示。

```
InnerClassDemo.java
001    package ch07.nested;
002
003    class OuterClass {                          // 外部类
004        private int x = 100;                    // 私有字段
005
006        class InnerClass {                      // 内部类 InnerClass
007            public int y = 50;
008            private int z = 20;
009            static int n = 1;                   // 非法（不能在内部类中定义静态成员）
010
011            public void display() {
012                System.out.println(x);          // 合法（直接访问）
013            }
014        } // 内部类 InnerClass 定义结束
015
016        class InnerClass2 {                     // 内部类 InnerClass2
017            InnerClass inner = new InnerClass();
```

```
018
019            public void show() {
020                System.out.println(y);// 非法（InnerClass2 与 InnerClass 是平行的）
021                System.out.println(InnerClass.y);      // 非法（y 不是静态的）
022                System.out.println(inner.y);           // 合法
023                System.out.println(inner.z);           // 合法
024                inner.display();                       // 合法
025            }
026        }  // 内部类 InnerClass2 定义结束
027
028        void test() {
029            InnerClass inner = new InnerClass();
030            System.out.println(y);                     // 非法（不能直接访问内部类的成员）
031            System.out.println(inner.y);               // 合法（通过内部类对象访问）
032            System.out.println(inner.z);               // 合法
033            inner.display();                           // 合法
034            InnerClass2 inner2 = new InnerClass2();
035            inner2.show();
036        }
037    }  // 外部类 OuterClass 定义结束
038
039 public class InnerClassDemo {                         // 顶层类
040     public static void main(String[] args) {
041         OuterClass outer = new OuterClass();          // 创建外部类对象
042         outer.test();
043         // 创建内部类对象
044         OuterClass.InnerClass2 inner = outer.new InnerClass2();
045         inner.show();                                 // 合法
046     }
047 }  // 顶层类定义结束
```

与静态嵌套类不同，内部类不仅可以定义在外部类的类体中（方法体外），而且也能定义在方法体中。定义于方法体中的内部类具体有两种形式——局部内部类和匿名内部类，在某些场合会经常用到它们（如编写 GUI 程序的事件处理代码），因此单独列为小节讲解。

7.5.3 局部内部类

局部内部类（Local Inner Class）定义在方法中，因此其可见性较 7.5.2 节的常规内部类更小——局部内部类只在其所在的方法内部可见，而在外部类（及外部类的其他方法）中都不可见。此外，局部内部类还具有以下特点：

（1）在局部内部类中不能访问其所在方法的成员（final 成员除外）。

（2）局部内部类的成员只允许使用 final 关键字修饰或不带任何修饰符。

【例 7.7】 局部内部类演示。

LocalInnerClassDemo.java

```
001    package ch07.nested;
002
003    public class LocalInnerClassDemo {              // 外部类
004        int x = 100;
005
006        public void test() {
007            class Inner {                            // 局部内部类
008                void display() {
009                    System.out.println(x);
010                }
011            }
012        }
013
014        public void test2() {
015            public String str1 = "test Inner";       // 非法（只允许使用 final 或不带修饰符）
016            static String str4 = "static Str";        // 非法（同上）
017            String str2 = "test Inner";
018            final String str3 = "final Str";
019            class Inner2 {                           // 局部内部类
020                public void testPrint() {
021                    System.out.println(x);            // 合法（可直接访问外部类的成员）
022                    System.out.println(str2);         // 非法（不可访问所在方法的非 final 成员）
023                    System.out.println(str3);         // 合法
024                }
025            }
026        }
027
028        public void test3() {
029            Inner innerObj = new Inner();             // 非法（此处 Inner 类已不可见）
030        }
031    }
```

7.5.4 匿名内部类

与第 6 章的匿名对象类似，匿名内部类（Anonymous Inner Class）是没有名称的内部类。若程序只需要创建类的一个对象，且该类需要继承父类（或实现父接口）时，可以考虑使用匿名内部类。定义匿名内部类时，其类体作为 new 语句的一部分，具体格式如下：

new 父类或父接口名([构造方法实参表]) {   // 此处的一对圆括号不能少
　　类体　　　　// 通常是重写父类（或父接口）方法的代码
}

从整体上看，以上语法其实创建了一个匿名内部类的对象，该匿名内部类继承了指定类（或实现了指定接口）。因匿名内部类没有名称，也就不存在构造方法，故要显式调用父类的某个构造方法（通常为无参构造方法）[1]。

　　除了定义格式较为特殊之外，匿名内部类与常规类没有太大差别——若匿名内部类继承了
父类，则在类体中可以访问父类的成员、重写父类的方法等；
若匿名内部类实现了接口，则在类体中必须实现父接口的所有
方法。

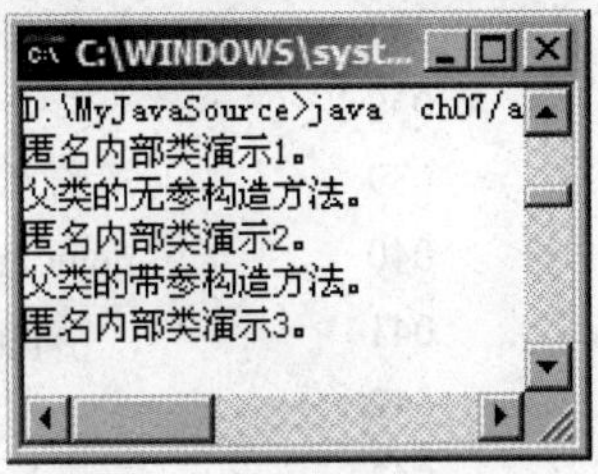

【例 7.8】 匿名内部类演示（见图 7-8）。

图 7-8　匿名内部类演示

```
AnonymousInnerClassDemo.java
001    package ch07.anonymous;
002
003    interface FatherInterface {            // 用于测试的父接口
004        void test();                        // 待测试方法
005    }
006
007    abstract class FatherClass {            // 用于测试的父抽象类
008        FatherClass() {                     // 无参构造方法
009            System.out.println("父类的无参构造方法。");
010        }
011
012        FatherClass(int i, int j) {         // 带参构造方法
013            System.out.println("父类的带参构造方法。");
014        }
015
016        abstract void test();               // 待测试方法
017    }
018
019    public class AnonymousInnerClassDemo {
020        // 注意重载的两个 go 方法的形参类型
021        void go(FatherInterface i) {
022            i.test();
023        }
024
025        void go(FatherClass c) {
026            c.test();
027        }
028
029        public static void main(String[] args) {
030            AnonymousInnerClassDemo demo = new AnonymousInnerClassDemo();
031            /* 以下定义了 3 个匿名内部类（并分别将创建的对象作为 go 方法的实参） */
032            // 实现 TestInterface 接口的匿名内部类
033            demo.go(new FatherInterface() {
034                public void test() {        // 重写父接口的方法
```

────────────────────

1 可以将匿名内部类理解成同时定义和调用构造方法的代码结构。

```
035                System.out.println("匿名内部类演示 1。");
036            }      // test 方法结束
037        });  // 注意各括号的匹配（此处右圆括号匹配 go 方法的实参左圆括号）
038
039        // 继承 FatherClass 类的匿名内部类（重写无参构造方法）
040        demo.go(new FatherClass() {
041            public void test() {
042                System.out.println("匿名内部类演示 2。");
043            }
044        });
045
046        // 继承 FatherClass 类的匿名内部类（重写带参构造方法）
047        demo.go(new FatherClass(2, 3) {
048            public void test() {
049                System.out.println("匿名内部类演示 3。");
050            }
051        });
052    }
053 }
```

几点说明：

（1）和常规类一样，匿名内部类也是在编译时产生的。若匿名内部类位于循环中，则将创建同一个匿名内部类的多个实例。

（2）不能为匿名内部类定义构造方法，但可以定义非静态字段。

（3）匿名内部类可以包含内部类，但很少这样做。

（4）可以将匿名内部类当作无名的局部内部类，因此局部内部类的所有特性对匿名内部类同样有效。

习题 7

一、简答题

（1）多重继承有何缺点？Java 如何变相支持多重继承？

（2）与类相比，接口有何不同？怎样实现接口？

（3）接口能否继承其他接口？接口间的继承与类间的继承有何不同？

（4）能否将对象赋给接口引用？为什么？

（5）简述接口与抽象类的异同。

（6）嵌套类有哪些具体形式？分别在什么情况下使用？各自有何访问特性？

（7）什么是匿名内部类？其有何特性？给出一个匿名内部类的示例代码。

二、阅读程序题

（1）判断下列各程序是否有错，并说明理由。

①

```
001  abstract class Test {
002      private abstract String doSomthing();
```

```
003    }
```

②

```
001    public abstract class Test {
002        private String name;
003
004        public abstract boolean doSomthing() {
005        }
006    }
```

③

```
001    public class Test {
002        private String name = "out.name";
003
004        void print() {
005            final String work = "out.local.work";
006            int age = 10;
007
008            class Animal {
009                public void eat() {
010                    System.out.println(work);
011                    age = 20;
012                    System.out.println(name);
013                }
014            }
015            Animal local = new Animal();
016            local.eat();
017        }
018    }
```

④

```
001    interface A {
002        int x = 0;
003    }
004
005    class B {
006        int x = 1;
007    }
008
009    public class Test extends B implements A {
010        public void printX() {
011            System.out.println(x);
012        }
013
```

```
014         public static void main(String[] args) {
015             new Test().printX();
016         }
017     }
```

（2）给出以下程序运行后的输出。

```
001    interface Something {
002        void doSomething();
003    }
004
005    class A implements Something {
006        public void doSomething() {
007            System.out.println("A do something");
008        }
009    }
010
011    public class Test extends A implements Something {
012        public void doSomething() {
013            System.out.println("B do something");
014        }
015
016        public static void main(String[] args) {
017            A a1 = new Test();
018            a1.doSomething();
019            ((A) a1).doSomething();
020
021            A a2 = new A();
022            a2.doSomething();
023        }
024    }
```

实验 6 抽象类、接口与嵌套类

【实验目的】

（1）深刻理解抽象类、接口的意义。

（2）熟练掌握抽象类和接口的定义、继承抽象类及实现接口的方法等。

（3）掌握嵌套类的概念及定义方式。

【实验内容】

（1）验证本章综合范例 6，并分析 java.awt.event 包下的 WindowAdapter 类和 WindowListener 接口的源代码。

（2）编写程序实现以下逻辑。

① 抽象类 Animal 具有一个抽象方法 walk。

② 接口 Flyable 具有一个方法 fly。

③ 类 Bird 继承 Animal 并实现 Flyable。

编写测试类 BirdTest，在 main 方法中构造一个 Bird 对象并调用其 walk 和 fly 方法（重写这两个方法时，打印一行用于模拟的字符串即可）。

（3）接口 MobilePhone 定义了以下方法：

```
void on();        // 开机
void off();       // 关机
void charge();    // 充电
void call();      // 打电话
void play();      // 娱乐
```

分别采用以下两种方式创建两个实现 MobilePhone 接口的类的对象，并在测试类中分别对这两个对象调用上述方法。

① 编写类 IPhone4S 实现 MobilePhone 接口。

② 使用实现了 MobilePhone 接口的匿名内部类。

（4）编写程序模拟用以表示直线的 Line 类，具体包含以下逻辑：

① 表示直线起点和终点的嵌套类 Point，其包含描述横、纵坐标的 x、y 字段。

② 表示直线方向的嵌套枚举 Direction，其包含表示上下左右等方向的枚举常量。

在 Line 类中编写必要的代码，然后在测试类 LineTest 中构造几个 Line 对象并输出每个对象的相关信息。

第 8 章　GUI 编程

GUI（Graphical User Interface，图形用户界面，又称图形用户接口）是指以图形方式展现的计算机操作界面。与之前编写的基于控制台/命令行的程序相比，GUI 程序不仅在视觉上更易于接受，同时也为用户提供了更好的交互体验。

本章将系统地介绍 Java 的 GUI 编程[1]。在学习时，读者应注重理解 Swing 库的组织架构、常用组件类的使用方法及事件处理模型。此外，本章涉及的类和接口较多，读者没有必要一一记住，使用时应多查阅 API 文档。

8.1　概述

8.1.1　AWT

AWT（Abstract Window Toolkit，抽象窗口工具集）是 JDK 提供的首个用来编写 Java GUI 程序的图形界面库，其在操作系统之上提供了一个抽象层，以保证同一程序在不同平台上运行时具有类似的外观和风格（不一定完全一致）。

AWT 具体包括一套 GUI 组件、事件处理模型、图形/图像工具及布局管理器等，它们涉及的类和接口均位于 java.awt 包下。AWT 遵循最大公约数原则——AWT 只拥有所有平台都支持的组件的公共集合。例如，AWT 中不包含表和树等高级组件，因为它们在某些平台上不受支持。同样，AWT 所包含的组件也遵循这一原则——只为组件提供所有平台都支持的特性。例如，不能为 AWT 的按钮组件设置图片，因为在 motif 平台（主要用于 UNIX）下，按钮是不支持图片的。

AWT 组件通常包含其对等体（Peer）接口类型的引用，该引用指向操作系统本地的对等体实现类。以 java.awt.Label（标签组件）类为例，其对等体接口是 LabelPeer（与平台无关）。对于不同的平台，AWT 提供了不同的对等体类来实现 LabelPeer 接口，在 Windows 平台上，标签组件的对等体实现类是 WlabelPeer，其调用 JNI 方法（以 C/C++编写的本地方法）来绘制标签组件的外观并实现相应功能。换句话说，当 AWT 程序运行时，实际上是在调用操作系统所提供的图形库。

综上所述，AWT 图形库依赖操作系统来绘制组件并实现功能，因此，通常把 AWT 组件称为重量级（Heavy-weight）组件——Sun 不推荐使用 AWT 组件。

8.1.2　Swing

Swing 是 Sun 在 AWT 基础之上构建的一套新的 Java 图形界面库，其在 JDK 1.2 中首次发布，并成为 JFC（Java Foundation Class，Java 基础类库）的一部分。Swing 提供了 AWT 的所有功能，并用纯 Java 代码对 AWT 进行大幅扩充。

1　尽管 Java 提供了非常丰富的 GUI 类库，但 Java 语言及其相关技术的强大之处和优势更多的是体现在基于 Web 的分布式应用开发中，而并非 GUI 应用。

Swing 组件没有对等体，不再依赖操作系统的本地代码，而是自己负责绘制组件的外观[1]，因此也被称为轻量级（Light-weight）组件，这是它与 AWT 组件的最大区别。

如图 8-1 所示为 JDK 附带安装的 Swing 演示程序。

图 8-1　JDK 附带安装的 Swing 演示程序

作为 Sun 推荐使用的 GUI 库，相对于 AWT，Swing 在下列方面有着明显的优势。

（1）丰富的组件类型和特性：Swing 遵循最小公倍数原则，提供比 AWT 更为丰富的组件类型，此外，Swing 组件往往具有比对应的 AWT 组件更多的特性。

（2）优秀的编程模型：Swing 的设计遵循 MVC（Model-View-Controller，模型-视图-控制器）模式，它是一种非常成功的设计模式（如目前在 Java 企业级应用开发中被广泛使用的 Struts 框架也基于这种模式）。Swing 组件的 API 有着非常优秀的设计，被认为是最成功的 GUI API 之一，其较 AWT 更面向对象，也更易于扩展。

（3）美观易用：对于用户来说，Swing 绘制出的组件较 AWT 更为美观，且在不同操作系统下的表现完全一致；而对于编程者，Swing 组件的 API 较 AWT 更加方便易用。

由于 Swing 不借助操作系统而是自己负责绘制组件，因而无法充分利用操作系统所提供的特性（如图形硬件加速），另一方面，Swing 程序在运行时会加载更多的类从而消耗更多的内存。因此，相对于实现同样功能的 AWT 程序，Swing 程序的执行性能较低。然而随着新版本 JDK（特别是 5.0 之后）对 Swing 的不断改进和优化，这种性能上的差距正变得越来越小，是完全可以接受的。

需要注意的是，Swing 中几乎所有的类都直接或间接继承自 AWT 中的类，另一方面，Swing 的事件模型也是完全基于 AWT 的，因此，AWT 和 Swing 并非两套彼此独立的 Java 图形库。基于 Swing 的特点，在开发 Java GUI 程序时，通常应优先考虑使用 Swing，这也是本章的重点。

8.1.3　SWT

SWT（Standard Widget Toolkit，标准小部件工具集）最初是 IBM 为了开发 Eclipse 项目（目前使用最为广泛的 Java 集成开发环境）而编写的一套底层图形界面库，其核心思想是通过 JNI

1　这就是为什么 Swing 程序的外观和风格与操作系统本地程序很不一样的原因，Oracle 官方网站所提供的 Java 集成开发环境 NetBeans 其实就是一个用 Swing 图形库编写的 Java 程序。

直接调用操作系统提供的本地图形接口。

如图 8-2 所示，用 SWT 编写的 Java 程序能"自适应"不同平台。

图 8-2 用 SWT 编写的 Java 程序能"自适应"不同平台

SWT 对操作系统提供的 API 进行了一对一的封装，完全忠实于操作系统的实现行为。程序运行时，所有对 SWT 的方法调用被原封不动地传递到操作系统，因此，用 SWT 开发的 Java 程序具备操作系统的本地外观和风格[1]，并且运行效率也较 Swing 高。

因为 SWT 与操作系统结合较为紧密，其编程风格也与 AWT/Swing 很不一样（例如，API 完全不同、需要编写代码负责对象的销毁等），这些都与 Java 语言的某些设计初衷相悖，加上某些商业因素，导致 SWT 从未被列入 Java 的官方图形界面库，而需要单独下载。

8.2 Swing 库的架构

Swing 库包含数十种组件，每种组件又包含众多方法，限于篇幅，本章仅涉及它们的常用方法，读者在学习时应经常查阅 API 文档。此外，在安装 JDK 时会附带安装一个 Swing 演示程序（见图 8-1），其位于"<JDK 安装路径>\demo\jfc\SwingSet2"目录下，名为 SwingSet2.jar（安装 JDK 时若选择了安装公共 JRE，则可直接双击该文件以运行），子目录 src 包含了该演示程序的源代码，读者在学习 Swing 时，可以之作为参考。

8.2.1 组件类的继承关系

Swing 库包含的组件类数目众多，为便于学习，有必要对这些类的继承关系有所了解。图 8-3 中以灰色背景标识的类属于 AWT，其余类则属于 Swing，位于 javax.swing 包下（图中省略了）。本章后述内容中的类若未带包名，则一般位于 javax.swing 包或其子包下。

Swing 中的类可以划分为两部分[2]，如下所示。

（1）组件（Component）：一般指 GUI 程序中的可见元素，如按钮、文本框、菜单等。组件不能孤立存在，必须被放置到容器中。

（2）容器（Container）：指能够"容纳"组件的特殊组件，如窗口、面板、对话框等。容器可以嵌套，即容器中又包含容器。

根据组件的功能和特性，可以将 Swing 中的组件分为以下 3 种。

（1）文本组件：与文字相关的组件，如文本框、密码框、文本区等。

---

1 从外观来看，使用 Eclipse 的人很难感觉出 Eclipse 是用 Java 语言编写的。此外，用 SWT 开发的 Java 程序具有操作系统本地程序才有的特性，例如，SWT 的文本框组件本身就支持鼠标右键弹出菜单（复制、粘贴、删除等），而 AWT/Swing 实现这样的特性需要额外编写代码。

2 这种划分是按"组件是否能包含其他组件"而不是以继承的父类为依据的。例如，JLabel 和 JPanel 都继承自 JComponent，但本书将 JPanel 划分为容器。从广义上来说，组件的概念是包含容器的。

（2）菜单组件：与菜单相关的组件，如菜单栏、菜单项、弹出菜单等。

（3）（其他）组件：如标签、按钮、进度条、树、表等。

根据容器所在的层级，可以将容器分为两类，如下所示。

（1）顶层容器：指 GUI 程序中位于"最上层"的容器，其不能被包含到别的容器中，如窗口、对话框等。

（2）子容器：位于顶层容器之下的容器，如面板、内部窗口等。

需要注意，一些组件在 AWT 和 Swing 中都受支持（如按钮、窗口等），为区别于 AWT，Swing 中组件类的类名均以字母 J 开头。

如前所述，Swing 库中的类几乎都直接或间接继承自 AWT，限于篇幅，在介绍后续 Swing 类时，那些来自于父类或父接口并已在之前列出过的方法不再重复列出。类的继承关系可参考图 8-3，类所具有的完整方法请查阅 API 文档。

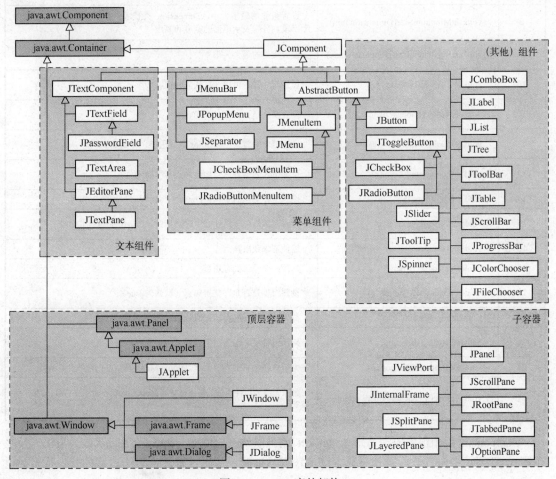

图 8-3 Swing 库的架构

8.2.2 java.awt.Component 类

Component 是一个抽象类，代表以图形化方式显示在屏幕上并能与用户交互的对象（即广义上的组件），它是 AWT/Swing 库的根类，表 8-1 列出了 java.awt.Component 类的常用方法。

表 8-1　java.awt.Component 类的常用方法

序　号	方 法 原 型	方法的功能及参数说明
1	int getWidth()	得到组件宽度，单位为像素。本章所列方法的 int 型参数或返回值若涉及位置、距离、大小、坐标等，单位一般均为像素
2	int getHeight()	得到组件高度
3	int getX()	得到组件左上角相对于其所在容器左上角的横向距离
4	int getY()	得到组件左上角相对于其所在容器左上角的纵向距离
5	void setLocation(int x, int y)	设置组件左上角相对于其所在容器左上角的横、纵向距离。若组件是顶层容器，则是相对于屏幕左上角
6	void setSize(int w, int h)	设置组件的宽度和高度
7	void setBounds(int x, int y, int w, int h)	设置组件的边界（包括位置和大小），相当于调用方法 5 和 6
8	void setMinimumSize(Dimension min)	设置组件的最小大小。Dimension 类代表一个矩形区域，其包含两个字段，分别表示矩形的宽度和高度
9	void setMaximumSize(Dimension max)	设置组件的最大大小
10	void setEnabled(boolean b)	设置组件是否可用（默认为 true）
11	void setVisible(boolean b)	设置组件是否可见
12	void setBackground(Color c)	设置组件的背景色。Color 是颜色类，详见 8.9.2 节
13	void setForeground(Color c)	设置组件的前景色（如组件上文字的颜色）
14	void setFont(Font f)	设置组件文字的字体。Font 是字体类，详见 8.9.3 节
15	void setCursor(Cursor cur)	设置当鼠标位于组件之上时的指针。Cursor 是鼠标指针类
16	void requestFocus()	组件请求获取焦点
17	boolean isFocusOwner()	判断组件是否拥有焦点
18	void setFocusable(boolean b)	设置组件是否允许获得焦点（默认为 true）
19	Container getParent()	得到组件所在的容器。Container 类见 8.2.3 节
20	boolean contains(int x, int y)	判断组件是否包含指定的点（相对于组件左上角）
21	void add(PopupMenu popup)	为组件添加右键弹出菜单，PopupMenu 是 AWT 的弹出菜单类
22	void remove(MenuComponent popup)	删除先前为组件添加的弹出菜单。MenuComponent 是 AWT 的菜单组件类

　　Component 类中很多方法名形如 setXxx 的方法均有对称的 getXxx（或 isXxx）方法（反之亦然），理解了某个方法后，其对称方法也较容易理解，故不再赘述，对于本章的其他很多类也是这样。

8.2.3　java.awt.Container 类

　　Container 类继承自 Component 类，前者代表能够容纳若干组件的特殊组件。Container 是 AWT/Swing 中所有容器的根类，表 8-2 列出了 java.awt.Container 类的常用方法。

表 8-2　java.awt.Container 类的常用方法

序　号	方 法 原 型	方法的功能及参数说明
1	void setLayout(LayoutManager layout)	设置容器的布局（即容器内组件的排列方式）。LayoutManager 是布局管理器接口，详见 8.10.1 节
2	Component add(Component c)	将组件 c 添加到容器
3	Component add(Component c, int index)	将组件 c 添加到容器的 index 位置
4	void add(Component c, Object constraints)	按参数 2 指定的位置（或约束条件）将组件 c 添加到容器
5	void remove(int index)	从容器中删除处于 index 位置的组件
6	void remove(Component c)	从容器中删除组件 c
7	void removeAll()	从容器中删除其包含的全部组件
8	int getComponentCount()	得到容器包含的组件个数
9	Component getComponent(int index)	得到容器中处于 index 位置的组件
10	Component getComponentAt(int x, int y)	得到容器中指定坐标处的组件。若该坐标处有多个组件，则返回位于最顶端的组件
11	Component findComponentAt(int x, int y)	与方法 10 类似，不同的是，若得到的组件是一个容器，则继续搜索以找到最内层的组件
12	Component[] getComponents()	得到容器包含的全部组件，以组件数组返回
13	void validate()	验证容器。当容器显示后，若修改了其包含的组件（如添加/删除组件、更改布局等），应该调用此方法
14	void setComponentZOrder(Component c, int zOrder)	设置组件 c 在容器中的层级（即 Z 轴次序），层级为 0 的组件最后显示（位于最顶层，可能遮住其他组件）。参数 2 的取值范围一般是 $0 \sim$ getComponentCount() $- 1$
15	void setFocusTraversalPolicy(FocusTraversal Policy policy)	设置容器的焦点遍历策略（按 Tab 键时，容器中各组件获得焦点的顺序）。FocusTraversalPolicy 是焦点遍历策略类，提供用以确定第一个、最后一个、上一个、下一个组件等算法
16	Dimension getPreferredSize()	返回容器的首选大小（即推荐大小），由系统计算

8.2.4　java.awt.Window 类

Window 是 AWT/Swing 中顶层容器的根类，它是一个不带边框和菜单栏的顶层窗口，表 8-3 列出了其常用方法。

表 8-3　java.awt.Window 类的常用方法

序　号	方 法 原 型	方法的功能及参数说明
1	boolean isActive()	判断窗口是否处于激活（即选中）状态
2	Component getFocusOwner()	得到窗口中拥有焦点的组件
3	void pack()	调整窗口大小，以适合其包含组件的首选大小和布局
4	void setIconImage(Image img)	设置窗口标题栏图标。Image 是 AWT 的图像类，见 8.4.2 节
5	void setAlwaysOnTop(boolean b)	设置窗口是否始终置顶（默认为 false）
6	void setLocationRelativeTo(Component c)	设置窗口相对于组件 c 左上角的位置。若组件 c 未显示或为 null，则窗口将位于屏幕正中
7	void toBack()	若窗口可见，则将窗口置于最下层
8	void toFront()	若窗口可见，则将窗口置于最上层
9	void dispose()	释放窗口及其包含组件占用的显示资源，并使窗口不可见

8.2.5　java.awt.Frame 类

Frame 是 AWT 的窗口类[1]，它是一个带有标题栏和边框的顶层窗口，表 8-4 列出了其常用方法。

表 8-4　java.awt.Frame 类的常用方法

序　号	方 法 原 型	方法的功能及参数说明
1	Frame()	默认构造方法，创建初始不可见、标题栏文字为空的窗口
2	Frame(String title)	构造方法，创建初始不可见、标题栏文字为 title 的窗口
3	void setExtendedState(int state)	设置窗口状态，参数取值来自于 Frame 类的静态常量，包括： NORMAL——不设置任何状态； ICONIFIED——最小化（图标化）； MAXIMIZED_HORIZ——水平最大化； MAXIMIZED_VERT——垂直最大化； MAXIMIZED_BOTH——水平、垂直均最大化
4	void setUndecorated(boolean b)	设置是否不显示窗口标题栏（默认为 false，即显示）
5	void setTitle(String title)	设置窗口标题栏文字
6	void setResizable(boolean b)	设置是否允许用户改变窗口大小（默认为 true）
7	void setMenuBar(MenuBar mb)	设置窗口的菜单栏。MenuBar 是 AWT 的菜单栏类

8.2.6　JComponent 类

不同于前述 4 个类，JComponent 类属于 Swing 库，它是 Swing 中除顶层容器外所有组件的根类。对于继承自 JComponent 的组件，必须将其置于一个根为顶层容器（如 JFrame）的包含层次结构中。JComponent 是一个抽象类，表 8-5 列出了其常用方法。

表 8-5　JComponent 类的常用方法

序　号	方 法 原 型	方法的功能及参数说明
1	void setToolTipText(String text)	设置组件的工具提示文字（鼠标停留在组件上时显示）
2	void setOpaque(boolean b)	设置组件是否不透明，默认为 true（不透明）
3	void setBorder(Border border)	设置组件的边框。Border 是 Swing 的边框接口，详见 8.9.1 节
4	void setComponentPopupMenu (JPopupMenu popup)	设置组件的右键弹出菜单。JPopupMenu 是 Swing 的弹出菜单类，详见 8.8.2 节

编写 GUI 程序时，一般不直接实例化上述几个公共父类（有些是抽象类，无法实例化），而是使用它们的子类。此外，因子类本身具有数目众多的方法（再加上继承自父类的方法），难以记忆，故应尽量借助 IDE 提供的代码提示和自动完成功能来编写程序。本书从现在起，将使用 Eclipse 作为开发环境（Eclipse 的使用介绍见附录 A）。

1　从命名上看，Window 才是 AWT 的窗口类，但编写 AWT 程序时很少直接使用该类，而是使用 Frame 类。因此，一般将 Frame 称为 AWT 的窗口类。类似的，Swing 中的窗口类是 JFrame 而非 JWindow。

8.3 容器组件

8.3.1 窗口：JFrame

窗口是我们所接触的最为频繁的 GUI 组件之一，Swing 中的窗口类是 JFrame，它继承自 AWT 的窗口类 Frame，表 8-6 列出了其常用方法。

表 8-6　JFrame 类的常用方法

序 号	方 法 原 型	方法的功能及参数说明
1	JFrame()	默认构造方法，创建初始不可见的窗口
2	JFrame(String title)	构造方法，创建具有指定标题栏文字、初始不可见的窗口
3	void setContentPane(Container c)	用容器 c 替换窗口默认的内容面板
4	void setDefaultCloseOperation(int operation)	设置窗口的关闭行为，参数取值包括（前 3 个来自于 WindowConstants 接口，最后 1 个来自于 JFrame 类）： DO_NOTHING_ON_CLOSE——不执行任何操作； HIDE_ON_CLOSE——隐藏窗口； DISPOSE_ON_CLOSE——隐藏窗口并释放显示资源； EXIT_ON_CLOSE——退出程序
5	void setJMenuBar(JMenuBar mb)	设置窗口菜单栏。JMenuBar 是 Swing 的菜单栏类，见 8.8.1 节

下面从 JFrame 开始，编写本书的第一个 GUI 程序[1]。

【例 8.1】 窗口演示（见图 8-4）。

图 8-4　窗口演示

JFrameDemo.java

```
001   package ch08;
002
003   /* 省略了各 import 语句，请使用 IDE 的自动导入功能 */
007
008   public class JFrameDemo extends JFrame {        // 继承 JFrame 类
009       public static void main(String[] args) {
010           JFrameDemo win = new JFrameDemo ();         // 构造窗口对象
011           JButton b = new JButton("我是一个按钮");    // 构造按钮对象
012           win.setLayout(new FlowLayout());            // 设置窗口的布局
013           win.add(b);            // 将按钮加入窗口
014           win.setTitle("我的第一个 GUI 程序");         // 设置标题栏文字
015           win.setSize(200, 70);         // 设置窗口大小
016           // 下一行代码设置窗口的关闭行为
017           win.setDefaultCloseOperation(JFrame.EXIT_ON_CLOSE);
018           win.setVisible(true);         // 让窗口可见
019       }
020   }
```

---

[1] 为方便读者快速掌握每种组件的使用，本章中的一些演示程序将大部分代码都放在了 main 方法中，但这不是一种好的编程风格。在实际编写程序时，应将不同功能的代码组织到单独的方法或类中。

几点说明：

（1）JFrame 属于顶层容器，其内可以添加组件和子容器对象[1]。

（2）JFrameDemo 类继承了 JFrame，因此第 10 行创建的 win 就是窗口对象。

（3）第 11 行创建了按钮对象（详见 8.5.1 节）。

（4）第 12 行为窗口设置了布局，以便安排其包含组件的相对位置（详见 8.10 节）。

（5）第 13 行调用了 add 方法（来自于 java.awt.Container），以将按钮 b 添加到窗口。

（6）第 15 行调用了 setSize 方法（来自于 java.awt.Window），以设置窗口的宽和高。

（7）第 17 行设置了窗口对象的关闭行为（此处为结束 Java 虚拟机），若删除该行，则在单击窗口右上角的"关闭"按钮后，窗口只是不可见了，而相应的虚拟机进程（任务管理器中名为 javaw.exe 的进程）并没有被关闭。

（8）第 18 行调用了 setVisible 方法（来自于 java.awt.Window）并以 true 作为实参，让窗口可见（默认是不可见的）。

【例 8.2】 为减少后续代码的重复，编写一个窗口类作为后续演示程序的父类。

```
BaseFrame.java
001    package ch08;
002
003    /* 省略了各 import 语句，请使用 IDE 的自动导入功能 */
004
005    // 用下面的类作为本章后续演示程序的窗口类
006    public class BaseFrame extends JFrame {
007
008        // 构造方法
009        public BaseFrame(String title) {
010            setLayout(null);    // 为窗口设置空布局，即其内组件的位置采用像素绝对定位
011            setTitle(title);
012            setSize(300, 200);
013            setDefaultCloseOperation(JFrame.EXIT_ON_CLOSE);
014        }
015
016        // 显示窗口
017        public void showMe() {
018            setVisible(true);
019        }
020    }
```

BaseFrame 类继承了 JFrame，其构造方法将窗口布局设置为空（见 8.10 节），这样做主要是为了方便排列其内组件的位置。本章后续演示程序中的窗口大多以该类创建。

8.3.2　面板：JPanel

面板是一个默认不可见的矩形容器，可以在其中加入组件或子容器。表 8-7 列出了 JPanel 类的常用方法。

1　JFrame 含有一个默认的内容面板（Content Pane），后者是一个 Container 对象。严格来说，那些被添加到 JFrame 的组件实际上是被添加到了内容面板中，内容面板可以被替换（见表 8-6 中的方法 3）。

表 8-7　JPanel 类的常用方法

序　号	方 法 原 型	方法的功能及参数说明
1	JPanel()	默认构造方法，创建的面板默认具有流式布局
2	JPanel(LayoutManager layout)	构造方法，使用指定布局创建面板

【例 8.3】　面板演示（见图 8-5）。

JPanelDemo.java

```
001   package ch08;
002
003   /* 省略了各 import 语句，请使用 IDE 的自动导入功能 */
007
008   public class JPanelDemo {
009       public static void main(String[] args) {
010           BaseFrame f = new BaseFrame("JPanel 演示");      // 实例化窗口对象
011           JPanel panel_1 = new JPanel();     // 构造面板对象
012           JPanel panel_2 = new JPanel();
013           JButton btn_1 = new JButton("按钮一");     // 构造按钮对象
014           JButton btn_2 = new JButton("按钮二");
015           JButton btn_3 = new JButton("按钮三");
016           panel_1.add(btn_1);              // 将按钮加入面板
017           panel_1.setSize(80, 60);          // 设置面板大小
018           panel_1.setLocation(5, 10);        // 设置面板的位置（相对于父容器）
019           panel_1.setBackground(Color.GRAY);    // 设置面板的背景色
020           panel_2.add(btn_2);
021           panel_2.add(btn_3);
022           panel_2.setSize(80, 70);
023           panel_2.setLocation(40, 50);
024           panel_2.setBackground(Color.DARK_GRAY);
025           f.add(panel_2);          // 将面板加入窗口
026           f.add(panel_1);
027           f.showMe();
028       }
029   }
```

图 8-5　面板演示

几点说明：

（1）默认情况下，面板的背景色与其所在容器的背景色相同，并且没有边框。因此，为了让面板可见，第 19、24 行设置了背景色——在实际应用中很少这样做，因为面板的主要功能只是将若干组件组织到同一容器中。

（2）第 18、23 行的 setLocation 方法的参数是面板左上角相对于其父容器（窗口对象 f 的内容面板）左上角的位置[1]，读者可根据代码在图 8-5 中标出相应的横、纵距离。

1　对于 Swing 中的每个组件和子容器对象，一定存在一个容器对象用以放置该对象，这个容器就是该对象的父容器。若有形如"a.add(b)"的代码，则 a 就是 b 的父容器。

（3）第 25、26 行先后将两个面板添加到了窗口中。因为两个面板的位置是部分重叠的，因此 panel_2 遮住了 panel_1 的一部分。可见，在 Swing 中，较早被添加的组件在运行显示时也处于较上层[1]。读者可调换这两行代码的位置，再观察运行结果。

8.3.3　可滚动面板：JScrollPane

可滚动面板是一种带滚动条的特殊容器，适用于无法同时显示面板所包含的全部组件的情形——面板中所有组件构成的矩形区域超出了面板的大小。表 8-8 列出了 JScrollPane 类的常用方法。

表 8-8　JScrollPane 类的常用方法

序　号	方法原型	方法的功能及参数说明
1	JScrollPane()	默认构造方法，创建未指定显示区的可滚动面板，其垂直和水平滚动条在需要时显示
2	JScrollPane(Component view)	构造方法，创建显示区为 view 的可滚动面板，其垂直和水平滚动条在需要时显示
3	JScrollPane(Component view, int vsbPolicy, int hsbPolicy)	构造方法，创建显示区为 view 的可滚动面板。参数 2、3 分别指定垂直和水平滚动条的显示策略，取值来自于 ScrollPaneConstants 接口的静态常量，具体包括： HORIZONTAL_SCROLLBAR_ALWAYS——总显示水平滚动条； HORIZONTAL_SCROLLBAR_AS_NEEDED——水平滚动条只在需要时显示； HORIZONTAL_SCROLLBAR_NEVER——从不显示水平滚动条。 还有 3 个定义垂直滚动条显示策略的静态常量，它们是以 VERTICAL 开头的，在此不一一列举
4	void setViewportView(Component view)	与方法 2 类似
5	void setVerticalScrollBarPolicy(int policy)	指定可滚动面板的垂直滚动条显示策略。对应的指定水平滚动条显示策略的方法是 setHorizontalScrollBarPolicy
6	void setColumnHeaderView(Component view)	设置可滚动面板的列头。例如，可滚动面板中有一个表格，当滚动垂直滚动条显示表格下部内容时，表头不随之滚动而始终显示。对应的设置行头的方法是 setRowHeaderView

【例 8.4】可滚动面板演示（见图 8-6）。

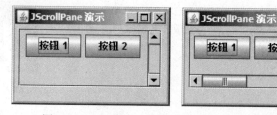

图 8-6　JScrollPane（可滚动面板）演示（2 次运行）

JScrollPaneDemo.java
001　package ch08;
002
003　/* 省略了各 import 语句，请使用 IDE 的自动导入功能 */
007
008　public class JScrollPaneDemo {
009　　　public static void main(String[] args) {

1　Java 用 Z-order 的概念来描述 GUI 程序中组件所在的层次（见表 8-2 的 setComponentZOrder 方法）。

```
010                    BaseFrame f = new BaseFrame("JScrollPane 演示");
011                    JPanel p = new JPanel();        // 创建面板对象 p
012                    // 创建可滚动面板对象，并以 p 作为其显示区（View Port）
013                    JScrollPane sp = new JScrollPane(p);
014                    // 设置水平滚动条在需要时显示
015                    sp.setHorizontalScrollBarPolicy(ScrollPaneConstants
                                        .HORIZONTAL_SCROLLBAR_AS_NEEDED);
016                    // 设置垂直滚动条始终显示
017                    sp.setVerticalScrollBarPolicy(ScrollPaneConstants
                                        .VERTICAL_SCROLLBAR_ALWAYS);
018                    int buttonCount = 2;        // 按钮个数（第 2 次运行改为 5）
019                    JButton[] buttons = new JButton[buttonCount];      // 初始化按钮数组
020                    // 用循环将每个按钮加到面板中
021                    for (int i = 0; i < buttons.length; i++) {
022                        // 创建按钮对象并设置文字
023                        buttons[i] = new JButton("按钮  " + (i + 1));
024                        p.add(buttons[i]);        // 注意，是加到 p，而非 sp
025                    }
026                    sp.setLocation(5, 5);
027                    sp.setSize(180, 70);    // 设置 sp 的大小
028                    f.setSize(200, 120);    // 重新设置窗口大小
029                    f.add(sp);              // 将可滚动面板对象添加到窗口 f
030                    f.showMe();
031                }
032            }
```

几点说明：

（1）JScrollPane（注意不要误写为 JScrollPanel）并不是 JPanel 的子类（包括后述的 JSplitPane 和 JTabbedPane），它和 JPanel 类一样，都继承自 JComponent 类。

（2）创建 JScrollPane 对象时，一般要设置其显示区对象（View Port），如第 13 行。可以认为显示区的父容器是 JScrollPane 对象。

（3）应该将组件加入显示区而不是 JScrollPane 对象，如第 24 行。

（4）JScrollPane 具有特定的布局方式（javax.swing.ScrollPaneLayout 类），因此不要调用 setLayout 方法改变其布局，但可以设置其显示区的布局方式。

8.3.4 分割面板：JSplitPane

分割面板是带分割条的容器，其按水平（或垂直）方向将整个面板分割成左右（或上下）两个子面板。表 8-9 列出了 JSplitPane 类的常用方法。

表 8-9 JSplitPane 类的常用方法

序　号	方 法 原 型	方法的功能及参数说明
1	JSplitPane()	默认构造方法，创建按水平方向分割的分割面板，左右子面板各含有一个按钮

序 号	方 法 原 型	方法的功能及参数说明
2	JSplitPane(int orientation)	构造方法，创建按指定方向分割的分割面板。参数取值来自 JSplitPane 类，包括： HORIZONTAL_SPLIT——按水平（左右）方向分割； VERTICAL_SPLIT——按垂直（上下）方向分割
3	JSplitPane(int o, Component left, Component right)	构造方法，创建按指定方向分割的分割面板，并将参数 2、3 指定的组件分别设置到左（顶）部和右（底）部子面板
4	void setDividerLocation(int n)	设置分割条左（上）边缘相对于分割面板左（上）边缘的距离
5	void setDividerLocation(double proportion)	设置左（顶）部子面板的宽（高）度占整个分割面板的比例，参数取值介于 0～1 之间。若为 0，则右（底）部子面板占据整个分割面板，若为 1，则左（顶）部子面板占据整个分割面板。注意，此方法必须在分割面板显示之后调用才有效
6	void setDividerSize(int size)	设置分割条的宽（高）度
7	void setLeftComponent(Component c)	将组件 c 置于分割面板的左（顶）部
8	void setRightComponent(Component c)	将组件 c 置于分割面板的右（底）部
9	void setResizeWeight(double weight)	设置当分割面板的大小被改变时，如何分配额外空间（即宽度或高度的变化量，记为 d），参数取值介于 0～1： 0——右（底）部面板获得全部额外空间； 1——左（顶）部面板获得全部额外空间； 其他值——左（顶）部子面板获得(weight * d)的额外空间，右（底）部子面板获得(1−weight) * d 的额外空间
10	void setOneTouchExpandable(boolean b)	设置分割条是否带 "一键展开" 功能（分割条上的两个三角形，单击按钮会展开/收缩相应的子面板）
11	void setContinuousLayout(boolean b)	设置拖动分割条时是否持续显示分割面板中的内容（默认为 false）

【例 8.5】 分割面板演示（见图 8-7）。

JSplitPaneDemo.java

```
001    package ch08;
002
003    import javax.swing.JButton;
004    import javax.swing.JPanel;
005    import javax.swing.JSplitPane;
006
007    public class JSplitPaneDemo {
008        public static void main(String[] args) {
009            BaseFrame f = new BaseFrame("JSplitPane 演示");
010            JSplitPane sp_1 = new JSplitPane();        // 创建第一个分割面板
011            sp_1.setOrientation(JSplitPane.HORIZONTAL_SPLIT);   // 设置分割方向
012            sp_1.setOneTouchExpandable(true);        // 分割条带 "一键展开" 功能
013            sp_1.setDividerLocation(100);        // 设置分割条位置
014            sp_1.setLocation(5, 5);
015            sp_1.setSize(200, 125);
016
017            // 创建第二个分割面板，并指定分割方向
018            JSplitPane sp_2 = new JSplitPane(JSplitPane.VERTICAL_SPLIT);
```

图 8-7 分割面板演示

```
019             JPanel p = new JPanel();        // 创建面板
020             p.add(new JButton("按钮一"));   // 加入按钮
021             p.add(new JButton("按钮二"));
022             sp_2.setLeftComponent(p);       // 将面板 p 设置到第二个分割面板的上部
023             // 下一行代码无效（"按钮三" 将被覆盖）
024             sp_2.setRightComponent(new JButton("按钮三"));
025             // 将按钮设置到第二个分割面板的下部
026             sp_2.setRightComponent(new JButton("按钮四"));
027             // 将第二个分割面板设置到第一个分割面板的右部
028             sp_1.setRightComponent(sp_2);
029             f.add(sp_1);        // 将第一个分割面板加入窗口
030             f.showMe();
031             // 设置第二个分割面板的上部子面板所占比例，
032             // 注意必须在面板显示后设置才会生效
032             sp_2.setDividerLocation(0.8);
033         }
034     }
```

几点说明：

（1）在实例化 JSplitPane 对象（或调用 setOrientation 方法）时，分割方向是指分割出来的子面板的排列方向，而不是指分割条的方向，如第 11、18 行。

（2）若未在分割出来的子面板中加入组件，则默认用按钮来填充（按钮文字为"左键"或"右键"），如第一个分割面板的左部子面板。

（3）子面板只能存放一个组件，当多次调用 setLeftComponent/setRightComponent 方法时，只有最后一次调用有效，如第 24、26 行。

（4）若要向子面板中添加多个组件，一般先构造一个 JPanel 对象并设置合适的布局方式（第 19 行），然后将若干组件添加到 JPanel 对象中（第 20、21 行），最后将 JPanel 对象设置到子面板中（第 22 行）。

（5）设置的组件默认会占满整个子面板。

8.3.5　分页面板：JTabbedPane

分页面板又称选项卡面板，是一个可以同时容纳多个组件的容器，这些组件被组织到不同的"页面"中，用户可以单击分页标签以显示其中的某个页面。表 8-10 列出了 JTabbedPane 类的常用方法。

表 8-10　JTabbedPane 类的常用方法

序　号	方　法　原　型	方法的功能及参数说明
1	JTabbedPane()	默认构造方法，创建无分页的分页面板，选项卡位置默认在顶端
2	JTabbedPane(int tabPlacement)	构造方法，创建一个指定了选项卡位置的分页面板。参数取值来自 JTabbedPane 类本身的静态常量，具体包括： TOP——选项卡位于顶端； BOTTOM——选项卡位于底端； LEFT——选项卡位于左侧； RIGHT——选项卡位于右侧

序　号	方　法　原　型	方法的功能及参数说明
3	JTabbedPane(int tabPlacement, int tabLayoutPolicy)	构造方法，创建指定了选项卡位置（参数 1）及选项卡布局策略（参数 2）的分页面板。布局策略是指当分页面板不足以一次显示所有选项卡时的调整方式，取值来自于 JTabbedPane 类本身，具体包括： WRAP_TAB_LAYOUT——将选项卡显示在多行上（默认值）； SCROLL_TAB_LAYOUT——将选项卡显示在一行上，并用左右箭头按钮导航
4	void addTab(String title, Component c)	在分页面板末尾添加指定标题的分页，并将组件 c 加入该分页
5	void addTab(String title, Icon icon, Component c)	在分页面板的末尾添加一个指定标题和图标的分页，并将指定组件加入该分页。Icon 是 Swing 中图标/图片的根接口，见 8.4.2 节
6	void insertTab(String title, Icon icon, Component c, String tip, int index)	在 index 位置插入标题为 title、图标为 icon、工具提示文字为 tip 的新分页，并将组件 c 加入该分页
7	void removeTabAt(int i)	移除指定位置的分页
8	void setEnabledAt(int index, boolean b)	设置是否启用指定位置的分页
9	void setTitleAt(int index, String title)	设置指定位置的分页的标题
10	void setIconAt(int index, Icon icon)	设置指定位置的分页的图标
11	Component getTabComponentAt(int i)	得到指定位置的分页
12	int getSelectedIndex()	得到当前选择的分页的位置
13	int getTabCount()	得到分页个数
14	int indexOfComponent(Component c)	得到指定组件所在的分页位置
15	int indexOfTab(String title)	得到具有指定文字的分页的位置

【例 8.6】 分页面板演示（见图 8-8）。

图 8-8　JTabbedPane（分页面板）演示（1 次运行）

JTabbedPaneDemo.java

```
001    package ch08;
002
003    /* 省略了各 import 语句，请使用 IDE 的自动导入功能 */
006
007    public class JTabbedPaneDemo {
008        public static void main(String[] args) {
009            BaseFrame f = new BaseFrame("JTabbedPane 演示");
010            // 创建分页面板，并设置分页标签位于面板顶端
011            JTabbedPane tp = new JTabbedPane(JTabbedPane.TOP);
012
013            JPanel p1 = new JPanel();
014            p1.add(new JButton("按钮一"));        // 向面板 p1 添加 2 个按钮
```

```
015              p1.add(new JButton("按钮二"));
016              JPanel p2 = new JPanel();              // 向面板 p2 添加 1 个按钮
017              p2.add(new JButton("按钮三"));
018              JPanel p3 = new JPanel();              // p3 不包含任何组件
019
020              // 将 JPanel 对象加到分页面板中，并指定分页标签上的文字
021              tp.addTab("主题", p1);
022              tp.addTab("桌面", p2);
023              tp.addTab("设置", p3);
024
025              tp.setSelectedIndex(1);                // 显示"桌面"页
026              tp.setSize(150, 80);
027              tp.setLocation(5, 5);
028
029              f.add(tp);
030              f.setSize(190, 120);
031              f.showMe();
032          }
033      }
```

与分割面板类似，使用分页面板时，一般先创建容器对象（如第 13 行），然后将若干组件加入容器（如第 14 行），最后通过 addTab 方法将容器添加到分页面板作为其一个页面。

8.4 标签和图片

8.4.1 标签：JLabel

标签用于显示文字或图片，不能获得键盘焦点，因此不具备交互功能。表 8-11 列出了 JLabel 类的常用方法。

表 8-11　JLabel 类的常用方法

序　号	方 法 原 型	方法的功能及参数说明
1	JLabel(String text)	构造方法，创建带指定文字（可含 HTML 标记）的标签
2	JLabel(String text, Icon icon, int hAlignment)	构造方法，创建带指定文字、图标、水平对齐方式的标签。参数 3 来自于 SwingConstants 接口的静态常量，具体包括： LEFT——水平居左（默认值）； CENTER——水平居中； RIGHT——水平居右； LEADING——标签文字从左到右显示（很少使用，对英语/汉语文字指定该值等同于 LEFT）； TRAILING——标签文字从右到左显示（很少使用，适用于某些书写方向为从右到左的国家的文字，对英语/汉语文字指定该值则等同于 RIGHT）
3	void setText(String text)	设置标签文字
4	void setHorizontalAlignment(int hAlignment)	设置标签文字的水平对齐方式，参数取值同方法 2

序 号	方 法 原 型	方法的功能及参数说明
5	void setVerticalAlignment(int vAlignment)	设置标签文字的垂直对齐方式，参数取值来自于 SwingConstants 接口的静态常量，具体包括： TOP——垂直居上； CENTER——垂直居中（默认值）； BOTTOM——垂直居下
6	void setHorizontalTextPosition(int textPosition)	设置标签文字与图标（如果指定了）之间的水平相对位置，参数取值同方法 2，但意义有所不同： LEFT——文字在图标左侧； CENTER——文字和图标都水平居中； RIGHT——文字在图标右侧（默认值）； LEADING——同 LEFT； TRAILING——同 RIGHT
7	void setVerticalTextPosition(int textPosition)	设置标签文字与图标（如果指定了）之间的垂直相对位置，参数取值同方法 5，但意义有所不同： TOP——文字在图标上方； CENTER——文字与图标都垂直居中（默认值）； BOTTOM——文字在图标下方
8	void setIconTextGap(int gap)	设置文字和图标（如果指定了）的间距

【例 8.7】 标签演示（见图 8-9）。

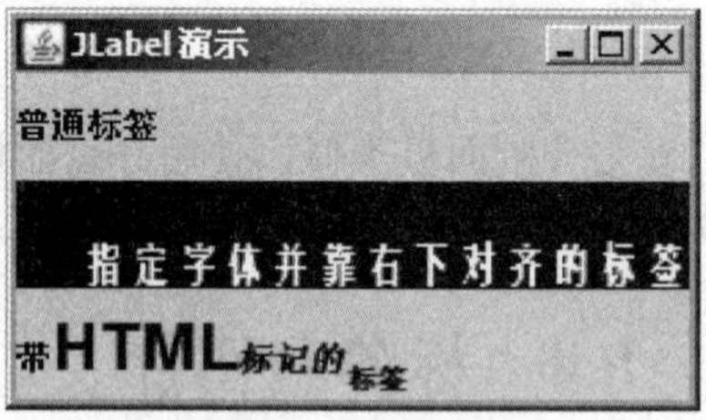

图 8-9 标签演示

JLabelDemo.java

```
001    package ch08;
002
003    import java.awt.Color;
004    import java.awt.Font;
005    import java.awt.GridLayout;
006
007    import javax.swing.JLabel;
008    import javax.swing.SwingConstants;
009
010    public class JLabelDemo {
011        public static void main(String[] args) {
012            BaseFrame f = new BaseFrame("JLabel 演示");
013            f.setLayout(new GridLayout(3, 1));        // 设置窗口布局（3 行 1 列）
014
015            JLabel label_1 = new JLabel("普通标签");      // 创建标签
016
017            JLabel label_2 = new JLabel("指定字体并靠右下对齐的标签");
018            label_2.setFont(new Font("方正姚体", Font.BOLD, 16)); // 设置标签字体
019            label_2.setOpaque(true);      // 设置标签不透明（否则设置其背景色无效）
020            label_2.setBackground(Color.DARK_GRAY);   // 设置标签背景色
021            label_2.setForeground(Color.WHITE);   // 设置标签前景色（文字颜色）
022            // 设置水平对齐方式
023            label_2.setHorizontalAlignment(SwingConstants.RIGHT);
024            // 设置垂直对齐方式
```

```
025              label_2.setVerticalAlignment(SwingConstants.BOTTOM);
026
027              String str = "<html>带<font size=6>HTML</font><i>标记的</i>
                       <sub>标签</sub></html>";
028              JLabel label_3 = new JLabel(str);// 创建带 HTML 标记的标签
029
030              f.add(label_1);
031              f.add(label_2);
032              f.add(label_3);
033              f.showMe();
034          }
035      }
```

8.4.2 图标/图片: Icon/ImageIcon

图标和图片的本质是一样的，都代表一个矩形的图像。图标是一种尺寸较小的图片，通常用来装饰组件（如带图片的按钮）。Swing 中的图标对应着 Icon 接口，该接口主要定义了两个抽象方法——getIconWidth()和 getIconHeight()，分别用来得到图标的宽度和高度。

由于 Icon 是接口，无法实例化，故应使用其实现类，其中之一就是 ImageIcon 类。ImageIcon 类可根据文件名、字节数组、URL（Uniform Resource Locator，统一资源定位符，如网页地址）等来源创建图片。

需要注意的是，ImageIcon 类并非继承自 JComponent，它的父类是 Object，因而容器对象不能调用"add(Component c)"方法将图标或图片对象添加到自身中。Swing 中只有特定的几个组件能使用图标或图片（如标签、按钮等），故放在此处介绍。表 8-12 列出了 ImageIcon 类的常用方法。

表 8-12 ImageIcon 类的常用方法

序 号	方 法 原 型	方法的功能及参数说明
1	ImageIcon (String filename)	构造方法，根据图片文件名创建图片
2	ImageIcon (URL location)	构造方法，根据图片的 URL 创建图片
3	ImageIcon (Image image)	构造方法，根据 AWT 的图片对象创建 Swing 图片
4	ImageIcon (byte[] imageData)	构造方法，根据图片文件的字节数组创建图片
5	int getIconWidth()	得到图片宽度，是 Icon 接口中对应方法的实现
6	int getIconHeight()	得到图片高度，是 Icon 接口中对应方法的实现
7	void setImage(Image image)	转换 AWT 图片为 Swing 图片，类似于方法 3
8	Image getImage()	转换 Swing 图片为 AWT 图片

【例 8.8】 图标/图片演示（见图 8-10）。

ImageIconDemo.java

```
001    package ch08;
002
003    import java.awt.Color;
004    import java.awt.GridLayout;
005    import java.awt.Toolkit;
```

图 8-10 图标/图片演示

```
006    import java.io.File;
007    import java.io.FileInputStream;
008    import java.io.IOException;
009    import java.net.URL;
010
011    import javax.swing.ImageIcon;
012    import javax.swing.JLabel;
013    import javax.swing.SwingConstants;
014
015    public class ImageIconDemo {
016        public static void main(String[] args) throws IOException {
017            BaseFrame f = new BaseFrame("ImageIcon 演示");
018            // 图片文件所在目录（绝对路径）
019            String dir = "D:\\MyJavaSource\\教材源代码\\src\\ch08\\images\\";
020            int count = 4;      // 标签个数
021            JLabel[] labels = new JLabel[count];      // 构造标签数组
022            ImageIcon[] images = new ImageIcon[count + 1];   // 构造图片数组
023
024            images[0] = new ImageIcon(dir + "clock.png");   // 根据文件名创建图片
025            // 根据相对路径（相对于源文件的根目录）创建两个图片文件的 URL 对象
026            // 请查阅 java.lang.ClassLoader 的 API 文档
027            ClassLoader loader = ImageIconDemo.class.getClassLoader();
028            URL url_1 = loader.getResource("ch08/images/java.png");
029            URL url_2 = loader.getResource("ch08/images/apple.png");
030            images[1] = new ImageIcon(url_1);        // 根据 URL 创建图片
031            // 根据 java.awt.Image（AWT 中的图片类）创建图片
032            // 请查阅 java.awt.Toolkit 的 API 文档
033            images[2] = new ImageIcon(Toolkit.getDefaultToolkit().createImage(url_2));
034            File file = new File(dir + "android.png");   // 创建图片文件
035            FileInputStream in = new FileInputStream(file);   // 创建文件输入流
036            int fileLength = (int) file.length();      // 得到图片文件长度
037            byte[] bytes = new byte[fileLength];       // 构造字节数组
038            in.read(bytes, 0, fileLength);         // 将图片文件读入字节数组
039            images[3] = new ImageIcon(bytes);      // 根据字节数组创建图片
040            images[4] = new ImageIcon(dir + "pc.png");   // 作为窗口左上角图标
041
042            // 设置窗口布局（2 行 2 列，行、列间隔均为 5）
043            f.setLayout(new GridLayout(2, 2, 5, 5));
044            for (int i = 0; i < count; i++) {
045                labels[i] = new JLabel(images[i]);    // 创建带图片的标签
046                labels[i].setOpaque(true);
047                labels[i].setBackground(Color.WHITE);   // 白色背景
048                f.add(labels[i]);      // 将标签加入窗口
```

```
049            }
050            // 拼接标签文字字符串
051            String str = "↑宽: " + images[2].getIconWidth()
                           + ", 高: " + images[2].getIconHeight();
052            labels[2].setText(str);        // 设置标签文字
053            // 设置标签文字水平居中、垂直居下
054            labels[2].setHorizontalTextPosition(SwingConstants.CENTER);
055            labels[2].setVerticalTextPosition(SwingConstants.BOTTOM);
056
057            f.setIconImage(images[4].getImage());    // 设置窗口图标
058            f.showMe();
059        }
060    }
```

【例 8.9】 为方便编写后续演示程序，定义一个图片工具类，其包含的静态方法根据参数指定的图片文件名创建图片对象[1]。

```
ImageFactory.java
001    package ch08;
002
003    import java.net.URL;
004
005    import javax.swing.ImageIcon;
006
007    public class ImageFactory {
008        static String DEFAULT_DIR = "ch08/images/";
009        static ClassLoader loader = ImageFactory.class.getClassLoader();
010
011        // 根据图片文件名创建图片对象
012        public static ImageIcon createImage(String file) {
013            URL url = loader.getResource(DEFAULT_DIR + file);
014            return new ImageIcon(url);
015        }
016    }
```

8.5 按钮

8.5.1 常规按钮：JButton

按钮是一类允许用户单击的可交互组件，具体包括常规按钮（JButton）、开关按钮（JToggleButton）、单选按钮（JRadioButton）和复选按钮（JCheckBox），它们都是抽象类 AbstractButton 的直接或间接子类。表 8-13 列出了 AbstractButton 类的常用方法。

---

1 代码中的 URL 和 ClassLoader 类请读者自行查阅 API 文档。

表 8-13　**AbstractButton** 类的常用方法

序　号	方 法 原 型	方法的功能及参数说明
1	boolean isSelected()	得到按钮的选中状态。对于开关按钮，选中返回 true，否则返回 false
2	void setText(String text)	设置按钮上的文字（可以带 HTML 标记）
3	void setActionCommand(String command)	设置按钮的动作命令文字，用于按钮的单击事件处理
4	void setMnemonic(int mnemonic)	设置按钮的快捷键字符。按"Alt+该字符键"相当于单击按钮，参数取值来自于 java.awt.KeyEvent 类中形如 VK_XXX 的字段
5	void setDisplayedMnemonicIndex(int index)	将按钮文字中指定下标的字符设为显示的快捷键字符，该字符会带一个下画线
6	void setFocusPainted(boolean b)	设置当按钮被选中时是否绘制焦点（一个矩形线框，默认为 true）
7	void setContentAreaFilled(boolean b)	设置按钮是否绘制其内容区（默认为 true）。若要得到透明效果的按钮（如只有一个图标的按钮），应设置为 false
8	setIcon(Icon defaultIcon)	设置按钮上的默认图标
9	void setRolloverEnabled(boolean b)	设置当鼠标指针位于按钮上时是否允许更换图标（默认为 false）
10	void setRolloverIcon(Icon i)	设置当鼠标指针位于按钮上时的图标
11	void setPressedIcon(Icon i)	设置按钮被按下时的图标
12	void setSelectedIcon(Icon i)	设置按钮被选中时的图标（适用于开关按钮）
13	void setDisabledIcon(Icon i)	设置按钮被禁用时的图标

下面介绍 AbstractButton 最常使用的子类 Jbutton，其常用方法见表 8-14。

表 8-14　**JButton 类的常用方法**

序　号	方 法 原 型	方法的功能及参数说明
1	JButton()	默认构造方法，创建不带文字和图片的按钮
2	JButton(String text)	构造方法，创建带指定文字的按钮
3	JButton(Icon icon)	构造方法，创建带指定图标、不带文字的按钮
4	JButton(String text, Icon icon)	构造方法，创建带指定文字和图标的按钮

【例 8.10】 常规按钮演示（见图 8-11）。

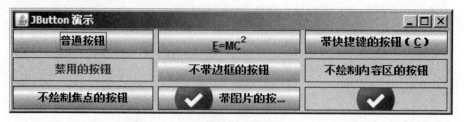

图 8-11　JButton（常规按钮）演示

JButtonDemo.java

```
001    package ch08;
002
003    /* 省略了各 import 语句，请使用 IDE 的自动导入功能 */
008
009    public class JButtonDemo {
010        public static void main(String[] args) {
```

```
011            BaseFrame f = new BaseFrame("JButton 演示");
012            f.setLayout(new GridLayout(3, 3, 5, 5));      // 设置窗口布局（3 行 3 列）
013            int count = 9;
014            JButton[] buttons = new JButton[count];        // 构造按钮数组
015
016            for (int i = 0; i < count; i++) {
017                buttons[i] = new JButton();          // 创建没有文字和图片的按钮
018                f.add(buttons[i]);                 // 加按钮到窗口
019            }
020            buttons[0].setText("普通按钮");// 设置按钮文字
021            buttons[1].setText("<html><u>E</u>=MC<sup>2</sup></html>");
022
023            buttons[2].setText("带快捷键的按钮（C）");
024            buttons[2].setMnemonic(KeyEvent.VK_C);      // 设置快捷键字符
025            int k = buttons[2].getText().indexOf(KeyEvent.VK_C);   // 找字符下标
026            buttons[2].setDisplayedMnemonicIndex(k);    // 设置显示的快捷键字符
027
028            buttons[3].setText("禁用的按钮");
029            buttons[3].setEnabled(false);
030
031            buttons[4].setText("不带边框的按钮");
032            buttons[4].setBorder(null);        // 设置边框为空
033
034            buttons[5].setText("不绘制内容区的按钮");
035            buttons[5].setContentAreaFilled(false);        // 不绘制按钮内容区
036
037            buttons[6].setText("不绘制焦点的按钮");
038            buttons[6].setFocusable(false);        // 不绘制按钮焦点
039
040            buttons[7].setText("带图片的按钮");
041            ImageIcon image = ImageFactory.createImage("ok.png");
042            buttons[7].setIcon(image);          // 设置按钮图标
043
044            buttons[8].setContentAreaFilled(false);
045            buttons[8].setIcon(image);
046            f.showMe();
047        }
048    }
```

8.5.2　开关按钮：JToggleButton

不同于常规按钮，开关按钮被单击后不会弹起，需要再次单击。开关按钮的"按下/弹起"分别代表其"选中/未选中"（或称"开/关"）两种状态。表 8-15 列出了 JToggleButton 类的常用方法。

表 8-15　JToggleButton 类的常用方法

序 号	方 法 原 型	方法的功能及参数说明
1	JToggleButton()	默认构造方法，创建不带文字和图标、关闭的开关按钮
2	JToggleButton(String text)	构造方法，创建带指定文字、默认为关的开关按钮
3	JToggleButton(String text, boolean b)	构造方法，创建带指定文字和开关状态的开关按钮
4	JToggleButton(String text, Icon icon)	构造方法，创建带指定文字和图标、关闭的开关按钮
5	JToggleButton(String text, Icon icon,boolean b)	构造方法，创建带指定文字、图标、开关状态的开关按钮

【例 8.11】 开关按钮演示（见图 8-12）。

图 8-12　JToggleButton（开关按钮）演示（1 次运行）

JToggleButtonDemo.java

```
001    package ch08;
002
003    /* 省略了各 import 语句，请使用 IDE 的自动导入功能 */
007
008    public class JToggleButtonDemo {
009        public static void main(String[] args) {
010            BaseFrame f = new BaseFrame("JToggleButton 演示");
011            int count = 4;
012            JToggleButton[] tbs = new JToggleButton[count]; // 构造开关按钮数组
013
014            tbs[0] = new JToggleButton();     // 创建没有文字和图片的开关按钮
015            tbs[0].setText("按钮一的状态为：" + tbs[0].isSelected()); // 设置文字
016
017            tbs[1] = new JToggleButton("", true);   // 创建初始就被打开的开关按钮
018            tbs[1].setText("按钮二的状态为：" + tbs[1].isSelected());
019
020            tbs[2] = new JToggleButton();
021            tbs[2].setSelected(true);     // 将开关按钮打开
022            tbs[2].setText("按钮三的状态为：" + tbs[2].isSelected());
023
024            ImageIcon imageOff = ImageFactory.createImage("off.png");
025            ImageIcon imageOn = ImageFactory.createImage("on.png");
026            // 创建带指定文字、图片、初始状态的开关按钮
```

```
027        tbs[3] = new JToggleButton("按钮四", imageOff, false);
028        tbs[3].setSelectedIcon(imageOn);      // 设置打开时的替换图片
029        tbs[3].setFocusable(false);             // 不绘制焦点
030
031        f.setLayout(new FlowLayout());// 设置窗口布局
032        for (int i = 0; i < count; i++) {
033            f.add(tbs[i]);        // 加开关按钮到窗口
034        }
035        f.showMe();
036    }
037 }
```

8.5.3 单选按钮：JRadioButton

单选按钮和 8.5.4 节的复选按钮是两种特殊的开关按钮，它们均继承自 JToggleButton 类，具有"选中/未选中"两种状态。不同的是，单选按钮只能被选中而不能取消选中。若干个单选按钮可以属于同一个按钮组（javax.swing.ButtonGroup 类的对象），当选中其中一个时，其余的按钮将取消选中。

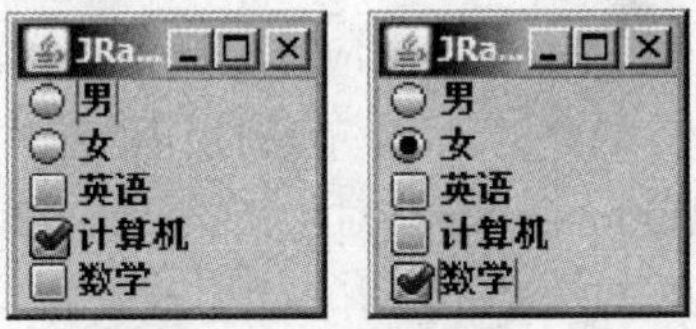

【例 8.12】 单选按钮演示（见图 8-13）。

图 8-13 单选按钮演示

JRadioButtonDemo.java

```
001  package ch08;
002
003  /* 省略了各 import 语句，请使用 IDE 的自动导入功能 */
008
009  public class JRadioButtonDemo {
010      public static void main(String[] args) {
011          BaseFrame f = new BaseFrame("JRadioButton 演示");
012          ButtonGroup sexGroup = new ButtonGroup();      // "性别"按钮组
013          ButtonGroup majorGroup = new ButtonGroup();    // "专业"按钮组
014          // 各个单选按钮上的文字
015          String[] buttonsText = { "男", "女", "英语", "计算机", "数学" };
016          // 构造单选按钮数组
017          JRadioButton[] buttons = new JRadioButton[buttonsText.length];
018          ImageIcon unchecked = ImageFactory.createImage("unchecked.png");
019          ImageIcon checked = ImageFactory.createImage("checked.png");
020
021          f.setLayout(new GridLayout(5, 1));
022          for (int i = 0; i < buttons.length; i++) {
023              buttons[i] = new JRadioButton(buttonsText[i]);   // 创建单选按钮
024              if (i >= 2) {
025                  // 设置最后三个单选按钮的默认图标和被选中时的图标
026                  buttons[i].setIcon(unchecked);
027                  buttons[i].setSelectedIcon(checked);
```

```
028                    }
029                    f.add(buttons[i]);      // 将单选按钮加入窗口
030                }
031            sexGroup.add(buttons[0]);        // 将前两个单选按钮加入"性别"组
032            sexGroup.add(buttons[1]);
033            majorGroup.add(buttons[2]);      // 将后三个单选按钮加入"专业"组
034            majorGroup.add(buttons[3]);
035            majorGroup.add(buttons[4]);
036            buttons[2].setSelected(true);    // 选中同一组中的多个单选按钮
037            buttons[3].setSelected(true);
038            f.showMe();
039        }
040    }
```

几点说明：

（1）与普通按钮一样，可以为单选按钮指定图标以替换默认图标（第 26 行），同时还应指定其被选中时的图标（第 27 行），否则从外观上很难看出哪个按钮被选中了。【例 8.12】中有意将后 3 个单选按钮的图标设置成外观上看起来像复选按钮，虽然这不会影响单选按钮的行为，但在实际应用中应尽量避免这样做，以免给用户造成感官上的错觉。

（2）若多个单选按钮的选中状态是互斥的（即只能选中其中一个），则需要先创建按钮组（ButtonGroup）对象（第 12、13 行），并通过按钮组对象的 add 方法将这些单选按钮加到同一组（第 31～35 行）。

（3）若同一组的所有单选按钮都未被设置为选中状态，则程序运行时它们都是未选中的，如图 8-13 左图中的前两个按钮。一般来说，应该将属于同一组的多个单选按钮中的某一个设为选中以作为该按钮组的默认值。

（4）若代码将同一组中的多个单选按钮设置为选中状态，则最后一个被选中的按钮有效（第 36、37 行）。

（5）不属于同一个按钮组（或未指定按钮组）的单选按钮的选中状态彼此互不影响。

JRadioButton 类主要定义了几个构造方法，形式与 JToggleButton 类似，故不再列出。

8.5.4 复选按钮：JCheckBox

如前所述，JCheckBox 也继承自 JToggleButton，该种按钮既能被选中也能被取消选中，并且多个按钮的选中状态彼此互不影响，因此，复选按钮不需要被加到按钮组中。

【例 8.13】 复选按钮演示（见图 8-14）。

图 8-14 复选按钮演示

```
JCheckBoxDemo.java
001    package ch08;
002
003    /* 省略了各 import 语句，请使用 IDE 的自动导入功能 */
007
008    public class JCheckBoxDemo {
009        public static void main(String[] args) {
010            BaseFrame f = new BaseFrame("JCheckBox 演示");
```

```
011              String[] str_1 = { "音乐", "体育", "网络", "旅游", "摄影" };
012              String[] str_2 = { "CPU", "显卡", "内存", "硬盘" };
013              // 虽然将复选按钮放在了两个数组中,
014              // 但这 9 个按钮的选中状态彼此间是互不影响的
015              JCheckBox[] hobbies = new JCheckBox[str_1.length];
016              JCheckBox[] hardwares = new JCheckBox[str_2.length];
017
018              f.setLayout(new FlowLayout());
019              for (int i = 0; i < hobbies.length; i++) {
020                  hobbies[i] = new JCheckBox(str_1[i]);      // 构造复选按钮对象
021                  f.add(hobbies[i]);        // 加复选按钮到窗口
022              }
023              ImageIcon unchecked = ImageFactory.createImage("unchecked.png");
024              ImageIcon checked = ImageFactory.createImage("checked.png");
025              for (int i = 0; i < hardwares.length; i++) {
026                  hardwares[i] = new JCheckBox(str_2[i]);
027                  hardwares[i].setIcon(unchecked);
028                  hardwares[i].setSelectedIcon(checked);
029                  f.add(hardwares[i]);
030              }
031              f.showMe();
032          }
033      }
```

JCheckBox 类主要定义了几个构造方法,形式与 JToggleButton 类似,故不再列出。

8.6 文本组件

8.6.1 文本框:JTextField

本节开始介绍 Swing 中的文本组件,包括 JTextField(文本框)、JTextArea(文本区)和 JEditorPane(编辑器面板),它们都是 JTextComponent 类(javax.swing.text 包下)的直接子类。表 8-16 列出了 JTextComponent 类的常用方法。

表 8-16 JTextComponent 类的常用方法

序 号	方 法 原 型	方法的功能及参数说明
1	void copy()	将选中的文本复制到系统剪贴板
2	void cut()	将选中的文本复制到系统剪贴板,并从组件中删除
3	void paste()	若组件有选中内容,则用系统剪贴板中的内容替换之,否则将剪贴板中的内容插入到当前光标所在位置
4	void select(int start, int end)	选中组件中指定的起始至结束位置之间的文本
5	void selectAll()	选中组件中所有的文本
6	String getSelectedText()	得到选中的内容
7	void replaceSelection(String s)	用指定的字符串替换选中的内容。若没有选中的内容,则插入;若指定字符串为空,则删除选中的内容

序 号	方 法 原 型	方法的功能及参数说明
8	String getText()	得到组件中所有的文本
9	String getText(int offs, int len)	得到组件中从 offs 位置开始、长度为 len 的文本
10	int getCaretPosition()	得到组件的光标位置
11	void setCaretPosition(int pos)	设置组件的光标位置，参数介于零至组件的文本长度之间
12	void setEditable(boolean b)	设置文本组件是否允许编辑（默认为 true）
13	Document getDocument()	得到文本组件关联的文档对象。Document 接口（javax.swing.text 包下）是一个文本容器，能描述简单的文档（纯文本格式）和非常复杂的文档（如 HTML 或 XML 文件）
14	void setFocusAccelerator(char c)	设置组件的快捷键，按 Alt+指定字符会使组件获得键盘焦点
15	void setSelectionColor(Color c)	设置选中内容的颜色（即背景色）
16	void setSelectedTextColor(Color c)	设置选中内容的文本颜色（即前景色）
17	void setText(String text)	设置文本组件的内容
18	void read(Reader in, Object desc)	从指定的字符输入流中读取内容到文本组件。desc 是 in 的描述，类型可以是字符串、文件或 URL 等，某些类型的文档（如 HTML）能使用该描述信息，desc 参数可以为空
19	void write(Writer out)	将组件中的文本写到字符输出流

　　下面介绍第一个文本组件——文本框，它只能接收单行文字。表 8-17 列出了 JTextField 类的常用方法。

表 8-17　JTextField 类的常用方法

序 号	方 法 原 型	方法的功能及参数说明
1	JTextField()	默认构造方法，创建初始文字为空、列数为零的文本框
2	JTextField(int columns)	构造方法，创建指定列数的空文本框。参数并不是指文本框所能接收的字符个数，而是由系统根据该值设置文本框的首选宽度
3	JTextField(String text)	构造方法，创建带指定初始文字的文本框
4	JTextField(String text, int cols)	构造方法，创建带指定初始文字并指定列数的文本框
5	void setColumns(int cols)	设置文本框的列数，与方法 2 类似
6	void setHorizontalAlignment(int alignment)	设置文本框中文字的水平对齐方式，参数来自于 SwingConstants 接口的静态常量，具体包括： LEFT——水平居左（默认值）； CENTER——水平居中； RIGHT——水平居右

【例 8.14】　文本框演示（见图 8-15）。

图 8-15　文本框演示

```
JTextFieldDemo.java
001    package ch08;
002
003    /* 省略了各 import 语句，请使用 IDE 的自动导入功能 */
009
010    public class JTextFieldDemo {
011        public static void main(String[] args) {
012            BaseFrame f = new BaseFrame("JTextField 演示");
013
```

```
014            // 构造指定初始文字的文本框
015            JTextField tf1 = new JTextField("文本框一的初始文字");
016
017            // 构造指定列数的文本框
018            JTextField tf2 = new JTextField(12);
019            tf2.setText("文本框二");        // 设置初始文字
020            tf2.setHorizontalAlignment(SwingConstants.RIGHT);    // 文字居右
021            tf2.setBackground(Color.BLUE);        // 设置文本框背景色
022            tf2.setForeground(Color.YELLOW);      // 设置文字颜色（前景色）
023
024            // 构造指定初始文字和列数的文本框
025            JTextField tf3 = new JTextField("文本框三", 10);
026            tf3.setFont(new Font("微软雅黑", Font.ITALIC, 24));      // 设置字体
027            tf3.setHorizontalAlignment(SwingConstants.CENTER);    // 文字居中
028
029            f.setLayout(new FlowLayout());
030            f.add(tf1);        // 加文本框到窗口
031            f.add(tf2);
032            f.add(tf3);
033            f.showMe();
034            tf3.requestFocus();    // 文本框三获得键盘焦点
035            tf3.select(1, 3);      // 选中部分文字（在窗口显示及文本框获得焦点后）
036        }
037    }
```

需要说明的是，文本框默认支持一些快捷键操作，如 Windows 系统下按 Ctrl+C 复制、Ctrl+V 粘贴、Ctrl+X 剪切等，但其并不默认支持右键弹出菜单，需要另外编写代码。

8.6.2　密码框：JPasswordField

JPasswordField 类继承自 JTextField，是一种特殊的文本框，在该种文本框中输入的所有字符均会以某个替代字符（称为回显字符）显示，因此可用作密码等敏感信息的输入框。

【例8.15】密码框演示（见图 8-16）。

JPasswordFieldDemo.java

```
001    package ch08;
002
003    /* 省略了各 import 语句，请使用 IDE 的自动导入功能 */
007
008    public class JPasswordFieldDemo {
009        public static void main(String[] args) {
010            BaseFrame f = new BaseFrame("JPasswordField 演示");
011            int count = 4;    // 密码框个数
012            JLabel[] labels = new JLabel[count];    // 标签数组
013            JPasswordField[] pf = new JPasswordField[count];    // 密码框数组
```

图 8-16　密码框演示

```
014                // 标签文字数组
015                String[] labelStr = { "默认密码框：","指定回显字符（西文）：",
                              "指定回显字符（中文）：","密码可见："};
016                // 初始密码数组（密码可以包含中文）
017                String[] passwordStr = { "admin", "admin", "admin", "我是密码" };
018
019                // 设置窗口布局为"从左开始的流式布局"
020                f.setLayout(new FlowLayout(FlowLayout.LEFT));
021                for (int i = 0; i < pf.length; i++) {
022                    labels[i] = new JLabel(labelStr[i]);    // 构造标签
023                    pf[i] = new JPasswordField(passwordStr[i], 10);  // 构造密码框
024                    f.add(labels[i]);     // 加标签到窗口
025                    f.add(pf[i]);     // 加密码框到窗口
026                }
027                pf[1].setEchoChar('*');    // 设置回显字符（西文）
028                pf[2].setEchoChar('★');    // 设置回显字符（中文）
029                pf[3].setEchoChar('\u0000');     // 取消回显字符，原样显示
030                f.showMe();
031            }
032    }
```

几点说明：

（1）密码框不支持输入法切换，因为密码一般不含非西文字符（如汉字）。

（2）编程时，指定的初始密码可以包含非西文字符（如第 4 个密码框），但这样做没有意义，因为程序运行后还是无法在密码框中输入非西文字符。

（3）可以通过 JPasswordField 类提供的 setEchoChar(char c)方法来设置密码框的回显字符，回显字符可以是西文字符（第 27 行），也可以是非西文字符（第 28 行）。

（4）若将回显字符设置为空字符（Unicode 编码为 0，即'\u0000'字符，第 29 行），则密码框中的文字将以原样显示（如第 4 个密码框）。此时的密码框"退化"成了文本框，因此不推荐这样做。

（5）出于安全性考虑，JPasswordField 重写了间接父类 JTextComponent 的 copy 和 cut 方法，以避免密码框中的内容被随意复制到系统剪贴板，这也是为什么密码框不默认支持 Ctrl+C 复制、Ctrl+X 剪切等操作的原因（Ctrl+V 粘贴的操作仍默认支持，因为没有重写 paste 方法）。

JPasswordField 的几个构造方法的形式与 JTextField 类似，故不再列出。

8.6.3　文本区：JTextArea

文本区是一种允许接收多行无格式文本的组件。表 8-18 列出了 JTextArea 类的常用方法。

表 8-18　JTextArea 类的常用方法

序　号	方 法 原 型	方法的功能及参数说明
1	JTextArea()	默认构造方法，创建不带初始文字的文本区
2	JTextArea(String text)	构造方法，创建带指定初始文字的文本区

序 号	方 法 原 型	方法的功能及参数说明
3	JTextArea(String text, int rows, int cols)	构造方法，创建带指定初始文字、指定行列数的文本区。参数 2、3 并不是指文本区所能接收文本的最大行列数，而是用于系统计算文本区的首选大小
4	void append(String str)	在文本区的最后追加指定字符串
5	void insert(String str, int pos)	将指定字符串插入文本区的指定位置
6	void replaceRange(String str, int start, int end)	用指定字符串替换从 start 位置开始到 end 位置结束的文本
7	void setLineWrap(boolean wrap)	设置文本区是否自动换行（默认为 false，即不自动换行）
8	void setWrapStyleWord(boolean b)	设置自动换行时是否禁止拆分一个单词到两行（默认为 false，即允许拆分单词）
9	void setTabSize(int size)	设置制表键（即 Tab 键）的宽度（默认为 8）
10	int getLineCount()	得到文本区包含的文本的行数
11	int getLineStartOffset(int line)	得到指定行起始处（在文本区包含的文本中）的偏移量
12	int getLineEndOffset(int line)	得到指定行结束处（在文本区包含的文本中）的偏移量
13	int getLineOfOffset(int offset)	得到指定偏移量所在的行号

【例 8.16】 文本区演示（见图 8-17）。

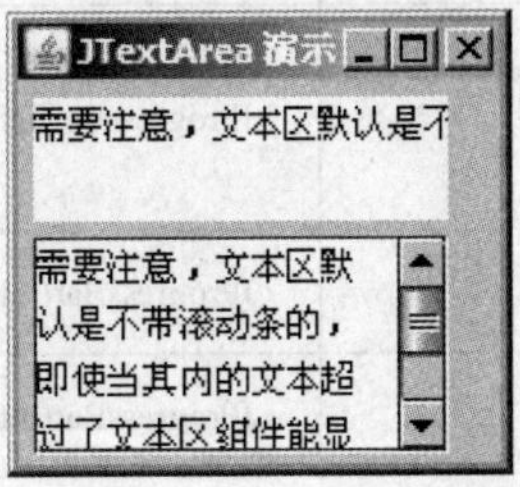

图 8-17 文本区演示

JTextAreaDemo.java

```
001  package ch08;
002
003  /* 省略了各 import 语句，请使用 IDE 的自动导入功能 */
006
007  public class JTextAreaDemo {
008      public static void main(String[] args) {
009          BaseFrame f = new BaseFrame("JTextArea 演示");
010          JTextArea ta1 = new JTextArea();      // 创建不带初始文字的文本区
011          ta1.setLocation(10, 10);
012          ta1.setSize(200, 30);
013
014          JTextArea ta2 = new JTextArea("初始文字");    // 创建带初始文字的文本区
015          ta2.setLineWrap(true);       // 设置文本区为自动换行
016          JScrollPane sp = new JScrollPane(ta2);    // 将 ta2 作为 sp 的显示区
017          // 设置水平滚动条在需要时可见（此处无效，因为 ta2 被设为了自动换行）
018          sp.setHorizontalScrollBarPolicy(ScrollPaneConstants
                              .HORIZONTAL_SCROLLBAR_AS_NEEDED);
019          // 设置垂直滚动条在需要时可见
020          sp.setVerticalScrollBarPolicy(ScrollPaneConstants
                              .VERTICAL_SCROLLBAR_AS_NEEDED);
021          sp.setLocation(10, 80);
022          sp.setSize(270, 85);
023
024          f.add(ta1);      // 加文本区到窗口
```

```
025          f.add(sp);         // 加可滚动面板到窗口
026          f.showMe();
027      }
028  }
```

需要注意，文本区默认是不带滚动条的，即使当其内的文本超过了文本区组件能显示的范围时，滚动条也不显示。因此，一般将文本区组件放到可滚动面板中（第 16 行）。

8.7 可调节组件

8.7.1 进度条：JProgressBar

进度条是一种能动态显示某个任务完成度（一般以百分比的形式）的组件，随着任务的进行，进度条的矩形区域将逐渐被填充至满。表 8-19 列出了 JProgressBar 类的常用方法。

表 8-19 JProgressBar 类的常用方法

序　号	方 法 原 型	方法的功能及参数说明
1	JProgressBar()	默认构造方法，创建水平方向、最小值为 0、最大值为 100、不显示进度文字的进度条
2	JProgressBar(int orient)	构造方法，创建指定方向的进度条，未指定的默认值同方法 1。参数值来自于 SwingConstants 接口的静态常量，具体包括： HORIZONTAL——水平方向（默认值）； VERTICAL——垂直方向
3	JProgressBar(int min, int max)	构造方法，创建水平方向、指定最小/大值、不显示进度文字的进度条
4	JProgressBar(int orient, int min, int max)	构造方法，创建指定方向、指定最小/大值、不显示进度文字的进度条
5	void setOrientation(int orient)	设置进度条方向
6	void setMinimum(int min)	设置进度条最小值
7	void setMaximum(int max)	设置进度条最大值
8	void setValue(int value)	设置进度条当前值
9	void setIndeterminate(boolean b)	设置进度条是否是不确定的（默认为 false）
10	void setStringPainted(boolean b)	设置是否显示进度文字（默认为 false）
11	void setString(String s)	设置进度条文字
12	double getPercentComplete()	得到当前完成百分比（可通过最小/大值、当前值计算）

【例 8.17】 进度条演示（见图 8-18）。

图 8-18 进度条演示

JProgressBarDemo.java

```
001  package ch08;
002
003  /* 省略了各 import 语句，请使用 IDE 的自动导入功能 */
005
006  public class JProgressBarDemo {
007      public static void main(String[] args) {
008          BaseFrame f = new BaseFrame("JProgressBar 演示");
009          JProgressBar pb1 = new JProgressBar();        // 构造默认的进度条
```

```
010          pb1.setMinimum(0);          // 设置进度条的最小值
011          pb1.setMaximum(100);        // 设置进度条的最大值
012          pb1.setValue(75);// 设置进度条的当前值，进度=(75-0)/(100-0)，即 75%
013          pb1.setLocation(5, 5);
014          pb1.setSize(130, 20);
015
016          // 构造指定最小/大值的进度条
017          JProgressBar pb2 = new JProgressBar(-20, 20);
018          pb2.setValue(0);
019          int min = pb2.getMinimum();     // 得到进度条最小值
020          int max = pb2.getMaximum();     // 得到进度条最大值
021          int value = pb2.getValue();     // 得到进度条当前值
022          // 计算进度，并自定义进度文字
023          pb2.setString("已下载：百分之  " + (value - min) * 100 / (max - min));
024          pb2.setStringPainted(true);     // 显示进度
025          pb2.setLocation(5, 85);
026          pb2.setSize(160, 20);
027
028          // 构造指定方向的进度条
029          JProgressBar pb3 = new JProgressBar(SwingConstants.VERTICAL);
030          // 设置进度条为不确定的（任务完成情况未知，动画循环显示）
031          pb3.setIndeterminate(true);
032          pb3.setString("不确定的进度条");
033          pb3.setStringPainted(true);
034          pb3.setLocation(180, 5);
035          pb3.setSize(20, 100);
036
037          f.add(pb1);          // 加进度条到窗口
038          f.add(pb2);
039          f.add(pb3);
040          f.showMe();
041     }
042  }
```

8.7.2 滚动条：JScrollBar

前面介绍可滚动面板时已经见过滚动条了，实际上，滚动条是独立的组件，可以不依赖于可滚动面板而单独出现。与进度条类似，滚动条也能表示一定范围内的某个值，并且允许用户拖动滚动条上的滑块改变这个值。表 8-20 列出了 JScrollBar 类的常用方法。

表 8-20　JScrollBar 类的常用方法

序　号	方 法 原 型	方法的功能及参数说明
1	JScrollBar()	默认构造方法，创建的滚动条的默认方向、初始值、滑块大小、最小值、最大值分别是垂直、0、10、0、100

序　号	方　法　原　型	方法的功能及参数说明
2	JScrollBar(int orientation)	构造方法，创建指定方向的滚动条，未指定的默认值同方法 1。参数值来自于 Adjustable 接口的静态常量，具体包括： HORIZONTAL——水平方向； VERTICAL——垂直方向（默认值）
3	JScrollBar(int o, int value, int extent, int min, int max)	构造方法，创建指定方向、初始值、滑块大小、最小值、最大值的滚动条
4	void setOrientation(int o)	设置滚动条方向，参数取值同方法 2
5	void setValue(int value)	设置滑块位置
6	void setVisibleAmount(int extent)	设置滑块大小
7	void setMinimum(int min)	设置滚动条最小值
8	void setMaximum(int max)	设置滚动条最大值
9	void setBlockIncrement(int i)	设置块增量大小（单击滑块两侧的空白区域时）
10	void setUnitIncrement(int i)	设置单位增量大小（单击两端的箭头时）
11	void setValueIsAdjusting(boolean b)	设置滑块位置是否正在改变。当开始拖动滑块时应设为 true，拖动停止后应设为 false，否则会连续产生多次调整事件

【例 8.18】 滚动条演示（见图 8-19）。

图 8-19　滚动条演示

JScrollBarDemo.java

```
001    package ch08;
002
003    /* 省略了各 import 语句，请使用 IDE 的自动导入功能 */
006
007    public class JScrollBarDemo {
008        public static void main(String[] args) {
009            BaseFrame f = new BaseFrame("JScrollBar 演示");
010            // 构造水平方向的滚动条
011            // 其默认的初始值、滑块大小、最小值、最大值分别是 0、10、0、100
012            JScrollBar sb1 = new JScrollBar(Adjustable.HORIZONTAL);
013            sb1.setValue(30);      // 设置滑块位置
014            sb1.setLocation(5, 5);
015            sb1.setSize(130, 20);
016
017            JScrollBar sb2 = new JScrollBar(Adjustable.HORIZONTAL);
018            sb2.setVisibleAmount(10);    // 设置滑块大小
019            sb2.setMinimum(-10);         // 设置最小值
020            sb2.setMaximum(20);          // 设置最大值
021            sb2.setValue(10);
022            sb2.setLocation(5, 85);
023            sb2.setSize(130, 20);
024
025            // 构造指定方向、初始值、滑块大小、最小值、最大值的滚动条
```

```
026          JScrollBar sb3 = new JScrollBar(Adjustable.VERTICAL, 20, 30, 0, 50);
027          sb3.setBlockIncrement(10);   // 设置块增量大小（单击滑块两侧的空白区域时）
028          sb3.setUnitIncrement(5);     // 设置单位增量大小（单击两端的箭头时）
029          sb3.setLocation(150, 5);
030          sb3.setSize(20, 100);
031
032          f.add(sb1);        // 加滚动条到窗口
033          f.add(sb2);
034          f.add(sb3);
035          f.showMe();
036      }
037  }
```

几点说明：

（1）可以通过构造方法（第 26 行）或 setVisibleAmount 方法（第 18 行）设置滚动条上滑块所占据的大小，注意该大小并非指滑块显示的像素宽或高，而是指其在可滚动范围中占据的值大小。

（2）因滑块占据了大小，故操作滚动条时所能够选取的最大值是设置的最大值减去滑块大小。如【例 8.18】运行结果中下方和右方的两个滚动条，虽然代码中指定的滑块位置（10 和 20）并未到设置的最大值（20 和 50），但滑块已到达滚动条的最右端和最下端。

（3）若要用滚动条控制其他组件（如面板、文本区等）的滚动显示，最好使用可滚动面板（因为其默认包含了滚动条和滚动显示的逻辑），否则需要额外编写代码。

（4）如果只是想让用户选取某个范围内的值，而不需要控制组件的滚动显示，最好使用8.7.3 节的滑块条组件。

8.7.3 滑块条：JSlider

与滚动条类似，滑块条也允许用户拖动滑块以选择某个范围内的某个值，不同的是，滑块条可以显示刻度及其描述标签。表 8-21 列出了 JSlider 类的常用方法。

表 8-21 JSlider 类的常用方法

序　号	方　法　原　型	方法的功能及参数说明
1	JSlider()	默认构造方法，创建的滑块条的默认方向、最小值、最大值、初始值分别是水平、0、100、50
2	JSlider(int orientation)	构造方法，创建指定方向的滑块条，未指定的默认值同方法 1。参数值来自于 SwingConstants 接口的静态常量，具体包括： HORIZONTAL——水平方向（默认值） VERTICAL——垂直方向
3	JSlider(int min, int max, int value)	构造方法，创建指定最小、最大和初始值的水平滑块条
4	void setExtent(int extent)	设置滑块大小，可选的最大值为最大值减去滑块大小
5	void setInverted(boolean b)	设置是否反转显示滑块条（默认为 false）
6	void setOrientation(int o)	设置滑块条方向，参数取值同方法 2
7	void setMinimum(int min)	设置滑块条最小值
8	void setMaximum(int max)	设置滑块条最大值

序 号	方 法 原 型	方法的功能及参数说明
9	void setValue(int n)	设置滑块位置
10	void setMajorTickSpacing(int n)	设置主刻度间隔
11	void setMinorTickSpacing(int n)	设置次刻度间隔
12	void setPaintLabels(boolean b)	设置是否绘制描述刻度的标签（默认为 false）
13	void setPaintTicks(boolean b)	设置是否绘制刻度（默认为 false）
14	void setPaintTrack(boolean b)	设置是否绘制滑轨（默认为 true）
15	void setLabelTable(Dictionary labels)	设置刻度及其描述标签的键值对集合
16	void setSnapToTicks(boolean b)	设置滑块是否"吸附"到靠其最近的刻度（默认为 false）
17	void setValueIsAdjusting(boolean b)	设置滑块位置是否正在改变。当开始拖动滑块时应设为 true，拖动停止后应设为 false，否则会连续产生多次调整事件

【例 8.19】 滑块条演示（见图 8-20）。

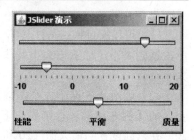

图 8-20　滑块条演示

JSliderDemo.java

```
001    package ch08;
002
003    import java.awt.GridLayout;
004    import java.util.Hashtable;
005
006    import javax.swing.JLabel;
007    import javax.swing.JSlider;
008    import javax.swing.SwingConstants;
009
010    public class JSliderDemo {
011        public static void main(String[] args) {
012            BaseFrame f = new BaseFrame("JSlider 演示");
013            JSlider s1 = new JSlider();        // 构造默认的滑块条
014            s1.setExtent(20);   // 设置滑块大小
015            s1.setValue(90);    // 设置滑块位置（参数 90 无效，因为能选择的最大值为 80）
016
017            // 构造指定方向的滑块条
018            JSlider s2 = new JSlider(SwingConstants.HORIZONTAL);
019            s2.setMinimum(-10);     // 设置最小值
020            s2.setMaximum(20);       // 设置最大值
021            s2.setValue(-5);
022            s2.setMajorTickSpacing(10);     // 设置主刻度
023            s2.setMinorTickSpacing(1);      // 设置次刻度
024            s2.setPaintTicks(true);         // 绘制刻度
025            s2.setPaintLabels(true);        // 绘制描述标签
026
027            // 构造指定方向、最小值、最大值、初始值的滑块条
028            JSlider s3 = new JSlider(SwingConstants.HORIZONTAL, 0, 10, 3);
```

```
029         s3.setMajorTickSpacing(5);
030         s3.setPaintTicks(true);
031         s3.setPaintLabels(true);
032         s3.setSnapToTicks(true);        // 滑块 "吸附" 到最近的刻度
033         Hashtable<Integer, JLabel> label = new Hashtable<Integer, JLabel>();
034         int min = s3.getMinimum();       // 得到滑块条最小值
035         int max = s3.getMaximum();       // 得到滑块条最大值
036         label.put(new Integer(min), new JLabel("性能"));
037         label.put(new Integer((max - min) / 2), new JLabel("平衡"));
038         label.put(new Integer(max), new JLabel("质量"));
039         s3.setLabelTable(label);         // 设置描述标签的键值对集合
040
041         f.setLayout(new GridLayout(3, 1, 0, 5));
042         f.add(s1);        // 加滑块条到窗口
043         f.add(s2);
044         f.add(s3);
045         f.showMe();
046     }
047 }
```

8.8 菜单和工具栏

8.8.1 菜单相关组件：JMenuBar/JMenu/JMenuItem

窗口可以包含一个菜单栏，菜单栏可以包含多个菜单，而每个菜单可以包含多个菜单项或子菜单。回到本章前述图 8-3，可以看出，通常所称的菜单、子菜单、菜单项在 Swing 中实际上都属于 JMenuItem 类型——继承自 AbstractButton（菜单或菜单项实际上都是允许用户单击的特殊按钮）。

JMenuItem 作为菜单组件的根类，有下列 3 个子类分别代表 3 种不同的菜单项。

（1）JMenu：菜单包含菜单项，但从类的继承关系上看，菜单是一种特殊的菜单项。

（2）JRadioButtonMenuItem：单选菜单项，与前述单选按钮类似。

（3）JCheckBoxMenuItem：复选菜单项，与前述复选按钮类似。

与前述组件不同，菜单涉及几个类，下面分别列出几个菜单相关类的常用方法，见表 8-22～表 8-24。

表 8-22 JMenuItem 类的常用方法

序　号	方 法 原 型	方法的功能及参数说明
1	JMenuItem(String text)	构造方法，创建带指定文字的菜单项
2	JMenuItem(String t, Icon i)	构造方法，创建带指定文和图标的菜单项
3	JMenuItem(String text, int nemonic)	构造方法，创建带指定文字和快捷键字符的菜单项。快捷键必须在相应菜单或菜单项显示后按下才有效，而加速键不需要
4	void setAccelerator(KeyStroke k)	设置加速键。设置方法如【例 8.20】的第 29 行

表 8-23　JMenu 类的常用方法

序　号	方 法 原 型	方法的功能及参数说明
1	JMenu(String t)	构造方法，创建带指定文字的菜单
2	JMenuItem add(String t)	创建带指定文字的菜单项，并将其加到菜单末尾
3	JMenuItem add(JMenuItem mi)	将指定菜单项加到菜单的末尾
4	void addSeparator()	将菜单分隔线加到菜单的末尾
5	void insert(String t, int pos)	在指定位置插入带指定文本的菜单项
6	JMenuItem insert(JMenuItem mi, int pos)	在指定位置插入指定的菜单项
7	void insertSeparator(int pos)	在指定位置插入菜单分隔线
8	void remove(JMenuItem mi)	从菜单中移除指定的菜单项
9	boolean isPopupMenuVisible()	判断弹出菜单是否可见
10	boolean isTopLevelMenu()	判断菜单是否为顶级菜单（位于工具栏的菜单）
11	int getMenuComponentCount()	返回菜单上的组件个数
12	Component[] getMenuComponents()	得到菜单上的组件构成的数组，包括菜单分隔线
13	Component getMenuComponent(int pos)	得到菜单上指定位置的组件

表 8-24　JMenuBar 类的常用方法

序　号	方 法 原 型	方法的功能及参数说明
1	JMenuBar()	默认构造方法，创建菜单栏
2	JMenu add(JMenu m)	将指定的菜单添加到菜单栏的末尾
3	JMenu getMenu(int index)	得到菜单栏中指定位置的菜单
4	int getMenuCount()	得到菜单栏中的菜单个数

【例 8.20】 菜单栏、菜单和菜单项演示（见图 8-21）。

图 8-21　菜单栏、菜单和
菜单项演示

JMenuDemo.java

```
001    package ch08;
002
003    import java.awt.event.ActionEvent;
004    import java.awt.event.KeyEvent;
005
006    import javax.swing.ButtonGroup;
007    import javax.swing.ImageIcon;
008    import javax.swing.JCheckBoxMenuItem;
009    import javax.swing.JMenu;
010    import javax.swing.JMenuBar;
011    import javax.swing.JMenuItem;
012    import javax.swing.JRadioButtonMenuItem;
013    import javax.swing.KeyStroke;
014
015    public class JMenuDemo {
016        public static void main(String[] args) {
017            BaseFrame f = new BaseFrame("JMenuBar/JMenu/JMenuItem 演示");
018            JMenuBar bar = new JMenuBar();        // 构造菜单栏
```

```
019
020         JMenu menuFile = new JMenu("文件(F)");        // 构造指定文字的菜单
021         JMenuItem item1 = new JMenuItem("新建");    // 构造指定文字的菜单项
022         // 构造指定文字、快捷键字符的菜单项
023         JMenuItem item2 = new JMenuItem("打开(O)", KeyEvent.VK_O);
024
025         ImageIcon saveImg = ImageFactory.createImage("save.png");
026         // 构造指定文字、图标的菜单项
027         JMenuItem item3 = new JMenuItem("保存", saveImg);
028         // 设置菜单项的加速键（菜单未显示时也有效）
029         item3.setAccelerator(KeyStroke.getKeyStroke(KeyEvent.VK_S,
                                ActionEvent.ALT_MASK));
030         // 构造子菜单（注意类型也是 JMenu）
031         JMenu saveAsMenu = new JMenu("另存为");
032         JMenuItem item4 = new JMenuItem("文本文件");    // 构造子菜单项
033         item4.setAccelerator(KeyStroke.getKeyStroke(KeyEvent.VK_T,
                                ActionEvent.CTRL_MASK));
034         JMenuItem item5 = new JMenuItem("图片文件");
035         saveAsMenu.add(item4);        // 添加子菜单项
036         saveAsMenu.add(item5);
037
038         // 构造 3 个单选菜单项
039         JRadioButtonMenuItem item6 = new JRadioButtonMenuItem("宋体");
040         JRadioButtonMenuItem item7 = new JRadioButtonMenuItem("楷体", true);
041         JRadioButtonMenuItem item8 = new JRadioButtonMenuItem("隶书");
042         ButtonGroup bg = new ButtonGroup();        // 构造按钮组
043         bg.add(item6);        // 3 个单选菜单项加入同一个按钮组
044         bg.add(item7);
045         bg.add(item8);
046
047         // 构造两个复选菜单项
048         JCheckBoxMenuItem item9 = new JCheckBoxMenuItem("粗体", true);
049         JCheckBoxMenuItem item10 = new JCheckBoxMenuItem("斜体", true);
050
051         menuFile.add(item1);        // 加菜单项到菜单中
052         menuFile.add(item2);
053         menuFile.addSeparator();        // 加菜单分隔线
054         menuFile.add(item3);
055         menuFile.add(saveAsMenu);        // 菜单中可以再加入菜单，从而形成多级菜单
056         menuFile.addSeparator();
057         menuFile.add(item6);
058         menuFile.add(item7);
059         menuFile.add(item8);
060         menuFile.addSeparator();
```

```
061        menuFile.add(item9);
062        menuFile.add(item10);
063        menuFile.setMnemonic(KeyEvent.VK_F);        // 设置菜单的快捷键字符
064
065        JMenu menuEdit = new JMenu("编辑");        // 另一个菜单（没有菜单项）
066
067        bar.add(menuFile);        // 加两个菜单到菜单栏
068        bar.add(menuEdit);
069        f.setJMenuBar(bar);        // 设置窗口的菜单栏
070        f.showMe();
071    }
072 }
```

JRadioButtonMenuItem 类和 JCheckBoxMenuItem 类各自主要定义了几个构造方法，它们与 JToggleButton 类的构造方法非常类似，故不再赘述。

8.8.2 弹出菜单: JPopupMenu

与菜单类似，弹出菜单也能包含菜单项和子菜单，不同的是，弹出菜单一般依附于某个组件（该组件称为弹出菜单的调用者）并在该组件上单击鼠标右键时显示。表 8-25 列出了 JPopupMenu 类的常用方法。

表 8-25   JPopupMenu 类的常用方法

序 号	方 法 原 型	方法的功能及参数说明
1	JPopupMenu()	默认构造方法，创建未指定调用者的弹出菜单
2	JPopupMenu(String label)	构造方法，创建带指定标题文字的弹出菜单
3	JMenuItem add(String s)	创建带指定文字的菜单项，并将其加到弹出菜单的末尾
4	JMenuItem add(JMenuItem item)	将指定的菜单项加到弹出菜单的末尾
5	void addSeparator()	将菜单分隔线加到弹出菜单的末尾
6	void insert(Component c, int index)	在弹出菜单的指定位置插入指定的组件
7	void setPopupSize(int w, int h)	设置弹出菜单的大小
8	void pack()	将弹出菜单的大小设为正好显示出其全部菜单项
9	void show(Component c, int x, int y)	在指定调用者的指定坐标处显示弹出菜单
10	void setInvoker(Component c)	设置弹出菜单的调用者
11	Component getInvoker()	得到弹出菜单的调用者

【例 8.21】 弹出菜单演示（见图 8-22）。

JPopupMenuDemo.java

```
001    package ch08;
002
003    import java.awt.FlowLayout;
004
005    import javax.swing.JMenuItem;
006    import javax.swing.JPopupMenu;
```

图 8-22 弹出菜单演示

```
007      import javax.swing.JTextField;

008

009      public class JPopupMenuDemo {

010          public static void main(String[] args) {

011              BaseFrame f = new BaseFrame("JPopupMenu 演示");

012              JTextField tf = new JTextField("带鼠标右键弹出菜单的文本框...");

013              tf.setComponentPopupMenu(createPopupMenu());    // 设置组件的弹出菜单

014              f.setLayout(new FlowLayout());

015              f.add(tf);

016              f.showMe();

017          }

018

019          // 创建弹出菜单

020          static JPopupMenu createPopupMenu() {

021              String strs[] = { "剪切", "复制", "粘贴", "删除", null, "全选" };

022              JPopupMenu popup = new JPopupMenu("sdsd");    // 构造弹出菜单

023              for (int i = 0; i < strs.length; i++) {

024                  if (strs[i] != null) {

025                      popup.add(new JMenuItem(strs[i]));    // 加菜单项

026                  } else {

027                      popup.addSeparator();    // 加菜单分隔线

028                  }

029              }

030              popup.setPopupSize(80, 120);    // 设置弹出菜单大小

031              return popup;

032          }

033      }
```

需要注意的是，JPopupMenu 的直接父类并非 JMenu，而是 JComponent。此外，为组件设置右键弹出菜单可直接调用组件根类（JComponent）的 setComponentPopupMenu 方法，而不需要额外编写鼠标事件代码。

8.8.3 工具栏：JToolBar

工具栏是一种能够将若干组件（通常是带图标的按钮）组织为一行（或一列）的容器，其提供了与菜单类似的功能。表 8-26 列出了 JToolBar 类的常用方法。

表 8-26 JToolBar 类的常用方法

序 号	方 法 原 型	方法的功能及参数说明
1	JToolBar()	默认构造方法，创建水平方向的工具栏
2	JToolBar(String name)	构造方法，创建带指定标题、水平方向的工具栏。当工具栏被拖曳出其所在容器成为浮动工具栏时，将显示标题
3	JToolBar(String name, int orientation)	构造方法，创建带指定标题、指定方向的工具栏。参数 2 来自于 SwingConstants 接口的静态常量，具体包括： HORIZONTAL——水平方向（默认值）； VERTICAL——垂直方向

序 号	方 法 原 型	方法的功能及参数说明
4	void addSeparator()	将默认大小的分隔线加到工具栏末尾
5	void addSeparator(Dimension size)	将指定大小的分隔线加到工具栏末尾
6	Component getComponentAtIndex(int i)	得到工具栏中指定位置的组件
7	void setOrientation(int o)	设置工具栏方向
8	void setBorderPainted(boolean b)	设置是否绘制工具栏边框（默认为 true）
9	void setFloatable(boolean b)	设置工具栏是否可浮动（默认为 true）
10	void setRollover(boolean b)	设置当鼠标指针位于工具栏中的按钮上时是否高亮显示按钮（默认为 true）

【例 8.22】 工具栏演示（见图 8-23）。

JToolBarDemo.java

图 8-23 工具栏演示

```
001   package ch08;
002
003   import java.awt.BorderLayout;
004
005   import javax.swing.ImageIcon;
006   import javax.swing.JButton;
007   import javax.swing.JLabel;
008   import javax.swing.JTextField;
009   import javax.swing.JToolBar;
010   import javax.swing.SwingConstants;
011
012   public class JToolBarDemo {
013       public static void main(String[] args) {
014           BaseFrame f = new BaseFrame("JToolBar 演示");
015           JButton[] buttons = new JButton[4];
016           String[] icons = { "first.png", "pre.png", "next.png", "last.png" };
017           JLabel label = new JLabel("搜索: ");
018           JTextField findTF = new JTextField();
019
020           // 创建指定标题和方向的工具栏
021           JToolBar bar = new JToolBar("导航", SwingConstants.HORIZONTAL);
022           bar.setFloatable(true);        // 设置工具栏为"可浮动"
023           for (int i = 0; i < buttons.length; i++) {
024               ImageIcon icon = ImageFactory.createImage(icons[i]);
025               buttons[i] = new JButton();
026               buttons[i].setIcon(icon);
027               bar.add(buttons[i]);       // 将按钮加到工具栏
028           }
029           bar.addSeparator();            // 加分隔线到工具栏末尾
030           bar.add(label);                // 将标签加到工具栏
```

```
031          bar.add(findTF);              // 将文本框加到工具栏
032          f.setLayout(new BorderLayout());      // 设置窗口为边界布局
033          f.add(bar, BorderLayout.NORTH);        // 将工具栏加到窗口内部靠北的位置
034          f.showMe();
035      }
036  }
```

若工具栏被设为可浮动的（第 22 行），则可将工具栏拖曳到其所在容器的四边，为了能够正确执行拖曳，通常先将容器的布局设为边界布局（第 32 行，见 8.10 节），然后将工具栏对象添加到容器的某一边（第 33 行）。工具栏也能被拖曳到容器之外。

8.9 边框、颜色和字体

8.9.1 边框：Border

边框用以装饰 Swing 组件的边缘，是 AWT 中 Insets 类的替代。javax.swing.border 包下有几个边框类，它们均继承自抽象类 AbstractBorder（实现了 Border 接口），具体如下所示。

（1）LineBorder：线边框。

（2）EtchedBorder：凸起或凹入的蚀刻边框。

（3）BevelBorder：凸起或凹入的斜面边框。

（4）EmptyBorder：空边框。

（5）MatteBorder：用图标或颜色装饰的衬边边框。

（6）TitledBorder：带标题的边框。

（7）CompoundBorder：组合边框（以上任意两种边框的组合）。

一般不直接调用上述类的构造方法，而是通过 BorderFactory 类（javax.swing 包下）中形如 createXxxxxBorder 的静态方法来创建边框对象。需要注意的是，边框并不是一种组件，因此不能通过容器对象的 add 方法将边框对象加到容器中，而是通过 JComponent 类提供的 setBorder(Border b)方法设置组件的边框（见表 8-5 中的方法 3）。通常的做法是：将要装饰的组件放到面板中并使组件占满面板，然后设置该面板的边框。

【例 8.23】 边框演示（见图 8-24）。

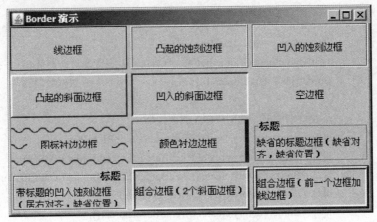

图 8-24　Border（边框）演示

BorderDemo.java

```
001    package ch08;
002
003    /* 省略了各 import 语句，请使用 IDE 的自动导入功能 */
016
017    public class BorderDemo {
018        Font font = new Font("宋体", Font.PLAIN, 12);     // 标签字体
019
020        public static void main(String[] args) {        // 程序入口
021            BorderDemo demo = new BorderDemo();
022            demo.init();
023        }
024
025        // 创建文字为 text 的标签，加入面板 p，设置 p 的边框为 b，加 p 到容器 c
026        void addBorder(Container c, Border b, String text) {
027            JPanel p = new JPanel(new GridLayout(1, 1));     // 让标签占满面板 p
028            JLabel label = new JLabel("<html>" + text + "</html>",SwingConstants.CENTER);
029            label.setFont(font);
030            p.add(label);
031            p.setBorder(b);
032            c.add(p);
033        }
034
035        // 设置标题边框 b 的标题对齐方式和位置，并调用 addBorder 方法
036        void addTitledBorder(Container c, Border b, String s, int j, int pos){
037            TitledBorder tb = (TitledBorder) b;       // 造型
038            tb.setTitleJustification(j);                  // 设置标题对齐方式
039            tb.setTitlePosition(pos);                     // 设置标题位置
040            addBorder(c, tb, s);
041        }
042
043        public void init() {
044            BaseFrame f = new BaseFrame("Border 演示");
045            f.setLayout(new GridLayout(4, 3, 5, 5));     // 设置窗口布局（4 行 3 列）
046            Border[] b = new Border[12];                        // 边框数组
047
048            // 创建线边框、蚀刻边框、斜面边框
049            b[0] = BorderFactory.createLineBorder(Color.BLACK);
050            b[1] = BorderFactory.createEtchedBorder(EtchedBorder.RAISED);
051            b[2] = BorderFactory.createEtchedBorder(EtchedBorder.LOWERED);
052            b[3] = BorderFactory.createRaisedBevelBorder();
053            b[4] = BorderFactory.createLoweredBevelBorder();
054            b[5] = BorderFactory.createEmptyBorder();
055
```

```
056          addBorder(f, b[0], "线边框");
057          addBorder(f, b[1], "凸起的蚀刻边框");
058          addBorder(f, b[2], "凹入的蚀刻边框");
059          addBorder(f, b[3], "凸起的斜面边框");
060          addBorder(f, b[4], "凹入的斜面边框");
061          addBorder(f, b[5], "空边框");
062
063          ImageIcon icon = ImageFactory.createImage("wave.gif");
064          // 创建衬边边框
065          b[6] = BorderFactory.createMatteBorder(-1, -1, -1, -1, icon);
066          b[7] = BorderFactory.createMatteBorder(1, 1, 1, 5, Color.RED);
067          addBorder(f, b[6], "图标衬边边框");
068          addBorder(f, b[7], "颜色衬边边框");
069
070          // 创建标题边框
071          b[8] = BorderFactory.createTitledBorder("标题");
072          b[9] = BorderFactory.createTitledBorder(b[2], "标题");
073          addBorder(f, b[8], "缺省的标题边框（缺省对齐，缺省位置）");
074          addTitledBorder(f, b[9], "带标题的凹入蚀刻边框（居右对齐，缺省位置）",
                TitledBorder.RIGHT, TitledBorder.DEFAULT_POSITION);
075          // 创建组合边框
076          b[10] = BorderFactory.createCompoundBorder(b[3], b[4]);
077          Border lineBorder = BorderFactory.createLineBorder(Color.RED);
078          b[11] = BorderFactory.createCompoundBorder(lineBorder, b[10]);
079          addBorder(f, b[10], "组合边框（2 个斜面边框）");
080          addBorder(f, b[11], "组合边框（前一个边框加线边框）");
081
082          f.setVisible(true);
083      }
084  }
```

8.9.2　颜色：java.awt.Color

颜色和字体是 GUI 编程中经常使用的概念，严格来说，它们并不属于组件的范畴。从类的继承关系看，颜色和字体对应的类均继承自 Object 而非 java.awt.Component。考虑到 AWT/Swing 中的很多组件都涉及颜色和字体，因此放在本章介绍。

java.awt.Color 是 AWT/Swing 共用的颜色类，能表示 sRGB[1]色彩空间中的颜色。除了三基色分量（即红、绿、蓝，取值为 0.0~1.0 或 0~255）外，每个 Color 对象都有一个隐含的 alpha 分量，用以描述颜色的透明度，默认为 1.0 或 255（完全不透明）。

除了构造方法，Color 类还提供若干个静态字段用以表示常用颜色，如 Color.RED（红）、

1　sRGB（standard Red Green Blue，标准红绿蓝）是微软联合惠普、三菱、爱普生等厂商联合制定的色彩模型。受微软影响，绝大多数数码图像采集设备厂商的产品都支持 sRGB 标准。

Color.CYAN（青绿色）、Color.LIGHT_GRAY（浅灰）、Color.DARK_GRAY（深灰）等。表 8-27 列出了 java.awt.Color 类的常用方法。

表 8-27　java.awt.Color 类的常用方法

序　号	方法原型	方法的功能及参数说明
1	Color(int r, int g, int b)	构造方法，创建指定红、绿、蓝分量的不透明颜色。参数 1、2、3 的取值范围均为 0～255。3 个分量都取 255 为白色，都取 0 为黑色
2	Color(int r, int g, int b, int a)	构造方法，创建指定红、绿、蓝分量和 alpha 分量（透明度）的颜色。参数 1、2、3 同方法 1，参数 4 的取值范围也是 0～255，取 0 为完全透明，取 255 为完全不透明
3	Color(int rgb)	构造方法，创建具有红、绿、蓝分量的不透明颜色。参数对应二进制形式的第 16～23 位表示红色分量，8～15 位表示绿色分量，0～7 位表示蓝色分量。通常写成十六进制数，如 0x00FF00（绿色）
4	Color(int rgba, boolean b)	构造方法，创建具有红、绿、蓝分量和 alpha 分量的颜色。参数 1 类似于方法 3，不同的是，其 24～31 位表示 alpha 分量。通常写成十六进制数，如 0x00FF0000（完全透明的红色）。参数 2 若为 false，则忽略 alpha 分量，即颜色为完全不透明
5	Color(float r, float g, float b)	构造方法，类似于方法 1，不同的是，参数 1、2、3 的取值范围均为 0.0～1.0
6	Color(float r, float g, float b, float a)	构造方法，类似于方法 2，不同的是，参数 1、2、3、4 的取值范围均为 0.0～1.0
7	int getRed()	得到颜色的红色分量
8	int getGreen()	得到颜色的绿色分量
9	int getBlue()	得到颜色的蓝色分量
10	int getRGB()	得到颜色的数值表示，该数值包含红绿蓝和 alpha 分量
11	int getAlpha()	得到颜色的 alpha 分量
12	Color brighter()	将红绿蓝分量按相同比例扩大，得到比当前颜色更亮的颜色
13	Color darker()	将红绿蓝分量按相同比例缩小，得到比当前颜色更暗的颜色
14	static Color getColor(String name)	静态方法，得到系统属性中指定名称的属性所描述的颜色。该属性的值应该是一个整数，如方法 3 的参数
15	static Color getColor(String name, Color c)	静态方法，得到系统属性中指定名称的属性所描述的颜色。若指定的属性不存在或其值无法被解析为颜色，则用参数 2 作为返回值
16	static Color getHSBColor(float h, float s, float b)	静态方法，该方法基于 HSB 色彩模型，得到指定色调（Hue）、饱和度（Saturation）、亮度（Brightness）的颜色，较少使用

【例 8.24】 显示 16 阶灰度颜色（见图 8-25）。

ColorDemo.java

```
001    package ch08;

002

003    /* 省略了各 import 语句，请使用 IDE 的自动导入功能 */

007

008    public class ColorDemo {

009        public static void main(String[] args) {

010            BaseFrame f = new BaseFrame("Color 演示");

011            JLabel[] labels = new JLabel[16];

012
```

图 8-25　颜色演示

```
013            f.setLayout(new GridLayout(4, 4, 2, 2));
014            for (int i = 0; i < labels.length; i++) {
015                int rgb = 255 - i * 17;        // 计算 16 阶灰度颜色的红绿蓝分量
016                Color c = new Color(rgb, rgb, rgb);        // 构造颜色
017                labels[i] = new JLabel();
018                labels[i].setOpaque(true);
019                labels[i].setBackground(c);        // 设置标签背景色
020                f.add(labels[i]);
021            }
022            f.showMe();
023        }
024    }
```

8.9.3　字体：java.awt.Font

字体通常包括以下三个要素。

（1）字体名称：如"Courier New"、"宋体"、"楷体_GB2312"等。

（2）字体风格：如"粗体"、"斜体"、"普通"等。

（3）字体大小：即字号，一般用整数表示。

java.awt.Font 是 AWT/Swing 共用的字体类，其常用方法如表 8-28 所示。

表 8-28　java.awt.Font 类的常用方法

序　号	方 法 原 型	方法的功能及参数说明
1	Font(String name, int style, int size)	构造方法，创建具有指定字体名称、样式、字号的字体。参数 1 一般是字体的系列名称（见方法 3），参数 2 来自于 Font 类自身的静态常量，取值包括： PLAIN——普通样式； BOLD——粗体样式； ITALIC——斜体样式； BOLD | ITALIC——粗体并且斜体样式
2	String getName()	得到字体的逻辑名称，较少使用
3	String getFamily()	得到字体所属的系列名称。不同的逻辑字体可能属于相同的系列，例如，逻辑名称为"微软雅黑"和"微软雅黑 Bold"的字体都属于名为"微软雅黑"的字体系列。一般使用通过此方法得到的名称创建字体
4	int getSize()	得到字号
5	int getStyle()	得到字体样式
6	boolean isPlain()	判断字体是否为普通样式
7	boolean isBold()	判断字体是否为粗体样式
8	boolean isItalic()	判断字体是否为斜体样式
9	static Font getFont(String name)	静态方法，得到系统属性中指定名称的属性所描述的字体
10	static Font getFont(String name, Font font)	静态方法，得到系统属性中指定名称的属性所描述的字体。若指定名称的属性不存在或其值无法被解析为字体，则用参数 2 作为返回值

【例 8.25】 字体演示（见图 8-26）。

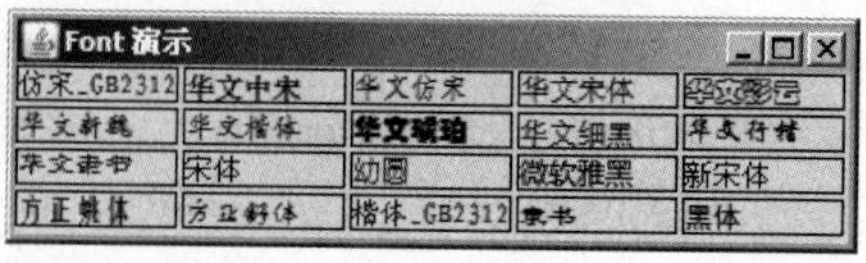

FontDemo.java

图 8-26　字体演示

```java
001    package ch08;
002
003    /* 省略了各 import 语句，请使用 IDE 的自动导入功能 */
012
013    public class FontDemo {
014        // 得到系统中所有中文字体的名称，以泛型列表（见第 13 章）返回
015        public static List<String> getAllChineseFontNames() {
016            // 得到本地图形环境（请自行查阅 GraphicsEnvironment 类的 API）
017            GraphicsEnvironment ge = GraphicsEnvironment.getLocalGraphicsEnvironment();
018            // 得到所有可用的字体系列名称
019            String[] fonts = ge.getAvailableFontFamilyNames();
020            List<String> list = new ArrayList<String>();
021            for (int i = 0; i < fonts.length; i++) {
022                // 过滤掉非中文字体和"宋体-PUA"（该字体对中文无效）
023                if (fonts[i].charAt(0) > 0x80 && !fonts[i].equals("宋体-PUA")) {
024                    list.add(fonts[i]);      // 加入列表
025                }
026            }
027            return list;     // 返回列表
028        }
029
030        public static void main(String[] args) {
031            BaseFrame f = new BaseFrame("Font 演示");
032            JLabel[] labels = new JLabel[20];
033            List<String> list = getAllChineseFontNames();
034            f.setLayout(new GridLayout(4, 5, 2, 2));      // 4 行 5 列
035            for (int i = 0; i < labels.length; i++) {
036                // 根据字体名称、样式、字号创建字体对象
037                Font font = new Font(list.get(i), Font.PLAIN, 16);
038                labels[i] = new JLabel(list.get(i));      // 以字体名称作为标签文字
039                labels[i].setFont(font);      // 设置标签字体
040                labels[i].setBorder(BorderFactory.createLineBorder(Color.BLACK));
041                f.add(labels[i]);
042            }
043            f.showMe();
044        }
045    }
```

8.10　布局管理

GUI 程序运行后，容器组件的大小可能会随时发生变化（如改变窗口大小等），则该容器中

的各个组件应如何调整大小呢？此外，某些 GUI 程序可能对界面有着特殊的需求——例如，调整窗口宽度时，要求窗口中呈水平排列的 3 个组件中处于中间位置的组件的宽度也随之变化，而左右两侧的组件宽度不变。显然，仅以尺寸和坐标描述组件大小和位置的方式无法满足这样的需求，Java 以布局（Layout）的概念管理容器中各组件的排列方式和相对位置。本节介绍的布局管理器接口和它的几个实现类均位于 java.awt 包下。

8.10.1　布局管理器：LayoutManager 接口

布局管理器是实现了 LayoutManager 接口[1]的类的对象，其决定了容器中各组件的大小和位置（只有容器型组件才有布局的概念，通过其 setLayout 方法）。尽管大多数组件都有为自身设置大小和对齐方式的方法，但组件最终的大小和位置却取决于其所在容器的布局管理器。布局管理器主要完成以下 3 项操作：

（1）计算容器的最小、首选和最大大小，并对容器中的各个子组件应用该布局。布局管理器根据指定的约束、容器的属性及子组件的最小、首选和最大大小等来完成此操作。若子组件自身是容器，则递归地对子组件完成此操作。

（2）标记容器是否有效（容器的 isValid 方法为 true 则有效）。当容器的所有子组件布局完毕且有效时，该容器有效。对失效的容器调用 validate 方法将触发容器及其所有子组件进行布局操作，然后将容器标记为有效。

（3）系统从内向外确定程序中各容器的大小，最终确定顶层容器的最佳大小。

编写 GUI 程序的界面时，通常遵循以下步骤：

（1）规划界面。对于较为复杂的界面，应在纸上粗略勾勒出各组件的位置与包含关系。

（2）从外层到内层，创建合适的容器对象并设置合适的布局。

（3）创建合适的组件对象，设置其大小、方向和位置等。

（4）将各组件加入相应容器。

（5）设置顶层容器的大小、位置等，并让其可见。

下面介绍常用的 Java 布局管理器类。

8.10.2　流式布局：FlowLayout 类

流式布局将子组件放置为一行，并根据子组件的首选大小确定容器大小。若容器的水平空位不足以将所有子组件放置在一行，则以多行放置，每行默认水平居中对齐。流式布局是 JPanel 的默认布局方式，其常用方法如表 8-29 所示。

表 8-29　FlowLayout 类的常用方法

序　号	方法原型	方法的功能及参数说明
1	FlowLayout()	默认构造方法，创建水平居中、水平和垂直间距均为 5 的流式布局
2	FlowLayout(int align)	构造方法，创建具有指定水平对齐方式、水平和垂直间距均为 5 的流式布局。参数取值来自 FlowLayout 类自身，包括： LEFT——水平居左； CENTER——水平居中（默认值）； RIGHT——水平居右

---

[1] JDK 1.1 引入了一个新的布局管理器接口——LayoutManager2（继承自 LayoutManager），其提供对组件最大大小和对齐方式的支持。大多数新的布局管理器均实现了 LayoutManager2 接口。

序　号	方 法 原 型	方法的功能及参数说明
2	FlowLayout(int align)	LEADING——与容器方向[1]的开始边对齐。若容器方向为从左到右，则与左边对齐，否则与右边对齐； TRAILING——与容器方向的结束边对齐。若容器方向为从左到右，则与右边对齐，否则与左边对齐
3	FlowLayout(int　align,int　hgap, int vgap)	构造方法，创建具有指定水平对齐方式、水平和垂直间距的流式布局。间距是指子组件之间及子组件与容器之间的距离。参数1的取值同方法2
4	void setAlignment(int align)	设置流式布局的对齐方式。参数取值同方法2
5	void setHgap(int hgap)	设置流式布局的水平间距
6	void setVgap(int vgap)	设置流式布局的垂直间距

【例 8.26】 流式布局演示（运行结果如图 8-27 所示）。

图 8-27　FlowLayout（流式布局）演示（改变窗口宽度前后）

FlowLayoutDemo.java

```
001    package ch08.layout;
002
003    /* 省略了各 import 语句，请使用 IDE 的自动导入功能 */
008
009    public class FlowLayoutDemo {
010        public static void main(String[] args) {
011            FlowLayoutDemo demo = new FlowLayoutDemo();
012            demo.initUI();
013        }
014
015        void initUI() {        // 构造界面
016            BaseFrame f = new BaseFrame("FlowLayout 演示");
017            f.setLayout(new FlowLayout());        // 设置流式布局
018            JButton[] buttons = new JButton[8];
019            for (int i = 0; i < buttons.length; i++) {
020                buttons[i] = new JButton("按钮 " + i);
021                f.add(buttons[i]);
022            }
023            f.showMe();
024        }
025    }
```

1　为满足某些特殊国家的语言，Java 为容器设置了方向字段（ComponentOrientation），通常为从左到右。

8.10.3　边界布局：BorderLayout 类

边界布局将容器划分为北、南、东、西、中 5 个区域，并分别以 BorderLayout 类自身的静态常量 NORTH、SOUTH、EAST、WEST、CENTER 表示。改变容器大小时，位于北和南区域的组件在水平方向上拉伸、位于东和西区域的组件在垂直方向上拉伸、位于中心区域的组件同时在水平和垂直方向上拉伸，以填充剩余空间。边界布局通常用作界面中最外层容器的布局方式，也是 JFrame 的默认布局方式。

边界布局方式下向容器添加组件时，通常要以参数指定组件被添加到容器的哪个区域，若未指定区域，则默认添加到中心区域。此外，每个区域最多只能放置一个组件，若多次向同一区域添加多个组件，则最后一次添加的组件有效。

BorderLayout 类还定义了几个用于相对定位的静态常量——PAGE_START、PAGE_END、LINE_START 和 LINE_END，在容器方向为从左到右时，它们分别等效于 NORTH、SOUTH、WEST 和 EAST。表 8-30 列出了 BorderLayout 类的常用方法。

表 8-30　BorderLayout 类的常用方法

序　号	方 法 原 型	方法的功能及参数说明
1	BorderLayout ()	默认构造方法，创建无水平和垂直间距的边界布局
2	BorderLayout(int hgap, int vgap)	构造方法，创建具有指定水平和垂直间距的边界布局
3	void setHgap(int hgap)	设置边界布局的水平间距
4	void setVgap(int vgap)	设置边界布局的垂直间距
5	Component getLayoutComponent(Object constraints)	得到边界布局中位于指定区域的组件
6	Object getConstraints(Component c)	得到指定组件在边界布局中所处的区域

【例 8.27】　边界布局演示（运行结果如图 8-28 所示）。

图 8-28　BorderLayout（边界布局）演示（改变窗口大小前后）

BorderLayoutDemo.java

```
001    package ch08.layout;
002
003    /* 省略了各 import 语句，请使用 IDE 的自动导入功能 */
008
009    public class BorderLayoutDemo {
010        public static void main(String[] args) {
011            BorderLayoutDemo demo = new BorderLayoutDemo();
012            demo.initUI();
013        }
014
```

```
015        void initUI() {        // 构造界面
016            BaseFrame f = new BaseFrame("BorderLayout 演示");
017            f.setLayout(new BorderLayout());        // 设置边界布局
018            JButton b1 = new JButton("东");
019            JButton b2 = new JButton("西");
020            JButton b3 = new JButton("南");
021            JButton b4 = new JButton("北");
022            JButton b5 = new JButton("中");
023            f.add(b1, BorderLayout.EAST);            // 添加组件到东区域
024            f.add(b2, BorderLayout.WEST);
025            f.add(b3, BorderLayout.SOUTH);
026            f.add(b4, BorderLayout.NORTH);
027            f.add(b5);            // 未指定区域，默认添加到中心区域
028            f.showMe();
029        }
030    }
```

8.10.4 网格布局：GridLayout 类

网格布局将容器划分为若干行和列，每个网格具有相同的宽度和高度。向具有网格布局的容器添加组件时，组件按照从上至下、从左至右的顺序添加，并占满该网格。表 8-31 列出了 GridLayout 类的常用方法。

表 8-31 GridLayout 类的常用方法

序 号	方法原型	方法的功能及参数说明
1	GridLayout()	默认构造方法，创建具有 1 行 0 列、无水平和垂直间距的网格布局
2	GridLayout(int rows, int cols)	构造方法，创建具有指定行列数、无水平和垂直间距的网格布局。行列数可以为 0（但不能同时），表示一行（或一列）可以放置任何数量的组件
3	GridLayout(int rows, int cols, int hgap, int vgap)	构造方法，创建具有指定行列数、水平和垂直间距的网格布局
4	void setRows(int rows)	设置网格布局的行数
5	void setColumns(int cols)	设置网格布局的列数
6	void setHgap(int hgap)	设置网格布局的水平间距
7	void setVgap(int vgap)	设置网格布局的垂直间距

【例 8.28】 网格布局演示（运行结果如图 8-29 所示）。

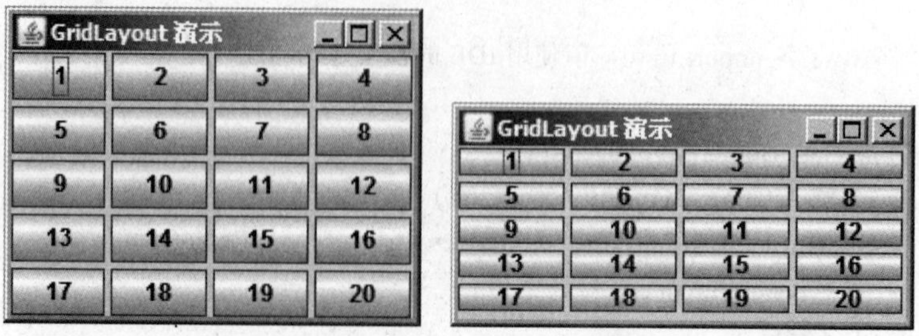

图 8-29 GridLayout（网格布局）演示（改变窗口大小前后）

GridLayoutDemo.java

```
001   package ch08.layout;
002
003   /* 省略了各 import 语句，请使用 IDE 的自动导入功能 */
008
009   public class GridLayoutDemo {
010       public static void main(String[] args) {
011           GridLayoutDemo demo = new GridLayoutDemo();
012           demo.initUI();
013       }
014
015       void initUI() {        // 构造界面
016           int row = 5, col = 4, num = 0;      // 行列数、计数器
017           BaseFrame f = new BaseFrame("GridLayout 演示");
018           f.setLayout(new GridLayout(row, col, 3, 3));      // 设置网格布局
019
020           JButton[][] buttons = new JButton[row][col];
021           for (int i = 0; i < row; i++) {
022               for (int j = 0; j < col; j++) {
023                   buttons[i][j] = new JButton("" + (++num));
024                   f.add(buttons[i][j]);      // 添加按钮
025               }
026           }
027           f.showMe();
028       }
029   }
```

8.10.5 网格包布局：GridBagLayout 类

前述几种布局管理器的布局方式都较为单一，对于复杂的界面，可以使用网格包布局——Java 提供的最为灵活、复杂的布局管理器。与网格布局类似，网格包布局也将容器划分为若干行和列，不同的是，网格包布局允许每个网格具有不同的宽度、高度、放置方式和额外空间调整行为等（这些统称为"网格包约束"），并且组件可以占据其中的多行和多列。

将组件加入具有网格包布局方式的容器中时，需要以参数指定网格包约束——java.awt 包下 GridBagConstraints 类的对象，其包含的字段、意义及各自的可取值如表 8-32 所示。

表 8-32　GridBagConstraints 类的字段、意义及可取值

序 号	字 段 名	意　　义	可取值/默认值
1	gridx gridy	组件所在网格的水平和垂直坐标。容器左上角网格的坐标为（0,0），gridx 向右递增（容器方向为从左到右时），gridy 向下递增	大于或等于 0 的正整数。默认值均为 RELATIVE（来自 GridBagConstraints 类，下同），即最后被添加的组件所处网格在水平（垂直）方向上的下一网格
2	gridwidth gridheight	组件在水平和垂直方向上占据的网格个数	默认值均为 1。可取值包括： REMAINDER——组件占据本行（列）的所有剩余网格； RELATIVE——与最后被添加的组件在水平（垂直）方向上占据的网格数相同

序 号	字 段 名	意　　义	可取值/默认值
3	fill	当组件所占网格的大小超过组件大小时，组件如何填充	可取值包括： NONE——不填充（默认值）； HORIZONTAL——仅在水平方向填充； VERTICAL——仅在垂直方向填充； BOTH——水平和垂直方向均填充
4	ipadx ipady	组件在水平和垂直方向上的内部填充量（像素），默认值均为 0。组件的宽度将是其最小宽度+2*ipadx，高度将是其最小高度+2*ipady	
5	insets	组件与其外部的填充量（java.awt.Insets 类的对象），参见 Insets 类的构造方法	
6	anchor	组件处于其所占网格的何处	可取值有 3 种（具体请查阅 API 文档）： 绝对值——如东、东南、中（默认值）等； 相对于方向的值——与绝对值类似，但取决于容器的方向； 相对于基线的值——较少使用
7	weightx weighty	组件所占网格获得水平和垂直额外空间的权重，取值范围为 0~1，默认值为 0。当改变顶层容器的大小时，若需要指定其内组件的大小调整行为，应修改这两个字段。若某行（列）中所有组件的 weightx（weighty）均为 0，则该行（列）将相对于容器水平（垂直）居中

【例 8.29】 网格包布局演示（运行结果如图 8-30 所示）。

图 8-30　GridBagLayout（网格包布局）演示（改变窗口宽度前后）

GridBagLayoutDemo.java

```
001    package ch08.layout;
002
003    /* 省略了各 import 语句，请使用 IDE 的自动导入功能 */
015
016    public class GridBagLayoutDemo {
017        public static void main(String[] args) {
018            GridBagLayoutDemo demo = new GridBagLayoutDemo();
019            demo.initUI();
020        }
021
022        void initUI() {        // 构造界面
023            BaseFrame f = new BaseFrame("GridBagLayout 演示");
024            f.setLayout(new GridBagLayout());        // 设置网格包布局
025
026            // 头像标签
027            JLabel faceLabel = new JLabel(ImageFactory.createImage("face.png"));
028            JTextField idTF = new JTextField();        // 账号框
029            JPasswordField pwdTF = new JPasswordField();        // 密码框
030            JLabel regLabel = new JLabel("注册账号");
031            JLabel findPwdLabel = new JLabel("找回密码");
```

```
032          JCheckBox rememberPwdCbx = new JCheckBox("记住密码");

033          JCheckBox autoLogin = new JCheckBox("自动登录");

034          JButton closeBtn = new JButton("关闭");

035          JButton loginBtn = new JButton("登录");

036

037          GridBagConstraints c = new GridBagConstraints();        // 网格包约束

038          c.gridx = c.gridy = 0;    // 头像标签所在网格

039          c.gridheight = 3;         // 头像标签占据 3 行

040          f.add(faceLabel, c);      // 以指定约束添加头像标签

041

042          c.gridx = 1;              // 账号框（gridy 仍为 0）

043          c.gridwidth = 2;          // 账号框占据 2 列

044          c.gridheight = 1;         // 因为之前修改了 gridheight

045          c.weightx = 1.0;          // 账号框获得所有水平额外空间

046          c.fill = GridBagConstraints.HORIZONTAL;        // 只允许改变水平大小

047          c.insets = new Insets(0, 0, 4, 0);        // 构造外部填充量（上、左、下、右）

048          f.add(idTF, c);

049

050          c.gridy = 1;              // 密码框所在网格（gridx 仍为 1）

051          f.add(pwdTF, c);          // 复用之前的约束（不推荐）

052

053          c = new GridBagConstraints();         // 重新构造网格包约束

054          c.gridx = 3;              // "注册账号" 标签所在网格

055          c.gridy = 0;

056          c.insets = new Insets(0, 0, 4, 0);

057          f.add(regLabel, c);

058

059          c.gridy = 1;              // "找回密码" 标签所在网格

060          f.add(findPwdLabel, c);

061

062          c.gridx = 1;              // "记住密码" 复选框所在网格

063          c.gridy = 2;

064          f.add(rememberPwdCbx, c);

065

066          c.gridx = 2;              // "自动登录" 复选框所在网格

067          f.add(autoLogin, c);

068

069          c.gridx = 2;              // "关闭" 按钮所在网格

070          c.gridy = 3;

071          c.anchor = GridBagConstraints.SOUTHEAST;        // 按钮始终位于网格右下

072          c.insets = new Insets(20, 0, 0, 5);

073          f.add(closeBtn, c);

074

075          c.gridx = 3;              // "登录" 按钮所在网格
```

```
076        f.add(loginBtn, c);
077
078        f.showMe();
079    }
080 }
```

使用网格包布局时需要注意：

（1）对于每个要添加的组件，尽量为其对应约束对象的 gridx/gridy、gridwidth/gridheight 字段指定值，且尽量不要指定为 REMAINDER 或 RELATIVE，以方便日后维护。

（2）尽量不要复用网格包约束对象，否则很可能因忘记重新设置约束对象的某些字段而使程序出现难以察觉的错误。最好是每添加一个组件前，新创建一个约束对象并修改其某些字段——当修改某个约束对象的字段时，不会影响后面添加的组件。

（3）通常情况下，每行（列）中至少要指定 1 个网格的 weightx（weighty）字段（且不为 0），以保证当容器大小变化时，组件具有符合要求的大小调整行为。

（4）尽管网格包布局的使用较为复杂，但 GUI 初学者仍应能通过手工编写代码来完成界面设计，待熟练后可通过 IDE 提供的可视化 GUI 设计器[1]以提高开发效率。

8.10.6 空布局：绝对定位

空布局实际上是采用像素绝对定位的方式来确定组件在容器中的位置和大小，严格来说，其并不是一种布局管理器。一般通过以下方式来使用空布局：

（1）对容器对象调用 setLayout(null)方法，实参 null 表示空布局。

（2）调用组件对象的 setLocation 方法确定组件左上角相对于其所在容器左上角的坐标，并调用 setSize 方法确定组件大小。此步骤也可以直接通过 setBounds 方法完成。

空布局非常容易理解，且编程方便，但其缺点也很明显——组件的大小和位置永远是固定的，不会随容器而变化。当不允许改变顶层容器的大小或容器中的组件对大小调整行为没有要求时，应优先考虑使用空布局。

除本节所述几种布局方式外，Java 还提供了卡片布局（CardLayout）、盒式布局（BoxLayout）、分组布局（GroupLayout）[2]等，限于篇幅不做介绍，请读者自行查阅有关资料。

8.11 综合范例 7：仿 QQ 聊天窗口

【综合范例 7】综合使用合适的布局管理器，编写一个仿 QQ 聊天窗口（见图 8-31）。注意当窗口大小改变时，各组件的变化行为要满足相应要求。

ChatFrame.java

```
001    package ch08.layout;
002
```

---

1 可视化 GUI 设计器允许用户像画图一样以所见即所得的方式直接"绘制"程序界面，同时自动生成相应的 Java 代码，这无疑极大降低了复杂布局的使用难度，并提高了开发效率。常用的 Java 可视化 GUI 设计器包括 WindowBuilder、JFormDesigner、Visual Editor 等，它们一般都以插件的形式整合到 IDE 中。

2 GroupLayout 是 JDK 6.0 开始提供的布局管理器实现类，位于 javax.swing 包下。使用 GroupLayout 可以设计出非常复杂和灵活的界面，这也导致以手工编码的方式使用该布局的难度较高，因此 GroupLayout 布局主要供可视化 GUI 设计器使用。

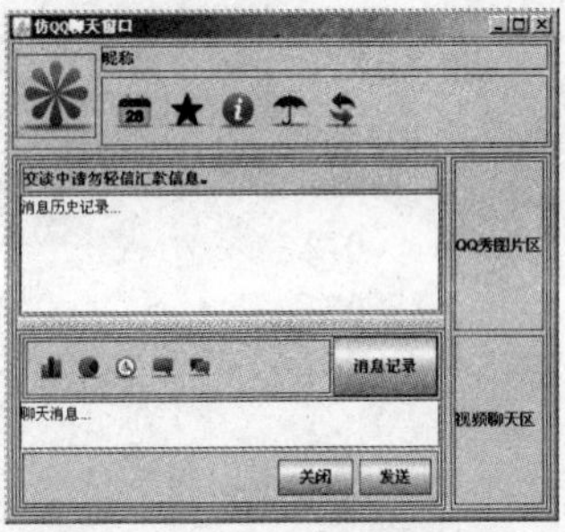

```
003    /* 省略了各 import 语句，请使用 IDE 的自动导入功能 */
026
027    public class ChatFrame {
028        public static void main(String[] args) {
029            ChatFrame demo = new ChatFrame();
030            demo.initUI();
031        }
032
033        void initUI() {          // 构造界面
034            JPanel topPanel = new JPanel();              // 外层顶部面板
035            JPanel centerPanel = new JPanel();           // 外层中间面板
036
037            BaseFrame f = new BaseFrame("仿 QQ 聊天窗口");
038
039            /************* 向窗口添加两个子面板 *************/
040            f.setLayout(new BorderLayout());             // 窗口用边界布局
041            f.add(topPanel, BorderLayout.NORTH);
042            f.add(centerPanel, BorderLayout.CENTER);
043
044            /************* 向顶部面板添加 3 个子面板 *************/
045            topPanel.setLayout(new GridBagLayout());     // 顶部面板用网格包布局
046            // 头像
047            JLabel faceLabel = new JLabel(ImageFactory.createImage("face.png"));
048            JLabel nameLabel = new JLabel("昵称");       // 昵称
049            // 顶部面板中的图标栏
050            JPanel topToolPanel = new JPanel(new FlowLayout(FlowLayout.LEFT, 10, 10));
051
052            GridBagConstraints c = new GridBagConstraints();   // 创建网格包约束
053            c.gridx = c.gridy = 0;                       // 左上角网格
054            c.gridheight = 2;                            // 头像占据 2 行
055            topPanel.add(faceLabel, c);                  // 添加头像
056
057            c.gridx = 1;                                 // 昵称所在网格
058            c.gridy = 0;
059            c.gridheight = 1;                            // 之前该字段为 2
060            c.weightx = 1.0;                             // 获得全部的水平方向改变量
061            c.fill = GridBagConstraints.HORIZONTAL;      // 只改变水平大小
062            topPanel.add(nameLabel, c);                  // 添加昵称
063
064            c.gridx = c.gridy = 1;                       // 顶部面板中的图标栏所在网格
065            topPanel.add(topToolPanel, c);               // 添加图标栏
066
067            /*********** 向外层顶部面板中的图标栏添加若干按钮 ***********/
068            JButton[] topButtons = new JButton[5];
```

图 8-31　仿 QQ 聊天窗口演示

```
069            for (int i = 0; i < topButtons.length; i++) {
070                topButtons[i] = new JButton(ImageFactory.createImage("top_" + (i + 1) + ".png"));
071                topButtons[i].setBorder(null);
072                topButtons[i].setContentAreaFilled(false);
073                topToolPanel.add(topButtons[i]);// 添加图标
074            }
075
076        /************** 向外层中间面板添加两个子面板 **************/
077        centerPanel.setLayout(new BorderLayout());
078        // 外层中间面板的中间子面板（为分割面板）
079        JSplitPane centerCenterPane = new JSplitPane(JSplitPane.VERTICAL_SPLIT);
080        JPanel centerRightPanel = new JPanel();    // 外层中间面板的右侧子面板
081        centerPanel.add(centerCenterPane, BorderLayout.CENTER);
082        centerPanel.add(centerRightPanel, BorderLayout.EAST);
083
084        /************** 向分割面板添加两个子面板 **************/
085        JPanel centerTopPanel = new JPanel();      // 分割面板上部
086        JPanel centerBottomPanel = new JPanel();   // 分割面板下部
087        centerCenterPane.setResizeWeight(1.0);        // 下部高度不变
088        centerCenterPane.setTopComponent(centerTopPanel);
089        centerCenterPane.setBottomComponent(centerBottomPanel);
090
091        /************** 向分割面板上部添加两个子组件 **************/
092        centerTopPanel.setLayout(new BorderLayout());
093        JLabel tipsLabel = new JLabel("交谈中请勿轻信汇款信息。"); // 提示标签
094        // 消息历史记录文本区
095        JScrollPane historyPane = new JScrollPane(new JTextArea("消息历史记录..."));
096        centerTopPanel.add(tipsLabel, BorderLayout.NORTH);
097        centerTopPanel.add(historyPane, BorderLayout.CENTER);
098
099        /************** 向分割面板下部添加 3 个子组件 **************/
100        centerBottomPanel.setLayout(new BorderLayout());
101        JPanel centerToolPanel = new JPanel();     // 工具栏
102        // 聊天消息文本区
103        JScrollPane chatPane = new JScrollPane(new JTextArea("聊天消息..."));
104        JPanel buttonsPanel = new JPanel();          // 两个按钮所在的面板
105        centerBottomPanel.add(centerToolPanel, BorderLayout.NORTH);
106        centerBottomPanel.add(chatPane, BorderLayout.CENTER);
107        centerBottomPanel.add(buttonsPanel, BorderLayout.SOUTH);
108
109        /************** 向分割面板下部的工具栏添加两个子组件 **************/
110        centerToolPanel.setLayout(new BorderLayout());
111        // 放置若干按钮的面板
112        JPanel p = new JPanel(new FlowLayout(FlowLayout.LEFT, 10, 10));
```

```
113        JButton[] centerButtons = new JButton[5];
114        for (int i = 0; i < centerButtons.length; i++) {
115            centerButtons[i] = new JButton(ImageFactory
                            .createImage("center_" + (i + 1) + ".png"));
116            centerButtons[i].setBorder(null);
117            centerButtons[i].setContentAreaFilled(false);
118            p.add(centerButtons[i]);              // 添加按钮
119        }
120        centerToolPanel.add(p, BorderLayout.CENTER);
121        // "消息记录" 按钮的宽度不变
122        centerToolPanel.add(new JToggleButton("消息记录"), BorderLayout.EAST);
123
124        /*************** 向分割面板下部的按钮面板添加按钮 **************/
125        // 右对齐的流式布局
126        buttonsPanel.setLayout(new FlowLayout(FlowLayout.RIGHT));
127        // 组件方向为从右到左
128        buttonsPanel.setComponentOrientation(ComponentOrientation.RIGHT_TO_LEFT);
129        buttonsPanel.add(new JButton("发送"));
130        buttonsPanel.add(new JButton("关闭"));
131
132        /*********** 向外层中间面板的右侧面板添加两个子组件 ***********/
133        centerRightPanel.setLayout(new GridLayout(2, 1));// 2 行 1 列
134        JLabel qqShowLabel = new JLabel("QQ 秀图片区");
135        JLabel videoLabel = new JLabel("视频聊天区");
136        centerRightPanel.add(qqShowLabel);
137        centerRightPanel.add(videoLabel);
138
139        showBorder(f.getContentPane());           // 显示面板等容器的边框
140        f.setSize(600, 400);
141        f.showMe();
142        centerCenterPane.setDividerLocation(0.5);        // 分割面板上下部比例
143    }
144
145    /*********** 为便于观察容器，显示相关容器和组件的边框 **********/
146    void showBorder(Container p) {
147        Component[] comps = p.getComponents();          // 得到容器所含子组件
148        for (int i = 0; i < comps.length; i++) {
149            // 只显示面板、分割面板和标签的边框
150            if (comps[i] instanceof JPanel || comps[i] instanceof JSplitPane ||
                    comps[i] instanceof JLabel) {
151                JComponent jc = (JComponent) comps[i];
152                Border b1 = BorderFactory.createEmptyBorder(2, 2, 2, 2);
153                Border b2 = BorderFactory.createLineBorder(Color.GRAY);
154                Border b = BorderFactory.createCompoundBorder(b1, b2);
```

```
155                    jc.setBorder(b);
156                }
157            if (comps[i] instanceof Container) {
158                showBorder((Container) comps[i]);        // 递归显示子容器边框
159            }
160        }
161    }
162 }
```

8.12　事件处理

8.12.1　Java 的事件处理模型

利用 GUI 组件和布局管理器可以做出程序的界面，但此时的程序并不能响应来自用户的操作——例如，单击按钮后弹出对话框、滑动滚动条时改变文字颜色等，因此，在程序界面编写完成之后，还需要编写事件处理代码。

Java 的事件处理模型如图 8-32 所示，其中包含以下几个核心概念。

（1）事件源（Event Source）：事件的产生者或来源。例如，单击了登录按钮，则登录按钮为事件源。事件源通常是程序界面中某个可交互的组件，也可以是定时器等其他对象。

（2）事件对象（Event Object）：事件源产生的事件通常由用户的操作触发，每个事件均被 Java 运行时环境封装为事件对象。事件对象包含与该事件相关的必要信息，如鼠标按下事件产生时鼠标指针所处的坐标等。

（3）事件监听器（Event Listener）：用以接收和处理事件的对象。那些用以处理事件的代码所在的类的对象就是事件监听器。

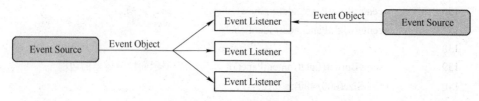

图 8-32　Java 的事件处理模型

一个事件对象可以被多个事件监听器对象处理，反过来，一个事件监听器对象也能处理多个事件对象。下面通过一个简单的例子来说明如何编写事件处理代码。

【例 8.30】　当用户单击界面中的按钮后，显示相应的提示信息（见图 8-33）。

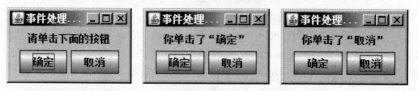

图 8-33　事件处理演示（1 次运行）

EventModelDemo.java

```
001  package ch08.event;
002
003  /* 省略了各 import 语句，请使用 IDE 的自动导入功能 */
```

```
011
012    // 类实现了 JDK 内建的监听器接口，因此 EventModelDemo 类的对象就是一种监听器
013    public class EventModelDemo implements ActionListener {
014
015        JLabel tips = new JLabel("请单击下面的按钮");     // 构造各组件
016        JButton b1 = new JButton("确定");
017        JButton b2 = new JButton("取消");
018
019        public static void main(String[] args) {
020            EventModelDemo demo = new EventModelDemo();
021            demo.initUI();
022        }
023
024        void initUI() {          // 初始化界面
025            BaseFrame f = new BaseFrame("事件处理模型演示");
026            f.setLayout(new FlowLayout());
027
028            // 为组件添加动作事件监听器（当前对象就是一种动作事件监听器）
029            b1.addActionListener(this);
030            b2.addActionListener(this);
031
032            f.add(tips);          // 添加组件
033            f.add(b1);
034            f.add(b2);
035            f.showMe();
036        }
037
038        // 实现 ActionListener 接口定义的 actionPerformed 方法,
039        // 该方法由 Java 运行时环境（在事件发生时）自动调用
040        public void actionPerformed(ActionEvent e) {     // 参数为事件对象
041            if (e.getSource() == b1) {     // 得到并判断事件源
042                tips.setText("你单击了 "" + b1.getText() + "" ");
043            } else if (e.getSource() == b2) {
044                tips.setText("你单击了 "" + b2.getText() + "" ");
045            }
046        }
047    }
```

通过【例 8.30】可以看出，编写事件处理代码非常简单——Java 运行时环境处理了所有与事件相关的底层逻辑，编程者只需关注以下几个步骤：

（1）谁负责处理事件——哪个类的对象作为事件监听器。作为监听器的对象所属的类应实现相应的监听器接口（可以有多个，即监听多种事件），如第 13 行。

（2）监听谁产生的事件——为那些需要被监听的组件添加监听器对象。此步骤一般通过调用组件对象形如 addXxxxxListener 的方法并传入相应的监听器对象完成，如第 29 行。

（3）如何处理事件——编写事件处理的代码。此步骤通过重写事件监听器接口所定义的一

个或多个抽象方法来指定事件处理的细节，如第 41～45 行。

需要注意，编程者重写的事件监听器接口所定义的方法（如【例 8.30】中的 actionPerformed 方法）从来不需要编写代码显式调用，当事件产生时，Java 运行时环境会自动回调（Callback）这些方法并传入相应的事件对象。

8.12.2　事件监听器类的编写方式

1. 实现监听器接口

类实现一个或多个事件监听器接口，并重写这些接口所定义的所有抽象方法，如【例 8.30】。此种方式的优点是编写的事件监听器类可以监听任意事件（类可以实现多个接口）。

2. 继承事件适配器类

某些事件监听器接口定义了较多的抽象方法，以 java.awt.event 包下的 WindowListener 接口为例，该接口用于监听窗口的状态改变事件，其定义了 7 个抽象方法，代码如下：

```
public interface WindowListener extends EventListener {
    public void windowOpened(WindowEvent e);        // 窗口首次可见时
    public void windowClosing(WindowEvent e);       // 关闭窗口前
    public void windowClosed(WindowEvent e);        // 关闭窗口后
    public void windowIconified(WindowEvent e);     // 图标化（最小化）窗口时
    public void windowDeiconified(WindowEvent e);   // 反图标化（还原）窗口时
    public void windowActivated(WindowEvent e);     // 激活（选中）窗口时
    public void windowDeactivated(WindowEvent e);   // 反激活窗口（由选中到未选中）时
}
```

而程序可能只对上述多个方法中的某些方法感兴趣，若采用方式 1，事件监听器类需要重写所有的 7 个抽象方法（重写那些不感兴趣的方法时，方法体中不含任何代码）。此时，可以采用第 7 章介绍的默认适配器模式加以改善——编写一个抽象类（作为默认适配器类）实现 WindowListener 接口，并重写全部的 7 个抽象方法（各方法的方法体均为空），然后编写事件监听器类继承该抽象类——程序可以有选择地重写感兴趣的方法。

实际上，JDK 类库的设计者也考虑到了上述问题，因此为某些事件监听器接口提供了默认适配器类。对于 WindowListener 接口来说，这个类就是 WindowAdapter，类似的还有 MouseAdapter 类（用于监听各种鼠标事件），读者可自行查阅它们的源代码。

【例 8.31】　编写程序，用鼠标模拟手写输入，要求事件监听器类继承默认适配器类（见图 8-34）。

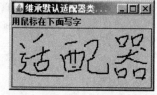

图 8-34　事件监听器类演示（1）

EventListenerWithAdapter.java

```
001  package ch08.event;
002
003  /* 省略了各 import 语句，请使用 IDE 的自动导入功能 */
013
014  // 继承默认适配器类，MouseAdapter 实现了 MouseListener
015  // MouseWheelListener 和 MouseMotionListener 接口
016  public class EventListenerWithAdapter extends MouseAdapter {
```

```
017
018        JLabel tips = new JLabel("用鼠标在下面写字");        // 提示文字
019        JLabel picture = new JLabel();        // 写字区
020        Graphics g = null;        // 图形上下文类（请自行查阅 API）
021
022        public static void main(String[] args) {
023            EventListenerDemo demo = new EventListenerDemo();
024            demo.initUI();
025        }
026
027        void initUI() {        // 初始化界面
028            BaseFrame f = new BaseFrame("继承默认适配器类监听事件");
029            f.setLayout(new BorderLayout());
030
031            // 为一个组件添加多个事件监听器
032            picture.addMouseListener(this);
033            picture.addMouseMotionListener(this);
034            picture.setBorder(BorderFactory.createLineBorder(Color.BLACK, 1));
035
036            f.add(tips, BorderLayout.NORTH);        // 添加组件
037            f.add(picture, BorderLayout.CENTER);
038            f.showMe();
039            // 获取组件的图形上下文，注意此行要位于窗口显示代码之后，否则为 null
040            g = picture.getGraphics();
041            g.setColor(Color.RED);        // 设置绘制颜色
042        }
043
044        // 重写鼠标按下事件对应的方法
045        public void mousePressed(MouseEvent e) {
046            g.fillOval(e.getX(), e.getY(), 3, 3);        // 绘制椭圆代表鼠标当前坐标点
047        }
048
049        // 重写鼠标拖曳事件对应的方法
050        public void mouseDragged(MouseEvent e) {
051            g.fillOval(e.getX(), e.getY(), 3, 3);
052        }
053
054        // 对其余事件不感兴趣，因此不用重写对应的方法
055    }
```

当事件监听器接口定义的抽象方法较多时，可以让事件监听器类继承 JDK 提供（或自己编写）的事件适配器类，但此种方式的缺点也很明显——该类只能作为事件监听器来使用（Java 不允许多重继承）。

3．编写内部类

此种方式与方式 1 和方式 2 类似，但事件监听器类是作为内部类出现的，因此外部类不用继承任何类或实现任何接口。

【例 8.32】 编写内部类作为事件监听器，完成与【例 8.30】相同的事件处理逻辑（见图 8-35）。

EventListenerDemo2.java

```
001    package ch08.event;
002
003    /* 省略了各 import 语句，请使用 IDE 的自动导入功能 */
011
012    public class EventListenerDemo2 {
013        JLabel tips = new JLabel("请单击下面的按钮");      // 构造各组件
014        JButton b1 = new JButton("确定");
015        JButton b2 = new JButton("取消");
016
017        public static void main(String[] args) {
018            EventListenerDemo2 demo = new EventListenerDemo2();
019            demo.initUI();
020        }
021
022        void initUI() {        // 初始化界面
023            BaseFrame f = new BaseFrame("使用内部类监听事件");
024            f.setLayout(new FlowLayout());
025
026            // 构造监听器对象
027            MyActionListener listener = new MyActionListener();
028            b1.addActionListener(listener);      // 多个组件使用相同的监听器对象
029            b2.addActionListener(listener);
030
031            f.add(tips);        // 添加组件
032            f.add(b1);
033            f.add(b2);
034            f.showMe();
035        }
036
037        // 编写内部类作为事件监听器
038        class MyActionListener implements ActionListener {
039            public void actionPerformed(ActionEvent e) {      // 重写方法
040                if (e.getSource() == b1) {        // 直接访问外部类的字段 b1
041                    tips.setText("你单击了 “" + b1.getText() + "” ");
042                } else if (e.getSource() == b2) {
043                    tips.setText("你单击了 “" + b2.getText() + "” ");
044                }
045            }
```

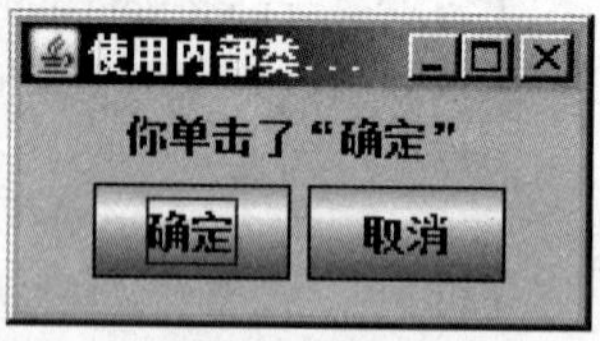

图 8-35　事件监听器类演示（2）

```
046        }
047    }
```

4. 编写匿名内部类

此种方式与方式 3 类似，但事件监听器类是作为匿名内部类出现的，这样做的好处是隐藏了事件处理的细节，但也带来了缺点——不能复用事件处理逻辑。

【例 8.33】 编写匿名内部类作为事件监听器，完成与【例 8.30】相同的事件处理逻辑（见图 8-36）。

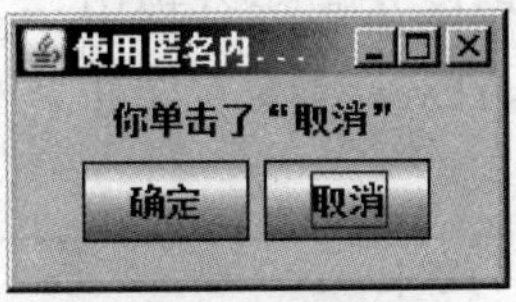

图 8-36　事件监听器类演示（3）

```
EventListenerDemo3.java
001    package ch08.event;
002
003    /* 省略了各 import 语句，请使用 IDE 的自动导入功能 */
012
013    public class EventListenerDemo3 {
014
015        JLabel tips = new JLabel("请单击下面的按钮");      // 构造各组件
016        JButton b1 = new JButton("确定");
017        JButton b2 = new JButton("取消");
018
019        public static void main(String[] args) {
020            EventListenerDemo3 demo = new EventListenerDemo3();
021            demo.initUI();
022        }
023
024        void initUI() {      // 初始化界面
025            BaseFrame f = new BaseFrame("使用匿名内部类监听事件");
026            f.setLayout(new FlowLayout());
027
028            // 以匿名内部类的对象作为参数
029            b1.addActionListener(new ActionListener() {
030                public void actionPerformed(ActionEvent e) {      // 重写接口方法
031                    tips.setText("你单击了 “" + b1.getText() + "”");
032                }
033            });
034            b2.addActionListener(new ActionListener() {
035                public void actionPerformed(ActionEvent e) {
036                    tips.setText("你单击了 “" + b2.getText() + "”");
037                }
038            });
039
040            f.add(tips);      // 添加组件
041            f.add(b1);
042            f.add(b2);
```

```
043            f.showMe();
044        }
045    }
```

上述几种事件监听器类的编写方式有着各自的优缺点，没有哪一种方式适用于各种场合，开发者应结合项目实际灵活加以选择。

8.12.3　常用事件类

如前所述，Swing 的事件模型是完全基于 AWT 的，后者定义了十余种不同的事件类用以描述程序在运行过程中产生的各种事件。这些事件类均直接或间接继承自 java.awt 包下的 AWTEvent 抽象类[1]，且均位于 java.awt.event 包下，其中常用的如表 8-33 所示。

表 8-33　AWT 的常用事件类

序　号	事　件　类	说　　明
1	ActionEvent	动作事件，如单击按钮、选择菜单项、在文本框中按回车键
2	AdjustmentEvent	调整事件，如改变滚动条的滑块位置
3	ComponentEvent	组件事件，如显示或隐藏组件
4	ContainerEvent	容器事件，如在容器中添加或移除组件
5	FocusEvent	焦点事件，如组件获得或失去焦点
6	ItemEvent	项事件，如项被选定或取消选定
7	KeyEvent	键盘事件，如键盘被按下、释放或敲击
8	MouseEvent	鼠标事件，如单击、移动鼠标
9	MouseWheelEvent	鼠标滚轮事件，如滚动鼠标滚轮
10	TextEvent	文本事件，如（文本相关）组件上的文本被改变
11	WindowEvent	窗口事件，如关闭、最小化窗口

每个事件类都有一些用以获取事件相关信息的方法，如 MouseEvent 类的 getClickCount 方法得到鼠标单击次数；一些事件类还定义了若干静态常量，如 KeyEvent.KEY_RELEASED 表示"键被释放"事件。由于篇幅所限，请读者自行查阅这些事件类的 API 文档。

8.12.4　常用事件监听器接口

事件监听器都是以接口的形式定义的，从接口的命名来看，几乎每一个名为 XxxxEvent 的事件类都有一个对应的名为 XxxxListener 的事件监听器接口。除了 AWT 定义的事件监听器之外，Swing 也定义了一些事件监听器接口（通常位于 javax.swing.event 包下），以支持某些特定的 Swing 组件。Swing/AWT 中常用的事件监听器接口如表 8-34 所示（说明栏中以*标识的为 Swing 定义的事件监听器）。

表 8-34　Swing/AWT 的常用事件监听器接口

序　号	事件监听器接口	说　　明
1	ActionListener	动作监听器——监听用户触发的动作，如单击按钮、选择菜单项、在文本框中按回车键等
2	CaretListener	*光标监听器——监听文本组件中光标的移动、所选文本的改变等

1　AWTEvent 类继承自 java.util 包下的 EventObject 类，该类定义了 getSource 方法，用以得到事件源。

序　号	事件监听器接口	说　明
3	ChangeListener	*变更监听器——监听特定组件的状态变化，如拖动滑块、改变微调按钮中的值等
4	ComponentListener	组件监听器——监听组件的基本状态，如组件的显示/隐藏、移动、改变大小等
5	ContainerListener	容器监听器——监听容器所含组件的变化，如向容器添加组件、从容器中移除组件等
6	DocumentListener	*文档监听器——监听文档内容的变化，如插入、删除、改变等
7	FocusListener	焦点监听器——监听组件得到或失去键盘焦点
8	InternalFrameListener	*内部窗口监听器——监听内部窗口的状态变化，如准备关闭、已关闭、最小化、激活等
9	ItemListener	项监听器——监听组件（通常实现了 ItemSelectable 接口）的开关状态，如单击复选按钮、复选菜单项、开关按钮等
10	KeyListener	键盘监听器——监听键盘按键被按下、释放和敲击等
11	ListDataListener	*列表数据监听器——监听列表组件（见第 9 章）中数据项的变化，如添加、移除、改变数据项等
12	ListSelectionListener	*列表选定项监听器——监听列表或表格组件中选定项的变化
13	MouseListener	鼠标监听器——监听鼠标指针的进入、离开，以及鼠标按键的单击、按下、释放等
14	MouseMotionListener	鼠标动作监听器——监听鼠标指针的移动和拖曳（按下鼠标某个键的同时移动鼠标）等
15	MouseWheelListener	鼠标滚轮监听器——监听鼠标滚轮的滚动
16	TableModelListener	*表格模型监听器——监听表格组件（见第9章）中模型的变化
17	TreeExpansionListener	*树节点展开监听器——监听树组件（见第9章）中节点的展开和收缩
18	TreeModelListener	*树模型监听器——监听树组件中模型的变化
19	TreeSelectionListener	*树选定项监听器——监听树组件中选定项的变化
20	UndoableEditListener	*撤销编辑监听器——监听文本组件的撤销操作
21	WindowFocusListener	窗口焦点监听器——监听窗口得到或失去焦点
22	WindowListener	窗口监听器——监听窗口的状态变化，如打开、正在关闭、已关闭、最小化、还原、激活和反激活等
23	WindowStateListener	窗口状态监听器——功能与窗口监听器类似，区别在于只定义了唯一的方法（通过方法参数取得窗口的具体状态）

表 8-34 中的每个事件监听器接口都定义了一个或多个代表具体事件的抽象方法（如 8.11.2 节所述 WindowListener 的 7 个抽象方法），请读者自行查阅 API 文档。

一般通过调用 Swing/AWT 组件对象的形如 addXxxxxListener 的方法为组件添加事件监听器，表 8-35 列出了常用的 Swing 组件类型所支持的事件监听器[1]。

表 8-35　常用 Swing 组件所支持的事件监听器

组　　件	支持的监听器接口
按钮	ActionListener,　ChangeListener,　ItemListener
复选按钮	ActionListener,　ChangeListener,　ItemListener

1　编写 GUI 程序时，编程者应尽量借助 IDE 提供的代码提示（也称内容辅助）功能。例如，对于 JButton 对象 b，在输入"b.add"后按下代码提示快捷键（Eclipse 中默认为 Alt+/，见附录 A），则会弹出 JButton 类支持的所有以"add"开头的方法或字段（形如 addXxxxxListener 的方法也在其中），通过这种方式可以快速获得某种组件所支持的事件监听器。

组　件	支持的监听器接口
颜色选择器	ChangeListener
下拉列表	ActionListener，ItemListener
对话框	WindowListener
编辑面板	CaretListener，DocumentListener，UndoableEditListener，HyperlinkListener
文件选择器	ActionListener
格式化的文本框	ActionListener，CaretListener，DocumentListener，UndoableEditListener
窗口	WindowListener
内部窗口	InternalFrameListener
列表	ListSelectionListener，ListDataListener
菜单	MenuListener
菜单项	ActionListener，ChangeListener，ItemListener，MenuKeyListener，MenuDragMouseListener
密码框	ActionListener，CaretListener，DocumentListener，UndoableEditListener
弹出菜单	PopupMenuListener
进度条	ChangeListener
单选按钮	ActionListener，ChangeListener，ItemListener
滑块	ChangeListener
微调按钮	ChangeListener
选项面板	ChangeListener
表格	ListSelectionListener，TableModelListener，TableColumnModelListener，CellEditorListener
文本区	Caret Listener，DocumentListener，UndoableEditListener
文本框	ActionListener，CaretListener，DocumentListener，UndoableEditListener
文本面板	CaretListener，DocumentListener，UndoableEditListener，HyperlinkListener
开关按钮	ActionListener，ChangeListener，ItemListener
树	TreeExpansionListener，TreeWillListener，ExpandTreeModelListener，TreeSelectionListener

　　本章系统介绍了 Swing 组件库中基本组件的用法及事件处理模型，除了这些内容之外，GUI 编程还包括 Applet[1]、2D 图形、声音等内容，限于篇幅，本章不做介绍，有兴趣的读者可查阅相关资料。

习题 8

（1）简述 Java 图形用户界面的发展。

（2）什么是组件？AWT 与 Swing 组件库有何联系和区别？

（3）简述 Component、Container、JComponent 类之间的继承关系及各自的功能。

（4）什么是容器组件？其有何特点？Swing 提供了哪些常用的容器组件？

1　不少 Java 书籍花费大量篇幅介绍 Applet，笔者认为不太妥当，原因在于：首先，Applet 类（所有 Applet 程序的根类）实际上继承自 AWT 的 Panel 类，因此，其编写方式与 AWT/Swing 程序基本类似（只不过程序入口不再是 main 方法）；其次，Applet 程序需要被嵌入到 HTML 网页并由 JRE 解释执行，而 JRE 从未作为浏览器必须安装的插件而大规模普及；再次，Applet 程序的功能和表现力也远不及与之同属于 RIA（Rich Internet Application，富互联网应用）范畴的其他技术（如 Flash、Flex、Silverlight、JavaFX、Ajax 等）那样丰富，所有这些都阻碍了 Applet 的大规模应用。

（5）顶层容器与非顶层容器有何区别？Swing 提供了哪些常用的顶层容器？

（6）对话框分为哪两种类型？彼此有何区别？

（7）如何将多个单选按钮定义为同一组？

（8）至少给出两种不同的方式，使得某个文本框只能接收数字。

（9）如何构造多级菜单？

（10）简述 Java 的事件处理模型，并说明如何编写事件处理程序。

（11）简述适配器类及其优点。

（12）若多个组件共享同一事件监听器对象，则在事件方法中如何区分事件来源于哪个组件？

（13）如何自定义窗口的关闭逻辑？

（14）什么是布局？为什么需要布局？

（15）简述 Swing 库提供的常用布局管理器，并说明各自有何特点。

（16）打开你机器上的 IE 浏览器，分析界面由哪些组件构成。

实验 7　Swing 基本组件

【实验目的】

（1）了解 Swing 基本组件的分类、GUI 程序的设计方法。

（2）熟练运用 Swing 常用组件及其 API 开发 GUI 程序。

（3）理解布局管理器的概念及常用布局的特点和使用方式。

（4）深刻理解并熟练使用 AWT 事件模型与处理机制。

【实验内容】

（1）见图，编写满足以下要求的 GUI 程序。

① 顶部两个文本框只能接收大于 0 小于 11 的整数。

② 文本框数字改变时，自动刷新下部网格区域。

③ 鼠标进入按钮时，在该按钮上显示"★"。

④ 鼠标移出按钮时，隐藏该按钮上的文字。

（2）见图，在窗口中按下鼠标左键并拖曳时，绘制矩形（要求使用适配器类）。

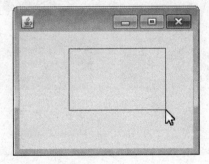

实验内容（1）图　　　　　　　　实验内容（2）图

（3）见图，编写满足以下要求的 GUI 程序。

① 3 个滚动条的可选值范围均为 0～255，分别对应 R、G、B 颜色分量。

② 根据选择的单选按钮，拖动任意一个滚动条时，将 3 个滚动条组合而成的颜色作为下方文本框的前景色或背景色。

③ 初始状态下，单选按钮选择项、滚动条值、文本框前景或背景色应保持一致。

④ 在单选按钮间切换时，应将滚动条的值改变为相应颜色的颜色分量。

（4）在窗口中单击右键弹出如图所示菜单，选择任意项后，在窗口中显示所选菜单项。

（5）见图，编写 GUI 程序模拟 Windows 的图片查看器。

① 窗口下部区域显示若干图片的缩略图。

② 当图片较多时，显示水平滚动条。

③ 可任意选择缩略图。

④ 选择某个缩略图后，在窗口上部区域显示完整图片。

⑤ 单击前一个（后一个）按钮时，切换到上一张（下一张）图片，若当前选择的是首个（末个）图片，则前一个（后一个）按钮不可用。

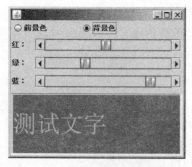

实验内容（3）图

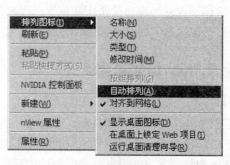

实验内容（4）图

实验内容（5）图

（6）编写 GUI 程序模拟人机猜拳游戏。

第 9 章 Swing 高级组件

本章介绍 Swing 的高级组件，利用这些组件可以编写出功能更丰富、具有更好交互体验的 GUI 程序。与第 8 章的组件相比，本章介绍的组件的使用方法更为复杂，在学习时应注意理解演示程序的代码并经常查阅 API 文档。

9.1 对话框

9.1.1 基本对话框：JDialog

对话框是一种特殊的窗口，通常用于告知用户某种信息或要求用户做出某种选择，其一般依附于某个父窗口。需要注意，这里的父窗口与前述的父容器的概念有所不同，其并非指对话框被加到了某个窗口中。因对话框的打开一般都是由在某个窗口中所做的操作触发的，故称该窗口为对话框的父窗口或拥有者（Owner）窗口[1]。根据对话框所属模态（Modality）的不同，可将对话框分为两类。

（1）模态对话框（Modal）：必须关闭对话框才能回到拥有者窗口继续操作，适用于用户需要对对话框中的信息进行某种确认或选择操作的情形，例如，单击对话框中的"否"按钮。需要特别注意的是，模态对话框被关闭前，程序将一直阻塞在打开对话框的语句处，对话框关闭后，程序才继续执行，如图 9-1 所示。

（2）非模态对话框（Modeless）：无须关闭对话框就能回到拥有者窗口继续操作。当关闭拥有者窗口时，对话框也随之被关闭。

从前述图 8-3 可以看出，JDialog 继承自 java.awt.Dialog（AWT 的对话框组件），后者又继承自 java.awt.Window，因此，与 JFrame 一样，JDialog 也是一种顶层容器。表 9-1 列出了 JDialog 的直接父类 Dialog 的常用方法。

表 9-1 java.awt.Dialog 类的常用方法

序　号	方法原型	方法的功能及参数说明
1	Dialog(Frameowner, boolean modal)	构造方法，创建带指定拥有者窗口、指定模态的对话框。参数 2 若为 true，则对话框是模态的，其模态类型被设为 ModalityType.APPLICATION_MODAL（见方法 11）；否则对话框是非模态的，其模态类型被设为 ModalityType.MODELESS
2	Dialog(Frame o)	构造方法，创建带指定拥有者窗口的非模态对话框
3	Dialog(Frame o, String t, boolean m)	构造方法，创建带指定拥有者窗口、标题和模态的对话框
4	Dialog(Dialog o)	构造方法，类似于方法 2，但拥有者窗口类型为 Dialog，即创建拥有者为对话框的对话框
5	Dialog(Dialog o, String title)	构造方法，类似于方法 4，并指定对话框的标题
6	Dialog(Dialog o, String t, boolean m)	构造方法，类似于方法 5，并指定对话框的标题和模态
7	void setModal(boolean m)	设置对话框的模态（默认为 false）
8	void setResizable(boolean b)	设置是否允许用户改变对话框的大小（默认为 true）

---

1 这里的窗口并非指 JFrame，而是指 java.awt.Window。从表 9-1 的 6 个构造方法可以看出，创建对话框时都要指定一个拥有者，该参数的类型是 Frame 或 Dialog，而这两个类都继承自 java.awt.Window。

序　号	方　法　原　型	方法的功能及参数说明
9	void setTitle(String title)	设置对话框的标题栏文字
10	void setUndecorated(boolean b)	设置是否不显示对话框的标题栏（默认为 false，即显示）
11	void setModalityType(ModalityType type)	设置对话框的模态类型，参数取值来自于 Dialog 类中枚举 ModalityType 所定义的枚举常量，具体包括： TOOLKIT_MODAL——对话框关闭前，除对话框自身及其子窗口外，运行在同一工具集的所有窗口都将被阻塞。 APPLICATION_MODAL——对话框关闭前，除对话框自身及其子窗口（即拥有者为该对话框的窗口）外，属于同一程序的所有窗口都将被阻塞。该常量是模态对话框的默认模态类型。 DOCUMENT_MODAL——对话框关闭前，除对话框自身及其子窗口外，属于同一文档的所有窗口都将被阻塞。此处的文档是指在窗口层级关系中，不同子窗口所共有的最近祖先窗口，该窗口没有拥有者。 MODELESS——对话框关闭前不阻塞任何其他窗口。 容易看出，以上 4 种模态类型的阻塞级别是越来越宽松的

下面介绍 Swing 的对话框组件 JDialog。JDialog 也属于顶层容器，因此可以将绝大多数的 Swing 组件添加到 JDialog 中，但考虑到对话框的主要用途，实际应用中添加到 JDialog 的组件数量和种类一般较 JFrame 少。表 9-2 列出了 JDialog 类的常用方法。

表 9-2　JDialog 类的常用方法

序　号	方　法　原　型	方法的功能及参数说明
1	构造方法略	JDialog 类的构造方法与 Dialog 类似，故不再列出
2	void setJMenuBar(JMenuBar menu)	设置对话框的菜单栏
3	void setDefaultCloseOperation(int operation)	设置对话框的关闭行为，参数取值与前述表 8-6 中的方法 4 类似，但不能取 EXIT_ON_CLOSE

【例 9.1】 登录对话框演示（见图 9-1）。

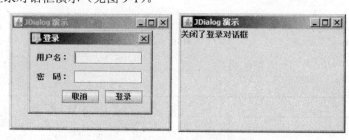

图 9-1　JDialog（对话框）演示

LoginDialog.java

```
001    package ch09.dialog;
002
003    /* 省略了各 import 语句，请使用 IDE 的自动导入功能 */
011
012    public class LoginDialog extends JDialog {        // 继承 JDialog 类
013        JLabel userNameLabel = new JLabel("用户名：");
014        JLabel passwordLabel = new JLabel("密　码：");
015        JTextField userNameTF = new JTextField();
016        JPasswordField passwordPF = new JPasswordField();
017        JButton cancel = new JButton("取消");
```

```
018          JButton login = new JButton("登录");
019
020          public LoginDialog(JFrame parent) {        // 构造方法
021              super(parent, "登录", true);        // 显式调用父类构造方法，创建模态对话框
022              setLayout(null);                    // 设置对话框为"空布局"
023              userNameLabel.setSize(60, 20);      // 设置各组件的大小及位置
024              userNameLabel.setLocation(10, 10);
025              userNameTF.setSize(110, 20);
026              userNameTF.setLocation(70, 10);
027              passwordLabel.setSize(60, 20);
028              passwordLabel.setLocation(10, 40);
029              passwordPF.setSize(110, 20);
030              passwordPF.setLocation(70, 40);
031              cancel.setSize(60, 20);
032              cancel.setLocation(50, 70);
033              login.setSize(60, 20);
034              login.setLocation(120, 70);
035
036              add(userNameLabel);                 // 加各组件到对话框
037              add(userNameTF);
038              add(passwordLabel);
039              add(passwordPF);
040              add(cancel);
041              add(login);
042              // 设置对话框左上角图标
043              setIconImage(ImageFactory.createImage("login.png").getImage());
044          }
045      }
```

JDialogDemo.java

```
001    package ch09.dialog;
002
003    /* 省略了各 import 语句，请使用 IDE 的自动导入功能 */
008
009    public class JDialogDemo {                     // 测试类
010        public static void main(String[] args) {
011            BaseFrame f = new BaseFrame("JDialog 演示");
012            JLabel label = new JLabel();
013            f.setLayout(new BorderLayout());
014            f.add(label, BorderLayout.NORTH);
015            f.setLocationRelativeTo(null);         // 窗口居中
016            f.showMe();                            // 显示窗口
017            LoginDialog d = new LoginDialog(f);    // 创建对话框
018            d.setSize(200, 130);                   // 设置对话框大小
```

```
019          d.setLocationRelativeTo(f);        // 设置对话框位于窗口中心
020          d.setVisible(true);                // 显示对话框, 对话框关闭前程序将阻塞于此
021          label.setText("关闭了登录对话框");  // 修改标签文字
022      }
023  }
```

9.1.2　颜色选择器: JColorChooser

颜色选择器允许用户以可视化方式从调色板中选取某种颜色或直接指定颜色的 RGB/HSB 分量, 一般以模态对话框的形式出现。表 9-3 列出了 JColorChooser 类的常用方法。

表 9-3　JColorChooser 类的常用方法

序　号	方 法 原 型	方法的功能及参数说明
1	JColorChooser()	默认构造方法, 创建初始颜色为白色的颜色选择器
2	JColorChooser(Color c)	构造方法, 创建具有指定初始颜色的颜色选择器
3	Static Color showDialog (Component owner, String t, Color c)	静态方法, 创建并显示指定了拥有者、标题和初始颜色的模态颜色选择器对话框。当选取或指定了某种颜色并单击"确定"按钮后, 会返回该颜色; 若单击"取消"或右上角的关闭按钮, 则返回 null; 若未选取任何颜色就单击"确定"按钮, 则返回参数 3 指定的颜色。以上 3 种情况都会关闭颜色选择器对话框并回到拥有者窗口。通常直接使用此方法显示对话框供用户选择颜色
4	Color getColor()	得到颜色选择器的当前颜色
5	void setColor(Color color)	设置颜色选择器的当前颜色为指定颜色
6	void setColor(int rgb)	同方法 5, 参数意义见前述表 8-27
7	void setColor(int r, int g, int b)	

【例 9.2】　颜色选择器演示（见图 9-2）。

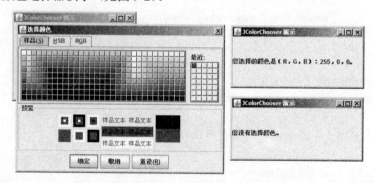

图 9-2　JColorChooser（颜色选择器）演示（2 次运行, 分别单击"确定"、"取消"按钮）

JColorChooserDemo.java

```
001  package ch09;
002
003  /* 省略了各 import 语句, 请使用 IDE 的自动导入功能 */
008
009  public class JColorChooserDemo {
010      public static void main(String[] args) {
011          BaseFrame f = new BaseFrame("JColorChooser 演示");
```

```
012            JLabel label = new JLabel();
013            f.setLayout(new BorderLayout());
014            f.add(label, BorderLayout.CENTER);
015            f.setLocationRelativeTo(null);
016            f.showMe();
017            // 显示颜色选择器对话框，对话框关闭前程序将阻塞在此处
018            Color c = JColorChooser.showDialog(f, "选择颜色", Color.BLUE);
019            if (c != null) {          // 单击了"确定"按钮
020                label.setText("您选择的颜色是（R，G，B）："+ c.getRed() +"，"
                                + c.getGreen() +"，"+ c.getBlue() +"。");
021            } else {                  // 单击了"取消"按钮或关闭了对话框
022                label.setText("您没有选择颜色。");
023            }
024        }
025    }
```

作为 JComponent 的子类，颜色选择器也可以作为普通组件被加到容器中。

9.1.3 文件选择器：JFileChooser

文件选择器允许用户浏览本机文件系统并从中选定（或直接输入）一个或多个文件，一般以模态对话框的形式出现。表 9-4 列出了 JFileChooser 类的常用方法。

表 9-4 JFileChooser 类的常用方法

序　号	方法原型	方法的功能及参数说明
1	JFileChooser()	默认构造方法，创建指定初始目录的文件选择器。初始目录取决于操作系统，在 Windows 下通常是"我的文档"，在 UNIX 下是用户的主目录
2	JFileChooser(String path)	构造方法，创建指定初始目录的文件选择器
3	void setFileHidingEnabled(boolean b)	设置是否不显示隐藏文件（默认为 false，即显示隐藏文件）
4	int showOpenDialog(Component owner)	创建并显示指定了拥有者的"打开文件"模态对话框。返回值表示对话框的关闭状态，取值来自于 JFileChooser 类自身的静态常量，具体包括： CANCEL_OPTION——单击了"取消"按钮或右上角的关闭按钮； APPROVE_OPTION——单击了"打开"按钮，对于方法 5 是"保存"按钮； ERROR_OPTION——发生了非预期的错误
5	int showSaveDialog(Component owner)	创建并显示指定了拥有者的"保存文件"模态对话框
6	int showDialog(Component owner, String approveButtonText)	创建并显示指定了拥有者的模态文件选择器对话框，并设置 APPROVE 按钮的文字（原为"打开"或"保存"）
7	void setApproveButtonText(String text)	设置 APPROVE 按钮的文字
8	void setCurrentDirectory(File dir)	设置文件选择器的当前目录
9	void setDialogTitle(String title)	设置文件选择器对话框的标题栏文字
10	void setDialogType(int type)	设置文件选择器对话框的类型，参数取值来自于 JFileChooser 类自身的静态常量，具体包括： OPEN_DIALOG——打开文件对话框（默认值）； SAVE_DIALOG——保存文件对话框； CUSTOM_DIALOG——自定义文件对话框，通常无须设置为该种类型，因为调用方法 6 或 7 即意味着是自定义对话框
11	void setMultiSelectionEnabled(boolean b)	设置是否允许选择多个文件（默认为 false）

序　号	方法原型	方法的功能及参数说明
12	void setFileSelectionMode(int mode)	设置文件选择器对话框的选择模式，参数取值来自于 JFileChooser 类自身的静态常量，具体包括： FILES_ONLY——仅能选择文件（默认值）； DIRECTORIES_ONLY——仅能选择目录； FILES_AND_DIRECTORIES——文件和目录均能选择
13	void addChoosableFileFilter(FileFilter filter)	添加指定的文件过滤器到文件选择器对话框的文件类型下拉列表中。参数用法请查阅 FileNameExtensionFilter 类的 API
14	void setFileFilte(FileFilter filter)	设置当前使用的文件过滤器
15	void setAcceptAllFileFilterUsed(boolean b)	设置"所有文件"过滤器是否出现在文件选择器对话框的文件类型下拉列表中（默认为 true）
16	void changeToParentDirectory()	将文件选择器对话框切换到当前目录的上级目录
17	void ensureFileIsVisible(File f)	滚动对话框中的滚动条，确保指定文件（或目录）可见
18	File getSelectedFile()	得到选中的文件（或目录）
19	File[] getSelectedFiles()	得到选中的多个文件（或目录）

【例 9.3】 文件选择器演示（见图 9-3）。

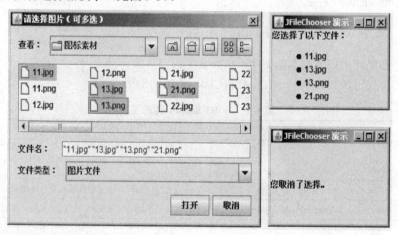

图 9-3　JFileChooser（文件选择器）演示（2 次运行，分别单击"打开"、"取消"按钮）

JFileChooserDemo.java

```
001    package ch09;
002
003    /* 省略了各 import 语句，请使用 IDE 的自动导入功能 */
010
011    public class JFileChooserDemo {
012        public static void main(String[] args) {
013            BaseFrame f = new BaseFrame("JFileChooser 演示");
014            JLabel label = new JLabel();
015            // 创建指定初始路径的文件选择器
016            JFileChooser fc = new JFileChooser("H:/图标素材");
017            // 创建文件过滤器（根据文件扩展名）
018            FileFilter filter = new FileNameExtensionFilter("图片文件", "bmp", "jpg", "png", "gif");
019            fc.setFileFilter(filter);                        // 设置文件过滤器
```

```
020              fc.setFileHidingEnabled(false);              // 显示隐藏文件
021              fc.setMultiSelectionEnabled(true);           // 允许多选
022              fc.setDialogTitle("请选择图片（可多选）"); // 设置对话框标题栏文字
023
024              f.setLayout(new BorderLayout());
025              f.add(label, BorderLayout.CENTER);
026              f.setLocationRelativeTo(null);
027              f.showMe();// 显示窗口
028
029              int click = fc.showOpenDialog(f);           // 显示文件选择器对话框
030              String text = "<html>";
031              if (click == JFileChooser.APPROVE_OPTION) {    // 单击了"打开"按钮

032                  File[] files = fc.getSelectedFiles();      // 得到选择的所有文件
033                  text += "您选择了以下文件：<ul>";
034                  for (int i = 0; i < files.length; i++) {
035                      // 得到文件名
036                      text = text + "<li>" + files[i].getName() + "</li>";
037                  }
038                  text += "</ul>";
039              } else if (click == JFileChooser.CANCEL_OPTION) {// 单击了"取消"按钮
040                  text += "您取消了选择。";
041              }
042              text += "</html>";
043              label.setText(text);            // 设置标签文字
044          }
045      }
```

与颜色选择器一样，文件选择器也可以作为普通组件加到容器中。

9.1.4　选项面板：JOptionPane

如前所述，对话框通常用于告知用户错误、警告或提示信息，并应该提供几个不同的按钮以供用户做出不同的选择。如果继承 JDialog 编写这样的对话框，不仅耗费时间，而且复用性也不高。Swing 提供了选项面板组件，其包含的几个形如 showXxxDialog 的静态方法可以快速创建并显示几种常用的对话框，这些对话框都是模态的，同时允许指定对话框中的图标、标签文字、标题栏文字、按钮和按钮上的文字等。JOptionPane 类包含了较多的静态常量，其中常用的可分为 3 类。

（1）消息类型：描述面板的基本用途和使用的默认图标，具体包括下列 5 项。

① ERROR_MESSAGE：错误消息。

② INFORMATION_MESSAGE：信息消息。

③ WARNING_MESSAGE：警告消息。

④ QUESTION_MESSAGE：问题消息。

⑤ PLAIN_MESSAGE：简单消息，不使用图标。

（2）选项（按钮）类型：描述面板包含哪些选项按钮，具体包括下列 4 项。

① YES_NO_OPTION: "是"和"否"选项[1]。

② OK_CANCEL_OPTION: "确定"和"取消"选项。

③ YES_NO_CANCEL_OPTION: "是"、"否"和"取消"选项。

④ DEFAULT_OPTION: 默认选项（一般只包含一个"确定"选项）。

（3）选择的选项：描述用户选择了哪个选项，通常作为方法的返回值，具体包括下列 5 项。

① YES_OPTION: "是"选项。

② NO_OPTION: "否"选项。

③ CANCEL_OPTION: "取消"选项。

④ OK_OPTION: "确定"选项。

⑤ CLOSED_OPTION: 关闭了对话框窗口而未选择任何选项。

表 9-5 列出了 JOptionPane 类的常用方法

表 9-5　JOptionPane 类的常用方法

序　号	方法原型	方法的功能及参数说明
1	JOptionPane(Object message,int messageType, int optionType,Icon icon)	构造方法，创建指定消息的选项面板，并使其具有指定的消息类型、选项类型和图标。参数 1 通常是一个字符串，参数 2、3 分别来自上述分类（1）、（2）
2	JOptionPane(Object message,int messageType, int optionType, Icon icon, Object[] options)	构造方法，创建指定消息的选项面板，并使其具有指定的消息类型、选项类型、图标和选项内容。参数 5 通常是一个字符串数组，用以自定义每个选项按钮上的文字
3	JOptionPane(Object message, int messageType, int optionType, Icon icon, Object[] options, Object initialValue)	构造方法，创建指定消息的选项面板，并使其具有指定的消息类型、选项类型、图标、选项内容和初始选中选项
4	static void showMessageDialog (Component parent, Object message, String title, int messageType, Icon icon)	静态方法，显示带指定父窗口、消息、标题栏文字、消息类型和图标的模态消息对话框，以便告知或提示用户。对话框中只含有一个"确定"选项
5	static int showConfirmDialog (Component parent, Object message, String title, int optionType, int messageType, Icon icon)	静态方法，显示带指定父窗口、消息、标题栏文字、选项类型、消息类型和图标的模态确认对话框，以便用户对某提问做出某种选择。方法返回值来自于前述分类（3）
6	static int showOptionDialog (Component parent, Object message, String title, int optionType, int messageType, Icon icon, Object[] options, Object initialValue)	静态方法，显示带指定父窗口、消息、标题栏文字、选项类型、消息类型、图标、选项内容和初始选中选项的模态选项对话框，以便用户做出某种选择。返回值同方法 5
7	static String showInputDialog (Component parent, Object message, Object initialText)	静态方法，显示带指定父窗口、消息和初始文字（以文本框呈现）的模态输入对话框，以便用户输入文字。参数 3 通常是字符串类型，方法返回值为输入的文字
8	static Object showInputDialog (Component parent, Object message, String title, int messageType, Icon icon, Object[] selectionValues, Object initialSelection)	静态方法，显示带指定父窗口、消息、标题栏文字、消息类型、图标、可选择内容（通常以下拉列表呈现）和初始选中值的模态输入对话框，以便用户从列表中选择某一项。参数 6 通常是一个字符串数组，方法返回值为用户选择的那一项
9	JDialog createDialog (Component parent, String title)	创建带指定父窗口和标题栏文字的对话框
10	Object getInputValue()	得到用户在面板中选择或输入的值
11	void setSelectionValues (Object[] newValues)	设置面板中的可选择内容，参数同方法 8 的参数 6。若参数为空，则提供一个文本框供用户输入
12	void setInitialSelectionValue (Object newValue)	设置面板中可选择内容的初始选中值，参数同方法 8 的参数 7

【例 9.4】 选项面板演示（见图 9-4）。

---

[1] 根据操作系统的语言和地区等设置的不同，选项上的文字可能也不一样，本书以简体中文为例。

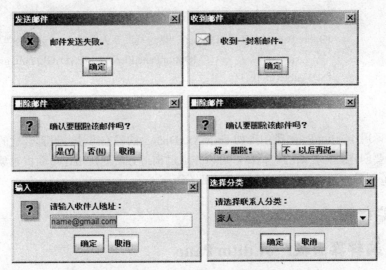

图 9-4   JOptionPane（选项面板）演示（1 次运行）

JOptionPaneDemo.java

```
001    package ch09;
002
003    /* 省略了各 import 语句，请使用 IDE 的自动导入功能 */
005
006    public class JOptionPaneDemo {
007        public static void main(String[] args) {
008            BaseFrame f = new BaseFrame("JOptionPane 演示");
009            ImageIcon mail = ImageFactory.createImage("mail.png");
010            String[] buttonsText = { "好，删除！", "不，以后再说。" };   // 按钮文字
011            String[] groups = { "同事", "家人", "同学" };    // 下拉列表文字
012
013            // 消息对话框
014            JOptionPane.showMessageDialog(f, "邮件发送失败。", "发送邮件",
                                    JOptionPane.ERROR_MESSAGE);
015            // 消息对话框（自定义图标）
016            JOptionPane.showMessageDialog(f, "收到一封新邮件。", "收到邮件",
                                    JOptionPane.INFORMATION_MESSAGE, mail);
017            // 确认对话框
018            JOptionPane.showConfirmDialog(f, "确认要删除该邮件吗？", "删除邮件",
                                    JOptionPane.YES_NO_CANCEL_OPTION,
                                    JOptionPane.QUESTION_MESSAGE);
019            // 选项对话框（自定义按钮文字）
020            JOptionPane.showOptionDialog(f, "确认要删除该邮件吗？", "删除邮件",
                                    JOptionPane.YES_NO_OPTION, JOptionPane.QUESTI
                                    ON_MESSAGE, null, buttonsText, buttonsText[1]);
021            // 输入对话框（文本框）
022            JOptionPane.showInputDialog(f, "请输入收件人地址：", "name@gmail.com");
```

```
023              // 输入对话框（下拉列表）
024              JOptionPane.showInputDialog(f, "请选择联系人分类：", "选择分类",
                              JOptionPane.PLAIN_MESSAGE, null, groups, groups[1]);
025              f.setVisible(true);
026          }
027      }
```

通常直接调用 JOptionPane 类中形如 showXxxDialog 的静态方法并设置合适的参数来显示所需对话框。若要创建更为复杂的对话框，可以先通过构造方法创建出选项面板对象，然后将该对象加到 JDialog 对象中，作为最终对话框的一部分。

9.2 编辑器

9.2.1 编辑器面板：JEditorPane

编辑器面板是一种特殊的文本组件（JEditorPane 继承自 JTextComponent），但与前述文本区组件（JTextArea）只能显示纯文本[1]不同的是，JEditorPane 支持多种样式的文本（甚至 HTML 网页），并且提供了对自定义文本格式的支持。表 9-6 列出了 JEditorPane 类的常用方法。

表 9-6　JEditorPane 类的常用方法

序　号	方 法 原 型	方法的功能及参数说明
1	JEditorPane()	默认构造方法，创建初始内容为空的编辑器面板
2	JEditorPane(String url)	构造方法，创建具有初始页面（以符合 URL 规范的字符串指定，如 "http://www.google.com"）的编辑器面板
3	JEditorPane(URL page)	构造方法，创建具有初始页面（以 URL 对象指定）的编辑器面板
4	void setPage(String url)	设置编辑器面板的页面内容，参数同方法 2
5	void setPage(URL page)	设置编辑器面板的页面内容，参数同方法 3

【例 9.5】 读取一个含有简单 HTML/CSS 标记的网页，并呈现于窗口中（见图 9-5）。

\ch09\editor\DemoPage.html
```
001  <html>
002      <head>
003          <style type="text/css">
004              #customers {
005                  font-family: "Trebuchet MS", Arial, Helvetica, sans-serif;
006                  width: 90%;
007                  font-size: 10px;
008                  border-collapse: collapse;
009              }
010              #customers th {
011                  font-size: 1.0em;
012                  text-align: center;
013                  background-color: #A7C942;
```

1　文本区组件只能包含文字，且设置字体后其内所有的文字都将使用相同的字体。

```
014                    color: #ffffff;
015                }
016            #customers tr.alt td {
017                    color: #000000;
018                    background-color: #EAF2D3;
019                }
020        </style>
021    </head>
022
023  <body >
024    <div align="center">
025      <font face="微软雅黑" color="#0000FF">下面是一个 HTML 表格</font>
026          
027        <img src=" ../../ch08/images/arrow.png">
028        <table id="customers" border="1">
029          <tr>
030            <th>Company</th>
031            <th>Contact</th>
032            <th>Country</th>
033          </tr>
034          <tr>
035            <td>Apple</td>
036            <td>Steven Jobs</td>
037            <td>USA</td>
038          </tr>
039          <tr class="alt">
040            <td>Google</td>
041            <td>Larry Page</td>
042            <td>USA</td>
043          </tr>
044          <tr>
045            <td>Microsoft</td>
046            <td>Bill Gates</td>
047            <td>USA</td>
048          </tr>
049          <tr class="alt">
050            <td>Nokia</td>
051            <td>Stephen Elop</td>
052            <td>Finland</td>
053          </tr>
054        </table>
055      </div>
056    </body>
057  </html>
```

图 9-5　JEditorPane（编辑器面板）演示

JEditorPaneDemo.java

```
001    package ch09.editor;
002
003    /* 省略了各 import 语句，请使用 IDE 的自动导入功能 */
011
012    public class JEditorPaneDemo {
013        public static void main(String[] args) {
014            BaseFrame f = new BaseFrame("JEditorPane 演示");
015            JEditorPane editorPane = null;
016            String page = "ch09/editor/DemoPage.html";
017            try {                              // try-catch 语法结构见第 10 章
018                URL url = JEditorPaneDemo.class.getClassLoader().getResource(page);
019                editorPane = new JEditorPane(url);
020            } catch (IOException e) {
021                e.printStackTrace();
022            }
023            editorPane.setEditable(false);
024            JScrollPane sp = new JScrollPane(editorPane);
025            f.setLayout(new BorderLayout());
026            f.add(sp);
027            f.showMe();
028        }
029    }
```

尽管 JEditorPane 能够正确解析含有常规 HTML/CSS 标记的网页，但相对于常用的网页浏览器（如 IE、Chrome 等），JEditorPane 对 HTML/CSS 的支持程度则非常有限，甚至呈现风格完全不一致。因此，不应该用 JEditorPane 组件呈现或编辑复杂的 HTML 页面。

9.2.2　文本面板：JTextPane

一般来说，JEditorPane 使用相对较少，更多地是使用其直接子类 JTextPane，后者能够对不同的文字指定不同的样式和风格，包括字体、字号、粗体、斜体、下画线、前景色、背景色等。除了文字，还能向 JTextPane 中插入图片、组件等。表 9-7 列出了 JTextPane 类的常用方法。

表 9-7　JTextPane 类的常用方法

序　号	方 法 原 型	方法的功能及参数说明
1	JTextPane()	默认构造方法，创建文档模型为空的文本面板
2	JTextPane(StyledDocument doc)	构造方法，创建具有指定文档模型的文本面板
3	StyledDocument getStyledDocument()	得到文本面板所含的文档模型
4	void insertComponent(Component c)	在文本面板的当前光标处插入指定的组件
5	void insertIcon(Icon icon)	在文本面板的当前光标处插入指定的图标

【例 9.6】　文本面板演示（见图 9-6）。

图 9-6　JTextPane（文本面板）演示

JTextPaneDemo.java
```
001    package ch09.editor;
002
003    /* 省略了各 import 语句，请使用 IDE 的自动导入功能 */
016
017    public class JTextPaneDemo {
018        // 聊天消息
019        String[] chatMessages = { "你对 TOM 说：", "[09:10:50]\n",
                            "\t 新年快乐！给你发了张贺卡，快看看吧！\n", "\nTOM 对你
                            说：", "[09:10:55]\n\t", "Thanks, U 2." };
020        String[] fontName = { "宋体", "Arial", "微软雅黑", "楷体_GB2312",
                            "Georgia", "微软雅黑" };       // 字体
021        int[] fontSize = { 20, 12, 12, 16, 14, 20 };       // 字号
022        // 是否粗体、斜体、带下画线
023        boolean[] bold = { true, false, true, false, false, true };
024        boolean[] italic = { false, true, false, true, false, true };
025        boolean[] underline = { false, true, false, false, false, false };
026        Color[] foreColor = { Color.RED, Color.GRAY, Color.BLUE,
                            Color.GREEN, Color.BLACK, Color.WHITE };   // 文字颜色
027        Color[] bgColor = { Color.WHITE, Color.WHITE, Color.WHITE,
                            Color.WHITE, Color.WHITE, Color.GRAY };   // 背景颜色
028
029        void initDocument(JTextPane tp) {       // 初始化文档内容
030            SimpleAttributeSet style;   // 描述文字风格的属性集合（如粗、斜体属性等）
031            StyledDocument doc = tp.getStyledDocument();   // 得到对应的文档对象
032            for (int i = 0; i < chatMessages.length; i++) {
033                style = new SimpleAttributeSet();       // 重新构造属性集合对象
034                StyleConstants.setFontFamily(style, fontName[i]);   // 设置字体
035                StyleConstants.setFontSize(style, fontSize[i]);       // 设置字号
036                StyleConstants.setBold(style, bold[i]);               // 设置粗体
037                StyleConstants.setItalic(style, italic[i]);           // 设置斜体
038                StyleConstants.setUnderline(style, underline[i]);   // 设置下画线
039                StyleConstants.setForeground(style, foreColor[i]);  // 设置前景色
040                StyleConstants.setBackground(style, bgColor[i]);    // 设置背景色
041                try {
042                    // 将文字插入文档的指定位置（此处为最末位）
043                        doc.insertString(doc.getLength(), chatMessages[i], style);
044                } catch (BadLocationException e) {
045                        e.printStackTrace();
```

```
046                 }
047             }
048             ImageIcon icon = ImageFactory.createImage("smile.gif"); // 构造图片
049             tp.setCaretPosition(doc.getLength());    // 设置光标位置（此处为最末位）
050             tp.insertIcon(icon);                     // 插入图片
051
052             JButton b = new JButton("单击查看");       // 构造按钮对象
053             tp.setCaretPosition(37); // 设置光标位置（此处为文档中第 37 个字符之后）
054             tp.insertComponent(b);    // 插入按钮
055         }
056
057     void initUI() {         // 初始化界面
058             BaseFrame f = new BaseFrame("JTextPane 演示");
059             JTextPane tp = new JTextPane();              // 构造文本面板对象
060             JScrollPane sp = new JScrollPane(tp);    // 将文本面板置于可滚动面板中
061             initDocument(tp);                          // 初始化文档内容
062             sp.setLocation(5, 5);
063             sp.setSize(420, 150);
064             f.add(sp);
065             f.showMe();
066         }
067
068     public static void main(String[] args) {    // 程序入口
069             JTextPaneDemo demo = new JTextPaneDemo();
070             demo.initUI();
071         }
072     }
```

实际上，每个 JTextPane 对象都包含一个文档模型（Document 接口，位于 javax.swing.text 包下，经常使用的是其实现类 StyledDocument），由后者负责维护文本面板中的文字内容。限于篇幅，StyledDocument 类的相关用法请读者参考【例 9.6】并查阅 API 文档。需要说明的是，尽管可以将按钮等组件插入文本面板中，但文本面板主要是用来呈现和编辑文本的，因此不要将其作为常规的容器组件来使用。

9.3 列表和下拉列表

9.3.1 列表: JList

前面介绍过，Swing 的设计遵循 MVC（Model-View-Controller，模型-视图-控制器）模式，其中典型的组件如列表、下拉列表、表格和树等[1]。因此，在学习这些组件之前，有必要对 MVC 设计模式有所了解。

---

1 对于 Swing 中的大多数组件，在使用它们时并不需要知道 MVC 模式的存在而可以直接使用相应的组件类（如 JButton），因为这些组件类维护了 Model、View、Controller 之间的关系。但对于列表、下拉列表、树、表格这样的高级组件，经常需要编写额外的代码来显式维护三者之间的关系。

（1）Model：管理组件包含的数据并负责处理对组件状态所进行的操作。Model 并不知道哪些 View 在使用自己，而由代码指定。此外，当 Model 发生变化时，由系统自动通知相应的 View 执行刷新操作以重新呈现 Model。

（2）View：是与其关联的 Model 在视觉上的呈现，可以为同一个 Model 指定不同的 View，以便能以不同的方式呈现相同的数据。

（3）Controller：用以控制 Model 和用户之间的交互事件，它提供了一些方法处理 Model 的状态变化。

MVC 工作模式的工作原理如图 9-7 所示。具体到 Swing，Model 通常以形如 XxxxModel 的接口表示（如 ButtonModel），其是相对独立的；而 View 和 Controller 则被结合到了一起，通常以形如 XxxxUI 的类表示（如 ButtonUI，通常无须关注这样的类，除非要自定义 Swing 组件的外观）；相应的组件类（如 JButton）则扮演着 Model、View、Controller 三者的黏合剂，其提供了 setModel 和 setUI 方法以分别指定某个组件对象所关联的 Model 和 View/Controller。

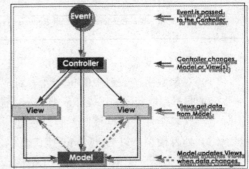

图 9-7　MVC 模式的工作原理

在对 MVC 设计模式有了一定了解之后，下面介绍 Swing 中的列表组件。列表能以一列或多列显示其包含的项，并允许用户选择其中的一项或多项。表 9-8 列出了 JList 类的常用方法。

表 9-8　JList 类的常用方法

序　号	方　法　原　型	方法的功能及参数说明
1	Jlist(final Object[] listData)	构造方法，以指定的对象数组作为列表项创建列表组件。参数不能被修改
2	JList(final Vector listData)	构造方法，以指定的向量（详见第 13 章）作为列表项创建列表组件。参数不能被修改
3	JList(ListModel dataModel)	构造方法，以指定的列表模型创建列表组件。ListModel 是列表模型的根接口，通常使用其实现类 DefaultListModel，请读者自行查阅 API
4	void setSelectionMode(int mode)	设置列表组件的选择模式，参数取值来自于 ListSelectionModel 接口的静态常量，具体包括： SINGLE_SELECTION——单选； SINGLE_INTERVAL_SELECTION——连续多选； MULTIPLE_INTERVAL_SELECTION——任意多选（默认值）
5	void setLayoutOrientation(int orientation)	设置列表项的排列方式，参数取值来自于 JList 类自身的静态常量，具体包括： VERTICAL——单列垂直排列（默认值）； HORIZONTAL_WRAP——水平方向自动换行； VERTICAL_WRAP——垂直方向自动换列
6	void setVisibleRowCount(int count)	设置列表组件的可见行数（默认值为 8）。对于 VERTICAL 排列方式，此方法设置列表组件要显示的行数（不带滚动条）；对于其他两种排列方式，此方法将影响列表项的自动换行或换列。若参数为负值，则使列表组件在可用屏幕空间内尽可能显示更多的列表项
7	void setListData(final Object[] data)	设置列表组件的列表项数据，类似于方法 1
8	void setListData(final Vector data)	设置列表组件的列表项数据，类似于方法 2
9	void setModel(ListModel model)	设置列表组件的列表模型，类似于方法 3
10	ListModel getModel()	得到列表组件的列表模型
11	Object getSelectedValue()	得到选中的列表项。若选中多项，则返回索引值最小的项
12	Object[] getSelectedValues()	得到选中的所有列表项，按索引值升序排列
13	int getSelectedIndex()	得到选中的列表项索引。若选中多项，则返回最小的索引值。若未选中任何项，则得到-1

序　号	方　法　原　型	方法的功能及参数说明
14	int[] getSelectedIndices()	得到选中的所有列表项索引，按索引值升序排列。若未选中任何项，则得到空数组
15	void setSelectedValue（Object item, boolean scrollToIt)	选中列表组件中指定的项。参数 2 若为 true，则列表组件将滚动自身以让指定的列表项可见
16	boolean isSelectedIndex(int index)	判断列表组件中指定的索引项是否被选中
17	void clearSelection()	清除列表组件的所有选中项（即不选中任何项）
18	void setCellRenderer (ListCell Renderer cell Renderer)	为列表组件设置列表项渲染器

从模型的角度来看，一般通过以下几种方式指定列表组件所包含的多个列表项。

（1）对象数组：数组中的每个元素对应一个列表项。

（2）向量：以 java.util.Vector 类表示，详见第 13 章。Vector 包含的每个元素对应一个列表项，实际上，列表组件会根据该向量自动创建一个默认的列表模型。

（3）列表模型：以 ListModel 接口表示，它是对向量的封装。

如表 9-8 所示，JList 类提供了几个构造方法分别以上述不同方式创建列表组件[1]。

从组件的呈现角度来看，除了最简单的字符串形式的列表项，在实际使用中，经常要将其他组件加到列表组件中，以创建更为复杂的列表。此时，需要编写列表单元渲染器类（实现 ListCellRenderer 接口）以描述列表项的呈现细节。通常的步骤是：

（1）为每个列表项创建一个面板对象，并设置合适的布局，然后将每个列表项包含的多个组件加到相应面板中，如【例 9.7】中的第 31～33 行。

（2）构造向量对象，将步骤（1）中的多个面板分别加入向量中，如第 34 行。

（3）调用构造方法创建列表组件，并以步骤（2）中的向量作为参数，如第 36 行。

（4）编写类实现 ListCellRenderer 接口，后者定义了 getListCellRendererComponent 方法，该方法的功能和参数说明如表 9-9 所示。

表 9-9　ListCellRenderer 接口的 getListCellRendererComponent 方法

方　法　原　型	方法的功能及参数说明
Component getListCellRendererComponent(JList list, Object value, int index,boolean isSelected,boolean cellHasFocus)	列表组件在渲染其包含的每个列表项时都会自动调用此方法，方法返回渲染后的当前列表项，参数包括： list——要渲染的列表组件； value——当前列表项（渲染前）； index——当前列表项的索引； isSelected——当前列表项是否被选中； cellHasFocus——当前列表项是否获得焦点

（5）为步骤（3）所创建的列表组件对象设置列表项渲染器，如第 41 行。

【例 9.7】　列表演示（见图 9-8）。

```
JListDemo.java
001    package ch09.list;
002
003    /* 省略了各 import 语句，请使用 IDE 的自动导入功能 */
013
```

1　后述的下拉列表、表格和树等组件一般也是通过这几种方式创建的，只是各自用以描述模型的接口不一样，分别是 ComboBoxModel（继承自 ListModel）、TableModel/TableColumnModel 和 TreeModel。

```
014    public class JListDemo {
015        public static void main(String[] args) {
016            BaseFrame f = new BaseFrame("JList 演示");
017            JList[] lists = new JList[3];        // 列表组件数组
018            JScrollPane[] sp = new JScrollPane[3];// 可滚动面板数组
019            String[] cities = { "北京", "上海", "深圳", "武汉", "杭州", "成都", "合肥" };
020            // 面板数组（本例中后两个列表组件的每一项都是一个面板对象）
021            JPanel[] items = new JPanel[cities.length];
022            lists[0] = new JList(cities);        // 根据对象数组构造列表组件
023            // 第 1 个列表组件是单选的
024            lists[0].setSelectionMode(ListSelectionModel.SINGLE_SELECTION);
025            // 构造向量（使用泛型，具体见第 13 章）
026            Vector<JPanel> v = new Vector<JPanel>();
027            for (int i = 0; i < cities.length; i++) {
028                JLabel order = new JLabel("    " + (i + 1) + "    ");
029                order.setOpaque(true);
030                JLabel city = new JLabel(cities[i]);
031                items[i] = new JPanel(new FlowLayout(FlowLayout.LEFT));
032                items[i].add(order);             // 将"序号"标签加入面板
033                items[i].add(city);              // 将"城市"标签加入面板
034                v.add(items[i]);                 // 将面板对象作为列表项加入向量
035            }
036            lists[1] = new JList(v);              // 根据向量构造列表组件
037            lists[1].setVisibleRowCount(-1);     // 设置列表组件显示的行数
038            // 设置列表项的排列方式（垂直方向自动换列）
039            lists[1].setLayoutOrientation(JList.VERTICAL_WRAP);
040            // 设置列表单元（即列表项）的渲染器
041            lists[1].setCellRenderer(new CityListCellRenderer());
042            // 第 2 个列表组件是多选的（只能选择连续的项）
043            lists[1].setSelectionMode(ListSelectionModel.SINGLE_INTERVAL_SELECTION);
044            lists[2] = new JList();              // 默认构造方法
045            // 取得第 2 个列表的模型（数据）并设置给第 3 个列表
046            lists[2].setModel(lists[1].getModel());
047            lists[2].setVisibleRowCount(-1);
048            // 设置列表项的排列方式（水平方向自动换行）
049            lists[2].setLayoutOrientation(JList.HORIZONTAL_WRAP);
050            lists[2].setCellRenderer(new CityListCellRenderer());
051            // 第 3 个列表组件是多选的（无限制）
052            lists[2].setSelectionMode(ListSelectionModel.MULTIPLE_INTERVAL_SELECTION);
053            for (int i = 0; i < lists.length; i++) {
054                sp[i] = new JScrollPane(lists[i]);   // 将列表组件加入可滚动面板
055                f.add(sp[i]);                        // 将可滚动面板加入窗口
056            }
057            sp[0].setLocation(10, 10);
```

```
058        sp[0].setSize(70, 90);
059        sp[1].setLocation(90, 10);
060        sp[1].setSize(200, 90);
061        sp[2].setLocation(10, 110);
062        sp[2].setSize(280, 70);
063        f.showMe();
064    }
065 }
```

CityListCellRenderer.java

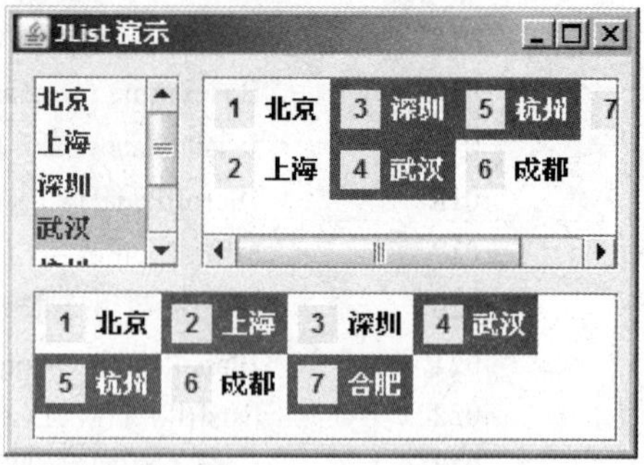

图 9-8　JList（列表）演示

```
001  package ch09.list;
002
003  /* 省略了各 import 语句，请使用 IDE 的自动导入功能 */
010
011  // 自定义列表单元（即列表项）渲染器
012  public class CityListCellRenderer extends DefaultListCellRenderer {
013      Color unselectedBg = new Color(0xFFFFFF);      // 未选中项的背景色
014      Color selectedBg = new Color(0x666666);        // 已选中项的背景色
015      Color unselectedFg = new Color(0x000000);      // 未选中项的前景色
016      Color selectedFg = new Color(0xFFFFFF);        // 已选中项的前景色
017
018      // 重写父类方法（列表组件在显示其包含的每个列表项时都会自动调用此方法）
019      public Component getListCellRendererComponent(JList list, Object value,
                                int index, boolean isSelected, boolean cellHasFocus) {
020          JPanel item = (JPanel) value;       // 得到当前列表项
021          JLabel city = (JLabel) item.getComponent(1);   // 得到当前项中的组件
022          // 根据当前项是否被选中，设置不同的背景、前景色
023          item.setBackground(isSelected ? selectedBg : unselectedBg);
024          city.setForeground(isSelected ? selectedFg : unselectedFg);
025          return item;      // 返回渲染后的列表项
026      }
027  }
```

　　在编写列表单元渲染器类时，也可以直接继承 DefaultListCellRenderer 类（该类已经实现了 ListCellRenderer 接口），然后重写其 getListCellRendererComponent 方法，如上述代码中的 CityListCellRenderer.java。

9.3.2　下拉列表：JComboBox

　　下拉列表是一种特殊的列表组件，其包含一个初始不可见的列表，在某个时刻只显示其中的一项。当用户单击下拉列表右侧的箭头时，将弹出列表以供用户选择，用户也可以直接在下拉列表中输入新的值[1]（可编辑的下拉列表），典型的下拉列表如 IE 浏览器的地址栏。表 9-10 列出了 JComboBox 类的常用方法。

1　可编辑的下拉列表同时具有文本框和列表的功能，这就是其又被称为"组合列表"的原因。

表 9-10 JComboBox 类的常用方法

序 号	方 法 原 型	方法的功能及参数说明
1	JComboBox()	默认构造方法，创建不含任何项的下拉列表
2	JcomboBox(final Object[] items)	构造方法，以指定的对象数组作为列表项创建下拉列表。参数不能被修改
3	JComboBox(Vector items)	构造方法，以指定的向量作为列表项创建下拉列表
4	JComboBox(ComboBoxModel model)	构造方法，以指定的模型创建下拉列表。ComboBoxModel 继承了 ListModel 接口，是下拉列表模型的根接口，通常使用其实现类 DefaultComboBoxModel，请读者查阅 API
5	void setEditable(boolean b)	设置下拉列表是否可编辑（默认不可编辑）
6	void addItem(Object item)	添加指定项到下拉列表
7	void insertItemAt(Object item, int index)	添加指定项到下拉列表的指定位置
8	void removeItem(Object item)	从下拉列表中移除指定项
9	void removeItemAt(int index)	从下拉列表中移除指定位置的项
10	void removeAllItems()	移除下拉列表的所有项
11	Object getItemAt(int index)	得到下拉列表指定位置的项
12	int getItemCount()	得到下拉列表包含的项数
13	ComboBoxModel getModel()	得到下拉列表的模型
14	int getSelectedIndex()	得到下拉列表选中项的下标
15	Object getSelectedItem()	得到下拉列表选中项
16	void setRenderer(ListCellRenderer renderer)	设置下拉列表的列表项渲染器

【例 9.8】 下拉列表演示（见图 9-9）。

图 9-9 下拉列表（JComboBox）演示

JComboBoxDemo.java

```
001    package ch09.combo;
002
003    /* 省略了各 import 语句，请使用 IDE 的自动导入功能 */
013
014    public class JComboBoxDemo {
015        public static void main(String[] args) {
016            JComboBoxDemo demo = new JComboBoxDemo();
017            BaseFrame f = new BaseFrame("JComboBox 演示");
018            Vector<JPanel> model = demo.createModel();          // 生成列表项数据
019            JComboBox box = new JComboBox(model);               // 构造下拉列表组件
020            box.setRenderer(new CountryComboBoxCellRenderer()); // 设置渲染器
```

```
021            box.setLocation(10, 10);
022            box.setSize(240, 36);
023            f.add(box);              // 加下拉列表组件到窗口
024            f.showMe();
025        }
026
027        Vector<JPanel> createModel() {     // 生成列表项数据（以向量的形式）
028            int n = 4;
029            JPanel[] panels = new JPanel[n];
030            String[] iconFiles = { "china.png", "usa.png", "greece.png","brazil.png" };
031            String[] countries = { "中国", "美国", "希腊", "巴西" };
032            String[] descriptions = { "五千年历史的国家", "唯一的超级大国",
                               "欧洲文明的发源地", "足球王国" };
033            JLabel[] iconLabels = new JLabel[n];
034            JLabel[] countryLabels = new JLabel[n];
035            JLabel[] descLabels = new JLabel[n];
036            Icon[] icons = new Icon[n];
037
038            Vector<JPanel> model = new Vector<JPanel>();
039            for (int i = 0; i < n; i++) {
040                icons[i] = ImageFactory.createImage(iconFiles[i]);
041                iconLabels[i] = new JLabel(icons[i]);
042                countryLabels[i] = new JLabel(countries[i]);
043                descLabels[i] = new JLabel(descriptions[i]);
044                panels[i] = new JPanel();   // 构造面板对象，将来作为下拉列表中的项
045                panels[i].setLayout(new BorderLayout());   // 设置面板的布局
046                panels[i].add(iconLabels[i], BorderLayout.WEST);   // 加到西侧
047                panels[i].add(countryLabels[i], BorderLayout.CENTER);
048                panels[i].add(descLabels[i], BorderLayout.EAST);   // 加到东侧
049                model.add(panels[i]);   // 将面板加入向量
050            }
051            return model;
052        }
053    }
```

与列表组件一样，也可以为下拉列表组件指定列表单元渲染器，后者同样实现了 ListCellRenderer 接口。

CountryComboBoxCellRenderer.java
```
001    package ch09.combo;
002
003    /* 省略了各 import 语句，请使用 IDE 的自动导入功能 */
010
011    public class CountryComboBoxCellRenderer implements ListCellRenderer {
012        // 实现 ListCellRenderer 接口中的方法以供下拉列表渲染每个列表项
```

```
013          public Component getListCellRendererComponent(JList list, Object value,
                                            int index, boolean isSelected, boolean
                                            cellHasFocus) {
014              JPanel item = (JPanel) value;        // 获得当前列表项
015              // 取得当前列表项中的组件
016              JLabel countryLabel = (JLabel) item.getComponent(1);
017              JLabel descLabel = (JLabel) item.getComponent(2);
018              descLabel.setForeground(new Color(0xCCCCCC));
019              if (!isSelected) {                // 如果当前列表项未被选中
020                  if (index % 2 == 0) {        // 隔行更换背景色
021                      item.setBackground(new Color(0xFFFFFF));
022                  } else {
023                      item.setBackground(new Color(0xF0F0F0));
024                  }
025                  countryLabel.setForeground(Color.BLACK);
026              } else {                // 如果当前列表项是选中的
027                  item.setBackground(Color.DARK_GRAY);
028                  countryLabel.setForeground(Color.WHITE);
029              }
030              return item;        // 返回渲染后的列表项
031          }
032      }
```

需要注意的是，虽然从使用形式上可以认为下拉列表是一种特殊的列表，但 JComboBox 与 JList 类之间并不存在继承关系。

9.4 表格和树

9.4.1 表格：JTable

表格是由若干行、列数据组成的二维结构，表中同一列的数据都具有相同的类型。表格组件只是用于呈现数据，其本身并不持有数据。表 9-11 列出了 JTable 类的常用方法。

表 9-11 JTable 类的常用方法

序　号	方 法 原 型	方法的功能及参数说明
1	JTable()	默认构造方法，创建不含任何数据行和列的表格
2	JTable(int rows, int columns)	构造方法，创建具有指定行列数（每一行不含任何数据）的表格，列名依次为 "A"、"B"、……
3	JTable(final Object[][] rowData,final Object[] columnNames)	构造方法，创建具有指定数据行和列名的表格。参数 1 的元素 rowData[i][j]表示第 i+1 行、第 j+1 列单元格的数据，参数 2 的元素 columnNames[i]表示第 i+1 列的列名称。参数 1 的第 2 维长度（即列长度）必须与参数 2 的长度相同
4	JTable(Vector rowData,Vector column Names)	构造方法，与方法 3 类似。参数 1 是一个嵌套的向量（其每个元素又是向量），"((Vector)rowData.elementAt(i)). elementAt(j)"表示第 i+1 行、第 j+1 列单元格的数据
5	JTable(TableModel dm)	构造方法，创建具有指定数据行模型的表格。TableModel 是表格数据行模型的根接口，通常使用其实现类 AbstractTableModel 或 DefaultTableModel，它们以向量的形式提供了对表格行数据的封装

序　号	方法原型	方法的功能及参数说明
6	JTable(TableModeldm,TableColumnModel cm)	构造方法，创建具有指定数据行模型和列模型的表格。TableColumnModel 是表格列模型的根接口，通常使用其实现类 DefaultTableColumnModel，它以向量的形式提供了对表格列名的封装
7	TableModel getModel()	得到表格的数据行模型
8	TableColumnModel getColumnModel()	得到表格的列模型
9	void setTableHeader (JTableHeader tableHeader)	设置表格的表头。JTableHeader 类负责表头的呈现，其封装了 TableColumnModel
10	void setShowGrid(boolean b)	是否绘制表格的行列线（默认为绘制）
11	void setShowHorizontalLines(boolean b)	是否绘制表格的行线
12	void setShowVerticalLines(boolean b)	是否绘制表格的列线
13	void setGridColor(Color c)	设置表格行列线的颜色
14	void setSelectionMode(int mode)	设置表格的选择模式。参数取值同列表组件的 setSelectionMode 方法
15	void setRowHeight(int h)	设置表格每行的行高
16	void setRowSelectionAllowed(boolean b)	设置当单击表中某单元格时，是否允许选中该单元格所在的整行（默认为允许）
17	void setColumnSelectionAllowed (boolean b)	设置当单击表中某单元格时，是否允许选中该单元格所在的整列（默认为不允许）
18	void setCellSelectionEnabled(boolean b)	设置当单击表中某单元格时，是否允许选中该单元格（默认为不允许）
19	void addColumn(TableColumn col)	在表格末尾追加指定的列，并将该列加到表格的列模型中。TableColumn 类描述了表格中的列
20	void removeColumn(TableColumn column)	从表格中移除指定的列。此方法只是从表格视图中移除指定的列，而不会删除数据模型中的相应列
21	void setRowSelectionInterval(int begin, int end)	只选中表格中从指定位置开始到指定位置结束的行
22	void addRowSelectionInterval(int begin, int end)	增加选中表格中从指定位置开始到指定位置结束的行
23	void clearSelection()	清除表格中所有选中的行（即不选中任何行）
24	String getColumnName(int column)	得到指定列号的列名
25	int getEditingRow()	得到当前正在编辑的单元格所在的行号
26	int getEditingColumn()	得到当前正在编辑的单元格所在的列号
27	TableColumn getColumn(Object identifier)	根据指定对象得到对应的表格列
28	Class<?> getColumnClass(int column)	根据指定列号得到对应表格列的数据类型
29	int getSelectedRow()	得到被选中的第一行行号。若未选中任何行，则返回-1
30	int[] getSelectedRows()	得到所有被选中行的行号
31	int getSelectedRowCount()	得到所有被选中行的行数
32	void setSelectionBackground(Color background)	设置被选中行的背景色
33	void setSelectionForeground(Color foreground)	设置被选中行的前景色
34	Object getValueAt(int row, int column)	得到表格视图中指定行列号的单元格的值
35	void setRowSorter(RowSorter sorter)	设置表格行排序器。RowSorter 抽象类提供了对表格行进行排序和过滤的逻辑，通常使用其子类 TableRowSorter。请读者自行查阅 API
36	void moveColumn(int column, int targetColumn)	将表格视图中参数 1 指定的列移动到参数 2 指定的位置。参数 2 对应的原有列将向左或右移动以腾出空间
37	int convertRowIndexToModel(int viewRowIndex)	得到表格视图中指定行号的行在数据行模型中的行号（表格视图中的行可能被排序了，导致两者不一致）
38	int convertRowIndexToView(int modelRowIndex)	得到数据行模型中指定行号的行在表格视图中的行号
39	int convertColumnIndexToModel (int viewColumnIndex)	得到表格视图中指定列号的列在列模型中的列号（表格视图中的列可能被拖动了，导致两者不一致）
40	int convertColumnIndexToView(int modelColumnIndex)	得到列模型中指定列号的列在表格视图中对应的列号

【例9.9】 表格演示（见图9-10）。

图9-10 JTable（表格）演示

与前面的演示程序不同，本节演示程序专门定义了一个用以描述表头和表中各行数据的模型类[1]，该类继承自 AbstractTableModel（实现了 TableModel 接口）。

StudentTableModel.java

```
001  package ch09.table;
002
003  /* 省略了各 import 语句，请使用 IDE 的自动导入功能 */
007
008  // 自定义的表格数据模型类
009  public class StudentTableModel extends AbstractTableModel {
010      // 表格行数据集合
011      private Vector<Vector<Object>> rows = new Vector<Vector<Object>>();
012      private Vector<String> headers = new Vector<String>();    // 表头集合
013      private String[] columnNames = { "编号", "姓名", "年龄", "专业","是否为党员" };
014      // 表格列类型
015      private Class<?>[] columnTypes = { Integer.class, String.class,Integer.class, String.class,
                                          Boolean.class };
016      private String[] names = { "王勇", "张红", "李明", "刘晓亮", "赵佳" };
017      // 专业（用于填充下拉列表）
018      static String[] majors = { "电子信息工程", "软件工程", "环境工程", "市场营销" };
019
020      StudentTableModel() {            // 构造方法
021          this.initTableHeaders();     // 初始化表头
022          this.initTableRows();        // 初始化表格行数据
023      }
024
025      void initTableHeaders() {        // 初始化表头
026          for (int i = 0; i < columnNames.length; i++) {
027              headers.add(columnNames[i]);   // 加入表头集合
028          }
029      }
030
```

---

1 模型类在其内部维护了一个或多个 Vector 对象，因此使用模型类与使用 Vector 创建组件的实质是一样的。

```
031        void initTableRows() {          // 初始化表格行数据
032            Random random = new Random();
033            for (int i = 0; i < names.length; i++) {
034                Vector<Object> row = new Vector<Object>();    // 构造行向量
035                row.add(i + 1);                                // 编号
036                row.add(names[i]);                             // 姓名
037                row.add(random.nextInt(8) + 18);      // 随机产生年龄（18～25）
038                row.add(majors[random.nextInt(majors.length)]);   // 随机选择专业
039                row.add(random.nextBoolean());                    // 随机产生 true 或 false
040                rows.add(row);                                     // 加入表格行数据集合
041            }
042        }
043
044        /*** 以下是重写父类的方法（AbstractTableModel 实现了 TableModel 接口） ***/
045        public int getRowCount() {          // 得到表格总行数
046            return rows.size();
047        }
048
049        public int getColumnCount() {    // 得到表格总列数
050            return columnNames.length;
051        }
052
053        public String getColumnName(int column) {          // 得到指定列的名称
054            return columnNames[column];
055        }
056
057        public Class<?> getColumnClass(int column) {       // 得到指定列的类型
058            return columnTypes[column];
059        }
060
061        public Object getValueAt(int row, int column) {        // 得到指定行列的数据
062            return rows.get(row).get(column);
063        }
064
065        public boolean isCellEditable(int row, int col){       //设置指定行列是否可编辑
066            return col != 0 && col != 1;       // "编号"和"姓名"列不允许编辑
067        }
068    }
```

JTableDemo.java

```
001    package ch09.table;
002
003    /* 省略了各 import 语句，请使用 IDE 的自动导入功能 */
012
```

```
013    public class JTableDemo {         // 测试类
014        public static void main(String[] args) {
015            JTableDemo demo = new JTableDemo();
016            BaseFrame f = new BaseFrame("JTable 演示");
017            JTable table = demo.createTable();          // 创建表格组件
018            JScrollPane sp = new JScrollPane(table);          // 将表格加入可滚动面板
019            sp.setSize(500, 140);
020            sp.setLocation(10, 10);
021            f.add(sp);
022            f.showMe();
023        }
024
025        JTable createTable() {     // 创建表格组件
026            StudentTableModel model = new StudentTableModel();     // 构造表格模型
027            JTable table = new JTable(model);       // 以指定模型构造表格
028            // 构造表格行排序器（单击列头，可以使表格行按该列做升/降序排序）
029            TableRowSorter sorter = new TableRowSorter(model);
030            table.setRowSorter(sorter);          // 设置排序器
031            table.setRowHeight(20);             // 设置表格的行高
032            this.setCellRendererAndEditor(table);
033            this.setColumnWidth(table);
034            return table;                 // 返回表格组件
035        }
036
037        void setCellRendererAndEditor(JTable table) { // 设置渲染器和编辑器
038            TableColumnModel colModel = table.getColumnModel(); // 得到列模型
039            // 构造渲染器
040            StudentTableCellRenderer renderer = new StudentTableCellRenderer();
041            // 设置每一列的渲染器
042            for (int i = 0; i < colModel.getColumnCount(); i++) {
043                colModel.getColumn(i).setCellRenderer(renderer);
044            }
045            TableColumn majorColumn = colModel.getColumn(3);     // 得到专业列
046            // 构造下拉列表组件
047            JComboBox comboBox = new JComboBox(StudentTableModel.majors);
048            // 构造单元格编辑器（下拉列表形式）
049            DefaultCellEditor editor = new DefaultCellEditor(comboBox);
050            majorColumn.setCellEditor(editor);          // 设置专业列的编辑器
051        }
052
053        void setColumnWidth(JTable table) {          // 设置表格列的宽度
054            TableColumnModel colModel = table.getColumnModel();
055            for (int i = 0; i < colModel.getColumnCount(); i++) {
```

```
056              if (i == 0 || i == 2) {      // 设置编号和年龄列的最小/最大宽度
057                  colModel.getColumn(i).setMinWidth(30);
058                  colModel.getColumn(i).setMaxWidth(50);
059              }
060          }
061      }
062  }
```

JTable 中每个单元格默认的编辑器是文本框，而有时程序需要提供更友好的方式以便用户编辑某些单元格的内容（如图 9-10 中的"专业"列），JTable 允许为指定列设置指定的编辑器（如上述程序第 50 行）。

也可以为表格的某些列设置指定的渲染器，以让这些列以非默认的形式显示[1]（如图 9-10 中的"是否为党员"列）。与前述列表和下拉列表不同，表格组件渲染器实现的是 TableCellRenderer 接口，通常继承其默认实现类 DefaultTableCellRenderer。

```
StudentTableCellRenderer.java
001  package ch09.table;
002
003  /* 省略了各 import 语句，请使用 IDE 的自动导入功能 */
011
012  // 自定义的表格单元格渲染器
013  public class StudentTableCellRenderer extends DefaultTableCellRenderer {
014      // 重写父类方法
015      public Component getTableCellRendererComponent(JTable table,
                                              Object value, boolean isSelected,
                                              boolean hasFocus, int row, int column) {
016          // 专业列右对齐，其他列居中
017          setHorizontalAlignment(column == 3 ? RIGHT : CENTER);
018          // 隔行换色
019          setBackground(new Color(row % 2 == 0 ? 0xFFFFFF : 0xE4E4E4));
020          // "是否为党员"列以复选按钮显示
021          if (column == 4) {
022              JPanel cell = new JPanel(new BorderLayout());   // 构造面板组件
023              // 根据当前单元格的值构造复选按钮
024              JCheckBox cb = new JCheckBox("", (Boolean) value);
025              cb.setHorizontalAlignment(CENTER);          // 复选按钮居中
026              if (isSelected) {      // 根据当前行是否被选中，设置复选按钮背景色
027                  cb.setBackground(new Color(184, 207, 229));
028              } else {
029                  cb.setBackground(new Color(row % 2 == 0 ? 0xFFFFFF : 0xE4E4E4));
030              }
031              cell.add(cb);      // 加入面板
```

---

[1] 如果未设置表格列的渲染器，并且在模型类中重写了 getColumnClass(int column)方法使得表格"知道"每一列的类型，则表格会根据每一列的类型采用默认的形式和风格来显示该列内容。例如，对 String 和 Integer 类型，分别使用居左/居右对齐的 JLabel 组件；对 Boolean 类型，则使用居中对齐的 JCheckBox 组件。具体请查阅 JTable 相关类的 API 文档。

```
032              return cell;        // 返回面板组件
033          }
034          // 其他列调用父类方法做默认渲染（默认为标签组件）
035          return super.getTableCellRendererComponent(table, value, isSelected, hasFocus, row,
                                                         column);
036      }
037  }
```

JTable 类代表着表格整体，而在实际应用中，经常需要对表格中某个指定的列进行操作，如设置某列的宽度、显示风格（渲染器）和编辑方式（编辑器）等。TableColumn 类用以描述表格中的列，该类的常用方法如表 9-12 所示。

表 9-12　TableColumn 类的常用方法

序　号	方 法 原 型	方法的功能及参数说明
1	TableColumn()	默认构造方法，创建列号为 0、宽度为 75 的表格列
2	TableColumn(int index)	构造方法，创建具有指定列号、宽度为 75 的表格列
3	TableColumn(int index, int width)	构造方法，创建具有指定列号、指定宽度的表格列
4	void setCellRenderer(TableCellRenderer renderer)	设置当前列的渲染器
5	void setHeaderRenderer(TableCellRenderer renderer)	设置当前列的表头渲染器
6	void setCellEditor(TableCellEditor editor)	设置当前列的编辑器。TableCellEditor 是表格单元格编辑器的根接口，通常使用其实现类 DefaultCellEditor，请读者自行查阅 API
7	void setHeaderValue(Object value)	设置当前列的表头值
8	void setWidth(int width)	设置当前列的宽度
9	void setMinWidth(int min)	设置当前列的最小宽度
10	void setMaxWidth(int max)	设置当前列的最大宽度
11	void setResizable(boolean b)	设置是否允许改变当前列的宽度（默认为允许）

9.4.2　树：JTree

现实世界中的部门组织、商品分类及计算机中的文件系统等都是典型的树结构。树结构是对自然界中树的抽象，其描述了一种层级的、结构中多个元素（称为节点，Node）呈一对多关系的模型。对于一棵非空树，存在以下特性：

（1）有一个唯一的称为根（Root）的节点，其唯一标识了一棵树。

（2）树中的任意节点 P 可以有零到多个子节点，这些子节点称为 P 的孩子（Child），P 称为孩子的双亲或父节点（Parent）。

（3）节点 P 的孩子及孩子的孩子称为 P 的子孙（Descendant），P 称为子孙的祖先（Ancestor）。

（4）有孩子的节点称为分支（Branch），没有孩子的节点称为叶子（Leaf）。

（5）具有相同父节点的孩子之间互称为兄弟（Sibling）。

（6）若不允许经过重复的节点，则树中任意两个节点之间都有一条唯一的路径（Path），路径是若干节点组成的节点序列。

树结构的基本概念和特性较容易理解，但其涉及的某些操作则较为复杂，如后序遍历、深度优先遍历、求某种遍历方式下节点的前驱/后继节点等，与此有关的内容请读者自行查阅"数据结构"的相关资料。表 9-13 列出了 JTree 类的常用方法。

表 9-13 　JTree 类的常用方法

序　号	方 法 原 型	方法的功能及参数说明
1	JTree()	默认构造方法，创建一棵含有样例数据的树
2	JTree(Object[] value)	构造方法，以指定的对象数组创建一棵不显示根节点的树。数组中的每个元素都作为根节点的孩子
3	JTree(Hashtable value)	构造方法，以指定的哈希表创建一棵不显示根节点的树。哈希表中的每个"键值对"都作为根节点的孩子
4	JTree(Vector value)	构造方法，以指定的向量创建一棵不显示根节点的树。向量中的每个元素都作为根节点的孩子
5	JTree(TreeModel model)	构造方法，以指定的模型创建一棵树（显示根节点）。TreeModel 是树模型的根接口，通常使用其实现类 DefaultTreeModel，请读者自行查阅 API
6	JTree(TreeNode root)	构造方法，以指定的节点作为根节点创建一棵树（显示根节点）。TreeNode 是树节点的根接口，通常使用其实现类 Default MutableTreeNode（见表 9-14）
7	JTree(TreeNode root,boolean asksAllowsChildren)	构造方法，与方法 6 类似。参数 2 指定树如何确定节点是否为叶子，若为 false（默认值），则没有孩子的任何节点都是叶子；若为 true，则只有不允许有孩子的节点才是叶子（见表 9-14 的方法 4）
8	void setEditable(boolean b)	设置树中节点是否可编辑（默认为 false）
9	void setRootVisible(boolean b)	设置是否显示树的根节点。对于用方法 2、3、4 构造的树默认不显示根节点，其余则默认显示
10	void setSelectionModel(TreeSelectionModel model)	设置树的选择模型。TreeSelectionModel 是树选择模型的根接口，其通过路径（TreePath）和整数的概念来描述树的选择状态，通常使用其默认实现类 DefaultTreeSelectionModel，请读者自行查阅 API
11	void setSelectionPath(TreePath path)	使树只选中指定路径所标识的节点，若路径中的任何节点处于折叠状态，则自动展开这些节点。TreePath 类描述了从根节点走到某个节点的路径，路径中的所有节点均存放在对象数组中（首个元素是根节点），请读者自行查阅 API
12	void setSelectionPaths(TreePath[] paths)	使树只选中指定路径数组所标识的多个节点
13	void addSelectionPath(TreePath path)	增加选中指定路径所标识的节点
14	void removeSelectionPath(TreePath path)	移除选中指定路径所标识的节点
15	void clearSelection()	清除所有选中的节点
16	TreePath getSelectionPath()	得到选中的第一个节点对应的路径
17	Object getLastSelectedPathComponent()	得到选中的第一个节点对应的路径上的最后一个对象（即路径所含对象数组中的最后一个元素）。此方法等效于连续调用 getSelectionPath().getLastPathComponent()方法
18	void expandPath(TreePath path)	展开指定路径所标识的节点。如果该节点是叶子则无效
19	void collapsePath(TreePath path)	折叠指定路径所标识的节点
20	void setToggleClickCount(int clickCount)	设置节点被展开/折叠的鼠标单击次数，默认为双击
21	void scrollPathToVisible(TreePath path)	滚动树以让指定路径所标识的节点可见，若路径中的任何节点处于折叠状态，则自动展开这些节点。此方法有效的前提是树组件被加到了可滚动面板中
22	void makeVisible(TreePath path)	与方法 21 类似，但不要求树组件被加到可滚动面板中
23	void setCellRenderer(TreeCellRenderer renderer)	设置树节点渲染器
24	void setCellEditor(TreeCellEditor editor)	设置树节点编辑器

JTree 类代表整棵树，而在实际应用中，经常需要对某个指定的节点进行操作。TreeNode 接口用以描述树中的节点，通常使用其实现类 DefaultMutableTreeNode（默认的可变树节点），该类的常用方法如表 9-14 所示。

表 9-14　DefaultMutableTreeNode 类的常用方法

序　号	方 法 原 型	方法的功能及参数说明
1	DefaultMutableTreeNode()	默认构造方法，创建无父节点、无孩子的节点
2	DefaultMutableTreeNode(Object userObject)	构造方法，与方法 1 类似。参数作为节点的用户对象，即节点携带的数据
3	DefaultMutableTreeNode(Object userObject,boolean allows Children)	构造方法，与方法 2 类似。参数 2 指定节点是否允许有孩子，若未指定则默认为 true
4	boolean getAllowsChildren()	判断当前节点是否允许有孩子
5	boolean isLeaf()	判断当前节点是否是叶子
6	Object getUserObject()	得到当前节点的用户对象
7	Object[] getUserObjectPath()	得到当前节点对应的路径上所有节点的用户对象
8	TreeNode getRoot()	得到当前节点所在树的根
9	TreeNode getParent()	得到当前节点的父节点
10	Enumeration children()	得到当前节点的所有孩子
11	int getChildCount()	得到当前节点的孩子数
12	int getSiblingCount()	得到当前节点的兄弟数（含当前节点自身）
13	int getLeafCount()	得到当前节点的叶子数
14	TreeNode getSharedAncestor (DefaultMutableTreeNode n)	得到当前节点与指定节点共同的最近祖先节点
15	void add(MutableTreeNode child)	将参数指定的节点加到当前节点下，作为其最后一个孩子。参数节点原来的父节点不再拥有该孩子
16	void insert(MutableTreeNode n, int i)	与方法 11 类似，但参数 1 被加到参数 2 指定的位置
17	void remove(MutableTreeNode child)	从当前节点的孩子中移除参数指定的孩子
18	void removeAllChildren()	从树中移除当前节点的所有孩子（不包括当前节点自身）
19	void removeFromParent()	从树中移除以当前节点为根的子树（包括当前节点自身）
20	TreeNode getFirstChild()	得到当前节点的第一个孩子
21	TreeNode getLastChild()	得到当前节点的最后一个孩子
22	int getIndex(TreeNode child)	得到当前节点的指定孩子在所有孩子中的位置。若参数不是当前节点的孩子，则返回-1
23	TreeNode getChildAt(int index)	得到当前节点的指定位置的孩子
24	TreeNode getChildBefore(TreeNode n)	得到当前节点的指定孩子的前一个孩子。若参数是当前节点的第一个孩子，则返回空
25	TreeNode getChildAfter(TreeNode n)	得到当前节点的指定孩子的后一个孩子。若参数是当前节点单的最后一个孩子，则返回空
26	DefaultMutableTreeNode getFirstLeaf()	得到当前节点的第一个叶子。若当前节点是叶子，则得到自身；否则得到该节点第一个孩子的第一个叶子
27	DefaultMutableTreeNode getLastLeaf()	得到当前节点的最后一个叶子。若当前节点是叶子，则得到自身；否则得到该节点最后一个孩子的最后一个叶子
28	DefaultMutableTreeNode getNextNode()	得到先序遍历序列中，当前节点的下一个节点
29	DefaultMutableTreeNode getPreviousNode()	得到先序遍历序列中，当前节点的前一个节点
30	DefaultMutableTreeNode getNextSibling()	得到当前节点的下一个兄弟
31	DefaultMutableTreeNode getPreviousSibling()	得到当前节点的前一个兄弟
32	int getLevel()	得到当前节点在树中所处的层级。根节点位于第 0 级
33	int getDepth()	得到以当前节点为根节点的子树的深度。若当前节点是叶子，则深度为 0

序　号	方法原型	方法的功能及参数说明
34	Enumeration breadthFirstEnumeration()	得到以当前节点为根节点的子树的广度优先遍历序列
35	Enumeration depthFirstEnumeration()	得到以当前节点为根节点的子树的深度优先遍历序列
36	Enumeration preorderEnumeration()	得到以当前节点为根节点的子树的先序遍历序列
37	Enumeration postorderEnumeration()	得到以当前节点为根节点的子树的后序遍历序列

【例 9.10】 树演示（见图 9-11）。

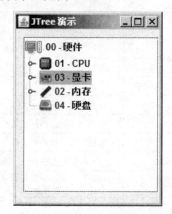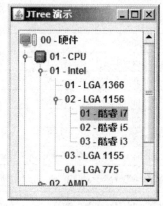

图 9-11　JTree（树）演示（1 次运行）

在实际应用中，树的节点信息及节点间的父子关系往往是从数据库或文件系统中读取数据并动态生成的，如下面的 data.txt 文件。文件中的每一行代表树中的一个节点，格式形如"节点编号=节点名称"。需要说明的是，为了能够描述节点间的父子关系，我们对编号的格式做了约定[1]——如编号为 000302 的节点的父节点编号为 0003，而后者的父节点编号为 00（根节点，未在文件中指定，见后述 JTreeDemo.java 的第 41 行）。

```
\ch09\tree\data.txt
0001=CPU
0003=显卡
0002=内存
0004=硬盘

000301=AMD
000302=NVidia
000201=DDR II 800
000202=DDR III 1333
000203=DDR III 1600
000101=Intel
000102=AMD

00010101=LGA 1366
```

1　每一行的格式及编号的格式由编程者自行约定，只要能够还原出树中节点的父子关系即可。

```
00010102=LGA 1156
00010103=LGA 1155
00010104=LGA 775
00010201=Socket AM3
00010202=Socket AM2+
00010203=Socket AM2
00030201=GTX 590
00030202=GTX 560 Ti
00030203=GTX 460
00030101=HD 6990
00030102=HD 6850

0001010201=酷睿 i7
0001010202=酷睿 i5
0001010203=酷睿 i3
```

尽管大多数应用中的树只显示了节点的文字描述，但树中的每个节点往往还包含其他未被显示的重要信息，如节点编号等。因此，我们专门编写了类用以描述树中的节点信息，这样不仅使得代码容易理解，同时也利于日后扩展，读者在编写自己的程序时，也应该注意使用这样的方式。

Hardware.java

```java
001    package ch09.tree;
002
003    import javax.swing.Icon;
004
005    public class Hardware {              // 此类的对象作为 JTree 中节点的用户对象
006        String id;                       // 编号
007        String name;                     // 名称
008        Icon icon;                       // 图标
009
010        public String getId() {          // get 和 set 方法
011            return id;
012        }
013
014        public void setId(String id) {
015            this.id = id;
016        }
017
018        public String getName() {
019            return name;
020        }
021
022        public void setName(String name) {
023            this.name = name;
024        }
```

```
025
026        public Icon getIcon() {
027            return icon;
028        }
029
030        public void setIcon(Icon icon) {
031            this.icon = icon;
032        }
033    }
```

下面的演示类从数据文件中读取每一行以初始化 Hardware 对象，再以该对象作为用户对象
（节点所含的自定义信息）构造出节点对象（DefaultMutableTreeNode 类），然后根据编号寻找父
节点并作为孩子添加到该父节点（请读者思考为什么不能随意改变上述数据文件中各行的位置）。
最后，返回创建出来的树并加入到窗口。

JTreeDemo.java

```
001    package ch09.tree;
002
003    /* 省略了各 import 语句，请使用 IDE 的自动导入功能 */
017
018    public class JTreeDemo {
019        public static void main(String[] args) {
020            JTreeDemo demo = new JTreeDemo();
021            BaseFrame f = new BaseFrame("JTree 演示");
022            DefaultMutableTreeNode root = demo.createNodesFromFile();
023            JTree tree = new JTree(root);           // 构造以 root 为根的树
024            tree.setCellRenderer(new HardwareTreeCellRenderer());   // 设置渲染器
025            JScrollPane sp = new JScrollPane(tree);        // 将树放到可滚动面板中
026            sp.setLocation(10, 10);
027            sp.setSize(180, 200);
028            f.add(sp);
029            f.showMe();
030        }
031
032        // 从数据文件中读取节点信息并创建树
033        DefaultMutableTreeNode createNodesFromFile() {
034            Icon rootIcon = ImageFactory.createImage("hardware.png");
035            Icon cpuIcon = ImageFactory.createImage("cpu.png");
036            Icon vcardIcon = ImageFactory.createImage("vcard.png");
037            Icon ramIcon = ImageFactory.createImage("ram.png");
038            Icon hdIcon = ImageFactory.createImage("hardDisk.png");
039
040            Hardware rootHw = new Hardware();           // 根节点的用户对象
041            rootHw.setId("00");                         // 根节点编号设为 "00"
042            rootHw.setName("硬件");
```

```
043             rootHw.setIcon(rootIcon);
044             // 构造根节点
045             DefaultMutableTreeNode root = new DefaultMutableTreeNode(rootHw);
046             URL url = getClass().getResource("data.txt");     // 数据文件
047             try {
048                 InputStream is = url.openStream();          // 使用 I/O 流读取文件（见第 11 章）
049                 InputStreamReader isr = new InputStreamReader(is);
050                 BufferedReader reader = new BufferedReader(isr);
051                 String line;
052                 while ((line = reader.readLine()) != null) {
053                     if (line.trim().length() < 1) {          // 忽略空行
054                         continue;
055                     }
056                     String id = this.getId(line);           // 取得编号
057                     String name = this.getName(line);       // 取得名称
058                     Hardware nodeHw = new Hardware();
059                     nodeHw.setId(id);
060                     nodeHw.setName(name);
061                     if (id.equals("0001")) {                 // 根据编号设置图标
062                         nodeHw.setIcon(cpuIcon);
063                     } else if (id.equals("0002")) {
064                         nodeHw.setIcon(ramIcon);
065                     } else if (id.equals("0003")) {
066                         nodeHw.setIcon(vcardIcon);
067                     } else if (id.equals("0004")) {
068                         nodeHw.setIcon(hdIcon);
069                     }
070                     // 构造子节点
071                     DefaultMutableTreeNode node = new DefaultMutableTreeNode(nodeHw);
072                     // 找到子节点的父节点
073                     DefaultMutableTreeNode parent = this.findParentNode (root, node);
074                     parent.add(node);            // 加到父节点之下
075                 }
076             } catch (IOException e) {
077                 e.printStackTrace();
078             }
079             return root;                          // 根节点可唯一标识一棵树
080         }
081
082         // 获得 "=" 前的编号
083         String getId(String line) {
084             int i = line.indexOf("=");            // 查找 "=" 出现的位置（见第 14 章）
085             return line.substring(0, i).trim();
086         }
```

```
087
088        // 获得 "=" 后的名称
089        String getName(String line) {
090            int i = line.indexOf("=");
091            return line.substring(i + 1).trim();
092        }
093
094        // 在根节点为 root 的树中寻找 node 节点的父节点
095        DefaultMutableTreeNode findParentNode(DefaultMutableTreeNode root,
                                                   DefaultMutableTreeNode node) {
096            String id = ((Hardware) node.getUserObject()).getId();   // 取得编号
097            // 以广度优先遍历方式获得根节点的所有子孙节点
098            Enumeration<DefaultMutableTreeNode> nodes = root.breadthFirstEnumeration();
099            while (nodes.hasMoreElements()) {         // 根据节点编号寻找父节点
100                DefaultMutableTreeNode _node = nodes.nextElement();
101                Hardware hw = (Hardware) _node.getUserObject();
102                String _id = hw.getId();
103                if (id.length() == _id.length() + 2 && id.startsWith(_id)) {
104                    return _node;
105                }
106            }
107            return root;                 // 对于根节点的孩子，返回根节点
108        }
109    }
```

与列表、下拉列表和表格类似，也可以为树指定渲染器以描述节点的显示细节。渲染器类要实现 TreeCellRenderer 接口，通常继承其默认实现类 DefaultTreeCellRenderer。

HardwareTreeCellRenderer.java

```
001    package ch09.tree;
002
003    /* 省略了各 import 语句，请使用 IDE 的自动导入功能 */
010
011    // 自定义的树节点渲染器
012    public class HardwareTreeCellRenderer extends DefaultTreeCellRenderer {
013        // 重写父类方法
014        public Component getTreeCellRendererComponent(JTree tree, Object value, boolean
                                                        selected, boolean expanded,
                                                        boolean leaf, int row, boolean hasFocus) {
015            // 获得当前节点
016            DefaultMutableTreeNode node = (DefaultMutableTreeNode) value;
017            Hardware hw = (Hardware) node.getUserObject(); // 取得节点的用户对象
018            String id = hw.getId();
019            String name = hw.getName();
020            JLabel nodeLabel = new JLabel();         // 构造标签组件
```

```
021            nodeLabel.setOpaque(true);
022            // 设置标签组件的文字
023            nodeLabel.setText(id.substring(id.length() - 2) + " - " + name);
024            if (hw.getIcon() != null) {
025                nodeLabel.setIcon(hw.getIcon());    // 设置标签组件的图标
026            }
027            if (selected) {
028                nodeLabel.setBackground(Color.LIGHT_GRAY);    // 设置选中节点的背景
029            } else {
030                nodeLabel.setBackground(Color.WHITE);
031            }
032            return nodeLabel;          // 返回渲染后的标签组件
033        }
034    }
```

9.5 其他高级组件

9.5.1 工具提示：JToolTip

工具提示用于为组件设置提示文字，当鼠标指针在组件上停留时，该文字会显示出来。作为 Swing 中除顶层容器外所有组件的父类，JComponent 类提供了 setToolTipText(String)方法，组件对象只需要调用该方法并传入提示文字字符串就能得到一个标准的工具提示。

【例 9.11】 工具提示演示（见图 9-12）。

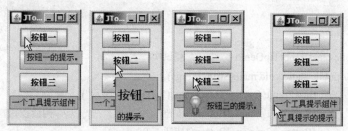

图 9-12　JToolTip（工具提示）演示（1 次运行）

JToolTipDemo.java
```
001    package ch09;
002
003    /* 省略了各 import 语句，请使用 IDE 的自动导入功能 */
012
013    class MyToolTip extends JToolTip {    // 继承 JToolTip，自定义工具提示
014        ImageIcon icon = ImageFactory.createImage("tip.png"); // 工具提示的图标
015        JLabel label = new JLabel(icon);    // 图标不是组件，故放在标签中
016
017        public MyToolTip() {               // 构造方法，创建自定义工具提示对象
018            label.setLocation(2, 2);        // 设置标签的位置（相对于工具提示）
019            label.setSize(32, 32);          // 设置标签的大小
020            add(label);                     // 加标签到工具提示
```

```
021          }
022
023          // 重写 JComponent 类的方法，获得工具提示首选大小
024          public Dimension getPreferredSize() {
025              return new Dimension(120, 36);
026          }
027
028          // 重写 JComponent 类的方法，绘制工具提示的背景和提示文字
029          public void paintComponent(Graphics g) {
030              int width = (int) getPreferredSize().getWidth();      // 工具提示宽度
031              int height = (int) getPreferredSize().getHeight();    // 工具提示高度
032              Color oldColor = g.getColor();                       // 得到图形上下文当前颜色
033              g.setColor(Color.CYAN);                              // 设置新的颜色
034              g.fillRect(0, 0, width, height);                     // 填充工具提示的矩形背景
035              g.setColor(oldColor);    // 还原颜色（否则下一行绘制的文字颜色与背景色相同）
036              g.drawString(getTipText(), 36, 24);                  // 绘制工具提示的文字
037          }
038    }
039
040    class MyButton extends JButton {              // 继承 JButton，自定义按钮
041          public JToolTip createToolTip() {        // 重写 JComponent 类的方法
042              return new MyToolTip();              // 构造自定义工具提示对象
043          }
044    }
045
046    public class JToolTipDemo {        // 测试类
047          public static void main(String[] args) {
048              BaseFrame f = new BaseFrame("JToolTip 演示");
049              JButton b1 = new JButton("按钮一");              // 构造按钮
050              JButton b2 = new JButton("按钮二");
051              MyButton b3 = new MyButton();                    // 构造自定义按钮
052
053              b1.setToolTipText("按钮一的提示。");              // 设置按钮的工具提示文字
054              String s = "<html><h2>按钮二</h2>的<strike>提示</strike>。</html>";
055              b2.setToolTipText(s);
056              b3.setText("按钮三");        // 设置按钮文字（因 MyButton 中没有相应构造方法）
057              b3.setToolTipText("按钮三的提示。");              // 设置按钮三的工具提示文字
058
059              f.setLayout(new FlowLayout());
060              f.add(b1);
061              f.add(b2);
062              f.add(b3);
063              JToolTip tip = new JToolTip();                   // 构造工具提示对象
064              tip.setTipText("一个工具提示组件");              // 设置工具提示对象的文字
```

```
065              tip.setToolTipText("工具提示的提示");  // 设置工具提示对象的提示文字
066              f.add(tip);                              // 加工具提示到窗口
067              f.showMe();
068          }
069      }
```

某些情况下，可能需要自定义工具提示（如图 9-12 中按钮三的提示），一般步骤如下：

（1）编写自定义工具提示类（继承 JToolTip，第 13 行），并在构造方法中为工具提示添加其他组件（第 18～20 行）。此外，还可以重写父类 JComponent 的 paintComponent 方法（第 30～36 行），以控制更多的绘制细节。

（2）编写自定义组件类（因为此处要自定义按钮组件的工具提示，因此继承了 JButton，第 40 行），并重写父类 JComponent 的 createToolTip 方法（第 41 行）以获得自定义的工具提示对象。

（3）创建自定义组件类的对象（第 51 行），并设置工具提示文字（第 57 行）。

JToolTip 类中只有一个无参的构造方法用以创建工具提示对象（第 63 行），之后可以调用该对象的 setTipText 方法设置工具提示对象上呈现的文字（第 64 行）。一般来说，不需要编写代码创建 JToolTip 类的对象。

需要注意，因 JToolTip 类继承自 JComponent，故可以将工具提示作为 add(Component)方法的参数（第 66 行），即将工具提示作为普通组件加到容器中并始终显示，但这样做通常没有意义。此外，也能通过 JComponent 类的 setToolTipText 方法为工具提示对象设置工具提示文字（第 65 行），如图 9-12 中最右边的图所示。

9.5.2 微调按钮：JSpinner

第 8 章的滚动条和滑块条的取值范围只能是整数，而微调按钮可以定义多种类型的取值范围，并且允许用户直接输入范围内的某个值。表 9-15 列出了 JSpinner 类的常用方法。

表 9-15 JSpinner 类的常用方法

序 号	方法原型	方法的功能及参数说明
1	JSpinner()	默认构造方法，创建默认含 SpinnerNumberModel 模型的微调按钮，未指定最小、最大值，默认初始值和步长分别为 0 和 1
2	JSpinner(SpinnerModel m)	构造方法，创建带指定模型的微调按钮
3	Object getNextValue()	得到范围内的下一个值，若当前值已是最大值，则返回 null
4	Object getPreviousValue()	得到范围内的上一个值，若当前值已是最小值，则返回 null
5	Object getValue()	得到微调按钮的当前值
6	void setModel(SpinnerModel m)	设置微调按钮的模型，与方法 2 类似
7	void setEditor(JComponent c)	设置微调按钮的编辑器
8	void commitEdit()	将当前编辑的值提交给微调按钮所含的模型

微调按钮的可选值一般先存放在模型中，有 3 种具体的模型——SpinnerNumberModel（数值模型）、SpinnerListModel（列表模型）、SpinnerDateModel（日期模型），它们都是 SpinnerModel 接口的实现类，分别用来存放以数值、列表容器、时间表示的取值范围，如表 9-16 所示。

表 9-16　微调按钮的模型类

模型类及适用场合	构造方法的参数	参数说明
SpinnerNumberModel——适用于数值型范围，如【例9.12】中的前两个微调按钮	(int value,int min,int max, int step)	value——微调按钮的初始值； min——微调按钮的最小值； max——微调按钮的最大值； step——步长，即单击上下箭头时，值的改变量
	(double value,double min, double max,double step)	参数意义同上，只是类型不同
	无参构造方法	未指定最小、最大值，默认初始值和步长分别是 0 和 1
SpinnerListModel——适用于对象集合型范围，如【例9.12】中的第 3 个微调按钮	(Object[] values)	取值范围对应的对象数组，一般是字符串数组，数组中每个元素代表一个可选值
	(List values)	取值范围对应的列表容器，其中每项代表一个可选值
SpinnerDateModel——适用于日期型范围，如【例9.12】中的第 4 个微调按钮	(Date value, Comparable min, Comparablemax, int step)	参数意义与 SpinnerNumberModel 类的第 1 个构造方法一样，但类型不同。参数 1 是 Date（日期）型；参数 2、3 必须实现 Comparable（可比较的）接口，通常也是 Date 型（Date 类实现了 Comparable 接口）；参数 4 决定了上一个／下一个日期的计算方式，其取值来自于 java.util.Calendar 类的静态常量，具体请查阅 API 文档
	无参构造方法	未指定最小、最大日期，默认的初始值和步长分别是当前日期和 Calendar.DAY_OF_MONTH

JSpinner 类还定义了 3 个内部静态类，分别用来表示表 9-16 中 3 种模型的编辑器（即定义微调按钮中数据的显示格式[1]），它们均继承自 JSpinner 类的另一个内部静态类 DefaultEditor，限于篇幅，请读者自行查阅这几个类的 API 文档。需要说明的是，若微调按钮可编辑，则当输入数据的格式错误或超过范围时，将回到编辑前的值；若不允许用户编辑微调按钮，则应该编写如【例 9.12】第 28 行所示的代码。

【例9.12】　微调按钮演示（见图 9-13）。

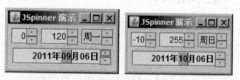

图 9-13　JSpinner（微调按钮）演示

JSpinnerDemo.java

```
001    package ch09;
002
003    /* 省略了各 import 语句，请使用 IDE 的自动导入功能 */
015
016    public class JSpinnerDemo {
017        public static void main(String[] args) throws ParseException {
018            BaseFrame f = new BaseFrame("JSpinner 演示");
019            String[] week = { "周一", "周二", "周三", "周四", "周五", "周六", "周日" };
020            JSpinner s0 = new JSpinner();           // 构造默认微调按钮
021            // 构造数值型模型
022            SpinnerNumberModel m1 = new SpinnerNumberModel(120, 0, 255, 1);
023            JSpinner s1 = new JSpinner(m1);    // 构造带指定数据模型的微调按钮
```

```
024
025         SpinnerListModel m2 = new SpinnerListModel(week);   // 构造集合型模型
026         JSpinner s2 = new JSpinner(m2);
027         // 禁止编辑微调按钮（只能通过单击上下箭头改变值）
028         ((DefaultEditor) s2.getEditor()).getTextField().setEditable(false);
029
030         // 构造日期格式化器
031         SimpleDateFormat format = new SimpleDateFormat("yyyy-MM-dd");
032         Date now = new Date();        // 取得当前日期
033         Date min = format.parse("1995-01-01");        // 最小日期
034         Date max = format.parse("2015-12-31");        // 最大日期
035         // 构造日期型模型
036         SpinnerDateModel m3 = new SpinnerDateModel(now, min, max,
                                                Calendar.DAY_OF_WEEK);
037         JSpinner s3 = new JSpinner(m3);
038         // 构造编辑器（显示）格式
039         DateEditor editor = new DateEditor(s3, "yyyy 年 MM 月 dd 日");
040         s3.setEditor(editor);        // 设置微调按钮的编辑器
041
042         f.setLayout(new FlowLayout());
043         f.add(s0);                    // 加微调按钮到窗口
044         f.add(s1);
045         f.add(s2);
046         f.add(s3);
047         f.showMe();
048     }
049 }
```

9.5.3 内部窗口：JInternalFrame

使用过 Excel、Visual Studio 等软件的读者一定对 MDI[1]（Multiple Document Interface，多文档界面）的概念不陌生，JInternalFrame 类就是用于实现 Java 平台下的 MDI 程序的。

JInternalFrame 与 JFrame 具有相似的外观和行为，但前者不是顶层容器，因此必须被加到其他容器中。通常是将多个 JInternalFrame 置于一个 JDesktopPane 中（JDesktopPane 继承自 JLayeredPane，因此是一种分层面板，如同 Windows 的桌面），并由后者来管理多个内部窗口的状态。表 9-17 列出了 JInternalFrame 类的常用方法。

表 9-17 **JInternalFrame 类的常用方法**

序　号	方 法 原 型	方法的功能及参数说明
1	JInternalFrame()	默认构造方法，创建无标题、不可调整大小、不可关闭、不可最大化、不可图标化（最小化）的内部窗口
2	JInternalFrame (String title, boolean resizable, boolean closable, boolean maximizable, boolean iconifiable)	构造方法，参数分别指定内部窗口的标题、是否可调整大小、是否可关闭、是否可最大化、是否可图标化（最小化）的内部窗口

---

1 多文档界面是指在同一个程序（容器）中同时操作多个文档（子窗口）。

序　号	方　法　原　型	方法的功能及参数说明
3	void setContentPane(Container c)	设置内部窗口的内容面板，用于容纳多个内部窗口
4	boolean isSelected()	判断内部窗口是否处于选定（或激活）状态
5	void setSelected(boolean selected)	设置内部窗口的选定（或激活）状态
6	void toBack()	将内部窗口置底，并自动调整其他的内部窗口
7	void toFront()	将内部窗口置顶，并自动调整其他的内部窗口
8	void setJMenuBar(JMenuBar m)	设置内部窗口的菜单栏
9	void setDefaultCloseOperation(int operation)	设置内部窗口的默认关闭操作，参数取值与 JFrame 类的同名方法类似（除了 EXIT_ON_CLOSE）
10	void setResizable(boolean b)	设置内部窗口是否可调整大小
11	void setClosable(boolean b)	设置内部窗口是否可关闭
12	void setMaximizable(boolean b)	设置内部窗口是否可最大化
13	void setIconifiable(boolean b)	设置内部窗口是否可图标化（最小化）
14	void setFrameIcon(Icon icon)	设置内部窗口的标题栏图标

【例 9.13】 内部窗口演示（见图 9-14）。

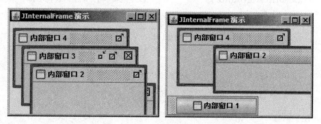

图 9-14　JInternalFrame（内部窗口）演示（1 次运行）

JInternalFrameDemo.java

```
001   package ch09;
002
003   import javax.swing.JDesktopPane;
004   import javax.swing.JInternalFrame;
005
006   public class JInternalFrameDemo {
007       void initUI() {        // 初始化界面
008           BaseFrame f = new BaseFrame("JInternalFrame 演示");
009           // 构造内部窗口数组
010           JInternalFrame[] internalFrames = new JInternalFrame[4];
011           JDesktopPane desktop = new JDesktopPane();        // 构造桌面以容纳内部窗口
012           for (int i = 0; i < internalFrames.length; i++) {
013               // 构造内部窗口对象
014               internalFrames[i] = new JInternalFrame("内部窗口 " + (i + 1));
015               internalFrames[i].setResizable(true);        // 是否允许调整窗口大小
016               internalFrames[i].setMaximizable(true);       // 是否允许窗口最大化
017               if (i % 2 == 0) {
```

```
018                 internalFrames[i].setClosable(true);        // 是否允许关闭窗口
019                 internalFrames[i].setIconifiable(true);      // 是否允许窗口最小化
020             }
021             internalFrames[i].setSize(200, 100);
022             internalFrames[i].setLocation(50 - i * 15, 100 - i * 30);
023             internalFrames[i].setVisible(true);
024             desktop.add(internalFrames[i]);                  // 加入桌面面板
025         }
026         internalFrames[1].toFront();                         // 将第二个内部窗口置顶
027         f.setContentPane(desktop);                           // 将桌面面板对象作为顶层窗口的内容面板
028         f.showMe();
029     }
030
031     public static void main(String[] args) {                // 程序入口
032         JInternalFrameDemo demo = new JInternalFrameDemo();
033         demo.initUI();
034     }
035 }
```

使用内部窗口时要注意以下几点：

（1）必须显式设置内部窗口的大小，否则其大小为零而不可见。

（2）与窗口类似，内部窗口默认是不可见的，因此要调用 setVisible 方法使其可见。

（3）当容器中有多个内部窗口时，应当设置每个内部窗口的初始位置，否则它们的左上角均与所在容器的左上角重合。

（4）若对话框是以与内部窗口类似的形式出现的，则应调用 JOptionPane 中形如 showInternalXxxxxDialog 的静态方法。

习题 9

（1）简述 MVC 模式的组成及特点。

（2）什么是模态和非模态对话框？各自有何特点？

（3）哪些组件可以作为对话框的父窗口？

（4）如何让文件对话框只显示出某一类的文件（如文本、图片、音频或视频文件等）？

（5）如何判断用户单击了选项面板中的某个选项？

（6）如何控制微调按钮的可选值为某一个范围或若干固定的值？

实验 8　Swing 高级组件

【实验目的】

（1）了解 MVC 模式及其与 Swing 高级组件的联系。

（2）熟练运用 Swing 中的对话框、列表、表格和树等常用高级组件及其 API。

（3）综合运用各种 Swing 组件设计具有复杂 GUI 的程序。

【实验内容】

（1）单击窗口的关闭按钮时，弹出包含"是"和"否"选项的模态对话框，单击"是"则关闭窗口，否则不关闭。

（2）编写 GUI 程序模拟 IE 浏览器，具体要求如下。

① 在窗口顶部有一个可编辑的下拉列表，以输入网址。

② 若输入的网址之前未输入过，则添加到下拉列表中（模拟 IE 的历史记录）。

③ 输入或选择了一个网址后，在窗口下部的编辑器面板中显示相应网页。

（3）见图，编写手机库存管理界面，具体要求如下。

① 表格（中间 3 列）的初始数据存于二维数组中，其中单价和总价列为 Float 类型，数量列为 Integer 类型。

② 编号列从 1 开始递增，总价列为计算列（即根据单价和数量求得）。

③ 根据输入的商品名称，以某种背景色高亮显示所有包含该名称的行。

④ 单击删除按钮，在表格中删除选中的行（若没有选中行，则该按钮不可用），并保证编号列的递增。

⑤ 单击增加按钮，在表格最后新增一行以输入数据（当焦点离开该行的商品名称列时，需检查输入的名称是否与其他商品名称重复）。

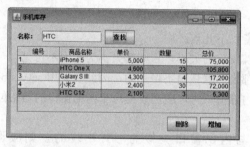

实验内容（3）图

（4）见图，编写 GUI 程序模拟 QQ 好友界面，具体要求如下。

① 树中所有初始数据硬编码在程序中。

② 在分组节点上单击右键，弹出菜单包括"重命名分组"、"删除分组"、"添加好友"。

③ 在分组节点下的好友节点上单击右键，弹出菜单包括"重命名好友"、"删除好友"。

④ 在顶部文本框输入好友名，能自动展开名称匹配的好友所在的分组节点，并选中和定位到该好友节点。

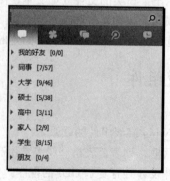

实验内容（4）图

（5）编写 GUI 程序模拟 Photoshop 的图片多开功能，具体要求如下。

① 程序运行时，首先弹出文件打开对话框。

② 对话框指定了文件类型过滤器，只列出扩展名为 jpg、bmp、png 的图片文件。

③ 在对话框中选择多个文件并确定后，在窗口中显示相同个数的内部窗口，且每个内部窗口显示一个图片。

④ 鼠标停留在任意一个内部窗口上时，弹出以文件名为内容的工具提示。

第10章 异常与处理

发现错误的理想时机是在编译阶段，即程序运行之前，而这往往是不现实的，因为编译器只能发现代码中的语法错误。在运行阶段，根据输入数据和对象的当前状态，程序可能会出现各种各样的运行时错误，如除数为零、要读写的文件不存在、数组下标越界等。

C 语言一般使函数返回某些特定或约定值来标识某个操作出错了，如 fopen 函数返回 NULL（0）以表示要打开的文件不存在。调用函数后，通常会以 if 语句判断其返回值，然后根据不同的值采取不同的处理。C 语言的这种错误检查机制具有以下不足：

（1）错误检查不是强制性的，使得代码质量取决于编程者的个人素质。例如，在调用了 fopen 函数后，团队中的某些程序员没有判断其返回值。

（2）对于经常发生的错误，程序中大量的判断逻辑增加了编程工作量。此外，完成正常功能的代码与处理错误的代码混杂在一起，降低了程序的可理解性。

（3）要求编程者对所调用函数的返回值有详细的了解。

Java 的异常与错误处理机制提供了一种在不增加控制流程代码的前提下检查和处理错误的能力，使得编写错误处理的代码变得可控。

10.1 异常的概念和分类

10.1.1 异常的概念

介绍异常（Exception）的概念之前，先来看一个与编程无关的例子——在浏览器的地址栏输入某个网站的域名，其首页将被正确显示。若在域名后随意指定一个页面，会出现什么情况呢？如图 10-1 所示。

图 10-1 指定了不存在的页面

不管是出于无心还是恶意，当指定一个实际不存在的页面时（注意域名是正确的），Web 服务器将产生 HTTP 404 错误[1]，因网站并未指定该错误发生时的替代页面，故浏览器显示了默认的出错页面。

【例 10.1】 算术异常演示。

---

[1] HTTP 协议中的 404 号错误表示浏览器请求的页面在服务器端不存在，一般可以通过设置 Web 服务器或 Web 应用的配置文件来指定该错误发生时的替代页面。

DivisionDemo.java

```
001    package ch10;
002
003    public class DivisionDemo {
004        public static void main(String[] args) {
005            int a = 10;
006            int b = 2;          // 正常的数据
007            System.out.println("a/b = " + a / b);
008        }
009    }
```

第 7 行会输出正确的商。现将第 6 行中的 2 改为 0，代码依然能够被成功编译，但运行后会出现如图 10-2 所示的错误。

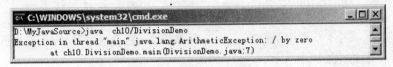

图 10-2　除数为零时出现了异常

因除数为零，程序执行到第 7 行时将出现错误，显示的错误信息包括以下内容。

（1）发生错误的线程[1]：如 Exception in thread "main"。

（2）错误所属的类：如 java.lang.ArithmeticException（算术异常），一般发生于除数为零的情况。

（3）错误描述：如/ by zero。此信息包含错误的简单描述，供编程者分析出错原因。

（4）发生错误的位置：如 ch10.DivisionDemo.main(DivisionDemo.java:7)。此信息包含发生错误的类、方法、源文件及错误所在行号，供编程者快速定位到错误所在。

读者可能会思考这样的问题——之前并未编写相关代码去输出上述信息，这些信息是由"谁"输出的呢？这个问题将在后面讨论。

通过上面两个例子，容易看出，对于某些特殊的输入[2]（如错误的网址、为零的除数），程序（如网站、DivisionDemo.class）会出现错误。

综上所述，Java 中的异常是指 Java 程序在运行时可能出现的错误（或非正常情况），至于错误是否出现，一般取决于程序的输入和程序中对象的当前状态。

10.1.2　异常的分类

JDK 类库中提供了数十个类用以表示各种各样具体的异常，其继承关系如图 10-3 所示。

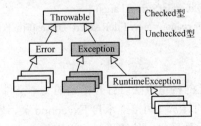

图 10-3　Java 中异常类的继承关系

1　Java 程序在执行时，会创建一个主线程（对应 main 方法），有关线程的内容见第 12 章。

2　这里的输入不一定是指来自键盘的输入，而是泛指程序待处理的数据。

图 10-3 中列出了几个重要的类（位于 java.lang 包下），下面分别介绍它们的含义和作用。

（1）Throwable：Java 中的异常被描述为"可抛出"的事物，它是所有异常类的父类。Throwable 有两个子类——Error（错误）和 Exception（异常）。

（2）Error：继承自 Throwable，描述了 JRE 的内部错误、资源耗尽等情形，一般由 Java 虚拟机抛出。Error 异常出现时，程序是没有能力处理的，因此不应编写代码处理 Error 及其子类异常。

（3）Exception：是编程者能够通过代码直接处理和控制的异常。若无特别说明，异常一般是指 Exception 及其子类所代表的异常。程序中若出现了 Exception 及其子类异常（不包括 RuntimeException 及其子类，下同），则必须编写代码处理之，否则视为语法错误。相对于 Error，编程者更应该关注这种异常。

（4）RuntimeException：RuntimeException 继承自 Exception，代表"运行时"异常[1]。这种异常出现的频率一般比较高（或者说严重程度较 Exception 低），所以程序处理不处理 RuntimeException 及其子类异常均可。

根据是否必须编写代码处理，Java 中的异常可以分为 Checked 型（必须检测）和 Unchecked 型（可以不检测）。其中，前者适用于 Exception 及其子类，后者适用于 Error 和 RuntimeException 及它们的子类，具体如表 10-1 所示。

表 10-1　Java 中异常的分类

分　类	异　常　类	是否需要代码来处理	现实中的例子
Checked	Exception 及其子类	必须处理，否则视为语法错误	车没油了
Unchecked	Error 及其子类	不必处理，因为无法处理	前面塌方了
	RuntimeException 及其子类	处理不处理均可	路上有个小石子

10.1.1 节测试除法的程序并未编写任何代码以处理第 7 行做除法运算时可能出现的 ArithmeticException 异常，这是因为 ArithmeticException 继承自 RuntimeException，属于 Unchecked 型异常，因而可以不处理。

【例 10.2】 Checked 型异常演示。

```
ExceptionDemo.java
001    package ch10;
002
003    import java.io.FileReader;
004
005    public class ExceptionDemo {
006        public static void main(String[] args) {
007            FileReader reader = new FileReader("D:/TestFile.txt"); // 语法错误
008        }
009    }
```

第 7 行调用了 FileReader 类的构造方法以打开指定的文本文件（见第 11 章），该方法可能抛出名为 FileNotFoundException 的异常（间接继承自 Exception 类，属于 Checked 型异常），而上述程序并没有编写代码显式处理此种异常，故编译时将出现如图 10-4 所示的语法错误。

1　笔者认为 Java 中的 RuntimeException 类的命名并不恰当，因为即使是对于那些非 RuntimeException 的异常（继承自 Exception 而非 RuntimeException），也是在运行时刻出现的。之所以这样命名，可能是考虑到非 RuntimeException 的异常出现时必须编写代码以处理，读者不应根据该类的命名而错误理解异常的概念。

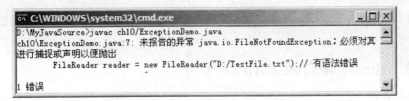

图 10-4　Checked 型异常必须处理

10.2　异常处理及语法

10.2.1　异常的产生及处理

一般情况下，当程序在运行过程中发生了异常，JRE 会自动生成一个对应异常类的对象，该异常对象含有异常的描述信息、产生的位置等，这一过程称为异常的抛出（throw）。异常对象产生后，谁来负责接收和处理呢？具体可以分为两种情况。

（1）当程序中没有用以处理异常的代码时，由 JRE 负责接收和处理异常对象，其处理方式一般是直接输出异常发生的位置、所属的类型及描述信息等，如前述图 10-2 所示。

（2）当程序中含有用以处理异常的代码时，由该代码负责接收和处理异常对象。

上述过程称为异常的捕获（catch）。

为方便读者理解异常处理的两种情况，现在回到本章开头所举的例子。可以做这样的对比，图 10-1 中，当 HTTP 404 错误发生时（对应于 Java 程序出现了异常），由于网站没有配置替代页面（对应于没有编写用以处理异常的代码），则由 IE 浏览器（对应于 JRE）做默认处理，直接显示"HTTP 404 未找到"页面（对应于图 10-2 中的信息）。

显然，图 10-1 所示的页面对于有着大量客户的商业网站是不合适的。那么，商业网站一般是如何做的呢？如图 10-5 所示，当 HTTP 404 错误发生时，由于网站配置了替代页面，因此显示该替代页面的内容。该页面不仅屏蔽了诸如"HTTP 404"等带有专业色彩的内容，并且给出了下一步的搜索建议，从而提高了网站的友好性。

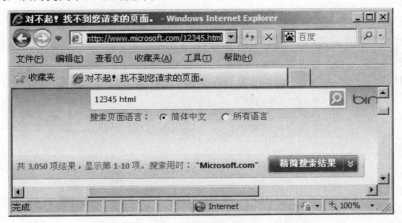

图 10-5　HTTP 404 错误发生时的替代页面

不难看出，JRE 默认处理异常的方式缺乏灵活性，且输出的信息对软件的大多数用户来说是晦涩、无用的，这可能导致用户的反感甚至流失一部分潜在客户。相比之下，由代码来处理异常的方式则显得更加灵活，可以控制更多处理细节。

此外，对于 RuntimeException 及其子类所代表的 Unchecked 型异常，到底要不要编写代码处理呢？这个问题没有统一的标准，在实际开发时，一般视项目对健壮性、友好性的要求及开发成本和周期而定。

10.2.2 throw 语句及 throws 子句

1．throw 语句

除了 JRE 能抛出异常对象之外，也可以通过 throw 语句以编程的方式显式地抛出异常对象。throw 语句的语法较为简单，在 throw 关键字后跟上要抛出的异常对象即可，其格式为：

    throw 异常对象；

其中的异常对象必须是 Throwable（通常是 Exception）或其子类的对象。throw 后只能跟一个异常对象。此外，在某个语法结构中（如 if、for 语句等），若 throw 语句之后还有其他语句，则后者将被视为"无法访问的语句"。因此，throw 语句一般是某个语法结构中的最后一条语句。

【例 10.3】 throw 语句演示（见图 10-6）。

```
C:\WINDOWS\system32\cmd.exe
D:\MyJavaSource>javac ch10/ThrowDemo.java
ch10\ThrowDemo.java:13: 无法访问的语句
                System.out.println("--------");
                ^
1 错误
```

图 10-6 throw 语句后的无效代码

ThrowDemo.java
```
001    package ch10;
002
003    public class ThrowDemo {
004        public static void main(String[] args) {
005            int[] a = { 1, 2, 3 };
006            printArray(a);
007        }
008
009        static void printArray(int a[]) {
010            for (int i = 0; i < 10; i++) {
011                if (i >= a.length) {
012                    throw new ArrayIndexOutOfBoundsException();
013                    System.out.println("--------");
014                }
015                System.out.print("a[" + i + "]=");
016                System.out.println(a[i]);
017            }
018        }
019    }
```

上述程序试图输出数组 a 的 10 个元素（实际上只有 3 个）。第 11 行先判断了下标，若大于或等于数组 a 的长度，则抛出类型为 ArrayIndexOutOfBoundsException（数组下标越界异常，属于 Unchecked 型）的异常对象。当执行到第 4 次循环时（i=3），第 12 行的 throw 语句被执行，而其后位于同一结构（此处为 if 语句）中的第 13 行（注意并非第 15、16 行）则被视为"无法访问的语句"。

与 return 语句类似，throw 语句也会改变程序的执行流程。一般来说，执行 throw 语句时，会结束其所在的方法的执行[1]。现注释第 13 行，将得到如图 10-7 所示的结果。

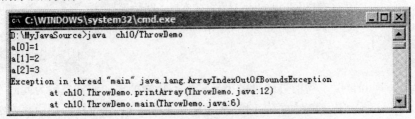

图 10-7   throw 语句会改变程序的执行流程

观察上述结果，当第 12 行被执行时（i=3），printArray 方法便执行结束了（未执行第 15 行）。另外，因未编写代码处理第 12 行抛出的异常，故 JRE 做了默认处理。

需要注意的是，尽管 throw 语句在执行流程上与 return 语句有一定的相似之处，但前者是专门用于抛出异常对象的，因此不要将其作为常规的流程控制语句来使用。

2．throws 子句

若方法体中含有 throw 语句，并且抛出的是 Checked 型异常，则该方法的声明部分必须加上throws 子句——告知 JRE 该方法会抛出某些异常。throws 关键字后可以跟多个异常类名，彼此用逗号分隔，如：

```
public void doSomething() throws IOException, ArithmeticException {
        ...
    }
```

几点说明：

（1）throws 关键字后的多个异常类没有先后顺序之分。

（2）throws 关键字后可以跟方法体中并未抛出的异常类。

（3）throws 关键字后可以同时出现 Unchecked 和 Checked 型异常。

（4）若方法体中的 throw 语句抛出的是 Unchecked 型异常，则这些异常类出不出现在 throws子句中均可。

（5）若方法体中的语句抛出 Checked 型异常，并且未编写代码处理这些异常，则该方法的throws 子句中必须含有这些异常类。

下面修改前述的 ExceptionDemo.java，为其增加 throws 子句。

【例 10.4】 throws 子句演示。

ExceptionWithThrowsDemo.java
001   package ch10;
002
003   import java.io.FileReader;
004   import java.io.IOException;
005

---

1 也有例外的情况，如 throw 语句位于 try 结构中时，只会结束该 try 结构，位于该 try 结构后的代码将继续执行。具体见 10.2.3 节。

```
006    public class ExceptionWithThrowsDemo {
007        public static void main(String[] args) throws IOException {
008            // 尽管下面的语句所抛出的 IOException 异常属于 Checked 型异常，并且
009            // 没有编写代码处理之，但该语句所在的方法（此处为 main 方法）声明
010            // 了抛出 IOException 异常，故本程序没有语法错误
011            FileReader reader = new FileReader("D:/TestFile.txt");
012        }
013    }
```

一般来说，带 throws 子句的方法只抛出异常而不负责处理（通常是因为此时不能决定如何处理这些异常）。当异常发生时，产生的异常对象会被抛给上层代码（即调用该方法的方法），若上层代码也没有处理，则继续向上抛。若最上层代码仍未处理（如上述 main 方法），则抛给 JRE 做默认处理。因此，在设计良好的软件中，总有一层代码要负责处理下层代码抛出的异常对象[1]。

10.2.3　try-catch

try-catch 结构用于捕获和处理异常——将那些可能抛出异常的代码放在 try 结构中，并在 catch 结构中捕获和处理相应的异常，其基本语法格式如下：

```
try {
    // 可能抛出异常的代码
} catch (SomeException e) {
    // 处理 SomeException 类型异常的代码
}[ catch (AnotherException e) {
    // 处理 AnotherException 类型异常的代码
}]
```

其中，try 和 catch 是关键字，其后的一对花括号必不可少，花括号及其内代码分别称为 try 块和 catch 块。一般来说，一个 try 块至少有一个与之对应的 catch 块（try 块也可以没有任何对应的 catch 块，而直接与 finally 块匹配，具体见 10.2.4 节），也可以有多个。catch 关键字后的圆括号内包含了异常的类名和对象名（如 SomeException 和 e），具体如下。

（1）异常对象名只要满足标识符命名规则即可，如将上述的 e 改为 ex。

（2）异常发生时，异常对象是由 JRE 自动赋值的[2]。

（3）异常对象名只在其所属的 catch 块内有效，在该 catch 块以外是无法访问的，因此同一 try 块对应的多个 catch 块中的异常对象可以重名，彼此没有影响。

（4）同一 try 块对应的多个 catch 块中的异常类不能相同，即一种异常只能捕获一次。

（5）try 块中可能抛出的 Checked 型异常必须有对应的 catch 块。另外，不能捕获 try 中根本不可能抛出的异常。

（6）同一 try 块对应的多个 catch 块之间是互斥的，即发生异常时，只会执行对应或最贴近的异常类的 catch 块[3]。

1　在软件设计阶段，一般采用 3 层架构——用户界面层、业务逻辑层和数据访问层，以降低代码耦合。其中的用户界面层是最上层，对于需要告知给用户的异常，通常在该层统一处理。

2　尽管 catch 及其后圆括号内的内容看起来与方法的形参类似，但二者有着本质的区别——后者由方法调用语句中的实参赋值，而前者由 JRE 赋值。

3　catch 块捕获的可能并不是 try 块中语句所抛出异常的确切类型，而是该类型的父类。

执行 try 块中的语句时，若发生了异常，则程序流程马上转到对应异常类的 catch 块中。catch 块执行完毕后，发生异常的语句所在的 try-catch 结构便执行结束。若未发生异常，则执行完 try 块中的语句后，try-catch 结构也执行结束。

【例 10.5】 try-catch 结构演示（1），如图 10-8 所示。

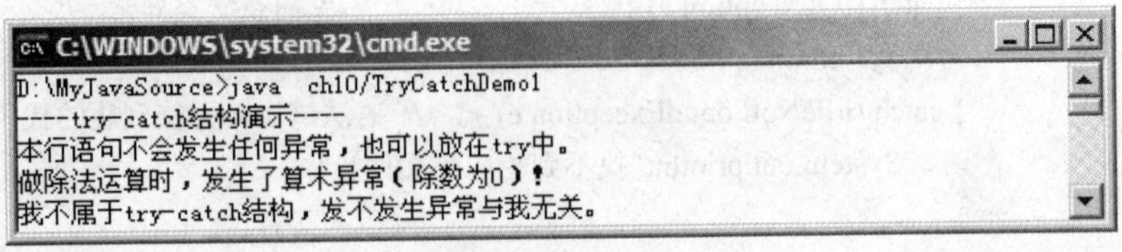

图 10-8   try-catch 结构演示

TryCatchDemo1.java

```
001    package ch10;
002
003    public class TryCatchDemo1 {
004        public static void main(String[] args) {
005            System.out.println("----try-catch 结构演示----");
006            try {
007                System.out.println("本行语句不会发生任何异常，也可以放在 try 中。");
008                System.out.println("10/0=" + 10 / 0);        // 会发生异常
009                System.out.println("上行语句发生了异常，我不会被打印。");
010            } catch (ArithmeticException e) {                // 捕获和处理异常
011                System.out.println("做除法运算时，发生了算术异常（除数为 0）! ");
012            }
013            System.out.println("我不属于 try-catch 结构，发不发生异常与我无关。");
014        }
015    }
```

需要注意，若多个 catch 块中的异常类彼此具有继承关系，则应该先捕获子类异常。若无继承关系，则多个 catch 块的先后顺序可以任意放置。这样规定的原因很明显——子类异常一定是父类异常，若先捕获父类异常，则后面的 catch 块将无效。可以将每个 catch 块想象成"拦截错误的网"，若上层网眼比下层小，则下层的网将失去作用。

【例 10.6】 try-catch 结构演示（2）。

TryCatchDemo2.java

```
001    package ch10;
002
003    import java.io.FileNotFoundException;
004    import java.io.FileReader;
005    import java.io.IOException;
006
007    public class TryCatchDemo2 {
008        public static void main(String[] args) {
```

```
009            try {
010                  // 下面的语句会抛出 FileNotFoundException 异常
011                  // 其父类为 IOException
012                  FileReader reader = new FileReader("D:/TestFile.txt");
013            } catch (IOException e) {              // 先捕获父类异常
014                  System.out.println("发生了 I/O 错误！");
015            } catch (FileNotFoundException e) {    // 语法错误（无法到达的代码）
016                  System.out.println("找不到相应的文件！");
017            }
018       }
019  }
```

编译上述代码将提示第 15 行有错误——无法到达的 catch 块，解决办法是交换两个 catch 块的先后顺序。在实际开发时，应尽可能先捕获"更细粒度"的异常[1]。

10.2.4　finally

try-catch 结构可以带有一个可选的 finally 块，由后者来执行某些扫尾或善后的工作。需要特别注意的是，无论 try 块中的代码是否发生了异常，都要执行对应的 finally 块中的语句。比如，在 try 块中打开了一个文件并进行了访问，则可以将关闭文件的操作放在 finally 块中，因为编程时的一个良好的习惯是——在操作某种资源（如 I/O 流、数据库或网络连接等）的过程中，不管是否出现了错误，最后都要确保该资源一定会被关闭。

finally 块是 try-catch-finally 或 try-finally 结构的一部分，其只能出现在 try-catch 或 try 结构之后，而不能单独出现，具体语法格式如下：

```
001  try {
002        ...      // 可能抛出异常的代码
003  } catch (SomeException e) {
004        ...      // 处理 SomeException 类型异常的代码
005  ][ catch (AnotherException e) {
006        ...      // 处理 AnotherException 类型异常的代码
007  ]][finally {   // 因有一个 catch 块（第 3 行开始），故此处 finally 块是可选的
008        ...      // 在这里做扫尾或善后的工作
009  ]]
```

或

```
001  try {
002        ...      // 可能抛出异常的代码
003  } finally {    // 因没有任何 catch 块，故此处 finally 块不能省略
004        ...      // 在这里做扫尾或善后的工作
005  }
```

【例 10.7】　finally 结构演示（见图 10-9）。

1　这里的粒度指的是异常类的具体程度。能用代码处理的异常都是 Exception 的直接或间接子类，因此从理论上来说，可以将任何代码放在 try 结构中并只捕获 Exception 异常即可，但这种"粗粒度"的异常捕获方式并不利于处理错误。

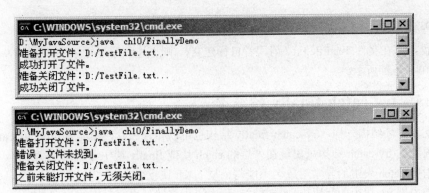

图 10-9   finally 结构演示（2 次运行）

FinallyDemo.java

```
001    package ch10;

002

003    import java.io.FileNotFoundException;

004    import java.io.FileReader;

005    import java.io.IOException;

006

007    public class FinallyDemo {

008        public static void main(String[] args) {

009            String fileName = "D:/TestFile.txt";        // 要打开的文件

010            // 因为 finally 块要访问 reader 对象，所以在 try 块外声明此对象

011            FileReader reader = null;

012            try {

013                System.out.println("准备打开文件：" + fileName + "...");

014                reader = new FileReader(fileName);

015                System.out.println("成功打开了文件。");

016                // 继续对 reader 对象做其他操作

017            } catch (FileNotFoundException e) {

018                System.out.println("错误，文件未找到。");

019            } finally {

020                System.out.println("准备关闭文件：" + fileName + "...");

021                if (reader != null) {    // 之前成功打开了文件，此处才关闭

022                    try {

023                        reader.close();    // 会抛出 IOException 异常，必须放在 try 块中

024                        System.out.println("成功关闭了文件。");

025                    } catch (IOException e) {

026                        System.out.println("关闭文件时发生了 I/O 错误！");

027                    }

028                } else {

029                    System.out.println("之前未能打开文件，无须关闭。");

030                }

031            }

032        }
```

269

```
033    }
```

若 D 盘下存在文件 TestFile.txt（请读者自行建立），则上述程序运行结果如图 10-9 上部所示，否则如图 10-9 下部所示。

10.2.5 try-catch-finally 的嵌套

与分支和循环结构一样，try-catch-finally 结构也可以相互嵌套，如前述 FinallyDemo.java。一般来说，内层的 try-catch 结构只出现在外层的 catch 块或 finally 块中[1]。需要注意：

（1）内层 catch 块中的异常对象名不能与外层 catch 块重名。

（2）当内层 try 块中的代码出现异常时，程序流程将转到内层对应的 catch 块。

（3）内层 try-catch 结构执行完后，会继续执行其后属于外层 try-catch 结构的代码。

【例 10.8】 try-catch-finally 的嵌套演示（见图 10-10）。

图 10-10 try-catch-finally 结构的嵌套演示

NestedTryCatchDemo.java
```
001    package ch10;
002
003    public class NestedTryCatchDemo {
004        public static void main(String[] args) {
005            try {
006                // 下面是一个位于 try 块中的嵌套 try-catch 结构
007                try {
008                    int a = 2 / 0;
009                } catch (ArithmeticException e) {
010                    System.out.println("计算 a 时除数为零！");
011                }
012                int b = 2 / 0;
013                System.out.println("*********");
014            } catch (ArithmeticException e) {
015                // 下面是一个位于 catch 块中的嵌套 try-catch-finally 结构
016                System.out.println("计算 b 时除数为零！");
017                try {
018                    System.out.println("^^^^^^^^^");
019                    int c = 2 / 0;
020                } catch (ArithmeticException ex) {
```

---

1 从语法上来说，try 块中也可以嵌套 try-catch 结构，但很少这样做，因为内层 try 块中的代码完全可以移到外层 try 块中。

270

```
021                          System.out.println("计算 c 时除数为零！");
022                      } finally {
023                          // 下面是一个位于 finally 块中的嵌套 try-catch 结构
024                          try {
025                              System.out.println("%%%%%%%%%%");
026                              int d = 2 / 0;
027                              System.out.println("@@@@@@@@");
028                          } catch (ArithmeticException ex) {
029                              System.out.println("计算 d 时除数为零！");
030                          }
031                      }
032                      System.out.println("########");
033                  }
034              System.out.println("~~~~~~~~~");
035          }
036      }
```

执行到第 8 行时，内层 try 块出现了异常，于是转到对应 catch 块（第 9 行）。执行了第 10 行后，继续执行外层 try 块中剩余的代码（从第 12 行开始）。执行第 12 行时，也出现了异常，程序转到外层 catch 块（第 14 行），故第 13 行未执行。第 16、18 行执行完后，第 19 行又出现了异常，于是执行第 21 行。第 22～31 行是一个 finally 结构，执行其中的第 26 行时将转到第 28 行。第 32 行属于外层的 catch 结构，第 34 行属于 main 方法，因此都要执行。

10.3 异常类的主要方法

10.3.1 Throwable 类的方法

作为所有异常类的根类，Throwable 类提供了几个重要的方法。

1．String getMessage()

在异常出现时，经常需要得到该种异常的描述性文字，以便于将异常信息呈现到软件的界面中告知用户。通过调用异常对象的 getMessage 方法可以得到异常的简单描述信息。

读者可能会思考——getMessage 方法是从哪里获得异常的描述文字的呢？换句话说，异常描述文字是如何被指定的？这个问题将在 10.3.2 节讨论。

2．void printStackTrace()

getMessage 方法虽可获得异常的描述信息，但并未提供异常发生的具体位置。观察前述图 10-7 的输出，异常发生于第 12 行，为什么在输出了"ch10.ThrowDemo.printArray (ThrowDemo.java:12)"之后，还输出了"ch10.ThrowDemo.main(ThrowDemo.java:6)"？

大多数情况下，真正发生异常的代码（下层代码）是位于某个其他类的某个方法中的，其与程序的入口（main 方法）之间形成了一条路径，路径上可能还有其他的方法调用（上层代码）。当下层代码发生异常时，会导致各个上层代码均发生异常。为了弄清楚异常的产生顺序，需要对路径上的所有调用点进行遍历，这一过程称为追踪（Trace）。由于方法的调用顺序与异常的产生顺序是相反的，故而形成了栈追踪（StackTrace）[1]。

---

1 栈是一种具有后进先出特性的数据结构，请读者自行查阅数据结构的相关资料。

若未编写异常处理代码，则当异常发生时，JRE 会自动调用 printStackTrace 方法，将异常的栈追踪信息依次输出到标准输出流（命令行窗口）。

3．StackTraceElement[] getStackTrace()

很多时候，程序需要以某种自定义格式输出栈追踪信息，或者对其进行某种处理，很明显，printStackTrace 方法对栈追踪信息的处理方式通常不能满足这样的需求。

getStackTrace 方法能得到异常发生时的栈追踪信息，其返回一个数组，包含从异常的真正产生点到程序入口点路径上的所有调用点的异常信息，每一个异常信息都是 StackTraceElement 类（位于 java.lang 包下）的对象。可以用循环依次取得数组中每个 StackTraceElement 对象，并通过 StackTraceElement 类的相关方法获得调用点所在的类名、方法名及行号等信息，进而对栈追踪信息做更加灵活的处理。StackTraceElement 类的相关方法请读者查阅 API 文档。

10.3.2　Exception 类的构造方法

在实际应用中，操作的几乎都是 Exception 或其子类的异常对象。Exception 类提供了几个构造方法用以构造异常对象，其中常用的有两个。

1．Exception()

该默认构造方法创建一个不带异常描述文字的异常对象。

2．Exception(String message)

该构造方法创建一个指定描述文字的异常对象。需要注意，Exception 类并不含用以存放异常描述文字的成员变量。打开 Exception 类的源文件，会发现下面的代码：

```
public Exception(String message) {
    super(message);
}
```

可见，其调用的是父类（Throwable）的构造方法。再打开 Throwable 类的源文件，找到下面的代码：

```
public Throwable(String message) {
    fillInStackTrace();
    detailMessage = message;
}
```

接下来，找到 10.3.1 节介绍的 getMessage 方法的代码：

```
public String getMessage() {
    return detailMessage;
}
```

容易看出，真正存放异常描述文字的是 Throwable 类的 detailMessage 成员，而该成员被声明为私有的，不能直接访问。

10.4　自定义异常类

很多时候，程序在运行时出现的错误是与程序的功能或业务相关的（如输入的密码不正确），为了能以一种可控的、容易维护的方式编写程序，可以通过自定义的异常类封装和描述程序中的这些错误。以某项目的登录功能为例，若读者假设自己是项目的分析设计人员，应如何实现登录这一功能呢？

【例 10.9】 编写方法实现登录功能。

```
LoginService.java
001    package ch10.login;
002
003    public class LoginService {
004        public boolean login(String userName, String password) {
005            // 假设合法用户的用户名和密码均为 "admin"
006            return "admin".equals(userName.trim()) && "admin".equals(password);
007        }
008    }
```

上述 login 方法返回布尔值以表示用户名/密码的合法性，若还要区分诸如用户名/密码是否为空、用户名不存在、用户名存在但密码错误等更具体的情况呢？下面对上述 login 方法加以改进：

```
001        /*
002         * --------返回值描述--------
003         * -1：用户名为空
004         * -2：密码为空
005         * -3：用户名不存在
006         * -4：用户名存在但密码错误
007         * 0：用户名/密码均正确
008         */
009        public int login(String userName, String password) {
010            if (userName == null || userName.trim().length() < 1) {
011                return -1;
012            }
013            if (password == null || password.length() < 1) {
014                return -2;
015            }
016            if (userName.trim().equals("admin")) {
017                if (password.equals("admin")) {
018                    return 0;
019                } else {
020                    return -4;
021                }
022            } else {
023                return -3;
024            }
025        }
```

程序员调用分析设计人员编写的 login 方法后，需要用 if 或 switch 语句判断该方法的返回值，从而执行不同的后续操作，代码片段如下：

```
001        LoginService loginService = new LoginService();
```

```
002            int loginResult = loginService.login("tom", "123");
003
004            switch (loginResult) {
005                case 0:
006                    System.out.println("登录成功！");
007                    break;
008                case -1:
009                    System.out.println("登录失败，用户名不能为空！");
010                    break;
011                case -2:
012                    System.out.println("登录失败，密码不能为空！");
013                    break;
014                case -3:
015                    System.out.println("登录失败，用户名不存在！");
016                    break;
017                case -4:
018                    System.out.println("登录失败，密码错误！");
019                    break;
020            }
```

不难看出，上述代码存在以下一些问题：

（1）程序员在调用 login 方法前，需要详细了解其全部返回值的意义。

（2）引入了额外的判断逻辑（switch 语句），降低了代码的可读性。

（3）每种错误的描述信息都交由方法的调用者（程序员）指定，可能造成不一致。

（4）不管是出于粗心还是恶意，程序员完全可以不判断 login 方法的部分返回值，导致项目上层人员对代码质量不可控。

如前所述，可以通过自定义的异常类将登录时出现的每一种错误加以封装，这不仅使得代码结构更加清晰，而且容易维护。定义和使用异常类通常包括以下几个步骤。

（1）自定义异常类：因无法处理 Error 及其子类所代表的异常，故一般让自定义异常类继承 Exception 或 RuntimeException，然后在构造方法中调用父类的构造方法并传入用以描述错误信息的字符串。

（2）抛出异常对象：在业务方法（如 login）的声明部分加上 throws 子句，当一定条件满足时（如密码错误），构造相应的异常对象并用 throw 语句抛出。

（3）捕获和处理异常：将调用业务方法的代码放在 try 块中，并在 catch 块中捕获和处理相应的异常。

编写自定义异常类时，若该种异常发生后可能会对程序的继续正常运行造成较大影响，或想强制程序员"意识到"该种异常，则一般让自定义异常类继承 Exception。

10.5 综合范例 8：用户登录

【综合范例 8】 使用异常类描述用户登录过程中可能出现的各种错误，并编写测试类。

首先，创建 3 个异常类，分别代表用户名或密码为空、用户名不存在、用户名存在但密码错误，它们均继承自 Exception。

FieldRequiredException.java

```
001    package ch10.login;
002
003    public class FieldRequiredException extends Exception {
004        // 参数 who 指明是用户名还是密码为空
005        public FieldRequiredException(String who) {
006            super(who + "不能为空！"); // 调用父类构造方法
007        }
008    }
```

UserNotFoundException.java

```
001    package ch10.login;
002
003    public class UserNotFoundException extends Exception {
004        public UserNotFoundException() {
005            super("用户名不存在！");
006        }
007    }
```

WrongPasswordException.java

```
001    package ch10.login;
002
003    public class WrongPasswordException extends Exception {
004        public WrongPasswordException() {
005            super("密码错误！");
006        }
007    }
```

然后，创建一个包含登录方法的服务类。与前述登录方法不同——当错误发生时，直接构造对应的异常类对象并抛出。

LoginService.java

```
001    package ch10.login;
002
003    public class LoginService {
004        // 注意 login 方法声明部分中的 throws 子句
005        public void login(String userName, String password)
006                throws FieldRequiredException, WrongPasswordException,
007                UserNotFoundException {
008            // 用户名一般不含空格，故将首尾空格去掉
009            if (userName == null || userName.trim().length() < 1) {
010                throw new FieldRequiredException("用户名");
011            }
012            // 密码可以含空格
013            if (password == null || password.length() < 1) {
```

```
014              throw new FieldRequiredException("密码");
015          }
016          // 假设合法用户的用户名和密码均为 "admin"
017          if (userName.trim().equals("admin")) {
018              if (password.equals("admin")) {
019                  return;// 登录成功
020              } else {
021                  throw new WrongPasswordException();
022              }
023          } else {
024              throw new UserNotFoundException();
025          }
026      }
027  }
```

接下来就可以编写测试类来测试 login 方法了。

LoginClient.java
```
001  package ch10.login;
002
003  public class LoginClient {
004      public static void main(String[] args) {
005          LoginService loginService = new LoginService();
006          try {
007              /*
008               * 实际项目中，用户名/密码应该来自于用户在界面的输入，为方便
009               * 演示，此处直接写死在代码中。读者可修改这里的用户名和密码，
010               * 以尝试捕获不同的异常
011               */
012              loginService.login("admin", "123456");
013              System.out.println("登录成功！");// 若未捕获异常则登录成功
014          } catch (FieldRequiredException e) {
015              // 取得异常对象包含的信息并输出。在实际开发时，还可以在此处
016              // 进行一些其他的操作，如将焦点切换到用户名或密码输入框等
017              System.out.println(e.getMessage());
018          } catch (WrongPasswordException e) {
019              System.out.println(e.getMessage());
020          } catch (UserNotFoundException e) {
021              System.out.println(e.getMessage());
022          }
023      }
024  }
```

上述代码中，因为 login 方法抛出的是 Checked 型异常，因此第 12 行调用 login 方法的代码必须放在 try 结构中，这样可以有效控制调用 login 方法的程序员有意识地处理上述 3 种异常。

习题 10

（1）简述异常的概念及其为编程带来的好处。

（2）异常是如何产生和处理的？

（3）Java 中的异常是如何分类的？各自有何特点？

（4）什么是 Checked 和 Unchecked 型异常？如何处理这两类异常？

（5）运行没有 main 方法的类会出现什么情况？

（6）查阅 API 文档，列出常见的异常类及其代表的错误（Checked 和 Unchecked 型各 5 个）。

（7）final、finally、finalize 有何区别？

（8）throw 和 throws 关键字有何不同？各自用于什么地方？

（9）与同一 try 块匹配的多个 catch 块有何特点？

（10）简述 finally 块的作用，并说明其是否为必需的。

（11）简述 try-catch-finally 语法结构的执行逻辑。

（12）"遇到异常就要处理"这种说法正确吗？为什么？

（13）子类若重写父类中声明为抛出异常的方法，需要注意什么？

（14）如何编写自定义的异常类？如何决定自定义的异常类是继承自 Exception 还是 RuntimeException？

实验 9 异常与处理

【实验目的】

（1）了解异常的概念、产生和处理机制，深刻理解异常的分类及各自的特点。

（2）熟练掌握 try-catch-finally 的语法结构和执行逻辑。

（3）能熟练设计和编写自定义异常类以提升软件的错误处理能力。

【实验内容】

（1）分析下列各程序，并给出运行结果。

① ExceptionDemo1.java

```
001   package ch10;
002
003   public class ExceptionDemo1 {
004       public static void main(String[] args) {
005           int a[] = { 5, 0, 2 };
006           for (int i = 0; i <= a.length; i++) {
007               try {
008                   int d = 100 / a[i];
009                   System.out.println("正常：d=" + d);
010               } catch (ArithmeticException e) {
011                   System.out.println("算术异常！");
012               } catch (ArrayIndexOutOfBoundsException e) {
013                   System.out.println("数组下标越界异常！");
014               } finally {
015                   System.out.println("异常处理结束！");
```

```
016                    }
017                }
018            }
019        }
```

② ExceptionDemo2.java

```
001    package ch10;
002
003    public class ExceptionDemo2 {
004        public static void main(String[] args) {
005            int a[] = { 5, 0, 2 };
006            for (int i = 0; i <= a.length; i++) {
007                try {
008                    int d = 100 / a[i];
009                    System.out.println("正常：d=" + d);
010                } catch (RuntimeException e) {
011                    System.out.println("异常：" + e.toString());
012                } finally {
013                    System.out.println("异常处理结束！");
014                }
015            }
016        }
017    }
```

③ MyExceptionDemo.java

```
001    package ch10;
002
003    class MyException extends Exception {
004        static int count = 0;
005
006        public MyException(String description) {
007            super(description);
008            count++;
009        }
010
011        String show() {
012            return "自定义异常出现的次数：" + count;
013        }
014    }
015
016    public class MyExceptionDemo {
017        static void test() throws MyException {
018            MyException me = new MyException("自定义异常");
019            throw me;
```

```
020         }
021
022     public static void main(String[] args) {
023         for (int i = 0; i < 3; i++) {
024             try {
025                 test();
026             } catch (MyException e) {
027                 System.out.println(e.show());
028                 System.out.println(e.toString());
029             }
030         }
031     }
032 }
```

（2）查阅文档，给出 NullPointerException、ClassCastException、NumberFormatException、NegativeArraySizeException、NoSuchMethodException 等异常类各自代表的错误，然后设计合适的代码，分别产生并处理这几种异常。

（3）见图，编写 GUI 程序满足以下要求。

① 编写自定义异常类 WrongDateException，以描述错误的日期字符串，如 2011-10-32、2013-02-31 等。

② 编写一个 convert 方法，将文本框中的字符串（约定以"4 位年-2 位月-2 位日"的格式）转换为日期（java.util.Date）对象，并在单击"转换"按钮时调用该方法。

③ 若转换成功，则将得到的日期对象以"XXXX 年 XX 月 XX 日"的格式作为窗口下部标签的内容。

④ 若转换失败，则 convert 方法抛出 WrongDateException 异常。

⑤ 在调用 convert 方法的方法中捕获 WrongDateException 异常，并在下部标签中呈现该异常信息。

提示：可使用 java.text.SimpleDateFormat 类及其 setLenient、parse、format 等方法。

实验内容（3）图

第 11 章　I/O 流与文件

11.1　概述

11.1.1　I/O 与流

编写程序时，我们往往会思考这样的问题：程序所要处理的数据来自哪里、程序如何接收这些数据、处理完毕后的数据又被送往何处？这就是 I/O（Input/Output，输入/输出）的本质，即数据在发送者和接收者之间是如何传输的。

如同某些外部设备既是输入也是输出设备一样（如硬盘），同一程序在不同时刻也可能分别作为数据的发送者和接收者。例如，从网络上下载文件时，程序（下载工具）首先接收来自网络的数据（此时程序作为接收者），然后将数据写出到文件（此时程序作为发送者）。通常站在程序的角度来确定数据的流向。

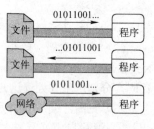

图 11-1　Java 中的"流"

Java 以流（Stream）的形式来操作数据。可以把流想象成一条承载数据的管道，管道上"流动"着数据的有序序列，如图 11-1 所示。

11.1.2　流的分类

JDK 提供了数十个用以处理不同种类数据的"流"类，它们是对 I/O 底层细节的面向对象抽象，均位于"java.io"包下[1]。可以从以下 3 个角度来对它们进行分类。

（1）按流的方向——输入流、输出流：如前所述，应站在程序的角度确定流的方向，从输入流"读"，向输出流"写"。

（2）按流上数据的单位——字节流、字符流：我们知道，计算机中所有的信息都是以二进制位的形式存在的。对于流也不例外，流上的数据本质上就是一组二进制位所构成的序列。字节流和字符流分别以字节（8 位）和字符（16 位）为单位来处理流上的数据。

（3）按流的功能——节点流、处理流：节点流是指从（向）某个特定的数据源（即节点，如文件、内存、网络等）读（写）数据的流；而处理流必须套接在已存在的流（既可以是节点流也可以是处理流）之上，从而为已存在的流提供更丰富的特性，如图 11-2 所示。例如，可以将缓冲输入流套接在某个输入流之上，以提高读取性能。

尽管 io 包下含有数目众多的类，但它们都直接或间接继承自 4 个抽象类，如表 11-1 所示，可以按流的方向和流上数据的单位对这 4 个抽象类进行划分。因流的方向较容易理解，下面我们按流上数据的单位分别讲解这 4 个抽象类。

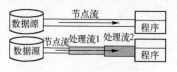

图 11-2　节点流和处理流

表 11-1　4 个基本的"流"类

分　类	字　节　流	字　符　流
输入流	InputStream	Reader
输出流	OutputStream	Writer

1　从 JDK 1.4 开始提供了名为"java.nio"（即 New IO）的类包，其对流和文件的操作提供了更多的特性和更好的性能。实际上，io 包中的某些类已经用 nio 包进行了重新封装，因此，即使只采用 io 包中的类编写代码，也能使程序获得 nio 包所提供的某些特性和性能。

11.2 字节流

字节流以字节（8 位）为单位来处理流上的数据，其操作的是字节或字节数组。因计算机存取数据的最小单位是字节，因此，字节流是最为基础的 I/O 流。从类的命名上看，io 包中凡是以"Stream"结尾的类都属于字节流，它们都直接或间接继承自 InputStream 或 OutputStream 这两个抽象类。

11.2.1 字节输入流：InputStream

InputStream 用于以字节为单位向程序输入数据，其常用子类如图 11-3 所示。

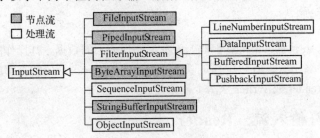

图 11-3　InputStream 的常用子类

表 11-2 列出了 InputStream 抽象类的常用方法。

表 11-2　InputStream 抽象类的常用方法

序　号	方法原型	方法的功能及参数说明
1	abstract int read()	从输入流中读取下一字节，以 int 型返回（0～255）。若读取前已到达流的末尾，则返回-1
2	int read(byte[] b)	从输入流中读取下若干字节以填充字节数组 b，返回值为实际读取的字节数。若读取前已到达流的末尾，则返回-1
3	int read(byte[] b,int offset, int len)	从输入流中读取 len 字节以填充字节数组 b（读取的第 1 个字节存放于 b[offset]），返回值为实际读取的字节数。若读取前已到达流的末尾，则返回-1
4	void mark(int readlimit)	对输入流的当前位置做标记，以便以后回到该位置。参数指定了在能重新回到该位置的前提下，允许读取的最大字节数
5	void reset()	将输入流的当前位置重新定位到最后一次调用 mark 方法时的位置。调用此方法后，后续的 read 方法将从新的当前位置读取
6	boolean markSupported()	判断输入流是否支持 mark 和 reset 方法
7	long skip(long n)	跳过 n 字节，返回值为实际跳过的字节数
8	void close()	关闭输入流并释放与之关联的所有系统资源

11.2.2 字节输出流：OutputStream

OutputStream 用于以字节为单位从程序输出数据，其常用子类如图 11-4 所示。

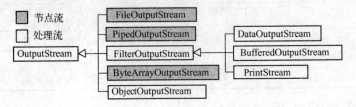

图 11-4　OutputStream 的常用子类

表 11-3 列出了 OutputStream 抽象类的常用方法。

表 11-3　OutputStream 抽象类的常用方法

序　号	方法原型	方法的功能及参数说明
1	abstract void write(int b)	将 b 的低 8 位写到输出流，高 24 位被忽略
2	void write(byte b[])	将字节数组 b 写到输出流
3	void write(byte b[],int offset, int len)	将字节数组 b 从 offset 开始的 len 字节写到输出流
4	void flush()	刷新输出流，并强制将所有缓存在缓冲输出流中的字节写到输出流
5	void close()	关闭输出流并释放与之关联的所有系统资源

11.3　字符流

字符流以字符（16 位的 Unicode 编码）为单位处理流上的数据，其操作的是字符、字符数组或字符串。从类的命名上看，io 包中凡是以 "Reader 或 Writer" 结尾的类都属于字符流，它们都直接或间接继承自 Reader 或 Writer 这两个抽象类。

11.3.1　字符输入流：Reader

Reader 用于以字符为单位向程序输入数据，其常用子类如图 11-5 所示。

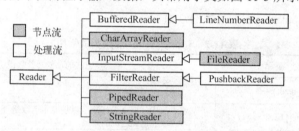

图 11-5　Reader 的常用子类

表 11-4 列出了 Reader 抽象类的常用方法。

表 11-4　Reader 抽象类的常用方法

序　号	方法原型	方法的功能及参数说明
1	int read()	从输入流中读取下一个字符，以 int 型返回（0～65 535）。若读取前已到达流的末尾，则返回-1
2	int read(char buff[])	从输入流中读取下若干个字符以填充字符数组 buff，返回值为实际读取的字符数。若读取前已到达流的末尾，则返回-1
3	abstract int read(char buff[], int offset, int len)	从输入流中读取 len 个字符以填充字符数组 buff（读取的第 1 个字符存放于 buff[offset]），返回值为实际读取的字符数。若读取前已到达流的末尾，则返回-1
4	void mark(int readlimit)	对输入流的当前位置做标记，以便以后回到该位置。参数指定了在能重新回到该位置的前提下，允许读取的最大字符数
5	void reset()	将输入流的当前位置重新定位到最后一次调用 mark 方法时的位置。调用此方法后，后续的 read 方法将从新的当前位置读取
6	boolean markSupported()	判断输入流是否支持 mark 和 reset 方法
7	long skip(long n)	跳过 n 个字符，返回值为实际跳过的字符数
8	abstract void close()	关闭输入流并释放与之关联的所有系统资源

11.3.2　字符输出流：Writer

Writer 用于以字符为单位从程序输出数据，其常用子类如图 11-6 所示。

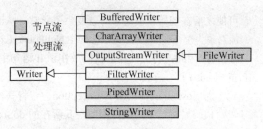

图 11-6　Writer 的常用子类

表 11-5 列出了 Writer 抽象类的常用方法。

表 11-5　Writer 抽象类的常用方法

序　号	方 法 原 型	方法的功能及参数说明
1	void write(int c)	将 c 的低 16 位写到输出流，高 16 位被忽略
2	void write(String str)	将字符串 str 写到输出流
3	void write(String str, int offset,int len)	将字符串 str 中从 offset 开始的 len 个字符写到输出流
4	void write(char buff[])	将字符数组 buff 写到输出流
5	abstract void write(char buff[],int offset, int len)	将字符数组 buff 中从 offset 开始的 len 个字符写到输出流
6	abstract void flush()	刷新输出流，并强制将所有缓存在缓冲输出流中的字符写到输出流
7	abstract void close()	关闭输出流并释放与之关联的所有系统资源

以上介绍了 Java 中 4 个基本的 I/O 流抽象类，它们所具有的大部分方法（包括一些非抽象方法）并未做任何有意义的实现，这些方法往往会被各自的子类重写，以实现更多的处理细节，故通常使用这 4 个抽象类的具体子类。这些子类虽然数目众多，但其中的很多类在命名上是对称的——形如 XxxxInputStream 的类对应着 XxxxOutputStream 类、形如 XxxxReader 的类对应着 XxxxWriter 类，读者应能从类的命名获知两个信息：流的方向（输入还是输出）、流中数据的单位（字节还是字符）。此外，在使用这些子类时，还应当注意以下几点：

（1）这些类的大部分方法都被声明成了抛出 IOException 异常（Checked 型），因此调用这些方法的代码必须置于 try 块中，或其所在方法用 throws 子句声明抛出该异常。

（2）执行输入流的 read 方法时，程序会处于阻塞状态，直至发生以下任何一种情况：流中的数据可用、到达流的末尾、发生了其他异常。

（3）read、write 等读/写方法被执行后，会自动修改流的当前位置以便下一次读/写。

（4）读/写操作完毕之后，应及时调用 close 方法以关闭流并释放资源。流被关闭之后，不能再对其进行读写等操作，否则会抛出异常。此外，close 方法本身也被声明成了抛出 IOException 异常。

（5）考虑到程序可能因为某些异常的发生而未执行后面的 close 方法，为确保流总是被关闭，一般采用如下编程方式：

```
001      void doSomeIO() throws IOException {
002          InputStream in = null;        // 声明流对象
003          try {
004              in = new FileInputStream("TestFile.txt");    // 初始化流对象
005              ...        // 对流进行读/写的代码
006          } catch (IOException e) {  // 因方法声明了抛出异常，此处可省略 catch 块
007              // 处理异常的代码
008          } finally {      // 确保以下代码被执行
```

```
009                     // 可能之前在初始化流对象时就发生了异常，从而导致
010                     // 流对象为空（调用 close 方法会产生 NullPointerException
011                     // 异常），因此，将关闭流的代码放在了 if 语句中
012                     if (in != null) {
013                         // 因 close 方法会抛出 IOException，若将其再放入 try 块中，则
014                         // 代码显得过于烦琐，因此，其所在的 doSomeIO 方法被声明为
015                         // 抛出 IOException
016                         in.close();
017                     }
018                 }
019             }
```

本章后续内容将介绍各种常用的 I/O 流及其相关类。

11.4　文件流

文件是程序所要处理的数据最主要的来源（或目的地），Java 以流的形式对文件数据进行读/写，文件流属于节点流。在建立文件流之前，应知道要操作的是哪个文件，因此，介绍文件流之前，先来了解用以描述文件对象的 java.io.File 类。

11.4.1　File 类

与日常使用计算机不同，io 包中并没有专门用于描述"文件夹（或目录）"的类——File 类的对象既可能是文件，也可能是文件夹。表 11-6 给出了 File 类的常用方法。

表 11-6　File 类的常用方法

序　号	方法原型	方法的功能及参数说明
1	File(String pathname)	构造方法，根据给定的路径名构造文件对象
2	File(String parent,String child)	构造方法，参数 1 一般是要构造的文件对象在的父路径名，参数 2 一般是子路径名或文件名
3	File(File parent,String child)	构造方法，与方法 2 类似，但参数 1 是 File 类型
4	File(URI uri)	构造方法，根据给定的 URI（Uniform Resource Identifier，统一资源标识符）对象构造文件对象。URI 是 URL 的父集，用以描述本地或网络上的某个资源
5	String getParent()	得到文件对象的父路径名称
6	String getName()	得到文件对象的名称（不包含父路径）
7	String getPath()	得到文件对象的完整路径名称，相当于方法 5 和 6 的组合
8	File getParentFile()	与方法 5 类似，但返回值是 File 类型
9	boolean isAbsolute()	判断文件对象是否是绝对路径，（例如，以盘符开头）
10	String getAbsolutePath()	得到文件对象的绝对路径字符串
11	File getAbsoluteFile()	与方法 10 类似，但得到的是绝对路径对应的文件对象。该方法等同于 new File(文件对象.getAbsolutePath())
12	boolean canRead()	判断文件对象是否可读
13	boolean canWrite()	判断文件对象是否可写
14	boolean canExecute()	判断程序是否能够执行当前的文件对象
15	boolean exists()	判断文件对象所表示的文件或文件夹是否存在

序 号	方 法 原 型	方法的功能及参数说明
16	boolean isDirectory()	判断文件对象所表示的是否是一个文件夹
17	boolean isFile()	判断文件对象所表示的是否是一个文件
18	boolean isHidden()	判断文件对象所表示的文件是否是隐藏文件
19	long lastModified()	得到文件对象所表示的文件或文件夹的最后修改时间
20	long length()	得到文件对象所表示的文件的大小，单位为字节。若文件对象表示的是文件夹，则返回值不确定
21	long getTotalSpace()	得到文件对象所在的磁盘分区大小，单位为字节。若文件对象未指定分区，则返回 0
22	long getUsableSpace()	得到文件对象所在的磁盘分区中可被 Java 虚拟机使用的大小，单位为字节。若文件对象未指定分区，则返回 0
23	boolean createNewFile()	当文件对象所表示的文件不存在时，创建该文件（大小为 0）。若创建成功则返回 true，若文件已存在，则返回 false
24	boolean mkdir()	当文件对象所表示的文件夹不存在时，创建该文件夹。若创建成功则返回 true，若文件夹已存在，则返回 false
25	boolean renameTo(File dest)	将当前文件对象重命名为参数指定的文件对象的名称。重命名成功则返回 true
26	boolean delete()	删除文件对象所表示的文件或文件夹。若表示的是文件夹，则该文件夹必须为空才能删除
27	static File[] listRoots()	静态方法，得到文件系统的根所组成的文件对象数组。对于 Windows 平台，该方法得到所有的磁盘分区组成的数组（如 C:\、D:\、E:\等），对于 UNIX，则得到唯一的根路径（即 "/"）
28	static File createTempFile(String prefix, String suffix, File dir)	静态方法，在参数 3 指定的文件夹下，创建名称为 "参数 1.参数 2" 的空临时文件。若参数 2 为 null，则文件的扩展名为 "tmp"；若参数 3 为 null，则在操作系统默认的临时文件夹下创建
29	File[] listFiles()	得到文件对象所表示的文件夹下所有的文件和文件夹组成的文件对象数组
30	File[] listFiles(FileFilter filter)	与方法 29 类似，但只得到满足参数指定的过滤器的文件和文件夹。FileFilter 是文件对象过滤器接口
31	boolean setReadable(boolean readable, boolean ownerOnly)	设置文件对象所表示的文件或文件夹是否可读。在参数 1 为 true（可读）的情况下，若参数 2 为 true 则表示只有文件或文件夹的所有者才对其可读，否则所有用户均对其可读

【例 11.1】 显示指定文件夹下的文件信息（见图 11-7）。

FileDemo.java

```
001    package ch11;
002
003    /* 省略了各 import 语句，请使用 IDE 的自动导入功能  */
006
007    public class FileDemo {
008        public static void main(String[] args) {
009            int fileNum = 0, dirNum = 0;        // 文件和文件夹计数器
010            // 用以控制日期输出格式的格式化器（请查阅 API 文档）
011            SimpleDateFormat fmt = new SimpleDateFormat("yyyy-MM-dd hh:mm:ss");
012            // 构造 File 对象（此处是一个文件夹），注意 Windows 的文件夹分隔符 "\"
013            // 要转义为 "\\"，也可以用 UNIX 风格的分隔符 "/"，或使用 File 类的静态常量
014            // "separatorChar" 由系统自动判断（如第 16 行）
015            File home = new File("H:\\android-sdk");
016            System.out.println("本机的文件夹分隔符是：" + File.separatorChar);
017            System.out.println(home.getPath() + " 中的文件：\n");    // 得到完整路径
```

```
018            System.out.print("名称                          ");
019            System.out.print("大小（字节）                ");
020            System.out.print("最后修改时间\n");
021            printLine();
022
023            // 得到文件夹包含的所有文件对象（包括子文件夹）
024            File[] files = home.listFiles();
025            for (int i = 0; i < files.length; i++) {
026                System.out.printf("%-30s", files[i].getName());        // 得到文件名
027                if (files[i].isFile()) {        // 若是文件
028                    System.out.printf("%-16d", files[i].length());        // 得到大小
029                    fileNum++;
030                } else {          // 若是文件夹
031                    System.out.printf("%-16s", "-");
032                    dirNum++;
033                }
034                long m = files[i].lastModified();                  // 得到最后修改时间
035                Date d = new Date(m);                              // 构造日期对象
036                System.out.printf("%16s", fmt.format(d));          // 格式化日期
037                System.out.println();
038            }
039            printLine();
040            System.out.println("共  " + fileNum + " 个文件，" + dirNum + " 个文件夹。");
041        }
042
043        static void printLine() {        // 打印一串横线
044            for (int i = 0; i < 65; i++) {
045                System.out.print("-");
046            }
047            System.out.println();
048        }
049    }
```

```
<terminated> FileDemo [Java Application] C:\Program Files\Java\jdk1.6.0_26\bin\javaw.exe
H:\android-sdk 中的文件：

名称                     大小（字节）          最后修改时间
--------------------------------------------------------------
extras                    -                    2011-06-01 03:38:31
platform-tools            -                    2011-06-01 02:18:27
platforms                 -                    2011-06-01 03:31:30
samples                   -                    2011-06-01 03:36:26
SDK Manager.exe           361758               2011-05-04 07:14:18
SDK Readme.txt            1129                 2011-05-06 06:56:56
tools                     -                    2011-06-01 02:15:09
uninstall.exe             70966                2011-06-01 02:15:09
--------------------------------------------------------------
共 3 个文件，5 个文件夹。
```

图 11-7 File 类演示

上述程序的第 26、28、31 和 36 等行用到了一些控制输出格式的格式控制符（与 C 语言的 printf 函数所使用的格式控制符非常相似），具体见 14.2.2 节。

11.4.2 字节文件流: FileInputStream 和 FileOutputStream

FileInputStream 和 FileOutputStream 用于对字节文件进行读写，它们重写了各自父类（InputStream 和 OutputStream）的大部分方法。表 11-7 和表 11-8 分别给出了 FileInputStream 和 FileOutputStream 类的常用构造方法，其余方法分别见前述表 11-2 和表 11-3。

表 11-7 FileInputStream 类的常用构造方法

序 号	方法原型	方法的功能及参数说明
1	FileInputStream(String name)	根据参数指定的文件名创建字节文件输入流。若指定名称的文件不存在或是一个文件夹，则抛出 FileNotFoundException 异常
2	FileInputStream(File file)	与方法 1 类似，但参数为 File 类型

表 11-8 FileOutputStream 类的常用构造方法

序 号	方法原型	方法的功能及参数说明
1	FileOutputStream(String name)	根据参数指定的文件名创建字节文件输出流。无论指定的文件是否已存在，均会建立一个新的空文件。若指定名称的文件不能被创建或是一个文件夹，则抛出 FileNotFoundException 异常
2	FileOutputStream(File file)	与方法 1 类似，但参数为 File 类型。
3	FileOutputStream(String name,boolean append)	若参数 2 为 false，则该方法与方法 1 功能相同；若为 true 且参数 1 指定的文件已存在，则后续的写出操作将从已有文件的末尾开始（即以"追加"方式写出）
4	FileOutputStream(File file,boolean append)	与方法 3 类似，但参数 1 为 File 类型

FileInputStream 和 FileOutputStream 的具体用法将在 11.5 节的【综合范例 9】中演示。

11.4.3 字符文件流: FileReader 和 FileWriter

FileReader 和 FileWriter 作为字符型文件输入和输出流，分别继承自 InputStreamReader 和 OutputStreamWriter，而后二者又分别继承自 Reader 和 Writer。

【例 11.2】 读取并显示指定文本文件的内容（见图 11-8）。

图 11-8 FileReader 演示

FileReaderDemo.java

```
001    package ch11;
002
003    /* 省略了各 import 语句，请使用 IDE 的自动导入功能 */
008
009    public class FileReaderDemo {
010        public static void main(String[] args) throws IOException {
011            // 要读取的文本文件名（未使用绝对路径）
012            String src = "AboutNewLine.txt";
013            FileReader in = null;        // 文本文件输入流
```

```
014            int ch;
015            try {
016                // 因为 "FileReaderDemo.class" 与 "AboutNewLine.txt" 在相同
017                // 路径下，故在当前路径寻找该文件
018                URL url = FileReaderDemo.class.getResource(src);    // 构造 URL 对象
019                File srcFile = new File(url.toURI());    // 以 URI 对象构造 File 对象
020                in = new FileReader(srcFile);    // 根据 File 对象构造文本文件输入流
021                while ((ch = in.read()) != -1) {    // 读取输入流
022                    System.out.print((char) ch);    // 将 int 强制转换为字符并输出
023                }
024            } catch (URISyntaxException e) {
025                System.out.println("要读取的文件不存在，或读取发生了错误！");
026            } finally {    // 确保流被关闭
027                if (in != null) {
028                    in.close();
029                }
030            }
031        }
032    }
```

与 FileReader 对应的 FileWriter 类用于将字符数据写到文件，后者的用法与 FileOutputStream 非常相似，故不再赘述。

本节介绍了用于处理文件数据的文件流。除了文件流之外，节点流还包括内存数组流、内存字符串流、管道流等，这些流使用相对较少，限于篇幅不做介绍。本章后续内容将介绍与节点流相对应的另一类流——处理流，具体包括缓冲流、转换流、打印流、数据流和对象流。

11.5 综合范例 9：文件复制器

【综合范例 9】利用文件流完成文件的复制，并显示相关信息（见图 11-9）。

图 11-9 FileInputStream 和 FileOutputStream 演示

FileCopier.java

```
001    package ch11;
002
003    /* 省略了各 import 语句，请使用 IDE 的自动导入功能 */
007
008    public class FileCopier {
009        public static void main(String[] args) throws IOException {
010            String src = "E:/Music/1.mp3";              // 要复制的文件
011            String dest = "F:/copy-of-1.mp3";           // 复制到的文件
012            FileInputStream in = null;                  // 文件输入流
013            FileOutputStream out = null;                // 文件输出流
014            byte[] buff = new byte[1024];               // 字节数组
015            long size = 0;                                  // 已复制的字节数
016            int i = 0;                                      // 每次读取的字节数
017            long startTime = System.currentTimeMillis();    // 记录复制前的时间
018            try {
019                in = new FileInputStream(src);              // 初始化文件输入流
020                out = new FileOutputStream(dest);           // 初始化文件输出流
021                System.out.println("正在复制中...");
022                while ((i = in.read(buff)) != -1) {         // 读取输入流
023                    // 写到输出流。思考：为何不能调用 write(buff) 方法？
024                    out.write(buff, 0, i);
025                    size += i;// 累加
026                }
027                long endTime = System.currentTimeMillis();  // 记录复制后的时间
028                System.out.println("复制完毕，共复制了 " + size + " 字节，耗时 "
                                    + (endTime - startTime) + " 毫秒。");
029            } catch (FileNotFoundException e) {
030                System.out.println("找不到要复制的文件！");
031            } catch (IOException e) {
032                System.out.println("复制过程中出现了 I/O 错误！");
033            } finally {        // 确保流被关闭
034                if (in != null) {
035                    in.close();
036                }
037                if (out != null) {
038                    out.close();
039                }
040            }
041        }
042    }
```

几点说明：

（1）多次运行上述程序，得到的复制时间可能不一致，特别是首次运行的时间较长（比其后运行的时间高约一个数量级），这是因为首次运行后，被复制的文件数据被操作系统缓存到内存中了。而从第 2 次开始，得到的时间相差不大。

（2）修改第 14 行中字节数组的大小也会在一定程度上影响复制所耗费的时间。

（3）若每次仅进行 1 字节的读/写操作，即将第 22、24 行分别修改为调用 read() 方法和 write(int) 方法，此时仍能正确完成文件的复制，但耗费的时间非常多（近 8 兆的文件，首次运行耗时近 45s[1]）。

（4）若第 24 行修改为 write(buff)，则会使得到的新文件比被复制的文件略大一些。这是因为最后一次读取时，输入流中可能已不足 1 024 字节以供读取（除非被复制的文件大小恰好是 1 024 的整数倍），但最后一次写出依然将整个 buff 数组写到了输出流中。

请读者根据上述说明自行修改代码并观察运行结果。

11.6　缓冲流

缓冲流是一种处理流，其套接在某个真正用来读/写数据的流之上，使得后者具备缓冲特性，从而改善读/写性能并提供某些方便特性。缓冲流维护着一个用以暂存数据的内存缓冲区（其实质是一个字节或字符数组），并允许自定义缓冲区的大小以满足不同需要。

相对于普通的流，缓冲流具有以下特点：

（1）缓冲输入流（BufferedInputStream 和 BufferedReader）重写了父类输入流的 mark 和 reset 方法，允许在输入流中任意位置做标记（将来可以回到该标记处），已达到多次重复读取流中某些数据的目的。

（2）当调用缓冲输出流（BufferedOutputStream 和 BufferedWriter）的 write 方法时，数据并未被真正写到缓冲输出流所套接的输出流中，而是被写到缓冲区。当调用缓冲输出流的 flush 方法后，才会将缓冲区中暂存的数据一次性写到输出流中并清空缓冲区。

下面以缓冲流中数据的单位为划分来讲解上述 4 个缓冲流类。

11.6.1　字节缓冲流：BufferedInputStream 和 BufferedOutputStream

BufferedInputStream 和 BufferedOutputStream 用于对字节型数据进行缓冲读/写，它们重写了各自的间接父类（InputStream 和 OutputStream）的大部分方法。表 11-9 仅给出了 BufferedInputStream 类的构造方法，该类的其余方法见前述表 11-2。

表 11-9　BufferedInputStream 类的构造方法

序　号	方 法 原 型	方法的功能及参数说明
1	BufferedInputStream(InputStream in)	根据参数指定的字节输入流创建字节缓冲输入流，具有默认大小的缓冲区（8K 字节）
2	BufferedInputStream(InputStream in,int size)	与方法 1 类似。参数 2 指定缓冲区的大小，单位为字节

【例 11.3】　字节缓冲输入流演示（见图 11-10）。

BufferedInputStreamDemo.java
```
001    package ch11;
002
003    /* 省略了各 import 语句，请使用 IDE 的自动导入功能 */
008
```

1　具体结果可能因机器的软硬件环境（特别是磁盘的 I/O 性能）而异。

```
009    public class BufferedInputStreamDemo {
010        public static void main(String[] args) throws IOException {
011            // 要读取的文件（文本文件），文件夹分隔符使用了 File 类的静态常量
012            String src = "E:" + File.separatorChar + "TextFile.txt";
013            // 读/写文本文件应该用 FileReader，此处用 FileInputStream 仅为演示
014            FileInputStream in = null;
015            BufferedInputStream bis = null;        // 声明字节缓冲输入流
016            int i = 0;        // 用来存放读取的字节
017            try {
018                in = new FileInputStream(src);        // 初始化文件输入流对象
019                // 套接管道在文件输入流对象上
020                bis = new BufferedInputStream(in);
021                // 标记当前位置（尚未进行读取操作，当前位置为 0）
022                bis.mark(1024);
023                System.out.print("第 1 次读取：");
024                while ((i = bis.read()) != -1) {        // 每次读取 1 字节
025                    System.out.printf("%-3X", i);        // 以十六进制输出
026                }
027                bis.reset();        // 回到第 22 行标记的位置（从头读取）
028                System.out.print("\n 第 2 次读取：");
029                while ((i = bis.read()) != -1) {
030                    System.out.printf("%-3c", (char) i);  // 强制将字节转换为字符
031                }
032                System.out.println();
033                // 以下代码做验证用
034                String s = "语言";
035                // 得到汉字字符串的字节数组形式
036                byte[] bytes = s.getBytes("GBK");        // 汉字编码标准为 GBK/GB2312
037                System.out.print(" "" + s + "" 在文件中所占的" + bytes.length + "字节为：");
038                for (int j = 0; j < bytes.length; j++) {        // 以十六进制输出字节数组
039                    System.out.printf("%-3X", bytes[j]);
040                }
041            } catch (FileNotFoundException e) {
042                System.out.println("找不到要读取的文件！");
043            } catch (IOException e) {
044                System.out.println("读取过程中出现了 I/O 错误！");
045            } finally {        // 确保流被关闭
046                if (bis != null) {
047                    bis.close();        // 关闭处理流时，被套接的节点流也会被关闭
048                }
049            }
050        }
051    }
```

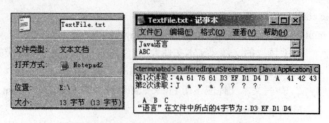

图 11-10 BufferedInputStream 演示

上述演示有意使用 FileInputStream 读取文本文件，目的是为了演示文本文件的存储实质。首先来分析做测试用的"TextFile.txt"文件的大小为什么是 13 字节：

（1）7 个西文字符各占 1 字节（Windows 的记事本程序存储西文字符默认以 ASCII 码存放），计 7 字节。

（2）2 个汉字各占 2 字节（简体中文操作系统下，每个汉字默认以 16 位的 GB2312 或 GBK 标准来编码），计 4 字节。

（3）1 个换行符占 2 字节（Windows 下的换行符由"\r"和"\n"两个字符组成，ASCII 码分别为 13 和 10，即十六进制的 0D 和 0A），计 2 字节。

再观察图 11-10 右下角的运行结果，分析如下：

（1）第 1 次读取（代码第 24～26 行）时，以十六进制显示了所有 13 字节，文本文件中的 7 个西文字符和 1 个换行符对应的 ASCII 码均显示正确。而十六进制数 D3EF 和 D1D4 则分别为汉字字符"语"和"言"的 GBK/GB2312 编码。

（2）第 2 次读取（代码第 29～31 行）时，将读取的每一字节强制显示为字符，因简体中文操作系统默认不能识别编码分别为 D3、EF、D1、D4 的字符，故以"？"代替显示（结果中的 4 个问号并非是真正的西文问号字符）。

（3）与 Windows 下的命令行窗口不同，Eclipse 的控制台将"\r"和"\n"均显示为换行，读者若在命令行窗口下运行上述程序，得到的结果会略有不同。

（4）第 34～40 行的代码验证了 TextFile.txt 中的 2 个中文字符的存储格式。在第 2 章曾提到，Java 源代码中的字符串在编译时会被转换为 Unicode 编码，因此第 36 行在将"语言"字符串转换为字节数组时，指定了目标编码名称（GBK），这与源文件保存时的编码相同，故之后输出的 4 字节与第 1 次读取时显示的一致[1]。

通过上述对代码和运行结果的分析，进一步验证了之前对文本文件存储格式的分析，读者应该通过本例，深刻了解文本文件的存储实质。

缓冲流作为处理流，其套接了其他的流，在关闭这些流时应注意先后顺序，否则可能引起异常，一般的关闭原则是：

（1）先打开的后关闭，后打开的先关闭（后打开的流可能会用到先打开的流）。

（2）若流 A 依赖于流 B，应先关闭 A，再关闭 B。

（3）对于处理流，根据上一条原则，应先关闭处理流，再关闭被套接的节点流。

（4）处理流被关闭时，会自动调用对应节点流的 close 方法，因此也可以只关闭处理流，而不用关闭被套接的节点流（如上述代码的 finally 块）。

---

1 读者可以将第 36 行 getBytes 方法的参数去掉，运行结果没有变化，这是因为无参的 getBytes 方法会以操作系统默认语言的编码（对于笔者的机器来说依然是 GBK/GB2312）将字符串转换为字节数组。但如果将参数改为"UTF-16BE"，则其最后输出的 4 字节将是"8B ED 8A 00"，而字符"语"和"言"的 Unicode 编码恰好是"8BED"和"8A00"，这也验证了字符串会被转换为 Unicode 编码保存在 class 文件中。

与 BufferedInputStream 相对应的 BufferedOutputStream 类也有两个构造方法，它们与 BufferedInputStream 类似，只不过接收的是 OutputStream 类型的参数，该类的其余方法见前述表 11-3（其中的 flush 方法将在 11.6.2 节讨论）。

11.6.2　字符缓冲流：BufferedReader 和 BufferedWriter

BufferedReader 和 BufferedWriter 用于对字符型数据进行缓冲读/写，它们重写了各自父类（Reader 和 Writer）的大部分方法，并提供了以下额外特性：

（1）BufferedReader 提供了 readLine 方法一次读取流中的一行字符串，该方法在以文本行为基本处理单位的应用中使用较多。

（2）BufferedWriter 提供了 newLine 方法向输出流写一个换行字符，该方法会自动判断操作系统使用何种换行符，以提高程序的可移植性。

BufferedReader 和 BufferedWriter 的构造方法分别与 BufferedInputStream 和 BufferedOutputStream 类似，只不过前二者作为字符缓冲流所套接的是 Reader 和 Writer 类型的对象。

【例 11.4】 字符缓冲输入、输出流演示（见图 11-11）。

图 11-11　BufferedReader 和 BufferedWriter 演示

BufferedReaderWriterDemo.java

```
001    package ch11;
002
003    /* 省略了各 import 语句，请使用 IDE 的自动导入功能 */
010
011    public class BufferedReaderWriterDemo {
012        public static void main(String[] args) throws IOException {
013            File dest = new File("E:\\Unicode.txt");        // 构造文件对象
014            FileWriter out = null;
015            BufferedWriter bw = null;                       // 字符缓冲输出流
016            FileReader in = null;
017            BufferedReader br = null;                        // 字符缓冲输入流
018            int ch = '一';                                  // 要写出的第一个字符
019            String line = null;                             // 存放读取的每一行
020            try {
021                out = new FileWriter(dest);
022                // 初始化字符缓冲输出流
023                bw = new BufferedWriter(out);
024                for (int i = 0; i < 10; i++) {               // 10 行
025                    for (int j = 0; j < 16; j++) {           // 每行 16 列
026                        bw.write((char) ch + " ");           // 写出字符
```

```
027                    ch++;                    // 准备下一个字符
028                }
029                bw.newLine();                // 写出换行字符
030                bw.flush();                  // 每写一行，刷新缓冲输出流
031            }
032            in = new FileReader(dest);
033            // 初始化字符缓冲输入流
034            br = new BufferedReader(in);
035            while ((line = br.readLine()) != null) {   // 每次读一行
036                System.out.println(line);
037            }
038        } catch (FileNotFoundException e) {
039            System.out.println("找不到要读取的文件！");
040        } catch (IOException e) {
041            System.out.println("读/写过程中出现了 I/O 错误！");
042        } finally {// 确保流被关闭
043            if (br != null) {                // 关闭两个处理流即可
044                br.close();
045            }
046            if (bw != null) {
047                bw.close();
048            }
049        }
050    }
051 }
```

与 11.6.1 节中 BufferedOutputStream 一样，BufferedWriter 也重写了父类的 flush 方法，可以通过在某些关键点"显式"调用该方法以强制将缓冲区数据刷新到被套接的输出流——如上述程序每写出 16 个字符并换行后，刷新一次缓冲输出流。

在使用缓冲输出流时，还应注意以下细节：

（1）为缓冲输出流的缓冲区指定不同大小（默认为 8KB）会一定程度影响输出流的写出性能，在实际应用中，可以根据所处理数据的种类、大小等灵活设置。

（2）一般来说，缓冲输出流会在适当时机（如缓冲区被填满了）自动将缓冲区中的数据刷新到输出流，但这可能会降低程序的实时性[1]。

（3）当调用缓冲输出流的 close 方法时，流在关闭前会自动调用 flush 方法[2]，读者可以查看 BufferedWriter 的 close 方法的代码。

（4）与 read、write 等方法一样，flush 方法应于 close 方法前调用，否则会抛出异常。

（5）若既未"显式"调用 flush 方法，也未关闭缓冲输出流，则很可能导致之前写到缓冲区的数据未被真正写到输出流中。例如，注释上述代码第 30、47 行，则不会有任何输出结果（因字符未被写到 Unicode.txt）。

---

1 如在编写类似于 QQ 的即时通信程序时，当客户端将要发送的消息写到缓冲输出流后，缓冲输出流可能并不会立刻将数据写到与服务器程序对应的输入流中，从而降低了服务器程序转发该消息的实时性。
2 在实际编程中并不推荐借助 close 方法来隐式刷新缓冲输出流，因为这样无法让编程者灵活控制缓冲数据的写出时机。

11.7　转换流

前述 11.2 节和 11.3 节分别介绍了字节流和字符流，请读者想象这样的应用场景：若某个字节流已被建立，出于某种需要，现要求将字节流中的字节数据按字符数据进行处理，此时应该如何做到呢？考虑到每个字符由连续的 2 字节构成，字符实际上是对字节的"组装"，而字节则是对字符的"拆分"，因此，完全可以通过编程的方式来完成字节到字符数据的转换，但这样无疑增加了编程工作量。

本节介绍的转换流支持字节流与字符流的相互转换，并允许指定转换过程所采用的字符集（Charset）。转换流实际上扮演了字符流和字节流之间的"桥"，具体包括 InputStreamReader 和 OutputStreamWriter 两个类。

输入转换流 InputStreamReader 继承自 Reader，其套接在字节输入流之上，并根据指定的字符集把从输入流读取的字节转换为字符，表 11-10 给出了其常用方法。

表 11-10　InputStreamReader 类的常用方法

序　　号	方 法 原 型	方法的功能及参数说明
1	InputStreamReader(InputStream in)	构造方法，根据指定的字节输入流创建字符输入流，转换时使用操作系统默认的字符集
2	InputStreamReader(InputStream in, String charset)	与方法 1 类似，同时用参数 2 指定了转换所使用的字符集名称。可用的字符集名称请参考 http://www.iana.org/assignments/character-sets
3	String getEncoding()	得到字符输入流使用的字符集编码名称

键盘设备在 Java 中被抽象成了 System 类的静态常量 in。查看 System 类的代码，可以发现 in 对象的类型为前述的 InputStream，即所有来自键盘的输入都是以字节形式接收的，而程序往往需要按照字符形式来接收和处理这些输入数据，此时可以利用转换流完成这种转换，如图 11-12 所示（为读取数据方便，在转换流上还套接了缓冲流）。

图 11-12　套接了缓冲流的转换流

【例 11.5】转换流演示（见图 11-13）。

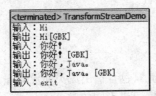 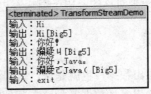

图 11-13　InputStreamReader 演示（2 次运行）

TransformStreamDemo.java

```
001    package ch11;
002
003    /* 省略了各 import 语句，请使用 IDE 的自动导入功能 */
006
007    public class TransformStreamDemo {
008        public static void main(String[] args) throws IOException {
009            InputStreamReader r = null;           // 输入转换流
010            BufferedReader br = null;              // 字符缓冲输入流
```

```
011            String line = null;                    // 存放输入的行
012            try {
013                r = new InputStreamReader(System.in);    // 构造输入转换流
014                // r = new InputStreamReader(System.in, "BIG5");// 台湾地区字符集
015                br = new BufferedReader(r);               // 构造字符缓冲输入流
016                System.out.print("输入：");
017                // 等待用户的输入并回车，若输入的是"exit"，则程序结束
018                while (!(line = br.readLine()).equalsIgnoreCase("EXIT")) {
019                    // 打印用户的输入和字符集名称
020                    System.out.println("输出：" + line + "[" + r.getEncoding() + "]");
021                    System.out.print("输入：");
022                }
023            } catch (IOException e) {
024                System.out.println("出现了 I/O 错误！");
025            } finally {// 确保流被关闭
026                if (br != null) {    // 只关闭最外层的处理流
027                    br.close();
028                }
029            }
030        }
031    }
```

上述程序的第 13 行在构造输入转换流对象时未指定转换所使用的字符集，则使用操作系统默认的字符集（简体中文 Windows 默认字符集为 GBK），运行结果如图 11-13 左图所示。若取消第 14 行的注释（指定 BIG5 字符集），则会得到如图 11-13 右图所示的结果。之所以出现输出时的乱码，是因为输入字符的字符集（GBK）与转换采用的字符集（BIG5）不兼容[1]。

输出转换流 OutputStreamWriter 继承自 Writer，其套接在字节输出流之上，并根据指定的字符集将字符转换为字节（与 InputStreamReader 的转换方向正好相反）写到输出流，其所具有的方法与 InputStreamReader 是对称的，限于篇幅不再赘述。

11.8 打印流

打印流专门用于输出数据，也就是说，打印流只包含输出流类而没有输入流类。打印流支持以自定义格式方便地输出多种数据类型。与其他输出流不同的是：

（1）打印流的输出方法调用较为频繁，因此这些方法被设计为不抛出 IOException 异常，但可以通过 checkError 方法检查输出状态。

（2）打印流的某些输出方法具有自动 flush 的特性，这些方法在执行时会立即将指定数据写到所套接的输出流中。

打印流具体包括 PrintStream 和 PrintWriter，它们分别直接继承自 FilterOutputStream 和 Writer，其中，PrintStream 用于输出字节数据[2]。查看 System 类的代码，会发现其静态字段 out 其实就是

---

1 不同国家或地区在设计字符集编码时，往往会考虑对 ASCII 码的兼容，因此，本例中先后使用两种字符集对键盘输入做转换时，输入的西文字符都能被正确输出。
2 PrintStream 也能输出字符（这也是为什么 PrintStream 没有直接继承 OutputStream 的原因），此时会使用操作系统默认的字符集编码将字符转换为字节（这类似于 11.7 节的转换流）。在需要输出字符而不是字节的情况下，应该优先使用 PrintWriter。

一个 PrintStream 类型的对象，默认情况下，该对象指向 Java 程序的运行环境——如命令行窗口、Eclipse 的控制台窗口等。表 11-11 列出了 PrintStream 类的常用方法。

表 11-11　PrintStream 类的常用方法

序　号	方 法 原 型	方法的功能及参数说明
1	PrintStream(OutputStream out)	构造方法，根据参数指定的字节输出流创建不具有自动刷新特性的字节打印流
2	PrintStream(OutputStream out, boolean autoFlush)	与方法 1 类似，参数 2 指定字节打印流是否具有自动刷新特性
3	PrintStream(OutputStream out, boolean autoFlush, String charset)	与方法 2 类似，参数 3 指定使用的字符集名称
4	PrintStream(String fileName)	构造方法，该方法先根据参数指定的文件名创建不具有"追加"特性的字节文件输出流（FileOutputStream），然后以之创建不具有自动刷新特性的字节打印流
5	PrintStream(String fileName, String charset)	与方法 4 类似，参数 2 指定使用的字符集名称
6	PrintStream(File file)	与方法 4 类似，但参数类型为 File
7	PrintStream(File file, String charset)	与方法 5 类似，但参数 1 类型为 File
8	void write(int b)	将指定字节写到字节打印流
9	void write(byte[] b, int offset, int len)	将字节数组 b 中从 offset 开始的 len 字节写到字节打印流
10	void print(基本类型名 value) 基本类型名可以是 char、int、long、float、double	将参数对应的字符串形式（即 String.valueOf(基本类型名)方法的返回值）按系统默认的字符集转换为字节，然后采用方法 8 的形式写到字节打印流
11	void print(char s[])	将字符数组按系统默认的字符集转换为字节，然后采用方法 8 的形式写到字节打印流
12	void print(String s)	将字符串按系统默认的字符集转换为字节，然后采用方法 8 的形式写到字节打印流
13	void println()	向字节打印流写一个换行符。换行符由名为"line.separator"的系统属性定义，其可能是一个字符串而非单个字符（\n）
14	void println(基本类型名 value) 基本类型名可以是 char、int、long、float、double	与方法 10 类似，但最后还会写一个换行符。此类方法相当于方法 10 和方法 13 的组合
15	void println(char s[])	与方法 11 类似，但最后还会写一个换行符
16	void println(String s)	与方法 12 类似，但最后还会写一个换行符
17	PrintStream printf (String format, Object ... values)	从 JDK 5.0 开始提供的方法，与 C 语言的 printf 函数类似。该方法用参数 2（"..."是合法语法，表示 values 是变长参数，可以有零至多个）替换参数 1（作为格式字符串）中的每个格式说明符，然后将参数 1 转换为字节并写到字节打印流。注意方法返回类型为 PrintStream，意味着可以在同一条语句中连续调用该方法。若格式字符串包含非法或与对应参数不兼容的格式说明符，则抛出 IllegalFormatException 异常（Unchecked 型）。格式说明符参见 14.2.2 节
18	boolean checkError()	刷新字节打印流并检查错误状态。当发生 IOException 异常时，返回 true，否则返回 false

当被构造为具有自动刷新特性的字节打印流在执行输出方法（如 write、print 和 println 等）时，满足下列情况之一则立即刷新（自动执行 flush 方法）：①写出字节数组（方法 9）；②写出换行符；③写出的字节值为 10（即\n）；④执行任何一个 println 方法。

【例 11.6】 打印流演示（见图 11-14）。

图 11-14　PrintStream 演示

PrintStreamDemo.java

```
001    package ch11;
002
003    /* 省略了各 import 语句，请使用 IDE 的自动导入功能 */
007
008    public class PrintStreamDemo {
009        // PrintStream 的 close 方法不会抛出异常，故 main 方法没有带 throws 子句
010        public static void main(String[] args) {
011            // 对象数组（含 byte、char、int、long、float、double、String 等类型）
012            Object values[] = { (byte) -8, 'A', '我', Integer.MAX_VALUE, 022, 0x1A, 987654321L,
                                3.14159, -1.7F, 2.1D, "Java 语言\n" };
013            File file = new File("E:/Result.txt");        // 目标文件
014            FileOutputStream out = null;                  // 字节文件输出流
015            PrintStream log = null;                       // 字节打印流
016            try {
017                out = new FileOutputStream(file);   // 初始化字节文件输出流
018                log = new PrintStream(out);         // 初始化字节打印流
019                for (int i = 0; i < values.length; i++) {
020                    log.print(values[i] + "|");     // 写出 values 的每个元素
021                }
022                // 字节数组（ABC 和换行字符，Windows 下换行字符是\r\n 两个字符）
023                byte[] bytes = { 65, 66, 67, 13, 10 };
024                log.write(bytes, 1, bytes.length - 1); // 从 B 开始写出
025                // 字符数组
026                char[] chars = { '\t', 'J', 'a', 'v', 'a', '语', '言' };
027                log.print(chars);                   // 写出字符数组
028            } catch (FileNotFoundException e) {     // 第 17 行
029                System.out.println("建立文件失败！");
030            } finally {                             // 确保流被关闭
031                if (log != null) {                  // 只关闭处理流
032                    log.close();
033                }
034            }
035        }
036    }
```

PrintWriter 用于输出字符数据，其具有的方法与 PrintStream 非常类似（除了不支持字节数组的写出），不同的是，若 PrintWriter 对象被构造为支持自动刷新特性，则只有在调用 println 或 printf 等方法时才会立即刷新（写出换行符时则不一定）。

11.9 数据流

本章前述的各种流都缺乏直接读/写基本类型的能力，而这正是数据流要解决的问题。对于数据输出流，基本类型和字符串类型将分别以它们在内存中本来的存储形式和 UTF 字符集编码写到输出流中；对于数据输入流，其提供了从流中读取基本类型和 UTF 字符集编码的字符串等方法[1]。

数据流具体包括 DataInputStream 和 DataOutputStream 两个类，它们分别间接继承自 InputStream 和 OutputStream（即数据流属于字节流），同时还分别实现了 DataInput 和 DataOutput 接口。另外，数据流作为处理流，要套接在 InputStream 和 OutputStream 之上。表 11-12 给出了 DataInputStream 类的常用方法，需要注意的是，除构造方法外，其余所有方法都是 final 的[2]。

表 11-12　DataInputStream 类的常用方法

序　号	方法原型	方法的功能及参数说明
1	DataInputStream(InputStream in)	构造方法，根据参数指定的字节输入流创建数据输入流
2	int read(byte b[])	从输入流中读取若干字节以填充字节数组 b，返回值为实际读取的字节数。若读取前已到达流的末尾，则返回-1
3	int read(byte b[], int offset, int len)	从输入流中读取 len 字节以填充字节数组 b（读取的首字节存放于 b[offset]），返回值为实际读取的字节数。若读取前已到达流的末尾，则返回-1
4	void readFully(byte b[])	从输入流中读取 b.length 字节以填充字节数组 b。若到达流的末尾，则抛出 EOFException 异常
5	void readFully(byte b[], int offset, int len)	与方法 3 类似，但没有返回值。若到达流的末尾，则抛出 EOFException 异常
6	int skipBytes(int n)	跳过 n 字节，返回值为实际跳过的字节数
7	boolean readBoolean()	从输入流中读取一个 boolean 型数据并返回之。若读取前已到达流的末尾，方法 7～19 均会抛出 EOFException 异常
8	byte readByte()	从输入流中读取一个 byte 型数据（1 字节）并返回之
9	int readUnsignedByte()	从输入流中读取一个无符号 byte 型数据并以 int 型返回之
10	short readShort()	从输入流中读取一个 short 型数据（2 字节）并返回之
11	int readUnsignedShort()	从输入流中读取一个无符号 short 型数据并以 int 型返回之
12	char readChar()	从输入流中读取一个 char 型数据（2 字节）并返回之
13	int readInt()	从输入流中读取一个 int 型数据（4 字节）并返回之
14	long readLong()	从输入流中读取一个 long 型数据（8 字节）并返回之
15	float readFloat()	从输入流中读取一个 float 型数据（4 字节）并返回之
16	double readDouble()	从输入流中读取一个 double 型数据（8 字节）并返回之
17	String readLine()	从输入流中读取以换行符结尾的一行字符串并返回之。该方法已标记为过期，不推荐使用，应使用 BufferedReader 的同名方法
18	String readUTF()	从输入流中读取一个以 UTF-8 修改版编码的字符串（具体读入字节数不定）并返回之。若读取的若干字节不是一个合法的以 UTF-8 修改版编码的字符串，则抛出 UTFDataFormatException 异常
19	static String readUTF(DataInput in)	静态方法，与方法 18 类似，但从指定的数据输入流读取

DataOutputStream 类所具有的写出方法（writeXxxx）与 DataInputStream 类的读入方法

1　数据输入流还提供了读取指定字节数的方法，至于将这些字节"理解"为何种类型，则由编程者控制。
2　DataOutputStream 类的绝大部分方法也是 final 的，即这些方法不允许被子类重写，原因就在于：数据流不允许其他类（即使是子类）去改变其对数据的这种最原始的读/写机制。

（readXxxx）是一一对称的，此处不再列出。

【例 11.7】 数据流演示（见图 11-15）。

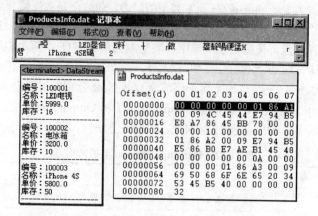

图 11-15　DataInputStream 和 DataOutputStream 演示

DataStreamDemo.java

```
001    package ch11;
002
003    /* 省略了各 import 语句，请使用 IDE 的自动导入功能 */
009
010    public class DataStreamDemo {
011        // 要写出的基本类型数据
012        long[] ids = { 100001, 100002, 100003 };
013        String[] names = { "LED 电视", "电冰箱", "iPhone 4S" };
014        float[] prices = { 5999, 3200, 5800 };
015        int[] counts = { 16, 10, 50 };
016
017        public static void main(String[] args) throws IOException {
018            DataStreamDemo demo = new DataStreamDemo();
019            demo.saveProducts();            // 写出数据
020            demo.loadProducts();            // 读入数据
021        }
022
023        void saveProducts() throws IOException {
024            FileOutputStream fos = null;
025            DataOutputStream dos = null;                  // 数据输出流
026            try {
027                fos = new FileOutputStream("E:\\ProductsInfo.dat");
028                dos = new DataOutputStream(fos);          // 构造数据输出流
029                for (int i = 0; i < ids.length; i++) {    // 3 组数据
030                    dos.writeLong(ids[i]);                // 写出 long 型数据
031                    dos.writeUTF(names[i]);               // 以 UTF 编码写出字符串
032                    dos.writeFloat(prices[i]);            // 写出 float 型数据
033                    dos.writeInt(counts[i]);              // 写出 int 型数据
034                }
```

```
035                } catch (IOException e) {
036                    System.out.println("写出发生了 I/O 错误！");
037                    System.exit(-1);                    // 退出程序
038                } finally {
039                    if (dos != null) {                  // 关闭数据输出流
040                        dos.close();
041                    }
042                }
043            }
044
045        void loadProducts() throws IOException {
046            FileInputStream fis = null;
047            DataInputStream dis = null;                 // 数据输入流
048            try {
049                fis = new FileInputStream("E:\\ProductsInfo.dat");
050                dis = new DataInputStream(fis);         // 构造数据输入流
051                while (true) {                          // 一直读直至捕获 EOFException 异常
052                    // 将打印 4 行横线（为什么？）
053                    System.out.println("--------------------");
054                    // 读一个 long 型数据
055                    System.out.println("编号：" + dis.readLong());
056                    // 读一个 UTF 编码的字符串
057                    System.out.println("名称：" + dis.readUTF());
058                    // 读一个 float 型数据
059                    System.out.println("单价：" + dis.readFloat());
060                    // 读一个 int 型数据
061                    System.out.println("库存：" + dis.readInt());
062                }
063            } catch (EOFException e) {                   // 到达输入流的末尾
064            } catch (IOException e) {
065                System.out.println("读取发生了 I/O 错误！");
066                System.exit(-1);                        // 退出程序
067            } finally {
068                if (dis != null) {                      // 关闭数据输入流
069                    dis.close();
070                }
071            }
072        }
073    }
```

几点说明：

（1）基本类型以其在内存中的形式（而非值的字符串形式）直接写到文件，如图 11-15 右下部的十六进制编辑器中被选中的 8 字节恰为第 1 个被写出的数据 100001 的十六进制形式。若用文本编辑器打开文件，则这些字节被强行理解成字符编码而得到乱码。

（2）字符串以 UTF 字符集编码写到文件，而文本编辑器默认字符集编码为 GBK（简体中文环境下），故中文字符也显示为乱码，如图 11-15 上部所示。

（3）一般用捕获 EOFException 异常来判断读到了 DataInputStream 的末尾。需要注意的是，EOFException 是 IOException 的子类，故应先于 IOException 捕获。

（4）编程者应保证从数据输入流读取数据的顺序（第 55～61 行）与之前向数据输出流写出数据的顺序（第 30～33 行）相一致，否则可能得到与之前写出数据不同的数据，但并不会出现语法错误[1]。

11.10　对象流

11.9 节介绍的数据流能够读/写基本类型，但仍缺乏对普通的对象类型的读/写能力，而这正是对象流要解决的问题。对象流类包括 ObjectInputStream 和 ObjectOutputStream 两个类，它们分别继承自 InputStream 和 OutputStream（即对象流属于字节流），同时还分别实现了 ObjectInput 和 ObjectOutput 接口，而这两个接口分别是 DataInput 和 DataOutput 的子接口，这意味着对象流同时具备对基本类型的读/写能力。

对象流是处理流，套接在字节流之上。对于对象输出流（ObjectOutputStream），其将对象类型（也包括基本类型）的数据以字节形式写到输出流中，这一过程称为对象的序列化（Serialization）；对于对象输入流（ObjectInputStream），其从输入流中读取若干字节，并将其转换为某种类型的对象（恰为序列化前的状态），这一过程称为反序列化（Deserialization）。利用序列化和反序列化，可以持久保存对象（如写到文件中）以便将来还原该对象的状态，或通过网络将对象发至其他程序，从而实现对象的跨虚拟机传输。表 11-13 给出了 ObjectOutputStream 类的常用方法，其中未列出用以写出基本类型的 WriteXxxx 方法。

表 11-13　ObjectOutputStream 类的常用方法

序　号	方 法 原 型	方法的功能及参数说明
1	ObjectOutputStream (OutputStream out)	构造方法，根据参数指定的字节输出流创建对象输出流
2	final void writeObject (Object obj)	写出参数指定的对象。若对同一个对象多次调用该方法，则对象只会在第一次调用时被写出，其后的调用所写出的只是该对象的引用。若对象之前是由方法 3 写出的，则调用此方法时，依然会真正写出对象而非对象的引用
3	void writeUnshared (Object obj)	与方法 2 类似。不同的是，即使对同一个对象多次调用该方法，每次调用时，对象也总是被当作"新对象"写出

ObjectInputStream 的方法基本与 ObjectOutputStream 一一对称，此处不再列出。

几点说明：

（1）需要注意的是，并不是所有的对象类型都支持序列化，只有实现了 java.io.Serializable 接口的类的对象才能被序列化。

（2）Serializable 是一个空接口，其中并没有定义任何方法，该接口只是为实现了该接口的类做一个标记，以告知 Java 虚拟机该类的对象允许被序列化。

（3）序列化时，默认情况下，类中所有的字段都会被写到输出流，除非字段使用了 transient（瞬时的）或 static 关键字加以修饰。

（4）如果字段是对象类型，则该对象所属的类应实现 Serializable 接口，否则将抛出名为 java.io.NotSerializableException（IOException 的间接子类）的异常。

1　即使顺序不一致，但读取的若干字节总能被"理解"成对应的基本类型，只不过得到的数据是错误的。读者可改变第 55～61 行的读取顺序并观察运行结果。

需要注意，序列化并非仅将对象的各个非瞬时和非静态字段写到输出流，诸如对象所属类的名称、类及该类的所有父类的某些信息等都会被一同写出。此外，序列化和反序列化的细节对于编程者来说是透明的，通常无须关心。若确实需要对序列化和反序列化的细节加以控制，可以让被序列化的类实现 java.io.Externalizable 接口（Serializable 的子接口），然后重写接口中定义的两个用来控制写出和读入对象细节的方法，请读者自行查阅有关文档。

11.11 综合范例 10：程序快照机

程序快照（Snapshot）是指将程序的当前状态序列化到文件，以便将来恢复，这类似于操作系统的休眠——将操作系统的当前状态写到文件 hiberfil.sys 后关机，下次启动时将读取休眠文件，以恢复系统到休眠前的状态。

【综合范例 10】 将窗口状态保存到快照文件，再读取该文件以恢复窗口状态（见图 11-16）。

图 11-16 程序快照机

SnapshotDemo.java

```
001    package ch11;
002
003    /* 省略了各 import 语句，请使用 IDE 的自动导入功能 */
019
020    class Snapshot {                                    // 提供保存快照和恢复快照方法的类
021        String snapshotFile = "E:/Snapshot.dat";       // 快照文件
022
023        void saveSnapshot(MyFrame f) throws IOException {   // 写出快照
024            FileOutputStream fout = null;
025            ObjectOutputStream out = null;             // 对象输出流
026            try {
027                fout = new FileOutputStream(snapshotFile);
028                out = new ObjectOutputStream(fout);    // 构造对象输出流
029                out.writeObject(f);                    // 序列化
030            } catch (FileNotFoundException e) {
031                System.out.println("建立快照文件失败！");
032            } catch (IOException e) {
033                System.out.println("写出发生了 I/O 错误！");
```

```
034            } finally {
035                if (out != null) {                          // 只关闭处理流
036                    out.close();
037                }
038            }
039        }
040
041        MyFrame loadSnapshot() throws IOException {          // 读取快照
042            MyFrame f = null;                                // 存放恢复的窗口
043            FileInputStream fin = null;
044            ObjectInputStream in = null;                     // 对象输入流
045            try {
046                fin = new FileInputStream(snapshotFile);
047                in = new ObjectInputStream(fin);             // 构造对象输入流
048                f = (MyFrame) in.readObject();               // 反序列化并造型
049            } catch (FileNotFoundException e) {
050                System.out.println("读取快照文件失败！");
051            } catch (IOException e) {
052                System.out.println("读取发生了 I/O 错误！");
053            } catch (ClassNotFoundException e) {             // 反序列化要抛出异常
054                System.out.println("找不到相应的类！");
055            } finally {
056                if (in != null) {                            // 只关闭处理流
057                    in.close();
058                }
059            }
060            return f;                                        // 返回窗口对象
061        }
062    }
063
064    // 实现了 Serializable 接口的类的对象才能被序列化
065    class MyFrame extends JFrame implements ActionListener, Serializable {
066        JButton save = new JButton("保存快照");
067        JButton load = new JButton("恢复快照");
068        JPanel panel = new JPanel();
069        JTextArea ta = new JTextArea("初始文字");
070        JScrollPane sp = new JScrollPane(ta);
071        transient Snapshot snapshot = new Snapshot();        // 不序列化此字段
072
073        // snapshot 字段的 setter 方法
074        public void setSnapshot(Snapshot snapshot) {
075            this.snapshot = snapshot;
076        }
077
078        MyFrame() {                                          // 构造方法
079            initUI();
080            save.addActionListener(this);                    // 为按钮添加监听器
```

```
081              load.addActionListener(this);
082          }
083
084       void initUI() {                              // 初始化窗口内的组件
085              setLayout(new BorderLayout());
086              ta.setLineWrap(true);
087              add(sp, BorderLayout.CENTER);
088              panel.add(save);
089              panel.add(load);
090              add(panel, BorderLayout.SOUTH);
091              setTitle("程序快照机");
092              setDefaultCloseOperation(EXIT_ON_CLOSE);
093              setSize(200, 140);
094          }
095
096       public void actionPerformed(ActionEvent e) {      // 单击按钮时
097              try {
098                  if (e.getSource() == save) {          // 单击的是 "保存快照" 按钮
099                      snapshot.saveSnapshot(this);
100                  } else {                  // 单击的是 "恢复快照" 按钮
101                      MyFrame f = snapshot.loadSnapshot();   // 读取快照恢复窗口
102                      // 此行不可少（因为未序列化 MyFrame 类的 snapshot 字段）
103                      f.setSnapshot(new Snapshot());
104                      f.setVisible(true);       // 显示恢复的窗口
105                      this.dispose();           // 关闭原来的窗口
106                  }
107              } catch (IOException e1) {
108                  System.out.println("保存快照时发生了 IO 错误！");
109              }
110          }
111   }
112
113   public class SnapshotDemo {                   // 测试类
114       public static void main(String[] args) {
115              MyFrame demo = new MyFrame();
116              demo.setVisible(true);
117          }
118   }
```

图 11-16 中有一个细节需要说明：第②步在准备保存程序快照那一刻，"保存快照" 按钮是处于按下状态的——该按钮被按下时才触发第 96 行的 actionPerformed 方法；因此，第③步单击 "恢复快照" 按钮后，得到的第④步窗口中 "保存快照" 按钮的初始状态也是按下的。

11.12 其他常用 I/O 类

本节将介绍与 I/O 流相关的两个常用类——Scanner 和 Console，利用它们可以简化某些程序的编写，或让程序具备 I/O 类所不支持的功能。需要说明的是，尽管这两个类提供的某些方法与本章前述的 I/O 流类非常类似，但它们并不是 I/O 流类。

11.12.1　读入器：Scanner

请读者思考这样的问题：如何从命令行窗口输入基本类型（如 int）的数据供程序使用？如前述图 11-12 所示，首先将键盘（System.in 对象）包装成 BufferedReader 对象，然后调用后者的 readLine 方法以得到输入的一行字符串（在命令行窗口中每次输入以回车结束），最后将字符串作为如 "Integer.parseInt(String)" 这样的方法的参数，最终得到了基本类型。不难看出，这种方式较为烦琐。

Scanner 是 JDK 5.0 开始提供的工具类（位于 java.util 包下），其支持以较为简单的方式从输入流中获取基本类型的数据或字符串，同时提供了对带有分隔符（用以分隔多个数字的字符，如空格、逗号等）的文本的解析能力（这一点非常像 C 语言的 scanf 函数）。Scanner 类的常用方法如表 11-14 所示。

表 11-14　Scanner 类的常用方法

序号	方法原型	方法的功能及参数说明
1	Scanner(InputStream source)	构造方法，根据指定的字节输入流作为输入源创建读入器，使用系统默认的字符集
2	Scanner(InputStream source, String charsetName)	与方法 1 类似，参数 2 指定读入时使用的字符集名称
3	Scanner(File source)	与方法 1 类似，但输入源类型为 File
4	Scanner(String source)	与方法 1 类似，但输入源类型为字符串
5	void close()	关闭读入器，此后不能再从输入源中进行读入或查找操作，否则将抛出 IllegalStateException 异常（Unchecked 型）。与大多数 I/O 流类不同，该方法不会抛出 IOException 异常
6	Scanner useDelimiter(String pattern)	设置读入器的分隔模式（即分隔符的构成）。默认分隔符包括空格、跳格和行终结符。关于"模式"见第 14 章
7	Scanner reset()	将读入器的分隔模式和基数都恢复为默认值
8	Scanner useRadix(int radix)	更改读入器使用的基数（即进制，默认为十）
9	boolean hasNext()	判断输入源中是否存在下一个标记，此方法经常用于判断是否到达输入源的末尾。标记是指被分隔符分隔开的多个字符串
10	boolean hasNext(String pattern)	判断输入源中下一个标记是否与指定模式匹配
11	String next()	从输入源中首个有效字符（非空格、跳格和行终结符）开始读入，遇到空格、跳格或行终结符停止读入
12	String next(String pattern)	若输入源中下一个标记与指定模式匹配，则返回该标记
13	boolean hasNextLine()	判断输入源中是否存在下一行
14	String nextLine()	读入输入源中下一行（有可能读入上一次的行终结符）
15	boolean hasNextXxxx()	判断输入源中下一个标记是否是 "Xxxx" 类型。"Xxxx" 代表的类型可以是 boolean、byte、short、int、long、float、double、BigInteger 和 BigDecimal 等
16	boolean hasNextXxxx(int radix)	与方法 15 类似，同时指定了标记的进制。"Xxxx" 代表的类型可以是 byte、short、int、long 和 BigInteger 等
17	xxxx nextXxxx()	读入输入源中下一个标记并作为 "Xxxx" 类型返回，若标记不是 "Xxxx" 类型，则抛出 InputMismatchException 异常（Unchecked 型）。"xxxx" 代表的类型同方法 15
18	xxxx nextXxxx(int radix)	与方法 17 类似，同时指定了标记的进制。"Xxxx" 代表的类型同方法 16

【例 11.8】 读入器演示（见图 11-17）。

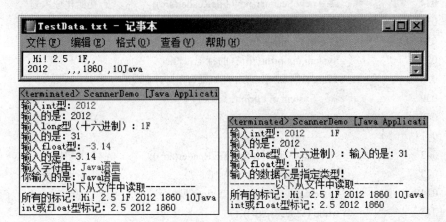

图 11-17　Scanner 演示（2 次运行）

```
001    package ch11;
002
003    /* 省略了各 import 语句，请使用 IDE 的自动导入功能 */
008
009    public class ScannerDemo {
010        public static void main(String[] args) throws IOException {
011            // ------- 从命令行窗口读入数据 ----------
012            Scanner s1 = null;// 声明读入器
013            try {
014                s1 = new Scanner(System.in);        // 初始化读入器
015                System.out.print("输入 int 型：");
016                System.out.println("输入的是：" + s1.nextInt());        // 读入 int
017                System.out.print("输入 long 型（十六进制）：");
018                System.out.println("输入的是：" + s1.nextLong(16));        // 读入 long
019                System.out.print("输入 float 型：");
020                System.out.println("输入的是：" + s1.nextFloat());        // 读入 float
021                System.out.print("输入字符串：");
022                System.out.println("你输入的是：" + s1.next());
023            } catch (InputMismatchException e) {
024                System.out.println("输入的数据不是指定类型！");
025            } finally {
026                if (s1 != null) {                    // 关闭读入器
027                    s1.close();
028                }
029            }
030            System.out.println("---------以下从文件中读取----------");
031            String src = "E:\\TestData.txt";        // 要读取的文件
032            Scanner s2 = null;
```

```
033              try {
034                      s2 = new Scanner(new FileReader(src));          // 初始化读入器
035                      // 设置分隔符（逗号、空格、跳格、换行符等）
036                      s2.useDelimiter("\\s*,+\\s*|\\s+");
037                      System.out.print("所有的标记：");
038                      while (s2.hasNext()) {// 如果有下一个标记
039                              System.out.print(s2.next() + " ");        // 读取标记并输出
040                      }
041                      // ----------再次读取-----------
042                      s2 = new Scanner(new FileReader(src));          // 重新初始化
043                      s2.useDelimiter("\\s*,+\\s*|\\s+");              // 重新设置分隔符
044                      System.out.print("\nint 或 float 型标记：");
045                      while (s2.hasNext()) {
046                              // 若是 int 或 float 型标记
047                              if (s2.hasNextInt() || s2.hasNextFloat()) {
048                                      System.out.print(s2.next() + " ");
049                              } else {          // 否则继续读取（若无下行代码则陷入死循环）
050                                      s2.next();
051                              }
052                      }
053              } catch (FileNotFoundException e) {            // 第 34、42 行会抛出异常
054                      System.out.println("要读取的文件不存在！");
055              } finally {
056                      if (s2 != null) {
057                              s2.close();
058                      }
059              }
060      }
061  }
```

11.12.2　控制台：Console

控制台是指命令/程序的启动环境（如 Windows 下的命令行窗口、UNIX/Linux 下的 Shell 窗口等），其一般是一个基于纯文本的界面，用以输入初始数据、输出运行结果及出错信息等。即使在图形用户界面占统治地位的今天，基于控制台的程序仍具有重要地位[1]。

从 JDK 6.0 开始提供了用以描述控制台的 Console 类（io 包下），其同时具有 System.in 和 System.out 两个标准输入/输出流的某些特点，并提供了一些新的特性。使用 Console 类时，I/O 流对于编程者来说是透明的，即不需要创建任何 I/O 流类的对象而直接调用 Console 类的读/写方法，从而简化了代码。Console 类的常用方法如表 11-15 所列。

1　如 UNIX/Linux 下的很多命令有几十个可选参数，不同的参数又可以进行组合，基于图形用户界面的程序很难完整表达出这些组合。另一方面，程序运行出错时，向控制台输出的信息也有助于编程者或系统管理人员分析和调试错误。事实上，很多服务器的管理程序都是基于控制台的。

表 11-15　Console 类的常用方法

序　　号	方 法 原 型	方法的功能及参数说明
1	PrintWriter writer()	得到与控制台关联的唯一 PrintWriter 对象
2	Reader reader()	得到与控制台关联的唯一 Reader 对象
3	Console printf(String format, Object ... args)	将变长参数 2 以参数 1 指定的格式写到控制台。此方法与 C 语言的 printf 函数非常类似，各参数具体意义及用法见前述 PrintStream 类的同名方法
4	String readLine(String fmt,Object ... args)	与方法 3 类似，字符串被写到控制台后，等待从控制台输入一行字符串
5	String readLine()	从控制台读取一行字符串
6	char[] readPassword()	从控制台读取一行字符串作为密码，输入字符串不回显
7	char[] readPassword(String fmt, Object ... args)	与方法 4 类似，但输入字符串不回显
8	void flush()	刷新控制台，并立即将缓冲数据写出。此方法与前述 I/O 流的同名方法类似

　　若 Java 程序是从交互式环境下启动的（如在命令行窗口输入"java 类名"），则虚拟机自身会创建 Console 类的唯一实例并指向该启动环境，编程者不可能手动创建控制台对象（Console 类未提供构造方法），而是通过"System.console()"方法获取该唯一实例。在某些情况下，获取的 Console 对象可能为空，这一般是由于 Java 程序是在非交互式环境下启动的[1]，此时不能访问控制台。

　　【例 11.9】　控制台演示（见图 11-18）。

图 11-18　Console 演示（分别在 Eclipse 和命令行中运行）

1　通过以下方式启动的 Java 程序都不具有控制台：以 javaw.exe 命令启动（如 Eclipse）、双击一个可执行 jar 文件（前提是安装并向操作系统注册了 JRE）、在代码中以后台方式启动 Java 程序。

ConsoleDemo.java

```
001    package ch11;
002
003    /* 省略了各 import 语句，请使用 IDE 的自动导入功能 */
009
010    public class ConsoleDemo {
011        public static void main(String[] args) throws IOException {
012            Console c = System.console();        // 得到控制台对象
013            if (c == null) {        // 若控制台不存在则退出
014                System.out.println("控制台不存在，请在命令行窗口启动程序！");
015                System.exit(0);
016            }
017            // 模拟用户登录，执行输入的系统命令，并捕获输出
018            String username = null, password = null;
019            username = c.readLine("用户名：");        // 输入用户名
020            password = String.valueOf(c.readPassword("密    码："));   // 输入密码
021            // 假设用户名和密码均为 "admin"
022            if ("admin".equalsIgnoreCase(username.trim()) && "admin".equals(password)) {
023                // 登录成功输出欢迎信息
024                c.printf("%1$s  于  %2$tY-%2$tm-%2$td %2$tH:%2$tM:%2$tS
                        登录成功，欢迎！", username, new Date());
025            } else {        // 登录失败则退出程序
026                c.printf("用户名或密码错误，程序退出！");
027                System.exit(0);
028            }
029            String command = null;        // 要执行的系统命令
030            Process process = null;        // 进程对象（请查阅 API 文档）
031            while (true) {
032                c.printf("\n>>");
033                command = c.readLine();        // 等待输入命令
034                if (command.equalsIgnoreCase("exit")) {
035                    // 若输入 "exit" 则退出循环
036                    c.printf("%1$s  于  %2$tY-%2$tm-%2$td %2$tH:%2$tM:%2$tS
                            退出，再见！", username, new Date());
037                    break;
038                }
039                InputStream is = null;
040                InputStreamReader isr = null;
041                BufferedReader br = null;
042                try {
043                    // 调用 "cmd.exe" —— 操作系统的命令解释程序，并指定要执行的命令
044                    process = Runtime.getRuntime().exec("cmd /c " + command);
045                    // 得到进程的输入流，当执行的命令有输出信息时，将写到此输入流
046                    is = process.getInputStream();
```

```
047              isr = new InputStreamReader(is);         // 套接到转换流
048              br = new BufferedReader(isr);             // 套接到字符缓冲流
049              String line = null;
050              while ((line = br.readLine()) != null) {  // 读入一行信息
051                  c.printf("%s\n", line);               // 写到控制台
052              }
053          } catch (IOException e) {
054              c.printf("发生了 I/O 错误，程序退出。");
055              System.exit(-1);
056          } finally {
057              if (br != null) {                         // 关闭最外层处理流
058                  br.close();
059              }
060          }
061      }
062  }
063 }
```

习题 11

（1）什么是流？如何确定流的方向？

（2）列举几个流的典型应用场景，并确定各自流的方向。

（3）依据不同的角度，Java 中的流可被划分为哪几种？各自有何特点？

（4）简述读/写文件的过程。

（5）缓冲流是如何提高流的读/写性能的？

（6）什么是对象序列化和反序列化？具体如何实现？

（7）Java 定义的 3 个标准输入/输出流是什么？各自有何功能？

（8）什么是控制台？如何向控制台输入数据？

（9）"File 类只能表示文件，而不能表示文件夹" 这个说法正确吗？为什么？

（10）将从网络接收而来的电影数据以缓冲的形式保存到本地文件，需要用到哪些流类？请说明依据。

（11）如何得到某个控制台命令的输出？

实验 10　I/O 流与文件

【实验目的】

（1）深刻理解流的概念及分类。

（2）熟练掌握 Java 中各种流类的功能、特点及适用场景。

（3）熟练掌握获取文件各种属性及对其读/写的方法。

【实验内容】

（1）编写 GUI 程序模拟 Windows 记事本的部分功能（编辑、保存和打开）。

（2）某游戏的状态数据包括当前关卡数、生命值和经验值，编写程序分别以数据流和对象流

两种方式模拟该游戏的存盘与载入。

（3）见图，编写 GUI 程序模拟 Windows 的资源管理器，具体要求如下。

① 窗口中包含一个分割面板。

② 分割面板左侧包含一棵树，其呈现了本机 C 盘的文件夹结构。

③ 单击树中任一节点，在分割面板右侧以列表呈现该节点（即文件夹）包含的所有子文件夹和文件。

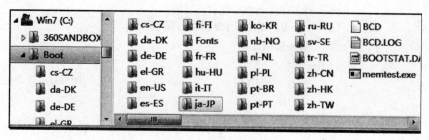

实验内容（3）图

（4）分别以字节流和字节缓冲流完成图片文件的复制（可通过系统自带的图片查看工具打开复制得到的文件，以验证是否复制成功），并打印两种方式分别耗费的时间。

（5）编写控制台程序模拟 ATM 人机交互，功能包括查询余额、取款、存款、修改密码等。

第 12 章　多线程与并发

现代操作系统均支持多任务（Multitasking），即同一时刻可以执行多个程序，例如，在用 Word 编辑文档的同时，播放器在播放音乐、下载程序在下载文件等。即使对同一个程序而言，可能也需要同时执行多个"小任务"，例如，在线音乐播放器在播放音乐的同时，还在从网络上缓冲数据到本地及刷新歌词显示；服务器的聊天程序同时处理着来自多个客户端的聊天消息等。这样的程序称为并发（Concurrent）程序，前一种并发由操作系统实现，而后一种并发通常以多线程（Multithreading）的方式实现。

12.1　概述

12.1.1　程序、进程与线程

程序、进程与线程是彼此相关但又有着明显区别的概念，因此，学习多线程前，有必要弄清楚这些概念。

1．程序（Program）

程序是指令与数据的集合，通常以文件的形式存放在外存中，也就是说，程序是静态的代码——其可以脱离于计算机而存在。

2．进程（Process）

简单来说，进程就是运行中的程序，有时也称为任务（Task）。操作系统运行程序的过程即进程从创建、存活到消亡的过程[1]。进程与程序的区别主要体现在：①进程不能脱离于计算机而存在，处于存活状态（即运行中）的进程会占用某些系统资源，如 CPU 时间、内存空间、外设访问权等。②进程是动态的代码，若不运行程序，则操作系统不会创建相应的进程；此外，可以创建同一个程序的多个进程，例如，同时运行多个计算器程序，任务管理器中将出现多个名为"calc.exe"的进程。③进程占据的是内存，而程序占据的是外存。④进程消亡时就不存在了，而程序仍然存在。

3．线程（Thread）

线程是进程中能够独立执行的实体（即控制流程），是 CPU 调度和分派的基本单位。线程是进程的组成部分，进程允许包含多个同时执行的线程，这些线程共享进程占据的内存空间和其他系统资源。可见，线程的"粒度"较进程更小，在多个线程间切换所致的系统资源开销要比在多个进程间切换的开销小得多，因此，线程也称为轻量级（Light-weight）的进程。

12.1.2　多任务与多线程

多任务是指操作系统中同时运行着多个进程，因此有时也称为多进程；而多线程则是指同一进程中的某些控制流程被多个线程同时执行。多任务与多线程是并发在不同级别的体现——前者是进程级别，而后者是线程级别，换句话说，多任务是站在操作系统的角度来看并发，而多线程则是站在进程的角度来看并发。无论多任务还是多线程，它们通常能缩短完成某些（或某项）任

1　Windows 下可以通过"任务管理器 → 进程"查看所有进程的相关信息，Linux 下则通过 ps 命令。

务的时间，从而提高了系统资源的利用率。

读者可能会思考这样的问题——从理论上说，CPU 在任一时刻只能执行一条指令，那么，为什么那些只具有一个 CPU[1]的机器也支持并发呢？以多进程为例，原因有以下两方面。

（1）不是所有的进程在任一时刻都需要使用 CPU 资源：CPU 在执行某个进程的同时，另一个进程可能正在访问 I/O 设备，此时的两个进程完全可以同时执行。

（2）CPU 交替执行这些进程：当多个进程同时需要 CPU 为自己服务时，CPU 会选择其中一个执行，并在很短的一段时间后切换到另一个进程执行，如此下去。

因此，单 CPU 的机器支持多进程和多线程是从宏观（用户）角度来看的，从微观（CPU）角度，多个进程仍然是以串行的方式执行的，即所谓的"微观串行，宏观并行"。读者可能会有这样的体验——出于某些原因，当某个进程一直占用着 CPU 资源时[2]，其他进程（甚至是操作系统）则响应迟钝，这也印证了单 CPU 的机器并不支持真正意义上的并发。

严格来说，只有那些具有多个 CPU 的机器才支持真正意义上的并发。对于计算密集型的程序（即程序执行时间主要耗费在 CPU 运算上，如计算圆周率小数点后一百万位），将程序编写为多个线程并将它们分派到各个 CPU 上并发执行，将大大缩短计算时间。

通常情况下，多个进程间不能（也不应）相互访问，除非通过操作系统或某些特定的通信管道（如系统剪贴板、文件、网络连接等）。从系统资源的角度看，每个进程都占据着一段专属于自身的内存空间，其他进程无权访问；而同属于一个进程的多个线程可以共享该进程的内存空间，这也是多任务与多线程最大的区别所在。

12.1.3 线程状态及调度

1．线程的状态

与对象一样，线程也具有生命周期。线程在其生命周期中经历的状态包括 5 种——新建、可运行、运行、阻塞和终结，如图 12-1 所示。

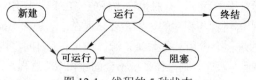

图 12-1　线程的 5 种状态

（1）新建：线程被创建后所处的状态。

（2）可运行：此时的线程有资格运行，但线程调度程序尚未将其选定以进入运行状态。所有处于可运行状态的线程组成了一个集合——可运行线程池。

（3）运行：线程调度程序从可运行池中选定一个线程并运行，该线程即进入运行状态。运行中的线程可以回到可运行状态，也可以进入阻塞状态。

（4）阻塞：处于阻塞状态的线程并未终结，只是由于某些限制而暂停了。当特定事件发生时，处于阻塞状态的线程可以重新回到可运行状态。

（5）终结：线程运行完毕后便处于终结状态。线程一旦终结，不能再回到可运行状态。

2．线程的调度

对于单 CPU 的机器，任一时刻只能有一个线程被执行，当多个线程处于可运行状态时，它们进入可运行线程池排队等待 CPU 为其服务。依据一定的原则（如先到先服务），从可运行线程池

1　一个 CPU 可能有多个核心，尽管这些核心不是物理上的 CPU，但逻辑上却体现了一个物理 CPU 所具有的大部分功能。本章后述的"多个 CPU"可能指多个物理 CPU，也可能指具有多个核心的单 CPU。

2　Windows 下，通过"任务管理器 → 性能"查看 CPU 的使用率接近 100%。

中选定一个线程并运行，这就是线程的调度。线程调度一般由操作系统中的线程调度程序负责，对于 Java 程序，由 Java 虚拟机负责（Java 虚拟机作为操作系统上运行的进程，实际上仍交由操作系统负责）。

线程调度的模型有两种——分时模型和抢占模型。对于分时模型，所有线程轮流获得 CPU 的使用权，每个线程只能在指定的时间内享受 CPU 的服务，一旦时间到达，就必须将 CPU 的使用权让给另一个线程。分时模型下，线程并不会主动让出 CPU。

对于抢占式调度，线程调度程序根据线程的优先级（Priority）来分配 CPU 的服务时间，优先级较高的线程将获得更多的服务时间。抢占模型下，线程可以主动让出 CPU 的使用权，以使那些优先级较低的线程有机会运行。显然，抢占模型比分时模型更加灵活，允许编程者控制更多的细节，Java 采用了抢占式线程调度模型。

需要注意，操作系统（或 Java 虚拟机）调度线程的准确时机是无法预期的，因此，编程时不要对多个线程的执行顺序做任何假设（特别是对优先级相近的多个线程）。

12.1.4　Thread 类与 Runnable 接口

Java 语言提供了完善的线程支持机制和丰富的线程 API，其中最为常用的是 Thread 类和 Runnable 接口，它们均位于 java.lang 包下。

1．Thread 类

Thread 类实现了 Runable 接口，是多线程的核心类，其定义的基本方法如表 12-1 所示。

表 12-1　Thread 类的基本方法

序　号	方法原型	方法的功能及参数说明
1	Thread()	默认构造方法，创建线程对象，名称默认为"Thread-"+n，其中 n 为整数
2	Thread(String name)	构造方法，创建具有指定名称的线程对象
3	Thread(Runnable target)	构造方法，创建具有指定运行目标的线程对象，参数为实现了 Runnable 接口的类的对象
4	Thread(Runnable target, String name)	构造方法，相当于方法 2、3 的综合
5	void run()	Runnable 接口定义的 run 方法的重写版本，启动线程时将自动调用此方法。Thread 类的 run 方法并未做任何有意义的实现，Thread 类的子类应重写此方法
6	final void setPriority (int priority)	设置线程对象的优先级，参数取值为 1～10。Thread 类定义了 3 个用以描述优先级的静态常量： MIN_PRIORITY——最低优先级，值为 1； NORM_PRIORITY——普通优先级，值为 5（默认值）； MAX_PRIORITY——最高优先级，值为 10。 需要注意，操作系统不一定支持共 10 个级别的优先级。此外，优先级只是定性而非定量描述线程所享受的 CPU 服务时间，二者并不存在正比或其他函数关系
7	final String getName()	得到线程对象的名称
8	final void setDaemon (boolean b)	设置线程对象是否为守护（Daemon）线程。Java 中的线程分为用户线程（默认）和守护线程。虚拟机中负责垃圾回收、内存管理等工作的线程都是守护线程，程序一般很少创建守护线程。守护线程与用户线程的最大区别在于——当所有的用户线程执行完毕时，虚拟机便退出，而不管守护线程是否执行完毕
9	static Thread currentThread()	静态方法，得到当前线程对象（即执行此方法的线程）
10	boolean isInterrupted()	判断线程对象的中断标志（见 12.2.5 节）
11	final boolean isAlive()	判断线程对象是否处于存活状态。若线程不处于新建或终结状态，则认为其是存活的

Thread 类还定义了几个重要的、用于控制线程状态的方法，将在 12.2 节单独介绍。

2. Runnable 接口

Runnable 是一个标记接口，其只定义了一个无参的 run 方法。实现了 Runnable 接口的类会重写 run 方法，以作为线程对象的执行目标。

编写 Java 多线程程序，首先要定义线程类，具体有两种方式：①继承 Thread 类并重写其 run 方法；②实现 Runnable 接口并重写其 run 方法。此后，便可以使用表 12-1 中的方法 1 或方法 3 来创建线程对象。

【例 12.1】 分别以两种方式创建线程对象。

```
ThreadDemo.java
001    package ch12;

002

003    class MyThread extends Thread {        // 方式一
004        public void run() {                 // 重写 run 方法
005            System.out.println("线程 1 运行了。");
006        }
007    }

008

009    class MyRunnable implements Runnable {// 方式二（注意 MyRunnable 并非线程类）
010        public void run() {                 // 重写 run 方法
011            System.out.println("线程 2 运行了。");
012        }
013    }

014

015    public class ThreadDemo {               // 演示类
016        public static void main(String[] args) {
017            MyThread t1 = new MyThread();   // 创建线程对象 t1
018            MyRunnable target = new MyRunnable();// target 并不是线程对象
019            Thread t2 = new Thread(target);   // 创建线程对象 t2
020        }
021    }
```

若某个类已继承了别的类，则无法再继承 Thread 类，因此，通过 Runnable 接口创建线程对象的方式更为灵活。但无论哪种方式，均要重写 run 方法。

12.2　线程状态控制

Java 中线程的状态在 Thread 类的内部枚举 State 中定义，与前述图 12-1 稍有不同——没有运行状态，阻塞状态则细分为等待、定时等待和阻塞状态。Thread 类包含了几个重要的、用以控制线程状态的方法，绝大部分多线程程序都会用到它们，具体包括 start、sleep、yield、join 和 interrupt 方法等。Java 中线程的状态及转换关系如图 12-2 所示。

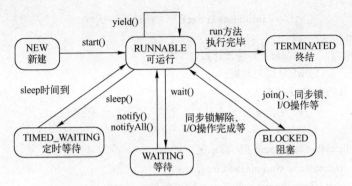

图 12-2 Java 中线程的状态及转换关系

12.2.1 start 方法

start 方法没有参数，其用于启动线程对象，使线程进入可运行状态。在前述【例 12.1】的 main 方法最后增加以下两条语句，程序运行结果如图 12-3 所示。

    t1.start();// 启动 t1

    t2.start();// 启动 t2

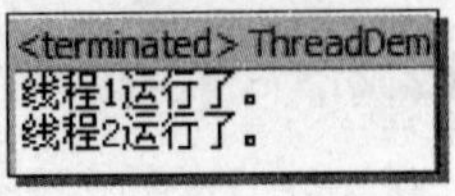

图 12-3 start 方法演示

需要注意的是，调用线程对象的 start 方法后，线程不一定立即执行，虚拟机会在合适时机调用线程对象的 run 方法。此外，不要直接调用线程对象的 run 方法。

12.2.2 sleep 方法

sleep 方法是静态的，具有两个重载版本，其中最为常用的接受一个 long 型的参数。sleep 方法使当前线程对象休眠一段时间（以参数指定，单位为毫秒），其他线程并不受影响。当休眠时间结束后，线程对象将回到可运行状态。若当前线程在休眠过程中被其他线程中断（见 12.2.5 节），则抛出 InterruptedException 异常（Checked 型），因此调用 sleep 方法的代码必须置于 try 块中。

【例 12.2】 编写一个倒计时程序，计时到 0 时结束程序（见图 12-4）。

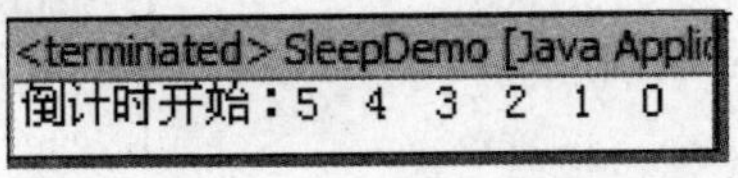

SleepDemo.java

图 12-4 sleep 方法演示

```
001    package ch12;
002
003    class Timer extends Thread {// 线程类
004        int count;// 计数器
005
006        Timer(int count) {// 构造方法
007            this.count = count;
008        }
009
010        public void run() {// 重写 run 方法
011            while (count >= 0) {
012                System.out.print(count + "   ");// 打印计数器当前值
013                try {// sleep 方法会抛出 Checked 型异常
014                    Thread.sleep(1000);// 休眠 1s
015                } catch (InterruptedException e) {
```

317

```
016                    e.printStackTrace();
017                }
018            count--;// 修改计数器
019        }// while 语句结束
020    }// run 方法结束
021  }
022
023  public class SleepDemo { // 演示类
024      public static void main(String[] args) {
025          Timer timer = new Timer(5);// 创建线程对象
026          System.out.print("倒计时开始：");
027          timer.start();// 启动线程
028      }
029  }
```

12.2.3　join 方法

join 方法具有 3 个重载版本，其中最为常用的没有参数。join 方法将调用该方法的线程对象合并到另一个线程以组成一个线程，并等前者执行完毕后，后者才继续执行。若调用 join 方法的线程被其他线程中断，则抛出 InterruptedException 异常。join 方法实际上将多个并行的线程合并成了一个串行的线程。

【例 12.3】　将两个并行线程合并为一个串行线程（见图 12-5）。

JoinDemo.java

```
001  package ch12;
002
003  class Counter2 extends Thread {// 线程类
004      public void run() {
005          for (int i = 0; i < 8; i++) {
006              System.out.println("   Counter2 线程：" + i);
007          }
008      }
009  }
010
011  public class JoinDemo { // 演示类
012      // main 方法对应着主线程
013      public static void main(String[] args) {
014          Counter2 t = new Counter2();
015          t.start();// 启动线程
016
017          for (int i = 0; i < 10; i++) {
018              System.out.println("主线程：" + i);
019              if (i >= 2) {
020                  try {
021                      t.join();// 合并 t 到主线程
```

图 12-5　join 方法演示

```
022                    } catch (InterruptedException e) {
023                        e.printStackTrace();
024                    }
025                }// if 结束
026            }// for 结束
027        }// main 结束
028    }
```

注意，main 方法实际上是由虚拟机的主线程调用的，即 main 方法对应着主线程。

12.2.4 yield 方法

yield 方法是无参的静态方法，其使当前线程对象主动让出 CPU 的使用权，以使其他线程有机会执行。调用此方法后，当前线程对象将回到可运行状态。

【例 12.4】 创建两个计数线程，当计数到 5 的倍数时，让出 CPU 使用权（见图 12-6）。

YieldDemo.java
```
001    package ch12;
002
003    class Counter extends Thread {// 线程类
004        int count = 1;// 计数器
005
006        public void run() {
007            while (count <= 20) {
008                System.out.println(this.getName()
                                    + ": " + count + "   ");
009                if (count % 5 == 0)// 计数到 5 的倍数
010                    Thread.yield();// 让出 CPU
011                count++;
012            }
013        }
014    }
015
016    public class YieldDemo { // 演示类
017        public static void main(String[] args) {
018            Counter t1 = new Counter();
019            Counter t2 = new Counter();
020            t1.setName("T1");// 设置线程对象的名称
021            t2.setName("T2");
022            t1.start();
023            t2.start();
024        }
025    }
```

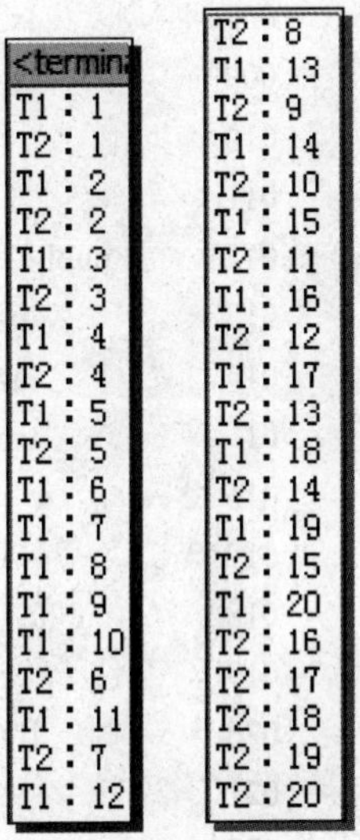

图 12-6   yield 方法演示

如前所述，因线程调度的准确时机无法预期，故上述程序每次运行的结果很可能不一样（下同），但总有一个规律——线程计数到 5 的倍数时，切换到另一个线程计数。

12.2.5 interrupt 方法

interrupt 方法没有参数，其经常用来中断线程。当某个线程调用 sleep 方法处于休眠状态时，另一个正在执行的线程可以让休眠的线程调用 interrupt 方法"唤醒"自己，使得休眠的线程抛出 InterruptedException 异常，从而结束休眠，重新排队等待 CPU 资源。

【**例 12.5**】创建 3 个线程对象 monitor、lazyBoy 和 teacher，模拟这样的场景——线程 monitor 和 lazyBoy 准备休眠 10s 后输出"老师好！"，线程 teacher 输出 3 次"上课！"后，唤醒休眠的线程 monitor，monitor 被唤醒后再唤醒 lazyBoy（见图 12-7）。

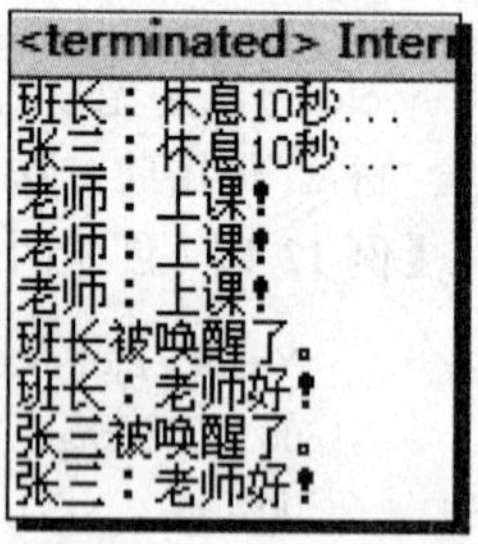

InterruptDemo.java

```
001    package ch12;
002
003    class School implements Runnable {
004        Thread monitor, lazyBoy, teacher;
005
006        public School() {
007            monitor = new Thread(this, "班长");
008            lazyBoy = new Thread(this, "张三");
009            teacher = new Thread(this, "老师");
010        }
011
012        public void startClass() {
013            monitor.start();
014            lazyBoy.start();
015            teacher.start();
016        }
017
018        public void run() {
019            Thread th = Thread.currentThread();
020            if (th == monitor || th == lazyBoy) {
021                try {
022                    System.out.println(th.getName() + "：休息 10 秒...");
023                    Thread.sleep(10000);
024                } catch (InterruptedException e) {
025                    System.out.println(th.getName() + "被唤醒了。");
026                }
027                System.out.println(th.getName() + "：老师好！");
028                lazyBoy.interrupt(); // 唤醒张三
029            } else if (th == teacher) {
030                for (int i = 0; i < 3; i++) {
031                    System.out.println(th.getName() + "：上课！");
032                    try {
033                        Thread.sleep(500);
034                    } catch (InterruptedException e) {
```

图 12-7 interrupt 方法演示

```
035                }
036            }
037            monitor.interrupt(); // 唤醒班长
038        }
039    }
040 }
041
042 public class InterruptDemo {
043     public static void main(String[] args) {
044         School s = new School();
045         s.startClass();
046     }
047 }
```

12.3　综合范例 11：线程状态切换演示

【综合范例 11】　编写程序演示线程对象的生命周期（见图 12-8）。

ThreadStateSwitcher.java

```
001    package ch12;
002
003    import java.awt.FlowLayout;
004    import java.awt.GridLayout;
005    import java.awt.event.ActionEvent;
006    import java.awt.event.ActionListener;
007
008    import javax.swing.JButton;
009    import javax.swing.JFrame;
010    import javax.swing.JLabel;
011    import javax.swing.JOptionPane;
012    import javax.swing.JPanel;
013    import javax.swing.JTextField;
014
015    public class ThreadStateSwitcher extends JFrame {
016        public ThreadStateSwitcher(String[] texts) {
017            super("线程状态切换演示");
018            setBounds(300, 240, 350, 200);
019            setDefaultCloseOperation(EXIT_ON_CLOSE);
020            if (texts == null || texts.length == 0)
021                add(new RollPanel("Welcome!"));
022            else {
023                setLayout(new GridLayout(texts.length, 1));
024                for (int i = 0; i < texts.length; i++)
025                    add(new RollPanel(texts[i]));
026            }
```

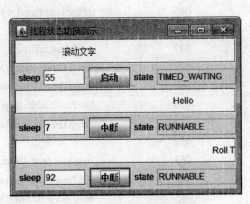

图 12-8　线程状态切换演示

```
027            this.setVisible(true);
028        }
029
030    private class RollPanel extends JPanel implements ActionListener, Runnable {
031        JTextField text_word, sleepTimeTF;
032        JButton button;
033        JTextField stateTF;
034        Thread rollThread;
035        int sleepTime;
036        boolean flag = true;
037
038        RollPanel(String text) {
039            setLayout(new GridLayout(2, 1));
040            char space[] = new char[100];
041            java.util.Arrays.fill(space, ' ');
042            text_word = new JTextField(text + new String(space));
043            add(text_word);
044
045            JPanel subPanel = new JPanel(new FlowLayout(FlowLayout.LEFT));
046            add(subPanel);
047            subPanel.add(new JLabel("sleep"));
048            sleepTime = (int) (Math.random() * 100);
049            sleepTimeTF = new JTextField("" + sleepTime, 5);
050            subPanel.add(sleepTimeTF);
051            sleepTimeTF.addActionListener(this);
052
053            button = new JButton("启动");
054            subPanel.add(button);
055            button.addActionListener(this);
056
057            rollThread = new Thread(this);
058            subPanel.add(new JLabel("state"));
059            stateTF = new JTextField("" + rollThread.getState(), 10);
060            stateTF.setEditable(false);
061            subPanel.add(stateTF);
062        }
063
064        public void run() {
065            while (true)
066                try {
067                    String str = text_word.getText();
068                    str = str.substring(1) + str.substring(0, 1);
069                    text_word.setText(str);
070                    Thread.sleep(sleepTime); // 线程睡眠
```

```
071                             } catch (InterruptedException e) {
072                                 break;
073                             }
074                     }
075
076             public void actionPerformed(ActionEvent e) {
077                     if (e.getSource() == button) {
078                         if (flag) {
079                             button.setText("中断");
080                             rollThread = new Thread(this);
081                             rollThread.start();          // 启动线程对象
082                             stateTF.setText("" + rollThread.getState());
083                             flag = false;
084                         } else {
085                             button.setText("启动");
086                             rollThread.interrupt();       // 唤醒线程
087                             stateTF.setText("" + rollThread.getState());
088                             flag = true;
089                         }
090                     }
091                     if (e.getSource() == sleepTimeTF) {
092                         try {
093                             sleepTime = Integer.parseInt(sleepTimeTF.getText());
094                         } catch (NumberFormatException nfe) {
095                             JOptionPane.showMessageDialog(this, "\"" + sleepTimeTF.getText()
                                                         + "\"不能转换成整数，请重新输入！");
096                         }
097                     }
098                 }
099         }
100
101         public static void main(String args[]) {
102                 String[] texts = { "滚动文字", "Hello", "Roll Text" };
103                 new ThreadStateSwitcher(texts);
104         }
105 }
```

12.4 并发控制

12.4.1 同步与异步

当运行的几个线程需要共享一个（些）数据时，要考虑到彼此的状态和动作。例如，当其中一个线程对共享的数据进行操作时，在它没有完成相关操作之前，不允许其他线程打断它，否则将会破坏数据的完整性。所谓同步也就是说，被多个线程共享的数据在同一时刻只允许一个线程处于操作之中，以保证数据的完整性，反之则是异步。

【例 12.6】 用多个线程模拟浏览器同时访问某网站，显示网站访问计数（见图 12-9）。

WebSiteCounter.java

```
001  package ch12;
002
003  public class WebSiteCounter {
004      public static void main(String args[]) {
005          Browser browser = new Browser();
006          new Thread(browser, "Browser1").start();
007          new Thread(browser, "Browser2").start();
008          new Thread(browser, "Browser3").start();
009          try {
010              Thread.sleep(100);
011          } catch (InterruptedException e) {
012          }
013      }
014  }
015
016  class Browser implements Runnable { // 浏览器
017      int count; // 网站访问计数器
018
019      public Browser() {
020          count = 0;
021      }
022
023      public void run() {
024          count++;
025          System.out.println(Thread.currentThread().getName() + " 访问网站，网站共被访问 "
                     + count + " 次。");
026      }
027  }
```

```
<terminated> WebSiteCounter [Java App
Browser1 访问网站，网站共被访问 2 次。
Browser3 访问网站，网站共被访问 3 次。
Browser2 访问网站，网站共被访问 2 次。
```

图 12-9　同步与异步演示

显然，上例的运行结果不符合逻辑[1]——首次访问时计数器值为 2。为什么会出现这样的情况呢？原因很简单——CPU 资源首先被线程 Browser1 获得，其执行完第 24 行后（计数器为 1），此时 CPU 恰好切换到线程 Browser2 并执行完第 24 行（计数器为 2），然后 CPU 又切换到 Browser1，继续执行第 25 行，故而输出的计数器值为 2。

通过【例 12.6】可以看出，当多个线程并发访问共享数据时，必须考虑线程同步的问题。

12.4.2　synchronized 修饰符

在 Java 运行时环境中，每个对象都有一个"锁"与之相连，利用对象锁可以实现线程间的互斥操作——当线程 A 访问某个对象时，会获得该对象的锁，其他线程必须等到线程 A 完成规定的操作并释放锁后，才能访问该对象。

1　因系统调度线程的准确时机无法预期，故本例给出的运行结果可能需要多次运行才会重现。

Java 通过关键字 synchronized 来为对象（或方法）加锁，其功能是：首先判断对象锁是否存在，若是则获得锁，并在执行完紧随其后的代码段后释放对象锁；若否（即锁已被其他线程拿走），则线程进入等待状态，直到获得锁。具体地，synchronized 有以下两种用法。

1．同步代码块

同步代码块指定了需要同步的对象和代码——在拥有对象锁的前提下，才能执行这些代码。同步代码块的语法格式如下：

```
synchronized(同步对象) {
    需要同步的代码
}
```

例如，将【例 12.6】中 Browser 类的 run 方法作如下修改后，将始终得到正确的逻辑（见图 12-10）。

```
001    public void run() {
002        synchronized (this) {
003            count++;
004            ... // 其余代码略
005        }
006    }
```

图 12-10　同步代码块演示

2．同步方法

也可以使用 synchronized 关键字将某个方法声明为同步方法——在任何时刻，至多只有一个线程能执行该方法。同步方法的语法格式如下：

```
synchronized  返回类型  方法名(形参表) {
}
```

例如，将【例 12.6】中的 run 方法作如下修改，也将得到正确的逻辑（见图 12-11）。

```
001    public synchronized void run() {
002        count++;
003        ... // 其余代码略
004    }
```

图 12-11　同步方法演示

12.4.3　wait、notify 和 notifyAll 方法

多个线程的执行往往需要相互之间的配合，为了更有效地协调不同线程的工作，需要在线程间建立沟通渠道，通过线程间的“对话”来解决线程间的同步问题，而不仅仅是依靠互斥机制。

根类 Object 的几个方法为线程间的通信提供了有效手段，具体如下。

1．public final void wait()

如果一个正在执行同步代码的线程 A 执行了 wait 调用（在对象 x 上），则该线程将暂停执行而进入对象 x 的等待池，并释放已获得的对象 x 的锁。线程 A 要一直等到其他线程在对象 x 上调用 notify 或 notifyAll 方法，才能在重新获得对象 x 的锁后继续执行（从 wait 语句后继续执行）。

2．public void notify()

唤醒正在等待该对象锁的第一个线程。

3．public void notifyAll()

唤醒正在等待该对象锁的所有线程。

下面通过一个综合范例演示上述几个方法。

12.5 综合范例 12：生产者与消费者问题

"生产者/消费者"问题是典型的同步控制问题——生产者产生数据、消费者消费数据，两者之间存在着相互配合（即同步）关系。具体来说，假设有一个 Java 应用程序，其中有一个线程 P（生产者）负责向数据区写数据，另一个线程 C（消费者）从同一数据区中读数据，两个线程并行执行并相互联系。

【综合范例 12】 编写多线程程序演示生产者与消费者问题（见图 12-12）。

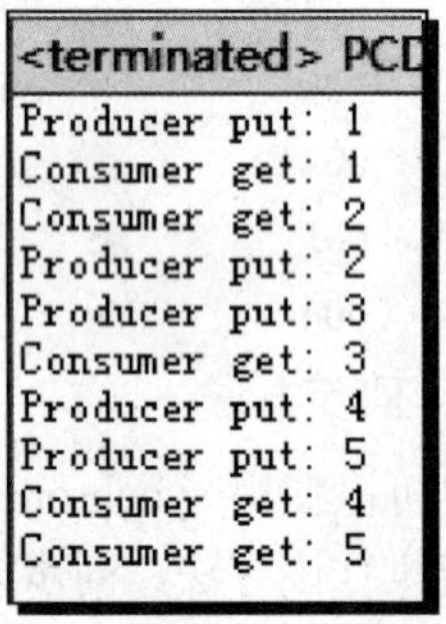

BufferredArea.java

```
001    package ch12.pc;
002
003    public class BufferredArea { // 缓冲区
004        private int value; // 被消费的数据
005        private boolean isEmpty = true; // value 是否为空
006
007        // 同步方法
008        public synchronized void put(int i) {
009            while (!isEmpty)
010                try {
011                    this.wait(); // 阻塞自己
012                } catch (InterruptedException e) {
013                }
014            value = i;
015            isEmpty = false;
016            notify(); // 唤醒其他等待线程
017        }
018
019        // 同步方法
020        public synchronized int get() {
021            while (isEmpty)
022                try {
023                    this.wait(); // 阻塞自己
024                } catch (InterruptedException e) {
025                }
026            isEmpty = true;
027            notify();
028            return value;
029        }
030    }
```

```
<terminated> PCD
Producer put: 1
Consumer get: 1
Consumer get: 2
Producer put: 2
Producer put: 3
Consumer get: 3
Producer put: 4
Producer put: 5
Consumer get: 4
Consumer get: 5
```

图 12-12 生产者与消费者问题演示

Producer.java

```
001    package ch12.pc;
```

```
002
003    public class Producer extends Thread { // 生产者线程
004        BufferredArea buffer;
005
006        public Producer(BufferredArea buffer) {
007            this.buffer = buffer;
008        }
009
010        public void run() {
011            for (int i = 1; i < 6; i++) {
012                buffer.put(i);
013                System.out.println("Producer put: " + i);
014            }
015        }
016    }
```

Consumer.java
```
001    package ch12.pc;
002
003    public class Consumer extends Thread { // 消费者线程
004        BufferredArea buffer;
005
006        public Consumer(BufferredArea buffer) {
007            this.buffer = buffer;
008        }
009
010        public void run() {
011            for (int i = 1; i < 6; i++)
012                System.out.println("Consumer get: " + buffer.get());
013        }
014    }
```

PCDemo.java
```
001    package ch12.pc;
002
003    public class PCDemo { // 测试类
004        public static void main(String args[]) {
005            BufferredArea buffer = new BufferredArea();
006            Producer p = new Producer(buffer);
007            Consumer c = new Consumer(buffer);
008            p.start();
009            c.start();
010        }
011    }
```

习题 12

（1）下列方法被调用后，一定使调用线程改变当前状态的是_____。

    A. notify   B. yield   C. sleep   D. isAlive

（2）下列关于 Test 类的定义中，正确的是_____。

    A.   class Test implements Runnable{

        public void run(){}

        public void someMethod(){}

    }

    B.   class Test implements Runnable{

        public void run();

    }

    C.   class Test implements Runnable{

        public void someMethod();

    }

    D.   class Test implements Runnable{

        public void someMethod(){}

    }

（3）关于下列代码编译或执行结果的描述中，正确的是_____。

```
001   package ch12;
002
003   public class Test {
004       public static void main(String args[]) {
005           TestThread t1 = new TestThread("one");
006           t1.start();
007           TestThread t2 = new TestThread("two");
008           t2.start();
009       }
010   }
011
012   class TestThread extends Thread {
013       private String name = "";
014
015       TestThread(String s) {
016           name = s;
017       }
018
019       public void run() {
020           for (int i = 0; i < 2; i++) {
021               try {
022                   sleep(1000);
023               } catch (InterruptedException e) {
```

```
024                    }
025                        System.out.println(name + " ");
026                    }
027            }
028    }
```

A. 不能通过编译，TestThread 类中不能定义变量和构造方法

B. 输出 One Two One Two

C. 输出 Two One One Two

D. 选项 B 或 C 都可能出现

（4）语句 Thread   t1=new   ThreadClass()执行后，t1 处于生命周期的_____状态。

（5）下列程序创建了一个线程并运行，请在下面横线处填入正确的代码。

```
001    package ch12;
002
003    public class Try extends Thread {
004        public static void main(String args[]) {
005            Thread t = new Try();
006            _____;
007        }
008
009        public void run() {
010            System.out.println("Try");
011        }
012    }
```

（6）线程由于调用 sleep 方法进入阻塞状态，当睡眠结束时，该线程将进入_____状态。

（7）怎样理解线程"宏观上并行、微观上串行"的特点？

（8）本章 12.4.2 节中两种同步方式的运行结果不一样，为什么都是正确的？

实验 11   多线程与并发

【实验目的】

（1）理解进程与线程的概念，掌握创建线程对象的方法。

（2）熟练使用线程类相关 API 以控制线程对象的状态。

（3）掌握实现线程同步的方法。

【实验内容】

（1）编写一个数字时钟程序，每隔一秒刷新 GUI 上的时间。

（2）编写一个计时精度为 1/24 s 的数字秒表程序，单击相应按钮后，分别执行开始、暂停、继续和复位等功能。

（3）编写程序模拟弹砖游戏——窗口有一个做直线运动的按钮，遇到窗口边框后反弹。

（4）编写 GUI 程序，实现文件复制的功能，要求实时显示复制的进度。

第13章 容器框架与泛型

本章主要介绍 Java 的容器框架。与现实世界中容器的概念和作用类似，Java 中的容器能够将若干元素（对象）按照某种方式"组织"为一个整体，以方便对这些元素进行添加、删除、修改和查找等操作，前述第 5 章的数组其实就是一种原始的容器。

容器框架是用于描述和操作各种容器的统一架构[1]，其主要意义有以下三点。

1. 简化编程

容器框架提供了丰富的数据结构和功能，使得编程者能将更多的精力放在软件的业务而不是这些功能的实现细节上。

2. 保证代码质量和运行效率

容器框架中的各种数据结构和算法已经被广泛测试，相对于编程者自己实现这些数据结构和算法来说，直接使用容器框架所编写的代码具有更高的质量和更好的性能。

3. 支持跨 API 的互操作

编程语言的很多 API 在设计时就考虑了对容器框架的支持，使用了容器框架的代码可以直接调用这些 API。例如，Swing 中的 JList 组件支持以 Hashtable（哈希表，是一种容器类）来构造对象，因此可以利用 Swing 的 API 将 Hashtable 包含的内容以 GUI 的方式呈现出来。

从 JDK 1.2 开始，Java 定义了一套完整的容器框架，具体包括一组接口、抽象类及具体实现类，它们大多位于 java.util 包下。容器框架在整个 Java 类库中占据着非常重要的地位，绝大多数的 Java 程序都用到了容器框架中的接口和类，这些接口和类的数目众多，且彼此间的继承和实现关系较为复杂，读者在学习本章时应注意多查阅 API 文档。

本章部分内容与"数据结构"课程中一些知识的关联较大（如哈希码、树形结构、时间复杂度等），若读者学习这些内容有困难，请查阅相关资料。

13.1 核心接口

容器框架包含了一组重要的接口，它们是对各种具体容器类所共同遵守的"协议"的抽象描述，因此，在学习具体的容器类之前，有必要先对这些接口有所了解。图 13-1 给出了 Java 容器框架中几个处于核心地位的接口及它们之间的继承关系。

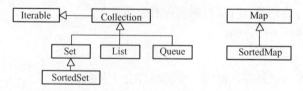

图 13-1 Java 容器框架的核心接口及其继承关系

13.1.1 容器根接口：Collection

Collection 是 Java 容器框架的根接口，其定义了各种容器的最大共性，其他绝大多数容器接

---

1 Java 容器框架中有两个名称分别为"Collection"和"Set"的接口，为防止它们在中文译名上的冲突，本书将"Collection"译为"容器"，"Set"则译为"集合"。

口均直接或间接继承自该接口。需要说明的是，图 13-1 中的 Iterable（可迭代的，位于 java.lang 包下）作为 Collection 的父接口，是从 JDK 5.0 开始提供的，其目的是使容器支持 JDK 5.0 的新语法——迭代型 for 循环（见 13.1.6 节）。表 13-1 列出了 Collection 接口的主要方法。

表 13-1   Collection 接口的主要方法

序 号	方 法 原 型	方法的功能及参数说明
1	int size()	得到容器中的元素个数
2	boolean isEmpty()	判断容器是否不包含任何元素
3	boolean contains(Object o)	判断容器是否包含元素 o
4	Iterator iterator()	得到容器的迭代器，见 13.1.6 节
5	Object[] toArray()	将容器转换为数组。返回的数组包含容器中的所有元素
6	boolean add(Object o)	向容器中添加元素 o。添加成功，则返回 true。若容器已包含 o，且不允许有重复元素，则返回 false
7	boolean remove(Object o)	从容器中删除元素 o。删除成功，则返回 true。若容器不包含 o，则返回 false
8	boolean containsAll(Collection c)	判断当前容器是否包含容器 c 中所有的元素
9	boolean addAll(Collection c)	将容器 c 中所有的元素添加到当前容器中。若当前容器在此方法结束后发生了变化，则返回 true
10	boolean removeAll(Collection c)	将当前容器中也被容器 c 包含的所有元素删除。返回值同方法 9
11	boolean retainAll(Collection c)	仅保留当前容器中也被容器 c 包含的元素。即删除当前容器中未被包含在容器 c 中的所有元素。返回值同方法 9
12	void clear()	删除容器中的所有元素

13.1.2　集合接口：Set

Set 接口继承自 Collection，用以描述不能包含重复元素的集合型容器，该接口中定义的方法与 Collection 完全一样，只是加上了"不允许出现重复元素"的限制。

Set 有一个常用的子接口 SortedSet（有序集合），后者所描述的集合中的所有元素按某种顺序呈升序排列，这种顺序既可以是元素的自然顺序，也可以是根据创建集合时指定的比较器所定制的比较规则而得到的顺序，具体见 13.2.2 节。表 13-2 列出了 SortedSet 接口的主要方法。

表 13-2   SortedSet 接口的主要方法

序 号	方 法 原 型	方法的功能及参数说明
1	Comparator comparator()	得到用于对有序集合中元素进行排序的比较器。若有序集合使用元素的自然顺序排序，则返回 null
2	SortedSet subset (Object from, Object to)	得到有序集合中从 from（含）开始到 to（不含）结束的若干元素所组成的子集。若 from 和 to "相等"，则返回空集合（不是 null 对象，而是不包含任何元素的集合）
3	SortedSet headSet (Object to)	与方法 2 类似，但子集范围从集合头（含）到 to（不含），即所有"小于" to 的元素
4	SortedSet tailSet (Object from)	与方法 2 类似，但子集范围从 from（含）到集合尾（含），即所有"大于或等于" from 的元素
5	Object first()	得到有序集合的第一个元素
6	Object last()	得到有序集合的最后一个元素

13.1.3　列表接口：List

List 接口继承自 Collection，用以描述列表型容器。与集合不同，列表可以包含重复的元素，并允许用户根据元素的索引（一个从 0 开始的整数，类似于数组的下标，用以标识元素在列表中的位置）来访问元素，因此列表有时也被称为"序列"。除了来自 Collection 接口的方法，List 接口还定义了表 13-3 所列的方法。

表 13-3　List 接口的方法

序　号	方 法 原 型	方法的功能及参数说明
1	void add (int i, object o)	在列表的索引 i 处插入指定元素 o。从原索引 i 开始的所有后续元素将向后移动（索引加 1）
2	boolean addAll (int i, Collection c)	从列表的索引 i 处开始，将容器 c 中的所有元素插入到列表中
3	Object get(int i)	得到列表中索引 i 处的元素
4	Object set(int i, object o)	将列表中索引 i 处的元素替换为 o
5	Object remove(int i)	删除列表中索引 i 处的元素，并返回该元素。从原索引 i+1 开始的所有后续元素将向前移动（索引减 1）
6	int indexOf(Object o)	返回列表中首个与元素 o "相等"的元素的索引。若列表不包含这样的元素，则返回-1
7	int lastIndexOf(Object o)	返回列表中最后一个与元素 o "相等"的元素的索引。若列表不包含这样的元素，则返回-1
8	List subList (int from, int to)	得到列表中从索引 from（含）开始到索引 to（不含）结束的若干元素所组成的子表。若 from 和 to 相等，则返回空列表（不是 null 对象，而是不包含任何元素的列表）
9	ListIterator listIterator()	得到含列表所有元素的迭代器。ListIterator 是 Iterator 的子接口，见 13.1.6 节
10	ListIterator listIterator(int i)	与方法 9 类似，但迭代器只含索引 i 及其后续元素

13.1.4　队列接口：Queue

Queue 接口继承自 Collection，是 JDK 5.0 提供的新接口，用以描述队列型容器。学习过数据结构课程的读者对队列应该不陌生，队列是一种操作受限的列表[1]，通常只允许在列表的两端分别做添加和删除元素的操作，其中，允许删除元素（出队）的一端称为"队头"，允许添加元素（入队）的一端称为"队尾"，故队列具有 FIFO（First In First Out，先进先出）特性。除了支持基本的容器操作，Queue 接口还定义了表 13-4 所列的方法。

表 13-4　Queue 接口的方法

序　号	方 法 原 型	方法的功能及参数说明
1	boolean add(Object o)	将元素 o 添加至队尾。成功则返回 true。若队列可用空间不足（一般不会出现这种情况），则抛出 IllegalStateException 异常（Unchecked 型）
2	boolean offer(Object o)	与方法 1 类似。区别是，当队列可用空间不足时返回 false 而不抛出异常
3	Object remove()	删除并返回队头元素。若队列为空（不含任何元素），则抛出 NoSuchElementException 异常（Unchecked 型）
4	Object poll()	与方法 3 类似。区别是，队列为空时返回 null 而不抛出异常
5	Object element()	得到但不删除队头元素。队列为空时抛出 NoSuchElementException 异常
6	Object peek()	与方法 5 类似。区别是，当队列为空时返回 null 而不抛出异常

---

[1]　这只是从操作的特点来理解队列，Java 集合框架中的 Queue 接口并非继承自 List 接口。

容易看出，表 13-4 所列的 6 个方法其实对应着队列的 3 个基本操作：入队（方法 1 和 2）、出队（方法 3 和 4）、得到队头（方法 5、6）。方法 1、3、5 在某些特殊情况下会抛出 Unchecked 型异常，而它们对应的方法 2、4、6 则用特定的返回值（false 或 null）来分别表示那些特殊情况。为方便代码编写，通常优先考虑使用方法 2、4、6。

Java 容器框架提供了几种不同的队列，FIFO 队列中的元素按照它们被插入的先后顺序排列，而优先队列则通常按照元素的比较值进行排序。对于 FIFO 队列，新添加的元素总是被插到队列的末尾，而其他种类的队列可能使用不同的插入规则。无论队列使用何种排序规则，队头元素总是指调用 remove 或 poll 方法时被删除的元素。

13.1.5　映射接口：Map

数学上的函数概念描述了由自变量到因变量的映射，Java 容器框架中的 Map（映射）则借鉴了与函数相同的思想——Map 中的每个元素都是由"键"到"值"的映射，从而形成了多个键值对[1]（key-value pairs），如图 13-2 所示。

因映射中元素的形式较为特殊，故 Map 未继承 Collection 接口。Map 不允许包含重复的键——因为映射中的键是用来唯一标识键值对（即元素）的。Map 接口中定义的主要方法如表 13-5 所示。

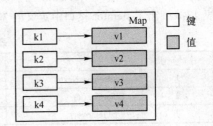

图 13-2　Map 中的键值对

表 13-5　Map 接口的主要方法

序　号	方 法 原 型	方法的功能及参数说明
1	int size()	得到映射中的键值对个数
2	boolean isEmpty()	判断映射是否不包含任何键值对
3	boolean containsKey(Object k)	判断映射是否包含键 k
4	boolean containsValue(Object v)	判断映射是否包含值 v
5	Object get(Object k)	得到映射中键 k 对应的值
6	Object put(Object k, Object v)	若映射中存在键 k，则用 v 替换其对应的值并返回被替换的旧值。否则返回 null
7	Object remove(Object k)	若映射中存在键 k，则删除该键值对并返回键 k 对应的值。否则返回 null
8	void putAll(Map m)	将映射 m 复制到当前映射中。相当于对 m 中的每个键值对调用一次方法 6
9	void clear()	删除映射中的所有键值对
10	Set keySet()	得到映射中所有的键构成的集合
11	Collection values()	得到映射中所有的值构成的集合
12	Set entrySet()	得到映射中所有的键值对构成的集合

Map 有一个子接口 SortedMap（有序映射），其包含的所有键值对按照键来排序，该接口具有的方法与前述 SortedSet 在形式上非常类似，故不再列出。

13.1.6　遍历容器

在实际应用中，经常需要按照某种次序将容器中的每个元素访问且仅访问一次，这就是遍历（也称为迭代）。通常通过以下 4 种方式中的一种或多种实现对容器的遍历操作。

1　读者应将此处的"键"和"值"理解为对象而非基本的数值类型。

1．将容器转换为数组

Collection 接口定义了 toArray 方法将容器对象转换为数组，此后可以利用循环结构依次取出数组中的元素并访问之，如下面的代码片段。

```
001    Object[] elements = c.toArray();   // c 为重写了 toArray 方法的容器实现类的对象
002    for (int i = 0; i < elements.length; i++) {   // 对数组做循环
003        Object o = elements[i];           // 取得数组的每个元素
004        // ...          // 对元素 o 进行操作
005    }
```

2．使用迭代器接口 Iterator

迭代器是一种允许对容器中元素进行遍历并有选择地删除元素的对象，其并不是一种容器。迭代器以 Iterator 接口（java.util 包下）描述，一般通过 Collection 接口所定义的 iterator 方法得到。表 13-6 列出了 Iterator 接口中定义的 3 个方法。

表 13-6　Iterator 接口的方法

序　号	方法原型	方法的功能及参数说明
1	boolean hasNext()	若仍有未被迭代的元素，则返回 true
2	Object next()	得到下一个未被迭代的元素
3	void remove()	删除迭代器当前指向的（即最后被迭代的）元素

使用迭代器遍历容器的代码如下所示。

```
001    Iterator it = c.iterator();      // c 为重写了 iterator 方法的容器实现类的对象
002    while (it.hasNext()) {           // 判断是否仍有元素未被迭代
003        Object o = it.next();        // 得到下一个未被迭代的元素
004        // ...            // 对元素 o 进行操作
005    }
```

3．使用 size 和 get 方法

这种方式与方式 1 类似，即先获得容器内元素的总个数，然后依次取出每个位置上的元素并访问之，如下面的代码片段。

```
001    for (int i = 0; i < c.size(); i++) {   // c 为重写了 size 方法的容器实现类的对象
002        Object o = c.get(i);            // 并且 c 支持按位置取元素的 get 方法
003        // ...            // 对元素 o 进行某种操作
004    }
```

4．使用迭代型 for 语句循环

尽管 Collection 作为容器框架的根接口定义了 toArray、iterator 和 size 等方法，但并非所有的容器实现类都重写了这些方法，此外，某些容器实现类不支持方式 3 中的 get 方法，故上述 3 种遍历方式各自都有一定的局限性。此时可以使用第 5 章的迭代型 for 循环：

```
for (Object o : 容器对象) {
    循环体      // 对元素 o 进行操作
}
```

采用迭代型 for 循环遍历容器的优点在于：

（1）绝大部分的容器实现类都支持该种方式的遍历[1]，因而无须事先知道容器对象所对应的类

1　迭代型 for 循环支持所有"可迭代"的对象。因 Collection 接口作为所有容器（Map 除外）的根接口，其继承了"Iterable"接口，故这些容器实现类的对象都支持迭代型 for 循环。

重写了 Collection 接口的哪些方法。

（2）无须额外编写代码以控制循环的结束。

（3）屏蔽了从容器中取得元素的具体细节。

需要注意的是，由于 Map 未继承 Collection 接口，因此 Map 接口的实现类的对象不支持迭代型 for 循环。对于映射型容器，可以先使用前述表 13-5 中的方法 12 将映射转换为集合，然后再对后者使用迭代型 for 循环。

本章后续内容将分别介绍 Java 容器框架中几个核心接口的常用实现类。为显示一般性，在后续各演示程序中，容器所含元素的类型为"产品"，其代码如下。

Product.java

```java
001    package ch13;
002
003    public class Product {
004        private int id;                    // 产品编号
005        private String name;               // 产品名称
006        private int inventory;             // 产品库存
007
008        public Product(int id, String name, int inventory) {    // 构造方法
009            this.id = id;
010            this.name = name;
011            this.inventory = inventory;
012        }
013
014        public void print() {          // 打印产品信息
015            System.out.printf("%d\t%-12s\t%d\n", id, name, inventory);
016        }
017
018        public int getId() { return id; }                       // getters 和 setters
019        public String getName() { return name; }
020        public int getInventory() { return inventory; }
021        public void setId(int id) { this.id = id; }
022        public void setName(String name) { this.name = name; }
023        public void setInventory(int inventory) { this.inventory = inventory; }
024    }
```

下面的"产品工具"类则提供了用于随机产生若干个产品及打印这些产品的方法。

ProductUtil.java

```java
001    package ch13;
002
003    import java.util.Collection;
004    import java.util.Random;
005
006    public class ProductUtil {
007        // 生成产品数组
```

```
008        public static Product[] createProducts() {
009            // 可用的产品名称
010            String[] allNames = { "iPhone 4S", "iPad", "LED 电视", "笔记本",
                                      "微波炉", "空调", "电冰箱", "热水器" };
011            Random rand = new Random();                 // 构造随机数对象
012            int count = rand.nextInt(100) % 4 + 2;      // 产生 2～5 个产品
013            Product[] products = new Product[count];     // 构造产品数组
014            String[] usedNames = new String[count];      // 保存已用的产品名称
015            for (int i = 0; i < products.length; i++) {
016                int selected = 0;                        // 准备选择的产品名称的下标
017                String name = allNames[selected];        // 产品名称
018                while (isNameUsed(name, usedNames)) {          // 之前已用
019                    selected = rand.nextInt(allNames.length);    // 重新产生下标
020                    name = allNames[selected];
021                }
022                usedNames[i] = name;                     // 记录本次选择的名称
023                int inventory = rand.nextInt(101) + 100;  // 产生库存数量 100～200
024                Product p = new Product((i + 1), name, inventory);    // 构造产品
025                products[i] = p;                         // 加入产品数组
026            }
027            return products;                             // 返回产品数组
028        }
029
030        // 判断 name 是否出现在 usedNames 数组中
031        private static boolean isNameUsed(String name, String[] usedNames) {
032            for (int i = 0; i < usedNames.length; i++) {
033                if (name.equals(usedNames[i])) {
034                    return true;                         // 出现则立即返回
035                }
036            }
037            return false;                                // 未出现
038        }
039
040        // 打印容器 c 中所有产品的信息
041        public static void printProducts(Collection c) {
042            System.out.println("---------------------------");
043            System.out.println("编号      名称              库存");
044            System.out.println("---------------------------");
045            for (Object o : c) {                         // 迭代型 for 循环
046                Product p = (Product) o;                 // 造型为产品
047                // 判断 p 是否为 null 对象（某些集合允许包含 null 对象）
048                if (p != null) {                         // 非空
```

```
049                    p.print();              // 打印产品
050              } else {                      // null 对象
051                    System.out.println("空对象");
052              }
053         }
054         System.out.println("---------------------------");
055    }
056 }
```

13.2 常用集合类

集合不允许包含重复元素（可以包含至多 1 个 null 对象），有 3 个常用的 Set 接口实现类——HashSet、LinkedHashSet 和 TreeSet。

13.2.1 哈希集合：HashSet 和 LinkedHashSet

哈希集合根据哈希码来存取集合中的元素。如前所述，集合中不允许出现重复元素，当向哈希集合中添加一个元素时，如何判断该元素是否已在集合中存在呢？首先，虚拟机会调用元素（对象）的 hashCode 方法计算出该元素的哈希码[1]；若计算出来的哈希码与集合中现有元素的哈希码均不相同，则说明该元素不存在；若与某个现有元素的哈希码相同，则继续调用元素的 equals 方法进一步判断，若 equals 方法返回 true，则说明该元素存在，否则不存在。换句话说，哈希集合判断两个元素"相等"要满足两个条件：对这两个元素分别调用 hashCode 方法的返回值相等；两个元素通过 equals 方法进行比较的结果为 true。因此，对于哈希集合来说，若重写了元素对应类的 equals 或 hashCode 方法中的某一个，则必须重写另一个，并保证二者具有相同的判等逻辑（即两个使 equals 方法返回 true 的对象的哈希码是相同的）。

之所以在比较了哈希码之后，又要通过 equals 方法进行比较，是因为哈希码的计算规则可能会发生冲突（即对不同元素计算出的哈希码却相同，从而导致哈希表的操作时间增加）。通过 hashCode 和 equals 方法能快速且准确地判断被添加的元素是否已在集合中存在。

HashSet 实现了 Set 接口，并且不保证元素的迭代顺序，对其进行添加、删除元素等操作的时间复杂度是常量级的。在构造 HashSet 对象时，可以通过构造方法指定其初始容量（即最多能存放多少个元素，默认为 16 个），当容量不够时，系统会自动追加空间。需要注意的是，对 HashSet 进行迭代的所需时间跟集合中的元素个数与其所维护的 HashMap 对象的最大容量之和成正比。若程序对迭代性能要求较高，则不要将初始容量设置得过大或过小[2]。

LinkedHashSet（链式哈希集合）继承自 HashSet，其也是根据元素的哈希码来决定元素的存储位置。与 HashSet 不同的是，LinkedHashSet 使用指针（即链）来维护元素的次序，以保证其迭代顺序与添加元素的顺序一致。LinkedHashSet 的添加、删除等操作的性能与 HashSet 非常接近，其迭代性能则与初始容量无关。

【例 13.1】 哈希集合演示（见图 13-3）。

---

1 若对象所属的类未重写该方法，则调用其父类直至 Object 根类的 hashCode 方法。Object 类的 hashCode 方法直接以对象所在的内存单元地址作为该对象的哈希码。

2 若初始容量过大，则浪费了不必要的内存空间，可能会导致虚拟机可用内存不足而在一定程度上增加迭代时间；若初始容量过小，则每次因容量不够而追加空间时都会频繁引起数据结构的复制，从而耗费较多的时间。若已知容器中的元素个数不超过 N，则通常将初始容量设置为 2 的 M 次方（M 为 $\log_2 N$ 向上取整）。

```
<terminated> HashSetDemo [Java A
```

set1：

编号	名称	库存
2	空调	197
3	微波炉	107
1	iPhone 4S	118

set1（添加后）：

编号	名称	库存
3	微波炉	107
2	空调	197
3	微波炉	107
1	iPhone 4S	118

set2：

编号	名称	库存
3	微波炉	107
2	空调	197
1	iPhone 4S	118

set2（添加后）：

编号	名称	库存
3	微波炉	107
2	空调	197
1	iPhone 4S	118

set3的元素：

编号	名称	库存
1	iPhone 4S	118
2	空调	197
3	微波炉	107
空对象		

图 13-3　HashSet 和 LinkedHashSet 演示（1 次运行）

HashedProduct.java

```
001    package ch13;

002

003    // 重写了 equals 和 hashCode 方法的产品类，以自定义产品对象的判等逻辑
004    public class HashedProduct extends Product {
005        // 构造方法（调用父类 Product 的构造方法）
006        public HashedProduct(int id, String name, int inventory) {
007            super(id, name, inventory);
008        }

009

010        public boolean equals(Object o) {                    // 重写 Object 类的 equals 方法
011            if (o instanceof HashedProduct) {                // 若 o 是 HashedProduct 对象
012                // 只要产品名称相同，就认为是“相等”的对象
013                return this.getName().equals(((HashedProduct) o).getName());
014            }
015            return false; // 若 o 不是 HashedProduct 对象则不相等
016        }

017

018        public int hashCode() {                              // 重写 Object 类的 hashCode 方法
019            // 根据产品名称计算当前对象的哈希码
020            // 若两个产品对象具有相同名称，则得到的哈希码也相同
021            return this.getName().hashCode();        // 将字符串转换为哈希码
022        }

023

024        // 将 Product 对象转换为 HashedProduct 对象
025        public static HashedProduct convert(Product p) {
026            int id = p.getId();                        // 得到原产品对象的各个属性
027            String name = p.getName();
028            int inventory = p.getInventory();
029            return new HashedProduct(id, name, inventory);
030        }
031    }
```

HashSetDemo.java

```
001    package ch13;
002
003    import java.util.HashSet;
004    import java.util.LinkedHashSet;
005
006    public class HashSetDemo {
007        public static void main(String[] args) {
008            HashSet set1 = new HashSet();          // 构造哈希集合
009            HashSet set2 = new HashSet(8);          // 构造哈希集合（指定了初始容量）
010            LinkedHashSet set3 = new LinkedHashSet(8);      // 构造链式哈希集合
011            // 生成产品数组
012            Product[] products = ProductUtil.createProducts();
013            for (int i = 0; i < products.length; i++) {
014                set1.add(products[i]);              // 添加产品到 set1
015                set1.add(products[i]);              // 重复添加（无效）
016                // 将 Product 对象转换为 HashedProduct 对象
017                HashedProduct hp = HashedProduct.convert(products[i]);
018                set2.add(hp);                       // 添加产品到 set2
019                set3.add(hp);                       // 添加产品到 set3
020            }
021            System.out.println("set1：");
022            ProductUtil.printProducts(set1);        // 打印 set1 中的元素
023            // 取得之前生成的产品数组的最后一个产品
024            Product p = products[products.length - 1];
025            int id = p.getId();                     // 得到产品对象的各个属性
026            String name = p.getName();
027            int inventory = p.getInventory();
028            // 构造 Product 对象。注意：虽然 p1 和 p 的对应属性完全一致，但它们是两个对象
029            // 因此各自计算出的哈希码不相同（调用的是 Object 类的 hashCode 方法）
030            Product p1 = new Product(id, name, inventory);
031            set1.add(p1);                           // 加 p1 到 set1（p1 被成功添加）
032            System.out.println("set1（添加后）：");
033            ProductUtil.printProducts(set1);        // 添加元素后再次打印 set1
034
035            System.out.println("set2：");
036            ProductUtil.printProducts(set2);        // 打印 set2 中的元素
037            // 构造 HashedProduct 对象（名称与 set2 中某个产品的名称相同）
038            HashedProduct p2 = new HashedProduct(100, name, 200);
039            set2.add(p2);        // 加 p2 到 set2（p2 未被添加）
040            System.out.println("set2（添加后）：");
041            ProductUtil.printProducts(set2);        // 添加元素后再次打印 set2
042
043            set3.add(null);        // 添加 null 对象
```

```
044          set3.add(null);          // 重复添加（无效）
045          System.out.println("set3 的元素：");
046          ProductUtil.printProducts(set3);          // 打印 set3 中的元素
047     }
048 }
```

13.2.2　树形集合：TreeSet

TreeSet 与 HashSet 的特性类似，不同的是前者采用树形结构来存取集合元素。TreeSet 实现了 NavigableSet（可导航的集合）接口，而后者又继承自 SortedSet 接口，因此，TreeSet 允许对集合元素进行排序，具体包括自然排序和自定义排序，其中前者是默认的排序方式。

1. 自然排序

java.lang 包下提供名为 Comparable 的接口，其中定义了 int compareTo(Object o)方法，实现该接口的类的对象可以相互比较"大小"。具体来说，若该方法返回 0，则表示当前对象与对象 o"相等"；若返回正数，则表示当前对象"大于"对象 o；若返回负数，则表示当前对象"小于"对象 o。一般应使 compareTo 方法返回 0 的逻辑与该类的 equals 方法返回 true 的逻辑相同。此外，要使用自然排序方式，元素对应类必须实现 Comparable 接口。TreeSet 会根据重写的 compareTo 方法的返回值，将集合中的所有元素按大小关系的升序进行排列。

2. 自定义排序

自定义排序方式通过构造方法指定的比较器（实现了 java.util.Comparator 接口的类的对象）来确定被比较的两个元素的"大小"关系，然后将集合中的所有元素按该大小关系的升序进行排列。Comparator 接口所定义的 int compare(Object o1, Object o2)方法的返回值意义与上述 compareTo 方法是一致的。

13.3　综合范例 13：产品排序

【综合范例 13】定义一个产品比较器类，对包含若干产品的树形集合进行排序（见图 13-4）。

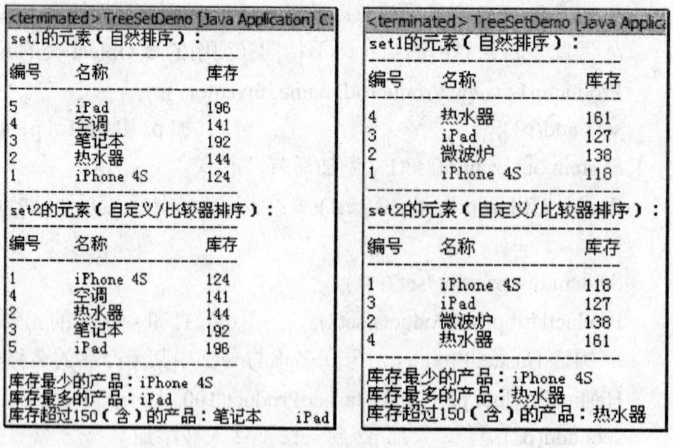

图 13-4　TreeSet 演示（2 次运行）

ComparableProduct.java
```
001  package ch13;
```

```
002
003    // 可比较"大小"的产品类（实现了 Comparable 接口），以支持自然排序
004    public class ComparableProduct extends Product implements Comparable {
005        // 构造方法（调用父类 Product 的构造方法）
006        public ComparableProduct(int id, String name, int inventory) {
007            super(id, name, inventory);
008        }
009
010        // 重写 Comparable 接口的方法以比较当前产品对象和参数指定的产品对象的"大小"关系
011
012        public int compareTo(Object o) {
013            ComparableProduct p = (ComparableProduct) o;        // 造型
014            // 注意：下一行代码用参数产品编号减去当前产品编号（即以编号降序排列）
015            return p.getId() - this.getId();
016        }
017
018        // 自然排序方式下，集合元素必须是实现了 Comparable 接口的类的对象
019        // 故要将 Product 对象转换为 ComparableProduct 对象
020        public static ComparableProduct convert(Product p) {
021            int id = p.getId();        // 得到原产品对象的各个属性
022            String name = p.getName();
023            int inventory = p.getInventory();
024            // 构造"可比较的"产品对象并返回
025            return new ComparableProduct(id, name, inventory);
026        }
027    }
```

ProductComparator.java
```
001    package ch13;
002
003    import java.util.Comparator;
004
005    // 实现 Comparator 接口的比较器，以支持自定义排序
006    public class ProductComparator implements Comparator {
007        // 重写 Comparator 接口的方法以比较两个产品对象
008        public int compare(Object o1, Object o2) {
009            Product p1 = (Product) o1;        // 造型为产品对象
010            Product p2 = (Product) o2;
011            // 以库存的大小关系作为产品对象的"大小"关系（即以库存升序排列）
012            return p1.getInventory() - p2.getInventory();
013        }
014    }
```

TreeSetDemo.java

```
001   package ch13;
002
003   import java.util.TreeSet;
004
005   public class TreeSetDemo {
006       public static void main(String[] args) {
007           // 构造树形集合 set1 (默认构造方法使用的是自然排序)
008           TreeSet set1 = new TreeSet();
009           // 构造比较器对象
010           ProductComparator comparator = new ProductComparator();
011           // 构造树形集合 set2 (指定了比较器, 使用自定义排序)
012           TreeSet set2 = new TreeSet(comparator);
013           // 生成产品数组
014           Product[] products = ProductUtil.createProducts();
015           for (int i = 0; i < products.length; i++) {
016               // set1 使用自然排序, 其内元素必须是实现了 Comparable 接口的类的对象
017               // 故要将 Product 对象转换为 ComparableProduct 对象
018               ComparableProduct cp = ComparableProduct.convert(products[i]);
019               set1.add(cp);          // 添加转换后的产品对象到 set1
020               set2.add(products[i]);          // 添加原产品对象到 set2
021           }
022           System.out.println("set1 的元素 (自然排序): ");
023           ProductUtil.printProducts(set1);
024           System.out.println("set2 的元素 (自定义/比较器排序): ");
025           ProductUtil.printProducts(set2);
026           Product low = (Product) set2.first();        // 得到 "最小" 的产品
027           System.out.println("库存最少的产品: " + low.getName());
028           Product high = (Product) set2.last();        // 得到 "最大" 的产品
029           System.out.println("库存最多的产品: " + high.getName());
030           Product target = new Product(1234, "--", 150); // 用于比较的目标产品
031           // 所有 "大于或等于" 目标的产品
032           TreeSet set3 = (TreeSet) set2.tailSet(target);
033           System.out.print("库存超过" + target.getInventory() + " (含) 的产品: ");
034           for (Object o : set3) {        // 迭代
035               Product p = (Product) o;
036               System.out.print(p.getName() + "    ");
037           }
038       }
039   }
```

　　除了父接口 Set 和 SortedSet 中定义的方法外,TreeSet 类还重写了父接口 NavigableSet 所定义的几个方法,这些方法较容易理解,故不再列出。需要说明的是,由于采用了树形结构存储元素,TreeSet 的大部分操作的时间复杂度与元素总个数呈对数级关系。因此,当集合元素个数较多时,TreeSet 的操作性能将大大低于 LinkedHashSet 和 HashSet。

13.4 常用列表类

列表允许包含重复元素（包括 null 对象），有两个常用的 List 接口实现类——ArrayList 和 LinkedList，它们分别对应着列表的顺序存储方式和链式存储方式。

13.4.1 顺序列表：ArrayList

ArrayList 实现了 List 接口，其实质是基于可变长度数组的列表实现，简称为顺序表。对于顺序表，那些逻辑上具有相邻关系的元素在物理上（即内存中）也相邻，因此，ArrayList 和数组一样具有随机存取的特性，即查找列表中任意位置的元素所耗费的时间是固定的。对于插入、删除元素等操作，因操作过程中需要移动位于插入、删除点之后的大量元素（以维持操作之后各元素所占内存单元的连续性），故 ArrayList 在这些操作上的时间复杂度与列表中的元素总个数呈线性级（即正比）关系。

与 HashSet 类似，ArrayList 也有一个用于性能调优的参数——初始容量，该容量是列表所能包含元素的最大个数，可以通过构造方法指定。当不断向 ArrayList 中插入元素并且容量不足时，系统会自动为其追加容量。

ArrayList 类的大多数方法都重写自父接口 List 中定义的对应方法，故不再列出。

【例 13.2】 编写程序，对包含若干产品的顺序列表进行添加、删除、修改和查找等操作（见图 13-5）。

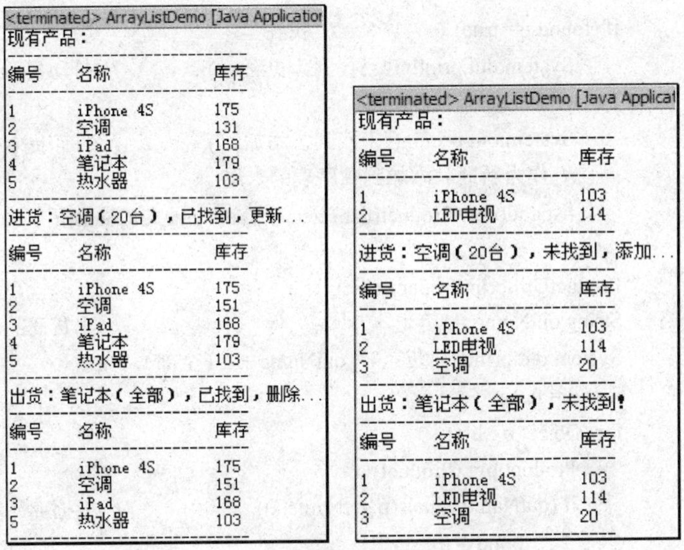

图 13-5　ArrayList 演示（2 次运行）

ArrayListDemo.java

```
001    package ch13;
002
003    import java.util.ArrayList;
004
005    public class ArrayListDemo {
006        public static void main(String[] args) {
007            ArrayList list = new ArrayList(10);          // 构造顺序表（指定了初始容量）
```

```
008
009          Product[] products = ProductUtil.createProducts();    // 生成产品数组
010          for (int i = 0; i < products.length; i++) {
011              list.add(list.size(), products[i]);        // 添加到顺序表的末尾
012          }
013          System.out.println("现有产品：");
014          ProductUtil.printProducts(list);
015          String inName = "空调";        // 进货商品名称
016          int inCount = 20;              // 进货商品数量
017          System.out.print("进货："+ inName + "（" + inCount + "台），");
018          boolean found = false;         // 标记进货商品是否已存在
019          for (Object o : list) {
020              Product p = (Product) o;
021              if (inName.equals(p.getName())) {            // 根据商品名称寻找
022                  found = true;        // 找到
023                  // 修改已存在商品的库存
024                  p.setInventory(p.getInventory() + inCount);
025                  break;              // 停止寻找
026              }
027          }
028          if (found == true) {         // 找到
029              System.out.println("已找到，更新...");        // 打印提示信息
030          } else {       // 未找到
031              System.out.println("未找到，添加...");        // 打印提示信息
032              // 作为新商品添加到顺序表的末尾
033              list.add(new Product(list.size() + 1, inName, inCount));
034          }
035          ProductUtil.printProducts(list);
036          String outName = "笔记本";                        // 出货商品名称
037          System.out.print("出货："+ outName + "（全部），");
038          found = false;
039          for (Object o : list) {
040              Product p = (Product) o;
041              if (outName.equals(p.getName())) {           // 根据商品名称寻找
042                  found = true;
043                  list.remove(p);                          // 删除找到的商品
044                  break;
045              }
046          }
047          if (found == true) {
048              System.out.println("已找到，删除...");
049          } else {
050              System.out.println("未找到！");
051          }
052          ProductUtil.printProducts(list);
```

```
053        }
054    }
```

13.4.2　链式列表：LinkedList

LinkedList 也实现了 List 接口，其实质是基于指针（即链）的列表实现，简称为链表。对于链表，各元素所占的内存单元的相对位置可以是任意的，因此，为了"还原"元素之间的逻辑关系，除了存放元素自身信息之外，还需要存放在逻辑上位于该元素下一个位置的元素的指针。LinkedList 的操作特性（或优缺点）与前述 ArrayList 恰好相反——在 LinkedList 中，查找（根据元素的位置）操作的时间复杂度是线性级的（链式存储不具有随机存取特性，查找要从数据结构的首端开始），而插入、删除元素等操作的时间复杂度则是常量级的（只需要修改几个指针，与插入、删除位置无关）。由于链表无须预先分配存储空间，因此 LinkedList 没有如 ArrayList 的初始容量那样的性能调优参数。

需要注意的是，LinkedList 还实现了 Deque（Double Ended Queue，双端队列）接口，而后者继承自 Queue 接口，这是为了让 LinkedList 支持在链表的两端均能进行入队和出队等操作[1]。LinkedList 类的部分方法重写自父接口 List 和 Queue 中定义的对应方法，表 13-7 仅列出了其重写的在 Deque 接口中定义的常用方法。

表 13-7　在 Deque 接口中定义并被 LinkedList 类重写的常用方法

序　号	方法原型	方法的功能及参数说明
1	Object getFirst()	得到链表的第一个元素。若链表为空（不包含任何元素），则抛出 NoSuchElementException 异常
2	Object getLast()	得到链表的最后一个元素。链表为空时同方法 1
3	void addFirst(Object o)	将元素 o 添加到链表的开头，以作为第一个元素
4	void addLast(Object o)	将元素 o 添加到链表的末尾，以作为最后一个元素
5	Object removeFirst()	得到并删除链表的第一个元素。链表为空时同方法 1
6	Object removeLast()	得到并删除链表的最后一个元素。链表为空时同方法 1
7	boolean offerFirst(Object o)	将元素 o 添加到链表的开头。与方法 3 的区别见表 13-4
8	boolean offerLast(Object o)	将元素 o 添加到链表的末尾。与方法 4 的区别见表 13-4
9	Object peekFirst()	得到但不删除链表的第一个元素。链表为空时返回 null
10	Object peekLast()	得到但不删除链表的最后一个元素。链表为空时返回 null
11	Object pollFirst()	得到并删除链表的第一个元素。链表为空时返回 null
12	Object pollLast()	得到并删除链表的最后一个元素。链表为空时返回 null
13	void push(Object o)	将元素 o 压入栈，与方法 3 等价。此时把链表作为栈来使用
14	Object pop()	将元素 o 弹出栈，与方法 5 等价。此时把链表作为栈来使用
15	boolean removeFirstOccurrence (Object o)	从链表中删除第一个与元素 o "相等"的元素。若链表不包含这样的元素，则返回 false
16	boolean removeLastOccurrence (Object o)	从链表中删除最后一个与元素 o "相等"的元素。若链表不包含这样的元素，则返回 false
17	Iterator descendingIterator()	得到逆序迭代器，链表元素按照从最后一个到第一个的顺序排列

【例 13.3】使用链式列表模拟先进先出队列和栈（见图 13-6）。

1　完全可以用 LinkedList 来实现队列、双端队列和栈（具有"后进先出"特性）等数据结构。

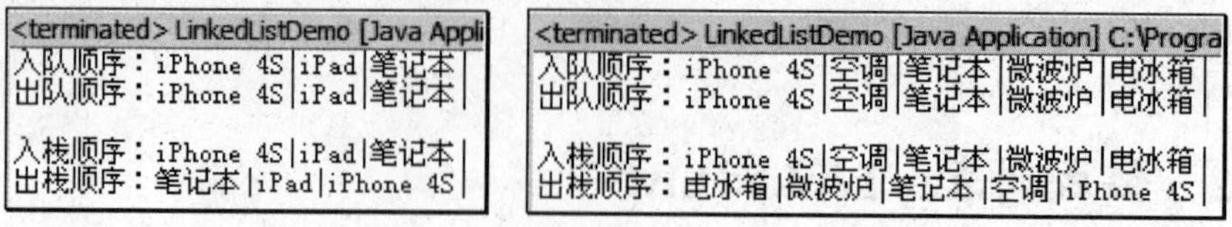

<terminated> LinkedListDemo [Java Appli	<terminated> LinkedListDemo [Java Application] C:\Progra
入队顺序：iPhone 4S｜iPad｜笔记本｜	入队顺序：iPhone 4S｜空调｜笔记本｜微波炉｜电冰箱｜
出队顺序：iPhone 4S｜iPad｜笔记本｜	出队顺序：iPhone 4S｜空调｜笔记本｜微波炉｜电冰箱｜
入栈顺序：iPhone 4S｜iPad｜笔记本｜	入栈顺序：iPhone 4S｜空调｜笔记本｜微波炉｜电冰箱｜
出栈顺序：笔记本｜iPad｜iPhone 4S｜	出栈顺序：电冰箱｜微波炉｜笔记本｜空调｜iPhone 4S｜

图 13-6　LinkedList 演示（2 次运行）

LinkedListDemo.java

```
001    package ch13;
002
003    import java.util.LinkedList;
004
005    public class LinkedListDemo {
006        public static void main(String[] args) {
007            LinkedList queue = new LinkedList();          // 构造链表（作为队列使用）
008            LinkedList stack = new LinkedList();          // 构造链表（作为栈使用）
009            Product[] products = ProductUtil.createProducts();   // 生成产品数组
010            System.out.print("入队顺序：");
011            for (int i = 0; i < products.length; i++) {
012                queue.offer(products[i]);          // 入队（作为链表的最后一个元素）
013                System.out.print(products[i].getName() + "|");
014            }
015            System.out.print("\n 出队顺序：");
016            Product head = null;       // 队头（第一个元素）
017            while ((head = (Product) queue.peek()) != null) {      // 得到队头
018                System.out.print(head.getName() + "|");
019                queue.poll();              // 出队（删除第一个元素）
020            }
021            System.out.print("\n\n 入栈顺序：");
022            for (int i = 0; i < products.length; i++) {
023                stack.push(products[i]);         // 入栈（作为链表的第一个元素）
024                System.out.print(products[i].getName() + "|");
025            }
026            System.out.print("\n 出栈顺序：");
027            Product top = null;              // 栈顶（第一个元素）
028            while ((top = (Product) stack.peek()) != null) {       // 得到栈顶
029                System.out.print(top.getName() + "|");
030                stack.pop();                 // 出栈（删除第一个元素）
031            }
032        }
033    }
```

13.5　常用映射类

映射不允许包含重复的键，且键和值均可以为 null。映射中的每个键值对作为整体也被称为

"条目"，以 Map 接口的静态内部接口 Entry 表示。有 3 个常用的 Map 接口实现类——HashMap、LinkedHashMap 和 TreeMap。

13.5.1 哈希映射：HashMap 和 LinkedHashMap

哈希映射根据哈希码来存取映射中的元素。从类的命名及操作特性来看，哈希映射与前述的哈希集合非常相似。与哈希集合一样，若重写了哈希映射中键对应类的 equals 或 hashCode 方法中的某一个，则必须重写另一个。

HashMap 实现了 Map 接口，其不保证元素的迭代顺序，也有一个用于优化迭代性能的参数——初始容量。对 HashMap 进行添加、删除元素等操作的时间复杂度则是常量级的。

LinkedHashMap（链式哈希映射）继承自 HashMap 并实现了 Map 接口，其也是根据元素的哈希码来决定元素的存储位置。与 HashMap 不同的是，LinkedHashMap 使用指针（即链）来维护元素的次序以保证迭代顺序。LinkedHashMap 的添加、删除等操作的性能与 HashMap 非常接近，其迭代性能则与初始容量无关。

值得说明的是，LinkedHashMap 还提供了两个 LinkedHashSet 所不具有的特性：

（1）LinkedHashMap 支持以键被访问的先后顺序排序（默认以键被添加的先后顺序排序），也就是说，当通过某个键访问了链式哈希映射之后，该键会被放置到映射的末尾，即认为该键是"近期被访问最多"的键。

（2）LinkedHashMap 提供了"boolean removeEldestEntry(Map.Entry eldest)"方法，子类可以重写该方法以自定义最旧（即最早被访问）条目的自动删除策略——这使得构建基于 LRU（Least Recently Used，最近最少使用到的）算法的缓存系统变得非常容易。

LinkedHashMap 提供了"LinkedHashMap(int initialCapacity, float loadFactor, boolean accessOrder)"构造方法，其中，参数 1 指定初始容量，参数 2 指定装填因子（请查阅 API 文档），参数 3 则指定哈希集合是否按访问元素的先后顺序排序（默认为 false）。

【例 13.4】哈希映射演示（见图 13-7）。

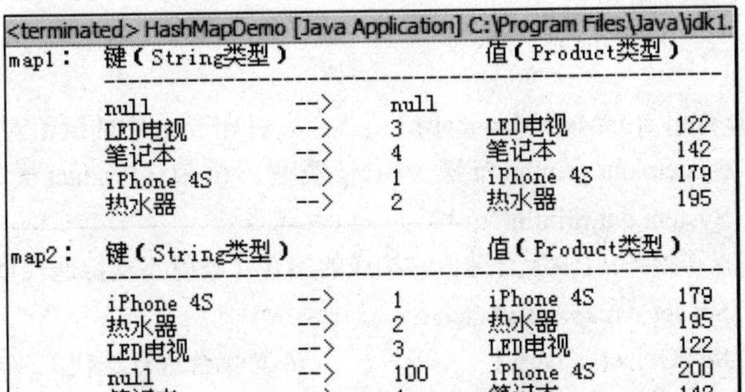

图 13-7　HashMap 和 LinkedHashMap 演示

HashMapDemo.java

```
001    package ch13;
002
003    import java.util.HashMap;
004    import java.util.LinkedHashMap;
005    import java.util.Map;
006    import java.util.Set;
```

```java
007
008    public class HashMapDemo {
009        public static void main(String[] args) {
010            HashMap map1 = new HashMap(8);         // 构造哈希映射（指定了初始容量）
011            // 构造链式哈希映射（指定了初始容量、装填因子、按访问元素的先后顺序排序）
012            LinkedHashMap map2 = new LinkedHashMap(8, 0.75f, true);
013            // 生成产品数组
014            Product[] products = ProductUtil.createProducts();
015            for (int i = 0; i < products.length; i++) {
016                // 向 map1 和 map2 添加元素：以产品名称为“键”，以产品对象为“值”
017                map1.put(products[i].getName(), products[i]);
018                map2.put(products[i].getName(), products[i]);
019            }
020            map1.put(null, null);                   // 允许加空“键”、空“值”到映射
021            System.out.print("map1: ");
022            printMap(map1);                         // 打印 map1 中的键值对
023
024            map2.put(null, null);
025            // 下一行的“键”与上一行相同，因此上一行添加的空“值”会被替换
026            map2.put(null, new Product(100, "iPhone 4S", 200));
027            // 添加完毕，访问之前生成的产品数组中最后 1 个产品（id 为 4）的名称，并
028            // 作为“键”以查找对应的值（产品）。由于 map2 被指定为以访问顺序
029            // 排序，故该元素将位于映射的最后
030            map2.get(products[products.length - 1].getName());
031            System.out.print("\nmap2：");
032            printMap(map2);                         // 打印 map2 中的键值对
033        }
034
035        static void printMap(Map map) {            // 打印 map 中的键值对
036            System.out.println("\t 键（String 类型）\t\t 值（Product 类型）");
037            System.out.println("\t------------------------------------------------------");
038            // 得到映射中所有键值对构成的集合（映射不支持迭代型 for 循环）
039            Set set = map.entrySet();
040            for (Object o : set) {                  // 对集合进行迭代
041                // 将集合元素转回条目类型（即键值对）
042                Map.Entry entry = (Map.Entry) o;
043                String key = (String) entry.getKey();       // 获得“键”
044                Product value = (Product) entry.getValue();  // 获得“值”
045                System.out.printf("\t%-8s\t-->\t", key);
046                if (value != null) {                // 因为“值”可能是 null 对象
047                    value.print();                  // 打印产品信息
048                } else {                            // null 对象
049                    System.out.println("null");
050                }
```

```
051            }
052        }
053    }
```

13.5.2 树形映射：TreeMap

TreeMap 与 HashMap 的操作特性类似，不同的是前者采用了红黑树[1]的结构来存取映射中的元素。TreeMap 实现了 NavigableMap（可导航的映射）接口，而后者又继承自 SortedMap 接口，因此，TreeMap 允许对映射中的元素按照键来排序。

与前述 TreeSet 一样，TreeMap 也支持以（键的）自然顺序或自定义顺序对元素进行排序，具体取决于创建 TreeMap 对象时所使用的构造方法。TreeMap 类的部分方法重写自父接口 Map 和 SortedMap 中定义的对应方法，表 13-8 仅列出了其重写的在 NavigableMap 接口中定义的常用方法。

表 13-8 在 NavigableMap 接口中定义并被 TreeMap 类重写的常用方法

序　号	方　法　原　型	方法的功能及参数说明
1	Object lowerKey(Object k)	得到小于键 k 的最大键。若不存在则返回 null，下同
2	Map.Entry lowerEntry(Object k)	得到小于键 k 的最大键对应的条目
3	Object higherKey(Object k)	得到大于键 k 的最小键
4	Map.Entry higherEntry(Object k)	得到大于键 k 的最小键对应的条目
5	Object floorKey(Object k)	得到小于或等于键 k 的最大键
6	Map.Entry floorEntry(Object k)	得到小于或等于键 k 的最大键对应的条目
7	Object ceilingKey(Object k)	得到大于或等于键 k 的最小键
8	Map.Entry ceilingEntry(Object k)	得到大于或等于键 k 的最小键对应的条目
9	Map.Entry firstEntry()	得到最小键对应的条目
10	Map.Entry lastEntry()	得到最大键对应的条目
11	Map.Entry pollFirstEntry()	删除并返回最小键对应的条目
12	Map.Entry pollLastEntry()	删除并返回最大键对应的条目
13	NavigableMap descendingMap()	得到当前映射的逆序映射
14	NavigableMap subMap(Object from, boolean fromInclusive, Object to, boolean toInclusive)	得到当前映射的子映射。4 个参数的意义分别是：起始键、是否包含起始键、结束键、是否包含结束键

对 TreeMap 进行自然排序或自定义排序的细节请读者参照 13.2.2 节，它们对于 TreeMap 同样适用，此处不再编写程序演示之。

13.6 遗留容器类

Java 容器框架是从 JDK 1.2 开始出现的，在此之前的 JDK 中只有一些简单的、零散的容器类，包括 Vector、Stack 和 Hashtable 等，通常将这些类称为遗留容器类。除了能表示的数据结构较少、功能相对简单之外，遗留容器类在性能和并发操作等方面还存在一定的不足，而这正是其与容器框架中具有相似功能和特性的类的主要区别。

具体来说，遗留容器类的大部分方法都是同步的（即定义方法时以 synchronized 关键字修饰），

1　红黑树是一种平衡二叉查找树，对其进行查找、插入和删除等操作的时间复杂度与树中的元素个数呈对数级关系。红黑树是一种应用非常广泛的数据结构，如 C++的 STL（标准模板库）就用到了红黑树。

例如，对遗留容器类的对象进行迭代操作时，若另一线程试图修改该容器中的元素，迭代器将抛出异常，这在一定程度上降低了容器的性能。与遗留容器类不同的是，容器框架中类的方法是异步的，因此支持在多线程环境下对容器做并发修改。

为向下兼容，从 JDK 1.2 开始的后续版本（包括最新的 JDK 7.0）并未抛弃遗留容器类，而是基于容器框架对它们进行了重新设计。考虑到很多早期的 Java 程序使用了遗留容器类，另一方面，这些类可能也被 JDK 中的其他 API（如 Swing）使用，因此，读者对这些类也应该有一定的了解。需要注意的是，在开发新应用时，应尽量避免使用遗留容器类。

13.6.1　向量：Vector

Vector 实现了 List 接口。从操作特性看，Vector 非常像 ArrayList——支持以位置来存取容器中的元素，其容量也会随着元素被添加或删除而自动增大或缩小。当程序需要将不确定个数的多个元素以连续方式存储时，应优先考虑使用 ArrayList 类。除重写了父接口 List 中的方法外，Vector 类自身还具有一些方法，如表 13-9 所示。

表 13-9　Vector 类的常用方法

序　号	方 法 原 型	方法的功能及参数说明
1	Vector()	默认构造方法，创建默认初始容量为 10 的向量
2	Vector(int initialCapacity)	构造方法，使用指定初始容量创建向量
3	Vector(int initialCapacity, int increment)	构造方法，使用指定初始容量和容量增量创建向量
4	Vector(Collection c)	构造方法，创建包含容器 c 中所有元素的向量，这些元素按 c 的迭代器的迭代顺序排列
5	Enumeration elements()	返回向量中所有元素构成的枚举[1]
6	boolean isEmpty()	判断向量是否为空。此方法及本表后续方法都是同步的
7	int size()	得到向量中元素的个数
8	void trimToSize()	调整向量的容量，使其与向量中元素的个数一致
9	void copyInto(Object[] a)	将向量中的元素复制至数组 a 中
10	Object firstElement()	得到向量中第一个元素，该元素索引为 0
11	Object lastElement()	得到向量中最后一个元素，该元素索引为 size()-1
12	int indexOf(Object o, int i)	从索引 i 开始，在向量中查找第一个与 o "相等" 的元素，返回该元素索引。若不存在这样的元素则返回-1
13	int lastIndexOf(Object o, int i)	与方法 12 类似，但查找的是最后一个与 o "相等" 的元素
14	Object elementAt(int i)	得到索引 i 处的元素
15	void setElementAt(Object o, int i)	将索引 i 处的元素替换为 o
16	void addElement(Object o)	将 o 添加到向量的末尾
17	void insertElementAt(Object o, int i)	在索引 i 之前插入 o，原索引大于或等于 i 的元素都将后移
18	void removeElementAt(int i)	删除索引 i 处的元素，原索引大于 i 的元素都将前移
19	boolean removeElement(Object o)	删除第一个与 o "相等" 的元素，原索引大于该元素索引的元素都将前移。若不存在这样的元素则返回-1
20	void removeAllElements()	删除向量中的所有元素

---

[1] Enumeration 是 JDK 1.2 之前用于遍历容器的接口，该接口定义了 hasMoreElements 和 nextElement 两个方法，功能分别与 Iterator 接口的 hasNext 和 next 方法一样。应优先考虑使用 Iterator 而非 Enumeration。

Vector 还有一个子类 Stack，后者表示具有 LIFO（Last In First Out，后进先出）特性的栈。Stack 类提供了 5 个额外的方法以支持栈的常用操作，具体包括添加元素至栈顶（push 方法）、删除栈顶元素（pop 方法）、取得栈顶元素（peek 方法）、判断栈是否为空（empty 方法），以及计算指定元素相对于栈顶的距离（search 方法）。当程序需要栈型数据结构时，应优先考虑使用前述 Deque 接口的实现类，如 ArrayDeque、LinkedList 等。

13.6.2　哈希表：Hashtable

Hashtable 继承自 Dictionary（字典，该类已被标记为过期）[1]，后者所描述的也是由键到值的映射，故 Hashtable 的操作特性与前述 HashMap 类似，但 Hashtable 不允许包含 null 对象（键和值都不允许）。当程序需要根据键找到对应的值时，应优先考虑使用 Map 接口的实现类（如 HashMap）。Hashtable 类的常用方法如表 13-10 所示（不含 Map 接口中定义的方法）。

表 13-10　Hashtable 类的常用方法

序　号	方 法 原 型	方法的功能及参数说明
1	Hashtable()	默认构造方法，创建默认初始容量为 11 的哈希表
2	Hashtable(int initialCapacity)	构造方法，使用指定初始容量创建哈希表
3	Hashtable(Map m)	构造方法，创建包含映射 m 中所有条目的哈希表
4	Enumeration keys()	得到哈希表中所有键的枚举。此方法及本表后续方法都是同步的
5	Enumeration elements()	得到哈希表中所有值的枚举
6	boolean contains(Object v)	判断哈希表是否包含与 v "相等" 的值

13.7　容器工具类

在实际开发中，经常需要按某种条件对容器或数组进行查找、替换、排序、反转甚至是打乱等操作，尽管可以编写代码去控制这些操作的细节，但这无疑增加了工作量，且性能也得不到保证。Java 容器框架提供了两个常用的容器工具类——Collections（注意不是 Collection）和 Arrays，可以直接调用工具类提供的静态方法完成上述操作。

13.7.1　Collections

Collections 类包含了对容器进行操作或返回容器的众多静态方法，如表 13-11 所示（表中所有方法均为静态方法）。

表 13-11　Collections 类的常用方法

序　号	方 法 原 型	方法的功能及参数说明
1	void sort(List list)	对列表 list 按元素的自然顺序升序排列。元素对应类必须实现了 Comparable 接口
2	void sort(List list, Comparator c)	对列表 list 中的所有元素按比较器 c 排列
3	int binarySearch(List list, Object o)	使用折半查找法在列表 list 中查找与 o "相等" 的某个元素的索引。调用此方法前必须先调用方法 1 以保证列表有序，否则返回值不确定。若存在多个满足条件的元素，则无法保证找到的是哪一个

1　从 JDK 1.2 开始，Hashtable 还实现了 Map 接口，以使其作为容器框架的成员之一。

序　号	方 法 原 型	方法的功能及参数说明
4	void reverse(List list)	反转列表 list 中所有元素的顺序
5	void shuffle(List list)	将列表 list 中的所有元素随机打乱
6	void swap(List list, int i, int j)	交换列表 list 中的索引 i 和 j 处的元素
7	void fill(List list, Object o)	用元素 o 填充列表 list，即所有元素均为 o
8	void copy(List dest, List src)	将列表 src 复制到列表 dest。dest 的长度必须大于或等于 src，若 dest 的长度较 src 大，则不会影响 dest 中的剩余元素
9	Object min(Collection c)	按自然顺序得到集合 c 的"最小"元素。元素对应类必须实现了 Comparable 接口。Collections 还有一个与此方法对应的 max 方法
10	Object min(Collection c, Comparator cmp)	按比较器 cmp 得到集合 c 的"最小"元素。Collections 还有一个与此方法对应的 max 方法
11	boolean replaceAll(List list, Object old, Object new)	用 new 替换列表 list 中所有与 old "相等"的元素
12	int indexOfSubList(List src, List target)	得到子列表 target 在列表 src 中第一次出现的索引
13	int lastIndexOfSubList(List src, List target)	得到子列表 target 在列表 src 中最后一次出现的索引
14	Xxx unmodifiableXxx(Xxx c)	得到容器 c 的只读副本。"Xxx"可以是 Collection、Set、SortedSet、List、Map 或 SortedMap
15	Xxx synchronizedXxx(Xxx c)	得到容器 c 的同步副本。"Xxx"可以是 Collection、Set、SortedSet、List、Map 或 SortedMap
16	final Xxx emptyXxx()	创建只读的空容器。"Xxx"可以是 Set、List 或 Map
17	List nCopies(int n, Object o)	创建含有 n 个元素的列表，每个元素均为 o
18	int frequency(Collection c, Object o)	得到容器 c 中与 o "相等"的元素的个数
19	boolean disjoint(Collection c1, Collection c2)	判断容器 c1 和 c2 是否不相交（即不存在"相等"的元素）
20	boolean addAll(Collection c, Object... elements)	将变长参数 elements 指定的多个元素依次添加到容器 c。若调用结束后容器 c 改变了，则返回 true
21	Set newSetFromMap(Map m)	将映射 m 转换为集合
22	Queue asLifoQueue(Deque d)	将双端队列 d 转换为后进先出队列

13.7.2　Arrays

Arrays 类包含了对数组进行操作（如查找、排序等）的众多静态方法，如表 13-12 所示（表中所有方法均为静态方法）。

表 13-12　Arrays 类的常用方法

序　号	方 法 原 型	方法的功能及参数说明
1	void sort(xxx[] a)	对数组 a 按升序排序。"xxx"可以是除 boolean 外的 7 种基本类型（此时根据数值），也可以是 Object 类型（此时根据自然顺序，元素对应类必须实现了 Comparable 接口）
2	void sort(xxx[] a, int from, int to)	与方法 1 类似，参数 2（含）和参数 3（不含）分别指定了排序范围的起止下标
3	void sort(Object[] a, int from, int to, Comparator c)	与方法 2 类似，但根据参数 4 指定的比较器进行排序

序　号	方法原型	方法的功能及参数说明
4	int binarySearch(xxx[] a, xxx k)	使用折半查找法在数组 a 中查找与 k "相等"的某个元素的索引。调用此方法前必须先调用方法 1 以保证数组有序，否则返回值不确定。若存在多个满足条件的元素，则无法保证找到的是哪一个。"xxx"同方法 1
5	int binarySearch(xxx[] a,int from, int to, xxx k)	与方法 4 类似，参数 2（含）和参数 3（不含）分别指定了查找范围的起止下标
6	int binarySearch(Object[] a, int from, int to,Object k,Comparator c)	与方法 5 类似，但根据参数 5 指定的比较器进行排序
7	boolean equals(xxx[] a1, xxx[] a2)	判断数组 a1 和 a2 是否"相等"。当 a1 和 a2 具有相同长度且对应元素均"相等"时，返回 true。"xxx"可以是任意类型
8	void fill(xxx[] a, xxx v)	用 v 填充数组 a 的每个元素。"xxx"可以是任意类型
9	void fill(xxx[] a, int from, int to, xxx v)	与方法 8 类似，参数 2（含）和参数 3（不含）分别指定了填充范围的起止下标
10	xxx[] copyOf(xxx[] a, int length)	得到数组 a 的副本，参数 2 指定了副本的长度。若参数 2 小于 a 的长度，则 a 被截断；若参数 2 大于 a 的长度，则用多个"xxx"类型对应的默认值（0、false 或 null）填充剩余元素。"xxx"可以是任意类型
11	xxx[] copyOfRange(xxx[] a, int from, int to)	与方法 10 类似，参数 2（含）和参数 3（不含）分别指定了复制范围的起止下标
12	List asList(Object... elements)	将变长参数 elements 指定的多个元素添加到列表并返回
13	int hashCode(xxx[] a)	基于数组 a 的哈希码。"xxx"可以是任意类型
14	String toString(xxx[] a)	得到数组 a 的字符串描述，形如 "[3, 2.4, Java 语言, false]"。"xxx"可以是任意类型

因容器工具类提供的方法都较容易理解，故不再编写程序演示。

13.8　泛型

泛型（Generic）是从 JDK 5.0 开始引入的新特性，其本质是将类型参数化，即所操作的对象的类型被指定为一个参数。泛型通常（但不限于）与容器框架一起使用。

13.8.1　为什么需要泛型

如本章前述各演示程序所示，一般通过如下方式处理容器中的元素：

```
001    List list = new ArrayList();          // 构造容器
002    // 向容器添加元素（假设元素是 Product 类型）
003    list.add(new Product(1, "空调", 100));
004    for (Object o : list) {                // 迭代为 Object 对象
005        Product p = (Product) o;           // 造型为 Product 对象
006        // ...                             // 处理 Product 对象 p
007    }
```

不难看出，上述处理方式存在明显的不足：

（1）即使元素具有明确的类型（如 Product），但其被添加到容器后，均被当作 Object 类的对象，从而失去了之前的真实类型。

（2）从容器中取得的元素也是作为 Object 类的对象，需要编写代码做类型的强制转换。

（3）编程者事先要明确知道之前被添加元素的真实类型[1]，否则无法正确编写强制转换代码。若转换到了不正确的类型（编译器不提示任何错误），则会将错误延后到程序的运行期（抛出 ClassCastException 异常），带来安全隐患。

怎样以一种通用的方式来解决上述不足呢？试想，在构造容器时，若能以某种方式"告知"编译器该容器将来只能存放 Product 类型的元素，则随后从容器中取得的元素自然而然会被编译器理解为 Product 类型——也就无须再对元素做强制类型转换了，这正是泛型解决上述不足的思路。下面使用泛型来改写之前的代码：

```
001    // 构造泛型容器（指明容器中元素的确切类型）
002    List<Product> list = new ArrayList<Product>();
003    // 向容器添加元素（被添加的元素必须是 Product 类型，否则是语法错误）
004    list.add(new Product(1, "空调", 100));
005    for (Product p : list) {        // 迭代所得的元素 p 就是 Product 类型
006        // ...                      // 直接处理 p
007    }
```

请读者通过上述代码中的注释，仔细体会代码改写前后的区别。

泛型的引入使得 Java 的语法、数据类型、编译器及 API（如容器框架）都有了较大的变化。除了能解决上述不足之外，泛型带来的最大好处是类型安全。泛型出现之前，被添加到容器中的元素的真实类型是否满足上层人员的设计要求完全取决于编程者——例如，开发文档要求某个 List 容器中必须存放产品对象，但编程者完全可以将字符串对象添加到该容器中——至少语法上没有任何错误，因为 List 接口的 add 方法可以接收任何类型的参数。泛型出现之后，通过指定容器所含元素的确切类型，程序在编译期就能由编译器检查出被添加的元素是否满足类型约束，而不会将可能出现的造型错误延后到程序的运行期。

引入泛型后，为兼容已有代码，JDK 5.0 之后的编译器并不认为不使用泛型的代码存在语法错误，但默认情况下，编译这样的程序会出现警告——使用了 raw（原始的）类型，如图 13-8 所示。通常情况下，应该尽量使用泛型来编写代码，以获得泛型带来的高效、安全及可能的性能优化等好处。

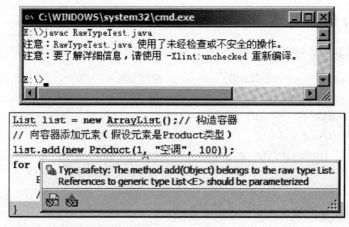

图 13-8　编译未使用泛型的代码（分别在命令行和 Eclipse 下）

1　在团队开发中，编写"向容器添加元素"代码与"从容器中取得元素"代码的可能不是同一个人。

13.8.2 泛型基础

泛型可以用在类、接口和方法的定义中，分别称为泛型类、泛型接口和泛型方法。下面以 List 接口的部分源码为例[1]，讲解泛型的基本定义格式。

```
001    public interface List<E> {
002        boolean add(E e);
003        Iterator<E> iterator();
004    }
```

（1）第 1 行接口名（或类名）之后的 "<>" 是泛型声明的语法，其中的 "E" 是类型参数名（相当于类型的占位符），其表达的意义是——List 接口中的元素都是 "E" 类型的。

（2）泛型接口（或类）被定义后，在构造相应对象时可用具体类型名取代类型参数名，如 "List<Product> list = new ArrayList<Product>"，从这一点看，类型参数非常像方法的形式参数——只不过后者描述的是参数的值，而前者描述的是参数的类型。

（3）类型参数 E 被声明后，可以在整个接口中使用（如第 2、3 行）。

从理论上来说，类型参数的名称只要满足标识符的命名规则即可，但通常遵循以下惯例：

（1）使用大写的单个字母，使其容易和普通的类名或接口名相区分。

（2）对于集合、列表中的元素及映射中的条目用 "E"——Element。

（3）对于映射中的键用 "K"——Key，值用 "V"——Value。

（4）对于类型参数声明用 T——Type。

13.8.3 泛型不是协变的

先来看一段代码是否合法：

```
001    List<String> strList = new ArrayList<String>();    // String 列表
002    List<Object> objList = strList;    // 非法，把 String 列表当作 Object 列表
```

第 1 行声明了字符串列表 strList，是合法的。第 2 行将字符串列表赋值给对象列表的引用，相当于给 strList 起了一个别名 objList，这是否合法呢？根据面向对象的知识——子类对象 "是一种" 父类对象，因此可以将子类对象赋值给父类引用，但是否能将子类泛型对象赋值给父类泛型的引用呢（String 是 Object 的子类）？事实上，第 2 行代码在编译时会出现 "不兼容的类型" 错误，编译器为什么不认为其是合法的呢？接着看下面的代码：

```
003    objList.add(new Product(1, "空调", 100));    // 添加 Product 对象
004    String s = strList.get(0);    // 将 Product 对象 "理解" 为 String 对象
```

第 3 行将产品对象加入 objList 是合法的（Product 是 Object 的子类）。第 4 行从 strList（与 objList 指向的对象相同）中取出第 1 个元素（该元素实际是 Product 类型）直接赋值给 String 引用，根据前面介绍的知识，这从语法上来说是合法的，若假设上述第 2 行代码也是合法的，则此行代码在运行时会出现错误——因为无法将 Product 对象转换为 String 对象。换句话说，如果编译器允许将子类泛型（如 List<String>）当作父类泛型（如 List<Object>），则之前定义的子类泛型将完全失去其意义——非 String 类型的 Product 对象也能被加到 List<String>容器中。

综上所述，子类泛型 "并不是一种" 父类泛型，否则将违背泛型的初衷——提供类型安全检

1　为方便讲解，本章前述内容在列举各容器接口和类的 API 时有意忽略了泛型，而将各方法的参数、返回类型等改成了根类型——Object。从 JDK 5.0 开始，容器框架就用泛型重写了。

查，该限定也被表述为泛型不是协变的（Covariant）[1]。

13.8.4 类型通配符

考虑这样的需求：编写一个遍历列表容器的方法。首先用非泛型方式实现。

```
001    void traverseList(List list) {           // 非泛型容器
002        for (Object o : list) {              // 迭代列表容器
003            // ...                           // 处理元素 o
004        }
005    }
```

如前所述，用 JDK 5.0 之后的编译器编译上述代码时会出现警告，但仍能正常遍历包含任何类型元素的列表容器。现在用泛型方式来改写上述方法。

```
001    void traverseList(List<Object> list) {   // 泛型容器
002        for (Object o : list) {              // 迭代列表容器
003            // ...                           // 处理元素 o
004        }
005    }
```

上述代码将泛型列表所含元素的类型"放宽"到了根类型 Object，其本意是为了提高方法的适用范围，但前面已经提到，除 Object 外的其他类型的泛型"并不是一种"Object 泛型，因此调用 traverseList 方法时，实参只能是 List<Object>类型——此时方法的适用范围甚至不如之前的非泛型版本。

如何做到在使用泛型的同时，又能兼顾各种类型呢？解决办法是使用"未知类型"的泛型——以类型通配符"?"作为类型参数。继续改写之前的方法。

```
001    void traverseList(List<?> list) {        // 未知类型的泛型容器
002        for (Object o : list) {              // 迭代列表容器
003            // ...                           // 处理元素 o
004        }
005    }
```

调用上述方法时，实参可以是任何具体类型的泛型，如 List<Object>、List<Integer>，甚至是 List<List<Integer>>等。阅读下面的代码：

```
001    List<Integer> intList = new ArrayList<Integer>();
002    intList.add(new Integer(2));
003    List<?> unknownList = intList;            // 合法
004    unknownList.add(new Integer(4));          // 非法
005    unknownList.add(null);                    // 合法
006    Integer e = (Integer) unknownList.get(0); // 合法
```

既然 unknownList 中元素的类型是"未知"的，因此不能向其中加入任何对象（第 4 行），唯一的例外是 null 对象（第 5 行）。可以从 unknownList 中取得元素（第 6 行，get 方法返回的类型

1　尽管将容器看作是对数组的抽象会有助于理解容器，但 Java 中的数组是协变的。例如，因 Integer 是 Number 的子类，则 Integer 数组也是 Number 数组的子类型，换句话说，在所有需要 Number 数组的地方完全可以传递 Integer 数组——数组的这一特性并不适用于泛型。

为 Object）——因为编译器总是"知道"容器中任何元素的类型一定是 Object 或其子类，但需要显式转换后才能得到之前第 2 行添加的 Integer 对象。

13.8.5　有界泛型

某些情况下，需要将容器中元素的类型限定在某个有限的范围内，此时可以将泛型定义为"有界的"，具体包含"上界泛型"和"下界泛型"两种形式。为方便讲解，现假设有以下 5 个类：RedApple 和 GreenApple 继承自 Apple、Apple 继承自 Fruit、Fruit 继承自 Food。

1．上界泛型

```
001     void testUpperGeneric(List<? extends Apple> list) {
002         Apple a = list.get(0);          // 合法
003         RedApple b = list.get(0);       // 非法，list 可能是 List<GreenApple>类型
004         list.add(new Apple());          // 非法，list 可能是 List<RedApple>类型
005         list.add(new RedApple());       // 非法，list 可能是 List<GreenApple>类型
006         list.add(new Fruit());          // 非法，Fruit 对象"不是一种"Apple 对象
007     }
```

上界通配符结合了继承的语法（使用 extends 关键字），第 1 行中 list 所含元素的类型被限定为 Apple 或其未知子类，Apple 称为通配符的"上界"（Upper Bound）。需要注意的是，"List<? extends Apple>"与"List<Apple>"是截然不同的，前者可以被类型为 List<Apple>、List<RedApple>或 List<GreenApple >的实参取代，而后者不行。

因 List<? extends Apple>中的元素一定能被当作 Apple 对象，故第 2 行是合法的。调用 testUpperGeneric 方法时，由于实参的类型可能是 List<GreenApple>或 List<RedApple>类型，因此第 3、4、5 行都是非法的。

2．下界泛型

```
001     void testLowerGeneric(List<? super Apple> list) {
002         Apple a = list.get(0);          // 非法，list 可能是 List<Fruit>类型
003         Fruit b = list.get(0);          // 非法，list 可能是 List<Food>类型
004         list.add(new Apple());          // 合法
005         list.add(new RedApple());       // 合法
006         list.add(new Fruit());          // 非法，list 可能是 List<Apple>类型
007     }
```

与上界泛型相反，下界泛型使用 super 关键字将元素的类型限定为某个类（Apple）或其未知父类，该类称为通配符的"下界"（Lower Bound）。因 Apple 和 RedApple 对象一定能被当作 Apple 的父类的对象，故第 4、5 行是合法的。类似地，因 list 的实际类型不确定，故第 2、3、6 行都是非法的。

上下界泛型通常用于将遗留的非泛型代码扩展为泛型代码，限于篇幅，本书对这部分内容不作介绍。

13.8.6　泛型方法

如前所述，通过在类（或接口）的定义中添加类型参数，可以将类泛型化。方法也可以被泛型化，而不论其所在的类是否为泛型类。阅读下面的代码：

```
001     public <T> T ifThenElse(boolean isTrue, T first, T second) { // 泛型方法
002         return isTrue ? first : second;
003     }
```

第 1 行中的 "<T>" 是类型参数声明[1]，紧接着的 "T" 是方法返回类型，最后两个 "T" 则表示形参的类型。再来看另一个方法：

```
001     static <T> void fromArrayToList(T[] a, List<T> c) {    // 泛型方法
002         for (T o : a) {
003             c.add(o);
004         }
005     }
```

分析下面各方法调用语句是否合法：

```
001     ifThenElse(true, "a", "b");                           // 合法
002     ifThenElse(false, new Integer(1), new Integer(2));    // 合法
003     ifThenElse(true, "HELLO", new Integer(2));            // 合法
004
005     Integer[] intArray = new Integer[100];
006     String[] strArray = new String[100];
007     Object[] objArray = new Object[100];
008
009     List<String> strList = new ArrayList<String>();
010     List<Object> objList = new ArrayList<Object>();
011     List<Number> numList = new ArrayList<Number>();
012
013     fromArrayToList(strArray, strList);        // 合法
014     fromArrayToList(objArray, objList);        // 合法
015     fromArrayToList(strArray, objList);        // 合法（String 是 Object 的子类）
016     fromArrayToList(intArray, numList);        // 合法（Integer 是 Number 的子类）
017     fromArrayToList(intArray, strList);        // 非法（Integer 不是 String 的子类）
```

若泛型方法的多个形参使用了相同的类型参数，并且对应的多个实参具有不同的类型，则编译器会将该类型参数指定为这多个实参所具有的 "最近" 共同父类（直至 Object），如执行第 3、15、16 行时，类型参数 "T" 分别被指定为 Object、Object 和 Number。若不存在这样的共同父类，则视为语法错误，如第 17 行[2]。

也可以为泛型方法声明多个类型参数，如下面的代码：

```
001     <K, V> Map<K, V> createMapFromArray(K[] keys, V[] values) {
002         Map<K, V> m = new HashMap<K, V>();
003         // ...        // 读取数组，填充 m
004         return m;
005     }
```

习题 13

（1）容器框架中定义了哪几个重要的接口？各自描述了什么样的数据结构？

（2）给出容器框架中几个核心接口的继承关系图。

（3）什么是遍历容器？具体有哪几种遍历方式？

（4）若要保证元素的迭代顺序与之前的添加顺序一致，不能使用哪些容器类？

（5）Set 中的元素不允许重复，具体如何区分？

（6）分别简述 HashSet 与 TreeSet、ArrayList 与 LinkedList、HashMap 与 TreeMap 的区别。

（7）如何分别使用 Comparable 和 Comparator 接口对容器中的元素进行排序？

（8）遗留容器类包含哪几个？各自有何特点？

（9）简述 Collection 与 Collections 的区别。

（10）什么是泛型？其有何优点？怎样理解"泛型不是协变的"这一特性？

实验 12　容器框架与泛型

【实验目的】

（1）深刻理解容器框架包含的核心接口及各自的特点。

（2）熟练使用常用容器类的 API 和遍历方式。

（3）理解泛型的意义和特点，熟练使用泛型容器存储和操作常用数据结构。

【实验内容】

（1）集合 A={1, 2, 3, 4}、B={1, 3, 5, 9, 11}，编写程序求 A 与 B 的交集、并集和差集。

（2）CPU 类有型号、单价、主频等属性，构造 10 个 CPU 对象添加到泛型 TreeMap 中，并分别按照单价和主频降序输出（要求使用 Comparable 或 Comparator 完成排序）。

（3）编写学生成绩管理系统，实现以下功能。

① 文件 student.txt（不少于 6 行）的每行存放了一个学生的学号、姓名。

② 文件 course.txt（不少于 4 行）的每行存放了一门课程的课程号、课程名。

③ 文件 score.txt（不少于 15 行）的每行存放了一个学生某门课程的成绩信息，包含学号、课程号、成绩。

④ 读取上述文件，分别存放于 3 个泛型 HashMap 中，注意每个 HashMap 的 key 的选取。

⑤ 允许用户输入学号和课程号，以查询某学生某门课的成绩。

⑥ 统计每门课程的平均分。

⑦ 允许用户输入学号，以删除 HashMap 中对应的学生及该学生所有的成绩信息。

第14章 字符串与正则表达式

在 C 语言中，并没有定义字符串数据类型，字符串一般用一维字符数组或者字符指针来表示，并以字符"\0"作为字符串结束标志。Java 将字符串作为对象来处理，提供了许多方法支持对字符串的操作，使得对字符串的处理更加容易和规范。本章主要介绍 String 类（存放不可改变的字符串）和 StringBuffer/StringBuilder 类（存放可改变的字符串），以及用于验证输入字符串的正则表达式类 Pattern 和 Matcher。

14.1 String 类

字符串（Character String）是指由若干字符组成的序列。Java 将字符串作为对象来处理，每一个字符串其实都是一个字符串对象。Java 提供了一系列的方法对字符串对象进行操作。

Java 中主要的字符串处理类 String、StringBuffer 和 StringBuilder 都位于 java.lang 包下（可见这几个类的重要性），其中 String 类用于表示字符串常量——建立后不能改变，而 StringBuffer 和 StringBuilder 类则相当于字符缓冲区，建立后可以修改。

14.1.1 字符串是对象

1．字符串常量

字符串常量是指使用双引号括起来的若干字符，如"A"、"Android"、"Win8 平板"等。Java 编译器自动为每一个字符串常量生成一个 String 类的实例，因此可以用字符串常量直接初始化一个 String 对象，例如：

> String s = "Hello World!";

上述语句的实际意义是：为字符串"Hello World!"创建一个 String 类的实例，并将其引用（即对象首地址）赋值给 String 类的对象引用 s，这种创建字符串的方式称为隐式创建。

由于每个字符串常量对应一个 String 类的对象，所以对一个字符串常量可以直接调用类 String 中提供的方法。例如：

> int len = "Hello World!".length();　// 返回字符串的长度 12，即字符的个数

String 类是专门用于处理字符串常量的类，也就是说，String 类的对象就是字符串常量。因此，它们一旦被创建，其内容就不能再改变，若要对字符串常量进行任何处理，则只能通过 String 类的方法来完成。此外，String 类中定义的方法也不会改变其对象的内容。

2．String 对象的创建

如同创建其他类的对象一样，String 类的对象创建也可以使用运算符 new 来实现，这种创建字符串的方式称为显式创建。由于 String 类的定义中含有多个重载的构造方法，因此在创建 String 对象时，可以选择使用不同的方式来初始化对象。

（1）String()

创建一个空字符串。

```
                String   s = new   String(); // s 引用的是一个内容为空串的字符串对象
```

（2）String(String value)

创建一个内容与 value 内容相同的 String 对象。

```
                String   s = new   String("Java 程序设计");
                String   t = new   String(s);
```

（3）String(char[] value)

创建一个内容与字符数组 value 内容相同的字符串。

```
                char[] chars = {'程', '序', '设', '计'};
                String   s = new String(chars);           // s 引用了一个内容为"程序设计"的字符串对象
```

（4）String(char[] value, int offset, int count)

用字符数组 value 中以下标为 offset 的字符开始的 count 个字符来创建字符串对象。

```
                char[] chars = { '程', '序', '设', '计' };
                String s = new String(chars, 0, 2); // s = "程序";
```

（5）String(StringBuffer sb)

创建一个内容与 StringBuffer 类（参见 14.4 节）的对象 sb 内容相同的字符串对象。

14.1.2　字符串对象的等价性

在 Java 中，对于两个相同的基本数据类型数据，可以使用比较运算符==来比较两个量是否相等，而对于两个对象不能简单地用==来进行比较，尽管有时两个对象的内容完全相同，但对象的引用却不一样。

对于两个字符串对象的比较，如果是比较两个对象的实际内容是否相等，必须使用字符串类提供的 equals 方法[1]（可参见 14.1.3 节）。==运算符则用来比较两个字符串对象的引用是否相等，即两者是否引用了同一个对象。看下面一个例子。

【例 14.1】 字符串的比较例子。

```
        001        String str1 = new String("hello");
        002        String str2 = new String("hello");
        003        boolean b1 = str1.equals(str2);            // true
        004        boolean b2 = (str1 == str2);               // false
        005
        006        String str3 = str1;
        007        boolean b3 = (str1 == str3);               // true
        008
        009        String str4 = "hello";
        010        String str5 = "hello";
        011        boolean b4 = str4.equals(str5);            // true
        012        boolean b5 = (str4 == str5);               // true
```

1　C 语言中，用一维字符数组（或者字符指针）表示的两个字符串用 compare 函数比较其内容是否相等；C++标准库定义了类 string
　　类型，比较该类型的两个字符串内容是否相等则直接使用比较运算符==。

```
013
014         boolean b6 = str1.equals(str4);                    // true
015         boolean b7 = (str1 == str4);                       // false
016         boolean b8 = (str1.intern()== str4);               // true
```

几点说明：

（1）上例中，凡是用 equals 方法进行比较的，结果都是 true（b1、b4、b6）。说明这些字符串的内容都相同（均为"hello"）。

（2）str1 和 str2 虽然字符串的内容相同，但是地址却不同，不是指向同一个对象，所以 b2 为 false，类似地可以解释 b7 为 false。而 str3 和 str1 由于引用了同一个字符串对象，故 b3 为 true。

（3）b2 为 false，那么如何解释 b5 为 true 呢？这里必须先理解 Java 在字符串对象的管理过程中使用的字符串常量池（String Pool）机制。当使用隐式创建字符串对象时（如本例中的 String str4="hello";），JVM 会先到字符串常量池去查询一下，是否里面已经有这个字符串了，如果有则直接让 str4 引用该常量，否则会在池中产生一个新的字符串"hello"，并让 str4 指向它。所以，本例中的 str4 和 str5 指向的字符串对象都是常量池中的"hello"对象，既然两个对象变量指向的是同一个常量对象，那么用==运算符比较的结果当然就是 true 了。

顺便说一下，当显式地创建字符串对象时，如：

```
String str1 = new String("hello");
```

除了在堆中创建一个"hello"对象外，也会复制一份放入常量池中，并使 str1 指向堆中的字符串对象。String 类的 intern()方法则可以返回常量池中字符串对象的引用，因此，此处 b8 为 true。

14.1.3 常用方法

类 String 中提供访问 String 类型字符串的方法很多，大体上可分为求字符串长度、字符的访问、子字符串操作、字符串比较、字符串修改和字符串类型转换等几类，下面分别介绍。

1．求字符串长度及字符的访问

（1）int length()

返回当前字符串对象的长度，即字符串中字符的个数。length 在这里是 String 类的方法，但对数组来说它是属性，注意区别。

（2）char charAt(int index)

返回当前字符串中下标为 index 的字符。通过索引（index）访问字符串中的 Unicode 字符，索引值必须在 0～length()－1 之间，否则会抛出 StringIndexOutOfBoundsException 异常。看下面的例子：

```
for (int index = 0; index < str.length(); index++) {
    System.out.print(str.charAt(index));   // 按先后顺序访问 str 中的每个字符
}
```

2．子字符串操作

（1）查找给定字符在字符串首次出现的位置，具体包括：
● int indexOf(int ch)
● int indexOf(String str)

- int indexOf(int ch, int fromIndex)
- int indexOf(String str, int fromIndex)

以上方法的功能：返回字符串对象中指定的字符（或子字符串）首次出现的位置，从字符串对象的开始位置（或从 fromIndex 处）向右查找。若未找到则返回-1。

（2）查找给定字符中字符串末次出现的位置，具体包括：

- int lastIndexOf(int ch)
- int lastIndexOf(String str)
- int lastIndexOf(int ch, int fromIndex)
- int lastIndexOf(String str, int fromIndex)

以上方法的功能：返回字符串对象中指定的字符（或子字符串）最后一次出现的位置。与相应的 indexOf 方法相比，不同之处是，从字符串对象的最右端开始至最左端（或从 fromIndex 处）向左查找。若未找到则返回-1。

（3）根据指定位置求子字符串，具体包括：

- String substring(int beginIndex)
- String substring(int beginIndex, int endIndex)

以上方法的功能：返回字符串对象中从 beginIndex 处至最右端（或至 endIndex 处）的子字符串对象。

```
String s = "书的售价为$45.60";
int index = s.indexOf('$');
String subStr = s.substring(index);
System.out.println(subStr);          // $45.60
```

3．字符串比较

（1）boolean equals(Object obj)

比较两个字符串的内容是否相同，相同返回 true，否则返回 fasle。

（2）boolean equalsIgnoreCase(String str)

与（1）类似，但忽略字母的大小写。

```
boolean b1 = "abc".equals("abc");          // b1 为 true
boolean b2 = "abc".equalsIgnoreCase("ABC");     // b2 为 true
```

（3）int compareTo(String anotherString)

比较两个字符串的大小，按词典顺序比较当前字符串与字符串 anotherString 的大小。若当前串对象比参数大，则返回正整数；反之，返回负整数；相等则返回 0。此方法相当于 C 语言中比较字符串大小的函数 strcmp。

（4）int compareToIgnoreCase(String str)

与方法（3）类似，但忽略字母的大小写。

```
String s1 = "abd";
String s2 = "abcde";
if (s1.compareTo(s2) > 0) {
    System.out.print(s1 + ">" + s2);   // abd>abcde
}
```

（5）boolean startsWith(String prefix)

判断字符串是否以 prefix 开头。

（6）boolean endsWith(String suffix)

判断字符串是否以 suffix 结尾。

```
String s1 = "<title>我的首页</title>";
if (s1.startsWith("<title>"))
        System.out.print("网页标题行");          // 输出"网页标题行"
```

4．字符串修改

（1）String toLowerCase()

将字符串中的字母转换为小写。

（2）String toUpperCase()

将字符串中的字母转换为大写。

```
String sUp = "abCDe".toUpperCase();          // sUp="ABCDE"
String sLow = sUp.toLowerCase();          // sLow="abcde"
```

（3）String replace(char oldChar, char newChar)

将字符串中的 oldChar 字符全部用 newChar 替换。

```
String s = "人山人海".replace('人', '车');
System.out.println(s); // 输出"车山车海"
```

（4）String trim()

截去字符串首尾两端的空白字符，此功能常用于除去用户无意中输入的首尾空格。

```
String username = " admin ";
Username = username.trim();          // admin
```

5．字符串与其他类型的转换

（1）将其他类型转换为字符串，典型如：

● static String valueOf(int i)

● static String valueOf(float f)

```
String s = String.valueOf(3.14);                    // 将 float 型的 3.14 转换为字符串"3.14"
```

此外，根类 Object 的 toString 方法将对象转换为字符串，这一方法通常被其不同的子类重写。例如：

```
Float f = new Float(3.14);
String s = f.toString();
```

（2）将字符串转换为其他类型。

很多类都提供了 valueOf 方法将字符串转换为相应的类对象。例如：

```
String piStr = "3.14159";
Float pi = Float.valueOf(piStr);
```

此外，还可以通过这些类提供的 parseXxx(String str) 方法将字符串转换为相应的类对象，方法名中的 Xxx 一般为该类的类名称。例如：

```
String piStr = "3.14159";
Float pi = Float.parseFloat(piStr);
```

6．其他方法

（1）String concat(String str)

将 str 连接到调用串对象的后面，即进行字符串连接操作。Java 语言中的运算符 "+" 也可用来实现字符串之间或字符串与其他类对象之间的连接。

```
String s = "Java".concat("程序");          // s = "Java 程序"
s = s + "设计";                            // s = "Java 程序设计"
int age = 20;
String s1 = "他" + age + "岁";             // s1 = "他 20 岁"
```

（2）String[] split(String str)

将 str 作为分隔符进行字符串分割，得到的多个子字符串以字符串数组返回。例如：

```
String s = "张三,李四";
String subs[] = s.split(",");// subs[0]= "张三" subs[1]= "李四"
```

（3）static String format(String format, Object... args)

使用指定的格式串和参数返回一个格式化的字符串。详细用法参见 14.2.1 节。

14.2　字符串格式化

14.2.1　Formatter 类

我们知道，C 语言的格式化输出函数 printf 在控制输出内容格式方面的功能相当强大，受此启发，Java 语言从 JDK 1.5 开始新增了 java.util.Formatter 类，此类提供了对布局对齐和排列的支持，还支持在特定于语言环境下输出数值、字符串和日期（或时间）数据的一般格式，也就是说，它可以控制输出文本的格式。

1．Formatter 对象的创建

在 Java 中，Formatter 类的对象可以产生数值、字符串和日期/时间数据的格式化文本输出，输出的目标对象可以是文件或输出流对象（如 System.out）等。因此，通常由这些对象作为参数来创建 Formatter 类对象，该类的主要构造方法如表 14-1 所示。下面介绍构造方法用到的几个参数。

（1）Formatter 输出的目标对象：输出对象主要有 StringBuilder（参见 14.4 节）、文件、输出流、打印流等，没有指定输出目标对象，则默认为 StringBuilder，可通过类 Formatter 的 out 方法得到该对象。

（2）字符集名称：若不支持指定的字符集，则会抛出 UnsupportedEncodingException 异常。若未指定字符集，则采用系统默认的字符集。

（3）指定的语言环境（参见第 15 章）：如果不指定语言环境，则采用默认的语言环境。

表 14-1　Formatter 类的主要构造方法

序　　号	方　法　原　型	方法的功能及参数说明
1	Formatter()	构造 Formatter 对象，全部使用默认值
2	Formatter(Appendable a)	构造输出目标为 a 的 Formatter 对象
3	Formatter(File file, String csn, Locale l)	构造带指定文件、字符集和语言环境的 Formatter 对象
4	Formatter(Locale l)	构造带指定语言环境的 Formatter 对象
5	Formatter(OutputStream os)	构造带指定输出流的 Formatter 对象
6	Formatter(OutputStream os, String csn)	构造带指定输出流和字符集的 Formatter 对象
7	Formatter(OutputStream os, String csn, Locale l)	构造带指定输出流、字符集和语言环境的 Formatter 对象
8	Formatter(PrintStream ps)	构造带指定输出流的 Formatter 对象
9	Formatter(String fileName)	构造带指定文件名的 Formatter 对象
10	Formatter(String fileName, String csn)	构造带指定文件名和字符集的 Formatter 对象
11	Formatter(String fileName, String csn, Locale l)	构造带指定文件名、字符集和语言环境的 Formatter 对象

2．Formatter 类的方法

Formatter 类的方法如表 14-2 所示。

表 14-2　Formatter 类的方法

序　　号	方　法　原　型	方法的功能及参数说明
1	void close()	关闭此 formatter
2	void flush()	刷新此 formatter
3	Formatter format(Locale l, String format, Object... args)	使用指定的语言环境、格式字符串和参数，将一个格式化字符串写入此对象的目标文件中
4	Formatter format (String format, Object... args)	使用指定格式字符串和参数将一个格式化字符串写入此对象的目标文件中
5	IOException ioException()	返回由此 formatter 的 Appendable 方法上次抛出的 IOException 异常
6	Locale locale()	返回构造此 formatter 时设置的语言环境
7	Appendable out()	返回输出的目标文件

上述方法 2 中的参数 format 即为格式字符串，它与 C 语言 printf 函数中的格式说明串颇为相似。格式字符串的主要语法格式如下：

%[argument_index$][flags][width][.precision]conversion

（1）可选的 argument_index——参数位置。十进制整数，用于表明参数在参数列表中的位置。第一个参数由 "1$" 表示，第二个参数由 "2$" 表示，以此类推。

（2）可选的 flags——格式修饰符。控制数据的对齐方式、精度等。例如，-表示输出数据时左对齐，详见表 14-4。

（3）可选的 width——输出宽度。非负十进制整数值，用于指定输出的最少字符个数。

（4）可选的 precision——输出精度。非负十进制整数，通常用来限制字符数，或指定浮点数小数部分的位数。

（5）必选的 conversion——数据类型。给定参数转换的目标输出数据类型，参见表 14-3。

例如：

Formatter f = new Formatter(System.out);

f.format("%1$-10.2f 原样输出部分：%1$f\n", Math.PI, "abc");

输出结果为"3.14　　　原样输出部分：3.141593"。其中，双引号里面的普通字符原样输出；格式字符串"%1$-10.2f"中的"1$"表示输出第一个参数 Math.PI，"-10 .2"表示左对齐（即右边补空格）、宽度至少为 10 个字符、保留两位小数，"f"表示输出的数据类型为浮点数；实参表中的字符串"abc"没有被引用。

格式字符串的完整用法将在 14.2.2 节介绍。需要说明的是，String 类中的 format 方法、PrintStream 和 PrintWriter 的 printf 方法与 format 方法等也支持格式化输出，它们实际上也是调用了 Formatter 类的 format 方法。所以，上面两行代码的作用与下面两行代码中的任意一行作用相同：

System.out.printf("%1$-10.2f 原样输出部分：%1$f\n", Math.PI, "abc");
System.out.format("%1$-10.2f 原样输出部分：%1$f\n", Math.PI, "abc");

14.2.2　格式说明与修饰符

格式字符串参数实际上包含了两种字符串：普通字符串和以"%"开头的格式说明符。前者将按原样输出，而后者只是作为占位符，一般会被 printf 方法中后续的多个参数依次取代。每个格式说明符由"格式转换符"和"格式修饰符"组成，后者是可选的。表 14-3 列出了常用的格式转换符。

表 14-3　格式转换符

序　号	格式转换符	功能及说明	测试参数 arg	输　　出*
1	%c	得到参数的字符形式。参数一般是 char 或 Character 类型，也可以是 byte、Byte、short、Short、int 或 Integer 类型，但必须满足 0x0000≤arg<0x10FFFF	65 0x8A00 '\u0030' 0x110000	A 言 0 出错
2	%C	同 1，字母均为大写		
3	%s	得到参数的字符串形式。若参数为 null，则结果为 null。若参数实现了 Formattable 接口，则调用其 formatTo 方法；否则，结果为 arg.toString()的返回值	null 0x1A -0.2 System.out	null 26 -0.2 java.io.PrintStream@668 48c
4	%S	同 3，结果中的字母均为大写		
5	%b	得到参数的 boolean 值字符串形式。若参数为 null，则结果为 false；若参数是 boolean 或 Boolean 类型，则结果为 boolean 值对应的字符串形式；其他情况均为 true	true new Boolean(false) null new Date() 4>6	true false false true false
6	%B	同 5，结果为 TRUE 或 FALSE		
7	%d	得到参数的十进制（带符号）形式。参数可以是 byte、Byte、short、Short、int、Integer、long、Long 或 BigInteger 类型	12 012 -0x1000 (byte) 255	12 10 -4096 -1
8	%o	得到参数的八进制（无符号）形式。参数可以是 byte、Byte、short、Short、int、Integer、long、Long 或 BigInteger 类型	12 012 -1L (byte) -2	14 12 37777777777 376
9	%x	得到参数的十六进制（无符号）形式。参数可以是 byte、Byte、short、Short、int、Integer、long、Long 或 BigInteger 类型	12 012 -1L (byte) 127	c a ffffffffffffffff 7f
10	%X	同 9，a～f均为大写		

序　号	格式 转换符	功能及说明	测试参数 arg	输　出*
11	%h	得到参数的哈希码的十六进制形式。若参数为 null，则结果为 null；否则结果为 Integer.toHexString(arg.hashCode()) 的返回值	null true 31 new File("C:/")	null 4cf 1f 13ae94**
12	%H	同 11，null 和 a~f 均为大写		
13	%f	得到参数的十进制（带符号）形式，默认精度为 6（四舍五入）。参数可以是 float、Float、double 或 Double 类型	-1.23456748 12f 2.4e3 1.23456789d	-1.234567 12.000000 2400.000000 1.234568
14	%a	得到参数的十六进制（带符号）规范化指数形式（以 2 为底）。参数可以是 float、Float、double 或 Double 类型	017e0f 1.0625 -25.6e1 0x1ap-3	0x1.1p4 0x1.1p0 -0x1.0p8 0x1.ap1
15	%A	同 14，字母 x、p、a~f 均大写		
16	%e	得到参数的十进制（带符号）规范化指数形式（以 10 为底），即科学计数法。参数可以是 float、Float、double 或 Double 类型	017e0f 1.0625 25.6e1 0x1ap-3	1.700000e+01 1.062500e+00 2.560000e+02 3.250000e+00
17	%E	同 16，字母 e 大写		
18	%g	得到参数的十进制（$10^{-4}\leqslant|arg|<10^{6}$）或科学计数法（$|arg|<10^{-4}$ 或 $|arg|\geqslant 10^{6}$）形式，默认有效位数和精度均为 6（四舍五入）。参数可以是 float、Float、double 或 Double 类型	12.34567 -0.12345645 1000006.123 -0.00009	12.3457 -0.123456 1.00001e+06 -9.00000e-05
19	%G	同 18，字母 e 大写		
20	%%	% 字符的转义	%%	%
21	%n	换行符的转义，由名为 line.separator 的系统属性指定	不需要对应的参数	无
22	%tx	得到日期和时间的不同格式。此处的 x 是占位符，其具体取值见表 14-5。参数可以是 long、Long、Calendar 或 Date 类型	见表 14-5	
23	%Tx			

* 测试语句为 System.out.printf（格式转换符，arg）。

** 哈希码主要用于标识对象，非整型对象的哈希码很难确定，并且在不同机器或不同时间运行程序，其值均可能不同。

　　格式转换符可以与格式修饰符（或称格式标志）组合使用，后者用于控制数据的对齐方式、宽度、精度或指定使用哪个参数等。具体来说，格式修饰符位于"%"和"格式转换字符"中间，具体如表 14-4 所示。

表 14-4　格式修饰符（格式标志）

序　号	格式 修饰符	功能及说明
1	+	使数据总是带符号，即正数以"+"开头，负数以"-"开头。适用于： ● 浮点数； ● 对 BigInteger 应用 d、o、x、X； ● 对 byte、Byte、short、Short、int、Integer、long、Long 应用 d
2	-	使数据左对齐。适用于任何类型
3	0	用前导零来补足数据以达到指定宽度。适用于： ● 整数； ● 浮点数
4	空格	对于正数，用一个前导空格补充。与"+"的适用场合相同
5	#	主要用于使整数数据带进制前缀（八进制带 0，十六进制带 0x）

序 号	格式 修饰符	功能及说明
6	,	使用本机默认的数字分组方式分割数据。适用于： ● 对整数应用 d； ● 对浮点数应用 f、g、G
7	(	丢掉负数的"负号"，并将其绝对值用圆括号括起来。适用于： ● 对 BigInteger 应用 d、o、x、X； ● 对 byte、Byte、short、Short、int、Integer、long、Long 应用 d； ● 对浮点数应用 e、E、f、g、G
8	宽度 W	指定数据的最小宽度 W（含小数点、正负号、P、E 等字符），适用于除%n 外的任意转换符。 若数据宽度小于 W： ● 若 W 单独使用，则补前导空格（即右对齐）； ● 若"0"和 W 组合，则补前导零； ● 若"-"和 W 组合，则补后置空格（即左对齐）； 若数据宽度大于 W 则忽略
9	精度 P	对于常规类型（对象的字符串描述），指定最大宽度为 P，超过则截断 对浮点应用 e、E、f，保留小数点后的 P 位 对浮点应用 g、G，保留四舍五入后整个小数为 P 位（不含小数点、正负号、E 等字符）
10	索引号 N$	指定使用格式字符串后的第 N 个参数。索引号为 10 进制正整数，第 1 个参数用"%1$"引用，以此类推
11	<	使用前一个参数

【例 14.2】 格式转换与说明符演示（见图 14-1）。

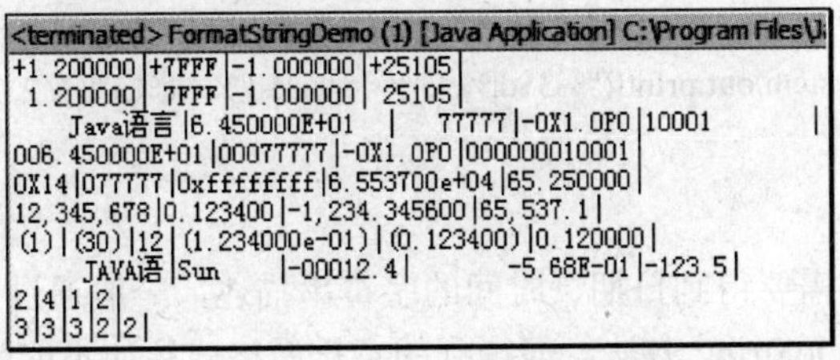

图 14-1 格式修饰符演示

FormatStringDemo.java

```
001    package ch11;
002
003    /* 省略了各 import 语句，请使用 IDE 的自动导入功能*/
005
006    // 本程序用于演示格式说明符中的格式修饰符
007    public class FormatStringDemo {
008        public static void main(String[] args) {
009            // +
010            System.out.printf("%+f|%+X|%+f|%+d|%n", 1.2,
                            new BigInteger("32767"), -1D, (int) '我');
011            // 空格
012            System.out.printf("% f|% X|% f|% d|%n", 1.2,
                            new BigInteger("32767"), -1D, (int) '我');
013            // 宽度 W 和左对齐-
014            System.out.printf("%10s|%-14E|%8o|%2A|%-12x|%n",
                            "Java 语言", 64.5, 32767, -1D, 65537L);
015            // 0
```

```
016             System.out.printf("%014E|%08o|%02A|%012x|%n",
                        64.5, 32767, -1D, 65537L);
017             // #
018             System.out.printf("%#X|%#o|%#x|%#e|%#f|%n",
                        024, 32767, -1, 65537f, 0x10.5P2);
019             // ,
020             System.out.printf("%,d|%,f|%,G|%n", 12345678,
                        0.1234, -1234.3456D, 65537.0623F);
021             // (
022             System.out.printf("%(d|%(o|%(d|%(e|%(f|%(g|%n", -1,
                        new BigInteger("-24"), 12L,
                        -12.34E-2, -12.34E-2, 0.12D);
023             // .精度 P
024             System.out.printf("%10.5S|%-7.3s|%08.1f|%16.2E|%.4g|%n",
                        "Java 语言", new Date(), -12.354,
                        -56.78765E-2, -123.45678);
025             // 索引号 N$
026             System.out.printf("%2$d|%4$d|%1$d|%2$d|%n", 1, 2, 3, 4);
027             // <
028             System.out.printf("%3$d|%<d|%<d|%2$d|%<d|%n", 1, 2, 3, 4, 5);
029         }
030     }
```

在实际应用中，经常需要得到日期、时间的字符串描述，一般通过以下方式完成。

（1）直接调用对象的 toString 方法，但得到的字符串格式往往不能满足要求。

（2）调用对象的某些方法（如 Date 对象的 getMonth 方法），分别获取感兴趣的部分值（月份），然后按照需要的格式将这些值拼接成满足要求的字符串，但这种方式存在 3 个缺点：① 调用的方法可能被标记为过期（这些方法可能不被后续版本的 JDK 支持，因此不推荐使用，如 Date 对象的 getMonth 方法）；② 对象没有这样的方法（如 Date 类没有用于直接得到今天是"星期几"的中文字符串描述的方法）；③ 增加了编程工作量。

（3）构造合适的工具类（如 java.text.SimpleDateFormat）对象并调用相关方法（如 format）得到满足要求的字符串，但这种方式同样存在功能不完善和增加编程工作量的不足。

如表 14-3 所示，格式转换符"%tx（或%Tx）"能够按照多种格式得到时间、日期的字符串描述，其中的占位符"x"所代表的具体转换格式如表 14-5 所示。

表 14-5　用于日期和时间的格式转换符

序　号	格式转换符	功能及说明	输　出*
1	%tb 或%th	得到本机默认语言的月份简称，如"英语"语言下得到"Feb"	二月
2	%tB	得到本机默认语言的月份全称，如"英语"语言下得到"February"	二月
3	%ta	得到本机默认语言的"星期几"简称，如"英语"语言下得到"Sun"	星期日
4	%tA	得到本机默认语言的"星期几"全称，如"英语"语言下得到"Sunday"	星期日
5	%tC	得到 4 位数年份的前 2 位，不足 2 位时补前导零	20
6	%tY	得到 4 位数年份，不足 4 位时补前导零	2012
7	%ty	得到 4 位数年份的后 2 位，不足 2 位时补前导零	12

序 号	格式转换符	功能及说明	输 出*
8	%tj	得到本年中的第几天，不足 3 位时补前导零	057
9	%tm	得到本年中的第几月，不足 2 位时补前导零	02
10	%td	得到本月中的第几天，不足 2 位时补前导零	26
11	%te	得到本月中的第几天，不补前导零	26
12	%tH	得到 24 小时制的小时，不足 2 位时补前导零	06
13	%tI	得到 12 小时制的小时，不足 2 位时补前导零	06
14	%tk	得到 24 小时制的小时，不补前导零	6
15	%tl	得到 12 小时制的小时，不补前导零	6
16	%tM	得到小时中的分，不足 2 位时补前导零	40
17	%tS	得到分中的秒，不足 2 位时补前导零	15
18	%tL	得到秒中的毫秒，不足 3 位时补前导零	078
19	%tN	得到秒中的纳秒，不足 9 位时补前导零	078000000
20	%tp	得到本机默认语言的"上午"或"下午"标记，如"英语"语言下得到"am"或"pm"	上午
21	%tz	得到本机默认地区相对于 GMT 的 RFC 822 格式的数字时区偏移量	+0800
22	%tZ	得到本机默认地区的时区缩写	CST
23	%ts	得到自 1970 年 1 月 1 日零点零分零秒所经过的秒数	1330210355
24	%tQ	得到自 1970 年 1 月 1 日零点零分零秒所经过的毫秒数	1330210355609
25	%tR	得到"%tH:%tM"	06:57
26	%tT	得到"%tH:%tM:%tS"	06:58:46
27	%tr	得到"%tI:%tM:%tS %Tp"	06:59:39 上午
28	%tD	得到"%tm/%td/%ty"	02/26/12
29	%tF	得到"%tY-%tm-%td"	2012-02-26
30	%tc	得到"%ta %tb %td %tT %tZ %tY"	星期日 二月 26 07:00:51 CST 2012

* 测试语句为 System.out.printf(格式转换符, new Date())，本表撰写时间是 2012 年 2 月 26 日（星期日）。测试环境为简体中文 Windows。

表 14-5 中，第 1～11 个转换符用于日期，第 12～24 个转换符用于时间，其余则用于日期和时间的组合。此外，表中大部分转换符的"t"都可以替换为"T"，此时得到结果中的所有英文字母都会转为大写，请读者自行验证。

本节介绍的格式转换符和修饰符较多，且其中某些转换符和修饰符的使用方式较为复杂，读者不必一一记住，在需要时查阅相关文档即可。

14.3 综合范例 14：简单文本搜索引擎

【综合范例 14】 实现一个简单的文本搜索引擎（见图 14-2），可以按关键字进行搜索。用户输入需要搜索的内容并单击"搜索"按钮后，能自动在原文中标记搜索关键字（见图 14-3）。

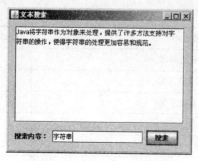

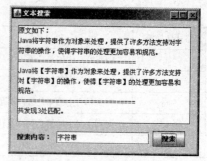

图 14-2　文本搜索引擎界面　　　　　　图 14-3　文本搜索结果

TextSearchEngine.java

```
001    package ch14;
002
003    /* 省略了各 import 语句，请使用 IDE 的自动导入功能 */
004
005    public class TextSearchEngine extends javax.swing.JFrame {
006        public TextSearchEngine() {
007            initComponents();
008        }
009
010        private void initComponents() {
011            /* 省略了界面相关的代码 */
012        }
013
014        private void btnSearchActionPerformed(ActionEvent evt) {
015            // 获取查找的关键词
016            String searchKey = this.txtKey.getText().trim();
017            if (searchKey.equals("")) {
018                JOptionPane.showMessageDialog(null, "查找关键字不能为空！");
019                return;
020            }
021            // 获取查找的文本内容
022            StringBuilder sbContent = new StringBuilder(initialContent);
023            int count = 0;// 统计匹配次数
024            int index = sbContent.indexOf(searchKey);
025            while (index != -1) {// 找到
026                count++;
027                // 给查找关键字加上括号标记
028                sbContent.replace(index, index + searchKey.length(),
                        "【" + searchKey + "】");
029                index = index + searchKey.length() + 2;// 添加了两个符号【和】
030                index = sbContent.indexOf(searchKey, index);// 继续查找下一个
031            }
032            sbContent.append("\n================================\n");
033            sbContent.append("共发现" + count + "处匹配。");
034            if (count != 0) // 找到配置项
035                sbContent.insert(0, String.format("原文如下：
```

```
                     \n%s\n==============================\n",
                   initialContent));
036              tarContent.setText(sbContent.toString());
037          }
038
039          public static void main(String args[]) {
040              TextSearchEngine tse = new TextSearchEngine();
041              tse.setVisible(true);
042          }
043
044          private JButton btnSearch;              // 搜索按钮
045          private JScrollPane jScrollPane1;
046          private JLabel lblSearchKey;            // 显示文字"搜索内容:"
047          private JTextArea tarContent;           // 显示文件内容及搜索的结果
048          private JTextField txtKey;              // 搜索的关键字
049          // 搜索原始文字内容
050          private String initialContent = "Java 将字符串作为对象来处理，提供了
                          许多方法支持对字符串的操作，
                          使得字符串的处理更加容易和规范。";
051      }
```

第 50 行定义了字符串变量 initialContent，用于保存待搜索的文本内容。在单击"搜索"按钮后，执行代码中的 btnSearchActionPerformed 方法，将不变的搜索关键字存入 String 类型的变量 searchKey 中，而把需要经常修改的部分用 StringBuilder 类型的对象（sbContent）进行存储，以提高执行效率，后者的使用方法与 String 差不多，详见 14.4 节。第 24、30 行的 indexOf 方法用来确定目标字符串 sbContent 中是否包含查找的关键字 searchKey。对于找到的字符串，使用 replace 方法（第 28 行），将关键字用符号"【"和"】"括起来以示标识。为了对比，在修改后的字符串前面又添加了原字符串（第 35 行），同时该行语句中也调用了 String 类的 format 方法。最后，将修改后的字符串 sbContent 显示在多行文本框 tarContent 中。

14.4　StringBuffer 类

14.4.1　可变与不可变

Java 中的类有可变（mutable）类和不可变（immutable）类。所谓不可变类，是指当创建了这个类的实例后，不能改变实例的内容，也即不允许修改对象的属性值。当然可变类就是指该类的实例可以被修改。

在 JDK 的基本类库中，所有基本类型的包装类，如 Integer 和 Long 类，都是不可变类，本章学习的 java.lang.String 类也是一个不可变类。这些类的实例一旦创建以后就无法对其进行修改，因为没有提供修改其属性值的方法。看下面的例子：

```
String s = "Hello";          // s 引用了字符串"Hello"
s = s + " world!";           // s 引用的字符串变为"Hello world!"
```

上述代码中，表面看好像字符串引用变量 s 所指向的对象内容发生了改变——由原来的

"Hello"变成了"Hello world!"。让我们看看这两行代码的执行过程，s 首先指向一个 String 对象，内容是"Hello"，然后对 s 进行字符串连接操作。注意，这时的 s 不再指向原来那个对象了，而指向了另一个 String 对象，它的内容为"Hello world!"，原来那个对象还存在于内存之中，只是 s 这个引用变量不再指向它了。

通过上面的说明容易得出一个结论，如果经常对字符串进行各种各样的修改，或者说不可预见的修改，那么使用 String 来表示字符串就会引起很大的内存开销。因为 String 对象建立之后不能再改变，对于每一个不同的字符串，都需要一个 String 对象来表示。这时，应该考虑使用类 StringBuffer 或 StringBuilder，它们允许被修改，而不是每个修改的字符串都要生成一个新的对象，并且它们的对象和 String 类的对象之间的转换十分容易。这里的 StringBuffer 类或 StringBuilder 类都属于可变类，它们都提供了修改字符串内容的方法。

同时，我们还知道，要使用内容相同的字符串，不必每次都 new 一个 String，所以应该使用赋值来初始化。例如：

```
String s = new String("Hello");            // 不推荐
String s = "Hello";                        // 推荐
```

因为使用 new 每次都会调用构造器，生成新对象，性能低下且内存开销大，并且没有意义，而 String 对象不可改变，所以对于内容相同的字符串，尽量使用后者来表示。因为对于字符串常量，如果内容相同，Java 认为它们代表同一个 String 对象，而用关键字 new 调用构造器，总是会创建一个新的对象，无论内容是否相同。

14.4.2　StringBuffer 类

我们知道，由于 String 为不可变类，如果经常要对某个字符串进行修改操作，用 String 来表示字符串会造成很大的内存开销，为此 Java 提供了另外一个可变字符串类 StringBuffer（位于 java.lang 包下），该类生成的字符串对象内容可以被改变，因为类 StringBuffer 中定义的方法可以改变其对象的内容。实际上，StringBuffer 对象的存储空间是一种可以被动态扩充的、用于存放字符串的临时区域，称为字符串缓冲区。StringBuffer 在字符串实例经常需要改变的情况下发挥出其优势，它不需要像 String 那样频繁地去创建一个新的对象，而是在原来的对象上直接进行修改，节省了内存和时间。

1．StringBuffer 对象的创建

类 StringBuffer 提供了下面几种构造方法对一个可变的字符串对象进行初始化。

（1）StringBuffer()

建立空的字符串缓冲区对象，其初始容量为 16 个字符。

（2）StringBuffer(int capacity)

建立不含任何内容的字符串缓冲区对象，其初始容量为 capacity。

（3）StringBuffer(String str)

建立一个字符串缓冲区对象，并将其内容初始化为指定的字符串对象 str。

需要注意的是，无论用何种初始化来创建类 StringBuffer 对象，以后每当向其中添加新字符时，系统都会自动扩充其缓冲区的大小。例如：

```
StringBuffer sb1 = new StringBuffer();
StringBuffer sb2 = new StringBuffer(30);
```

StringBuffer sb3 = new StringBuffer("Hello");

若不给任何参数，则系统为字符串分配 16 个字符大小的缓冲区，这是默认的构造方法。参数 capacity 为 30 则指明字符串缓冲区 sb2 的初始长度为 30。参数 str 给出字符串的初始值为 "Hello"，同时系统还要为该串另外分配 16 个字符大小的空间。

注意这里有两个概念——字符串长度（length）和容量（capacity），前者是类 StringBuffer 对象中包含字符的数目，而后者是缓冲区空间的大小。例如，对于上述初始化的 sb3，它的 length 为 5（"Hello" 的长度），但它的 capacity 为 21。

2．StringBuffer 类的常用方法

（1）设置/获取类 StringBuffer 字符串对象长度和容量。

● void ensureCapacity(int minimumCapacity)：设置字符串缓冲区的大小。新容量取以下两者的最大者：参数 minimumCapacity、原来容量的 2 倍加上 2。

```
StringBuffer sb = new StringBuffer("china");    // sb 容量为 5+16=21
sb.ensureCapacity(30);                          // 取 30 和(21*2+2)的最大值 44
System.out.println(sb.capacity());              // 输出 44
```

● void setLength(int newLength)：设置字符串的长度。

```
StringBuffer sb = new StringBuffer("china");
sb.setLength(3);                                // 设定字符串长度为 3
System.out.println(sb);                         // 输出 chi
```

● int length()：获取字符串对象的长度。
● int capacity()：获取缓冲区的大小。

【例 14.3】 StringBuffer 字符串长度 Length 和容量 Capacity 意义的区别。

```
StringBufferDemo.java
001    package ch14;
002
003    public class StringBufferDemo {
004        public static void main(String args[]) {
005            StringBuffer sb1 = new StringBuffer();
006            StringBuffer sb2 = new StringBuffer(30);
007            StringBuffer sb3 = new StringBuffer("abcde");
008            System.out.println("sb1.capacity = " + sb1.capacity()); // 16
009            System.out.println("sb1.length = " + sb1.length());        // 0
010            System.out.println("sb2.capacity = " + sb2.capacity()); // 30
011            System.out.println("sb2.length = " + sb2.length());        // 0
012            System.out.println("sb3.capacity = " + sb3.capacity()); // 21
013            System.out.println("sb3.length = " + sb3.length());        // 5
014        }
015    }
```

（2）修改 StringBuffer 对象。

● StringBuffer append(Object obj)
● StringBuffer append(boolean b)

- StringBuffer append(int i)
- StringBuffer append(long l)
- StringBuffer append(float f)
- StringBuffer append(double d)

方法 append 用于在串缓冲区的字符串末尾添加各种类型的数据。

```
StringBuffer sb = new StringBuffer("abcde");
sb.append("fgh");
sb.append("ijklmnop");
System.out.println(sb);        // abcdefghijklmnop
System.out.println(sb.capacity());   // 21
System.out.println(sb.length());    // 16
```

- StringBuffer insert()
- StringBuffer insert(int offset, int i)
- StringBuffer insert(int offset, long l)
- StringBuffer insert(int offset, float f)
- StringBuffer insert(int offset, double d)

方法 insert 用于在串缓冲区的指定位置 offset 处插入各种类型的数据。

```
StringBuffer sb = new StringBuffer("abcde");
sb.insert(2, "123456");
System.out.println(sb);                    // 输出 ab123456cde
```

- StringBuffer delete(int start, int end)：删除 StringBuffer 对象中从 start 开始到 end-1 结束的子字符串。

```
StringBuffer sb = new StringBuffer("aabbcc");
System.out.println(sb.delete(2,4));         // 输出 aacc
```

- StringBuffer deleteCharAt(int index)：删除 index 处的字符。

```
StringBuffer sb = new StringBuffer("china");
System.out.println(sb.deleteCharAt(4));      // 输出 chin
```

- StringBuffer reverse()：对 StringBuffer 对象进行翻转操作。

```
StringBuffer sb1 = new StringBuffer("abcde");
StringBuffer sb2 = sb1.reverse();
System.out.println(sb1);             // 输出 edcba，注意这里 sb1 也发生了翻转
System.out.println(sb2);             // 输出 edcba
```

- void setCharAt(int index, char ch)：设置指定位置的字符为 ch。

```
StringBuffer sb = new StringBuffer("aaAaa");
sb.setCharAt(2, '中');
System.out.print(sb);                // 输出 aa 中 aa
```

- StringBuffer replace(int start, int end, String str)：将 StringBuffer 对象中从 start 开始至 end－1

结束的子字符串用字符串 str 替换。

```
StringBuffer sb = new StringBuffer("********");
System.out.println(sb.replace(2, 6, "Java"));                    // 输出**Java**
```

（3）取得 StringBuffer 对象的子字符串和字符。

● void getChars(int srcBegin, int srcEnd, char[] dst, int dstBegin)：将 StringBuffer 对象中的字符复制到目标字符数组中去。被复制的字符从 srcBegin 处开始，到 srcEnd-1 处结束。字符被复制到目标数组从 dstBegin 开始的位置。

```
char a[] = { '*', '*', '*', '*', '*', '*', '*', '*' };
StringBuffer sb = new StringBuffer("Java");
sb.getChars(0, 4, a, 2);
System.out.println(a);                                           // 输出**Java**
```

● String substring(int start)：获取 StringBuffer 对象从 start 处开始的子串。其重载的方法 substring(int start, int end)用来获取 StringBuffer 对象从 start 至 end-1 之间的子串。

```
StringBuffer sb = new StringBuffer("Java Programming");
System.out.println(sb.substring(5));                             // 输出 Programming
System.out.println(sb.substring(0, 4));                          // 输出 Java
```

（4）String toString()：类 StringBuffer 重写了父类 Object 的 toString 方法，可将 StringBuffer 对象转换成 String 对象。

```
StringBuffer sb = new StringBuffer("aabbcc");
String s = sb.toString();
System.out.println(s);                                           // 输出 aabbcc
```

从 JDK 1.5 开始引入了类 StringBuilder（也位于 java.lang 包下），该类的功能和用法与 StringBuffer 类似。所不同的是，StringBuffer 是线程安全的，可安全地用于多个线程，而 StringBuilder 是线程不安全的，因此在单线程情况下建议优先采用 StringBuilder——因为在大多数情况下它比 StringBuffer 要快。

14.5 正则表达式

14.5.1 概述

众所周知，在程序设计中，经常需要对用户输入的信息进行简单的验证。例如，要判断输入的电子邮件名称是否符合 E-mail 名称的一般格式。这种情况下，如果用纯编码方式来验证，会浪费程序员的时间和精力。为此，Java 提供了正则表达式（Regular Expression），可以非常方便地解决这一问题。

正则表达式是一种可以用于模式匹配和替换的强有力的工具，可以看成是多个字符的组成规则。一个正则表达式就是由普通的字符及特殊字符（称为元字符）组成的文字模式，它描述在查找文字过程中待匹配的一个或多个字符串。例如，正则表达式[a-z]*，表示若干小写字母组成的串，这里 a、z 为普通字符，左、右括号及星号为元字符。正则表达式作为一个模板，可以将某个字符模式与所搜索的字符串进行比较，判断两者是否匹配。正则表达式经常用于查找、替换和进行字符串匹配等。

自 JDK 1.4 开始，Java 推出了 java.util.regex 包，提供了对正则表达式的支持。该包主要包括两个类——Pattern（模式）和 Matcher（匹配器类）。Pattern 类用来表示和描述所要匹配的对象，可以看成是经编译的正则表达式，类 Matcher 对象的作用则是依据 Pattern 对象作为匹配模式对字符串进行匹配检查。另外还有一个异常类 PatternSyntaxException，当遇到不合法的搜索模式时会抛出异常。

14.5.2　Pattern 类

一个正则表达式就是一串有特定意义的字符，必须首先编译成为一个 Pattern 类的实例。Pattern 类的主要方法如表 14-6 所示。

表 14-6　Pattern 类的主要方法

序　号	方　法　原　型	方法的功能及参数说明
1	static Pattern compile (String regex)	将给定的正则表达式编译到模式中
2	static Pattern compile(String regex, int flags)	将给定的正则表达式编译到具有给定标志的模式中，flag 参数值有 CASE_INSENSITIVE、MULTILINE 等
3	int flags()	返回当前 Pattern 匹配的 flag 参数
4	Matcher matcher(CharSequence input)	创建一个匹配给定输入的 Matcher 对象
5	static boolean matches(String regex, Char Sequence input)	编译给定的正则表达式，并对输入的字符串以该正则表达式为模式进行匹配。该方法适合正则表达式只进行一次匹配的情况，因为不需要生成一个 Matcher 实例
6	String pattern()	返回该 Pattern 对象所编译的正则表达式
7	String[] split(CharSequence input)	将目标字符串以 Pattern 里所包含的正则表达式为模式进行分割
8	String[] split(CharSequence input, int limit)	作用同方法 7，增加参数 limit，目的是要指定分割的段数，如将 limit 设为 2，则目标字符串将分割为两段

用正则表达式对输入字符串进行验证的典型应用如下：

```
// 编译正则表达式：表示若干 a 后跟一个 b
Pattern p = Pattern.compile("a*b");
Matcher m = p.matcher("aaaaab");                 // 需要匹配的目标字符串

// 执行匹配验证，结果存入变量 b 中，这里为 true
boolean b = m.matches();
```

在正则表达式仅与一个目标字符串进行匹配时，使用 Pattern 类的 matches 方法更为方便，此方法的作用是编译表达式并将输入字符序列与其匹配。如：

```
boolean b = Pattern.matches("a*b", "aaaaab");    // b 为 true
```

该语句的作用是判断正则表达式 a*b 是否匹配字符串 aaaaab，它等效于之前的 3 条语句。

再来看一个通过正则表达式将目标字符串进行分割的例子：

```
001   // 编译一个正则表达式，得到一个模式（Pattern）对象
002   Pattern p = Pattern.compile("[/]+"); // "[/]+"表示 1 个或多个/
003
004   // 用 Pattern 的 split()方法将字符串按照"/"进行分割
```

```
005    CharSequence objectStr = "张三/李四//王五///赵六/钱七";
006    String[] result = p.split(objectStr);
007
008    for (int i = 0; i < result.length; i++) {
009        System.out.print(result[i] + "\t");
010    }
```

程序运行结果为:

张三   李四   王五   赵六   钱七

如果将

String[] result = p.split(objectStr);   // 分段并存入数组

改为

String[] result = p.split(objectStr, 3);   // 限制只分为 3 段

则输出变为

张三   李四   王五///赵六/钱七

14.5.3   Matcher 类

由前面可知,通过 Pattern 类的 matcher 方法可以生成一个 Matcher 类的实例,然后可以用该实例以正则表达式(即 Pattern 对象)为模式对目标字符串进行匹配工作,多个 Matcher 可以共用一个 Pattern 对象。Matcher 类的主要方法如表 14-7 所示。

表 14-7   Matcher 类的主要方法

序 号	方 法 原 型	方法的功能及参数说明
1	Matcher appendReplacement (StringBuffer sb, String replacement)	将当前匹配子串替换为指定字符串,并将替换后的子串及其之前到上次匹配子串之后的字符段添加到一个 StringBuffer 对象里
2	StringBuffer appendTail (String Buffer sb)	将最后一次匹配工作后剩余的字符串添加到一个 StringBuffer 对象里
3	int end()	返回当前匹配子串的最后一个字符在原目标字符串中的索引位置
4	int end(int group)	返回与匹配模式里指定的组相匹配的子串最后一个字符的位置+1
5	boolean find()	尝试在目标字符串里查找下一个匹配子串
6	boolean find(int start)	重设 Matcher 对象,并且尝试在目标字符串里从指定的位置开始查找下一个匹配的子串
7	String group()	返回当前查找获得的与组匹配的所有子串内容
8	String group(int group)	返回当前查找获得的与指定的组匹配的子串内容
9	int groupCount()	返回当前查找所获得的匹配组的数量
10	boolean lookingAt()	检测目标字符串是否以匹配的子串起始
11	boolean matches()	尝试对整个目标字符展开匹配检测,也就是只有整个目标字符串完全匹配时才返回真值
12	Pattern pattern()	返回该 Matcher 对象的现有匹配模式,也就是对应的 Pattern 对象
13	String replaceAll(String replacement)	将目标字符串里与既有模式相匹配的子串全部替换为指定的字符串
14	String replaceFirst(String replacement)	将目标字符串里第一个与既有模式相匹配的子串替换为指定的字符串

序　号	方　法　原　型	方法的功能及参数说明
15	Matcher reset()	重设该 Matcher 对象
16	Matcher reset(Char Sequence input)	重设该 Matcher 对象并且指定一个新的目标字符串
17	int start()	返回当前查找所获子串的开始字符在原目标字符串中的位置
18	int start(int group)	返回当前查找所获得的和指定组匹配的子串的第一个字符在原目标字符串中的位置

用正则表达式验证目标字符串是否合法或对其进行替换，一般有 3 步。

（1）得到 Pattern 实例，即编译过的正则表达式，用来对目标字符串进行匹配。如：

Pattern p = Pattern.compile("a*b");　　　　// 正则表达式：表示若干 a 后跟一个 b

（2）由 Pattern 对象的 matcher 方法生成 Matcher 对象，方法参数为目标字符串。如：

Matcher m = p.matcher("aaaaab");　　　　// 需要匹配的目标字符串

（3）用 Matcher 对象实现匹配查找或匹配替换。

boolean b = m.matches();　　　　// 执行匹配验证，结果存入变量 b 中，这里为 true

1．匹配查找

Matcher 类提供了以下 3 个方法进行匹配查找操作，它们都通过返回一个布尔值来表明匹配成功与否。

（1）matches()：尝试匹配目标字符串，只有目标字符串完全匹配时才返回 true。

（2）lookingAt()：检测目标字符串是否以匹配的子串开始。

（3）find()：尝试在目标字符串里查找下一个匹配子串。通常还找出该正则表达式的匹配项在目标字符串中的位置及与其匹配的相关其他信息。

【例 14.4】 正则表达式匹配查找的例子（见图 14-4）。

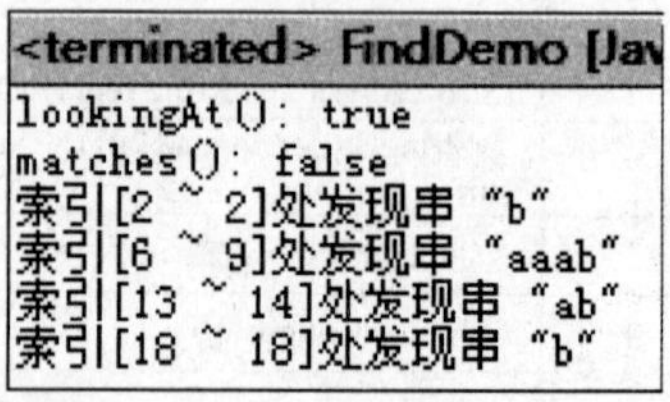

```
FindDemo.java
001    package ch14;
002
003    import java.util.regex.Matcher;
004    import java.util.regex.Pattern;
005
006    public class FindDemo { // 查找匹配类
007        public static void main(String[] args) throws Exception {
008            String resultInfo = ""; // 查找结果
009            // 表示若干 a 后跟一个 b
010            Pattern pattern = Pattern.compile("[a]*b ");
011            Matcher matcher = pattern.matcher("aabfooaaabfooabfoob ");
012            System.out.println("lookingAt(): " + matcher.lookingAt());
013            System.out.println("matches(): " + matcher.matches());
014            boolean found = false;
015            while (matcher.find()) {// 找到匹配项
016                resultInfo += String.format("索引[%d ～ %d]处发现串 \"%s\"\n",
```

图 14-4　正则表达式匹配查找演示

```
                                              matcher.start(),
                                              matcher.end() - 1,
                                              matcher.group());
017                    found = true;
018                }
019                if (!found)
020                    resultInfo += String.format("No match found.\n");
021            System.out.print(resultInfo);
022        }
023    }
```

2．匹配替换

Matcher 类提供了以下 4 个将匹配子串替换成指定字符串的方法：

（1）replaceAll()

（2）replaceFirst()

（3）appendReplacement()

（4）appendTail()

replaceAll 与 replaceFirst 的用法较为简单，参见表 14-7 中对相应方法的解释。方法 append Replacement(StringBuffer sb, String replacement)表示将当前匹配子串替换为指定字符串，并将替换后的子串及其之前到上次匹配子串之后的字符串段添加到一个 StringBuffer 对象里，而 appendTail (StringBuffer sb)方法则将最后一次匹配操作后剩余的字符串添加到一个 StringBuffer 对象里。

【例 14.5】 正则表达式匹配替换的例子（见图 14-5）。

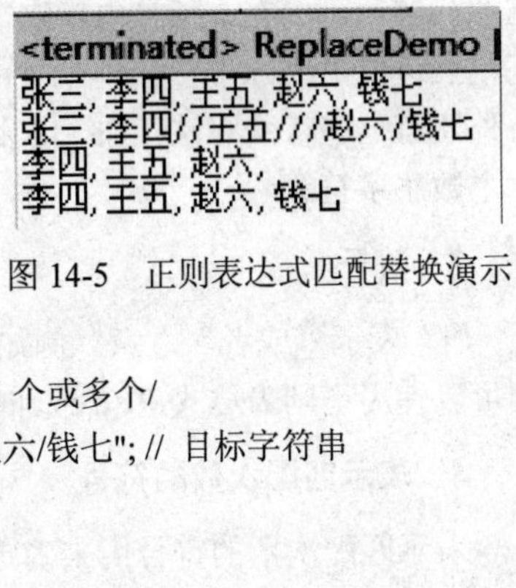

ReplaceDemo.java

图 14-5　正则表达式匹配替换演示

```
001    package ch14;
002
003    import java.util.regex.Matcher;
004    import java.util.regex.Pattern;
005
006    public class ReplaceDemo {
007        private static String REGEX = "[/|]+"; // "[/|]+"表示 1 个或多个/
008        private static String INPUT = "张三/李四//王五///赵六/钱七"; // 目标字符串
009        private static String REPLACE = ",";
010
011        public static void main(String[] args) throws Exception {
012            Pattern p = Pattern.compile(REGEX);
013            Matcher m = p.matcher(INPUT);                    // 获得匹配器对象
014            String replaceAll = m.replaceAll(REPLACE);       // 全部替换
015            String replaceFirst = m.replaceFirst(REPLACE);   // 只替换首次
016            System.out.println(replaceAll);                  // 张三,李四,王五,赵六,钱七
017            System.out.println(replaceFirst);                // 张三,李四//王五///赵六/钱七
018            StringBuffer sb = new StringBuffer();
019            while (m.find()) {
020                m.appendReplacement(sb, REPLACE);
```

```
021                   }
022                   System.out.println(sb.toString());
023                   m.appendTail(sb);                       // 李四,王五,赵六,
024                   System.out.println(sb.toString());      // 李四,王五,赵六,钱七
025           }
026   }
```

14.5.4　正则表达式语法

一个正则表达式就是由普通的字符及特殊字符（称为元字符）组成的文字模式，可以用它作为一个模板与所搜索的字符串进行匹配。

例如，假设要搜索一个字符串，以确定其是否包含"cat"，那么搜索用的正则表达式就是"cat"。如果搜索对大小写不敏感，单词"catalog"、"Catherine"、"sophisticated"都可以匹配。这里的"cat"都是由普通字符组成的，没有元字符，比较简单，不能表示复杂的情况，例如，没有元字符很难表示出所有可能的手机号码、E-mail 地址等。下面介绍正则表达式中的元字符及组成规则。

1. 句点符号 .

句点符号.匹配除"\n"之外的任何单个字符。如正则表达式 t.n，它可匹配"tan"、"ten"、"tin"、"ton"、"t#n"、"tpn"和"t n"（t 和 n 之间有一个空格）等。

2. 方括号 [ ]

方括号[ ]表示匹配方括号内所有字符中的某一个字符。为了解决句点符号匹配范围过于广泛这一问题，可以在方括号内指定需要的字符，这样只有方括号内指定的字符才参与匹配。例如，正则表达式"t[aeio]n"只匹配"tan"、"ten"、"tin"和"ton"，不匹配"txn"，也不匹配"tion"。此外还有一些特殊写法，如"[a-z]"匹配一个小写字母、"[a-zA-Z]"匹配任一字母、"[0-9]"匹配一个数字字符等。

3. 符号 |

"|"表示"或者"之意。例如，若除了"tan"、"ten"、"tin"和"ton"外，还要匹配"tion"，则可以使用正则表达式"t(a|e|i|o|io)n"，注意这里必须使用圆括号而非方括号。

4. 表示匹配次数的符号

表示匹配次数的符号用来确定紧靠该符号左边的符号出现的次数，具体如表 14-8 所示。

表 14-8　表示匹配次数的元字符

序　号	元　字　符	表达的意义
1	X?	匹配 X 出现零次或一次，如：Y, YXY
2	X*	匹配 X 出现零次或多次，如：Y, YXXXXY
3	X+	匹配 X 出现一次或多次，如：YXY, YXX
4	X{n}	匹配 X 出现恰好 n 次
5	X{n,}	匹配 X 出现至少 n 次
6	X{n,m}	匹配 X 出现至少 n 次，但不多于 m 次

例如，正则表达式"[A-Z]{2}[0-9]{4}"表示以 2 个大写字母开头且后跟 4 个数字，"[/]+"表示至少 1 个"/"字符。

5. 符号 ^

"^"符号匹配一行的开始。例如，正则表达式"^Spring"可以匹配字符串"Spring is a JavaEE framework"，但是不能匹配"I use Spring in my project"。此外，若"^"符号用在方括号内，则表示不想要匹配的字符。例如，"[a-z&&[^bc]]"表示 a 到 z 且不包括 b 和 c（等价于[ad-z]）、"[a-z&&[^n-p]]"表示 a 到 z 且不包括 n 到 p（等价于[a-mq-z]）、"[^x][a-z]+"表示第 1 个字符不能是 x 且后跟至少一个小写字母。

6. 符号 $

符号"$"匹配行结束符。例如，正则表达式"EJB$"能够匹配字符串"I like EJB"，但是不能匹配字符串"JavaEE Without EJBs!"。

7. 符号 \

"\"为转义符，用来将元字符当作普通的字符进行匹配。例如，正则表达式"\$"用来匹配"$"字符而非行尾、"\."用来匹配"."字符而非任何字符。

8. 其他符号

表 14-9 列出了其他一些常用符号的意义。

表 14-9 一些常用符号的意义

序　　号	符　　号	等价的正则表达式
1	\d	数字字符：[0-9]
2	\D	非数字字符：[^0-9]
3	\s	空白字符：[\t\n\f\r]
4	\S	非空白字符：[^\s]
5	\w	单词字符：[a-zA-Z_0-9]
6	\W	非单词字符：[^\w]

例如，"\d{3}\-\d{8}"表示 3 位数字后接一个短横线字符再接 8 位数字，该正则表达式可以匹配所有类似于"010-23444878"形式的固定电话号码。表 14-10 给出了实际开发中经常使用的一些正则表达式。

表 14-10 一些常用的正则表达式

序　　号	正则表达式	表达的意义
1	^([a-z0-9_\.-]+)@([\da-z\.-]+)\.([a-z\.]{2,6})$	E-mail 地址
2	[\u4e00-\u9fa5]	中文字符
3	\n\s*\r	空白行
4	^\s*|\s*$	首尾空白字符
5	\d{3}-\d{8}|\d{4}-\d{7}	国内电话号码
6	^[1-9]\d{7}((0\d)|(1[0-2]))(([0|1|2]\d)|3[0-1])\d{3}$	15 位身份证号
7	^[1-9]\d{5}[1-9]\d{3}((0\d)|(1[0-2]))(([0|1|2]\d)|3[0-1])((\d{4})|\d{3}[A-Z])$	18 位身份证号

14.6　综合范例15：用户注册验证

【综合范例15】　编写用户注册界面（见图 14-6），当输入用户信息并单击"注册"按钮后，使用正则表达式对用户输入的信息进行合法性验证，输入的信息不正确时要显示出错信息。

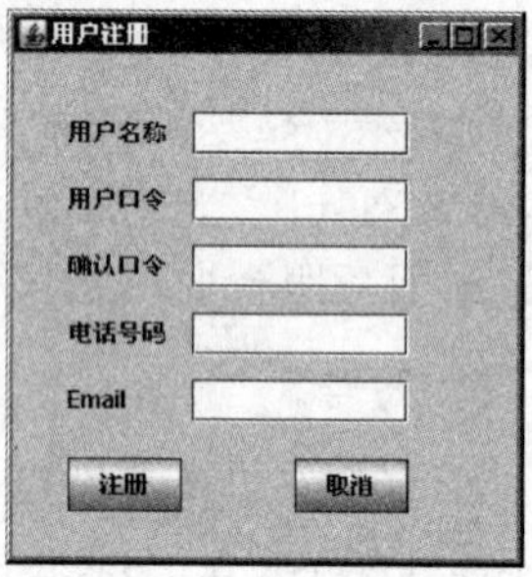

RegisteValidation.java

```
001    package ch14;
002
003    /* 省略了各 import 语句，请使用 IDE 的自动导入功能 */
004
005    public class RegisteValidation extends JFrame {
006        public RegisteValidation() {
007            initComponents();
008        }
009
010        private void initComponents() {
011            /* 省略了界面相关的代码 */
012        }
013
014        private void btnRegisterActionPerformed(ActionEvent evt) {
015            inputValidate();                              // 调用输入验证方法
016            if (errorMessage.length()== 0)               // 无出错信息
017                JOptionPane.showMessageDialog(this, "注册成功！");
018            else
019                JOptionPane.showMessageDialog(this, errorMessage.toString(),
                   "错误", JOptionPane.ERROR_MESSAGE);
020        }
021        // 输入不正确时显示的出错信息
022        private StringBuilder errorMessage = null;
023
024        private void inputValidate() {
025            errorMessage = new StringBuilder();
026            String userName = this.txtUsername.getText().trim();
027            String password = new String(this.pwdPassword.getPassword());
028            String rePassword = new String(this.pwdConfirm.getPassword());
029            String phone = this.txtPhone.getText().trim();
030            String email = this.txtEmail.getText().trim();
031
032            if (userName.equals(""))
033                errorMessage.append("用户名不能为空！\n");
034            if (password.equals(""))
035                errorMessage.append("口令不能为空！\n");
036            if (rePassword.equals(""))
037                errorMessage.append("确认口令不能为空！\n");
```

图 14-6　用户注册界面

```
038            if (!password.equals(rePassword))
039                errorMessage.append("口令和确认口令不一致！\n");
040            if (phone.equals(""))
041                errorMessage.append("电话号码不能为空！\n");
042            if (email.equals(""))
043                errorMessage.append("email 地址不能为空！\n");
044
045            // 匹配 email 的正则表达式，注意\写在双引号内用\\
046            String emailRegEx = "^([a-z0-9_\\.-]+)@([\\da-z\\.-]+)\\.([a-z\\.]{2,6})$";
047            Pattern p = Pattern.compile(emailRegEx);
048            Matcher m = p.matcher(email); // 得到 Matcher 对象
049            if (!m.find()) {// 不匹配
050                errorMessage.append("email 地址错误！\n");
051            }
052
053            // 匹配固定电话号码的正则表达式：3 位区号-8 位号码或 4 位区号-7 位号码
054            // 也可使用"\\d{3}-\\d{8}|\\d{4}-\\d{7}"
055            String phoneRegEx = "\\d{3,4}-\\d{7,8}";
056            p = Pattern.compile(phoneRegEx);
057            m = p.matcher(phone);
058            if (!m.find()) {// 不匹配
059                errorMessage.append("电话号码错误！\n");
060            }
061        }
062
063        private void btnCancelActionPerformed(ActionEvent evt) {
064            this.txtUsername.setText("");
065            this.pwdPassword.setText("");
066            this.pwdConfirm.setText("");
067            this.txtPhone.setText("");
068            this.txtEmail.setText("");
069        }
070
071        public static void main(String args[]) {
072            new RegisteValidation().setVisible(true);
073        }
074
075        /* 声明各字段的代码略 */
087    }
```

习题 14

（1）编写程序，实现从键盘输入一行文本，输出其中的单词。

（2）编写 strToChars 方法，将一个字符串转换为字符数组。

（3）分别用 StringBuffer 和循环两种方式实现字符串的逆序输出。

（4）使用 StringBuffer 实现去除连续相邻的重复字符，如字符串"abcccdddddeefggh"去除相邻重复字符后变为"abcdefgh"。

（5）字符串数组"String s[] = {"ca", "cab", "cabc", "cabcd", "cabcde"};"，找出其中包含"abc"子串的字符串并输出。

（6）用户输入一个字符串，用正则表达式判断该串是否符合 Java 标识符的命名规则。

实验 13　字符串与正则表达式

【实验目的】

（1）深刻理解 String 对象的存储机制、特性。

（2）熟练使用 String 和 StringBuffer 类及常用的字符串格式说明与修饰符。

（3）理解正则表达式的概念和基本语法，并能熟练运用。

【实验内容】

（1）读取一个较大的文本文件（至少 500KB），分别采用"+"运算符和 StringBuffer 类的 append 方法，将每次读取的文字连接到已读取的字符串对象 content 上，统计读取完毕后两种方式各自耗费的时间。

（2）输入一行字符，分别通过以下方式找出字母 a 或 b 在该字符串中出现的位置。

① 用 for 循环和 String 类的 charAt 方法实现。

② 用 String 类的 indexOf 方法实现。

③ 用正则表达式实现。

（3）使用正则表达式统计某个文本文件的汉字个数、英文单词个数、中英文标点符号个数、段落数和空行数。

第15章 国际化与本地化

15.1 概述

软件的用户可能来自于具有不同语言的国家或地区，此时，软件界面中的文字、数字/货币/日期等的显示格式也可能不同，这样的软件往往被称为多语言版本软件。尽管可以通过代码（如 if 语句）先判断出所需的语言，然后使用相应的文字，但这种方式具有明显的不足：①文字被直接书写（即硬编码）在代码中，当需要修改这些文字或增加对新语言的支持时，必须修改现有代码；②由于代码被修改了，故要重新编译和发布软件；③当要支持的语言较多时，大量的判断逻辑降低了代码的可读性；④软件不能自动适应所在操作系统或平台的默认语言。Java 的国际化和本地化机制能有效解决这些不足，从而为编写多语言版本的软件提供了有力的支持。

国际化（Internationalization）是指将软件设计为能够适应不同语言和区域的过程，因单词 Internationalization 的首尾字母之间有 18 个字母，故其有时简称为 i18n。与国际化相对应的概念是本地化（Localization，简称 l10n），其通过增加与语言和区域相关的资源文件，使得软件能够适应本地（或指定的）语言和区域。

具体来说，用 Java 开发多语言版本的软件时，软件界面中的文字并不直接书写在代码中，而是根据语言和区域将它们组织为多个独立于代码的资源文件，程序在运行时根据指定的语言和区域加载相应资源文件中的内容并呈现于软件界面中——这就是国际化和本地化的本质。国际化和本地化分别站在代码和资源文件的角度来观察多语言版本的软件，只有被国际化了的软件才支持本地化。需要说明的是，在提及国际化时，通常也包含本地化的涵义。

15.2 国际化相关类

Java 类库提供了一些与国际化相关的类，通过它们可以方便地编写出支持多语言的程序，其中最为常用的是 Locale 和 ResourceBundle。

15.2.1 区域：java.util.Locale

每个 Locale 对象都表示一个特定的语言和地理位置，那些与语言和地理位置相关的操作称为区域敏感的操作（如根据区域显示星期几），它们往往都需要使用 Locale 对象。操作系统一般都具有默认的区域[1]。表 15-1 列出了 Locale 类的常用方法。

表 15-1 Locale 类的常用方法

序　号	方法原型	方法的功能及参数说明
1	Locale(String language, String country)	构造方法，参数分别指定语言和国家（或地区）代码
2	static Locale getDefault()	返回本机默认的区域
3	static void setDefault (Locale newLocale)	设置本机默认的区域

1　例如，简体中文 Windows XP 的默认区域是"中文（中国）"，可以通过"控制面板 → 区域和语言选项 → 区域"选项卡来改变操作系统默认的区域，任务栏右侧的日期和时间的显示格式也将随之改变。

序 号	方法原型	方法的功能及参数说明
4	static Locale[] getAvailableLocales()	得到本机支持的所有区域
5	String getLanguage()	得到区域对应的语言代码
6	String getCountry()	得到区域对应的国家代码
7	final String getDisplayLanguage()	得到区域对应的语言全称（以默认区域本地化）
8	final String getDisplayCountry()	得到区域对应的国家（或地区）全称（以默认区域本地化）

表 15-1 中方法 1 的两个参数的取值分别由 ISO-639（小写的两个字母）和 ISO-3166（大写的两个字母）标准定义，其中的常用代码如表 15-2 所示。Locale 类还定义了若干用于表示常用区域的静态常量，如 Locale.US、Locale.UK、Locale.CHINA、Locale.TW 等，若不清楚表 15-1 中方法 1 的参数取值，则可以直接使用这些区域常量。

【例 15.1】 修改本机的默认区域，并打印本机支持的所有区域（见图 15-1）。

表 15-2　常用语言和国家（或地区）代码

语　言	国家（或地区）	对 应 区 域
en	US	英文（美国）
	GB	英文（英国）
ko	KR	朝鲜文（韩国）
zh	CN	中文（中国大陆）
	HK	中文（中国香港）
	TW	中文（中国台湾）

LocaleDemo.java
```
001    package ch15;
002
003    import java.util.Locale;
004
005    public class LocaleDemo {
006        public static void main(String[] args) {
007            // 下面两行分别修改本机的默认区域
008            // Locale.setDefault(new Locale("zh", "TW"));        // 用于第 2 次运行
009            // Locale.setDefault(new Locale("en", "US"));        // 用于第 3 次运行
010
011            Locale defaultLoc = Locale.getDefault();            // 得到本机默认区域
012            System.out.print("语言：" + defaultLoc.getLanguage() + "，"); // 语言代码
013            System.out.println("国家（或地区）：" + defaultLoc.getCountry());
                                                                    // 国家（或地区）代码
014
015            Locale[] allLocales = Locale.getAvailableLocales();  // 所有区域
016            for (Locale loc : allLocales) {                      // 循环
017                System.out.printf("\n" + loc.getLanguage() + "-");
018                System.out.printf(loc.getDisplayLanguage());     // 语言全称
019                System.out.printf("    " + loc.getCountry());
020                System.out.printf("-" + loc.getDisplayCountry()); // 国家（或地区）全称
021            }
022        }
023    }
```

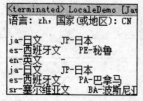

图 15-1　Locale（区域）演示（3 次运行）

15.2.2　资源包：java.util.ResourceBundle

如前所述，用 Java 编写国际化程序时，程序界面中的文字被组织到独立于代码的资源文件中，这些资源文件通常是扩展名为 properties（属性）的文本文件。资源文件中的每一行描述了一个字符串，其格式为：

　　　　string_key=string_value　　（如：　hello=Java 你好！）

string_key 表示程序界面中文字的名称，相当于为 string_value 起一个统一的（即与区域无关的）别名。string_value 则是以某种本地化语言书写的字符串，其将呈现在程序界面中。

若程序需要支持某个区域，则需要建立文件名为"Xxxxx_语言代码_国家或地区代码.properties"的资源文件，其中的"Xxxxx"是资源基本名称，可任意指定。例如，为支持"中文（香港）"区域，需要建立名为"MyResource_zh_HK.properties"的资源文件。

需要特别注意的是，Java 规定资源文件中的字符必须采用单字节的 ISO-8859-1（拉丁字符集）编码，因此，还需要将已编写好的资源文件中的本地字符转换为 Unicode 转义字符。转换操作可以通过以下两种方式完成。

（1）使用 native2ascii 命令——JDK 安装路径的 bin 目录下提供了一个名为"native2ascii.exe"的程序，其常规使用格式如下：

　　　　native2ascii　已编写的资源文件名　　转换后得到的资源文件名

上述命令中，"已编写的资源文件名"是任意的，只要存在即可；但"转换后得到的资源文件名"必须符合"Xxxxx_语言代码_国家或地区代码.properties"的形式。例如：

　　　　native2ascii　简体中文.txt　　MyResource_zh_CN.properties

运行后，将在"简体中文.txt"文件所在的目录下生成"MyResource_zh_CN.properties"文件，其内容如下：

　　　　hello=Java\u4f60\u597d\uff01　　　　　（注：拉丁字符不会被转换）

（2）使用 IDE 自带的属性文件编辑器——保存属性文件时自动完成转换。这种方式向开发者隐藏了转换细节，效率较前一种方式高得多，故推荐在实际开发中使用。

无论采用哪种方式转换，都必须将转换后得到的资源文件置于 class 文件所在的根目录下（或其下的包中），否则程序在运行时无法找到该资源文件。

有了资源文件，就可以利用 ResourceBundle 类构造资源包（或称资源绑定）对象了。资源包是对资源文件的包装，程序在运行时刻会根据指定的区域加载相应的资源文件，并根据代码中的 string_key 取得对应的 string_value，从而完成本地化。需要注意，若程序找不到与指定区域相匹配的资源文件，则会使用默认的资源文件（Xxxxx.properties），因此在编写国际化程序时，总是应当建立一个名为"Xxxxx.properties"的属性文件，该文件中的 string_value 通常用英文书写。

表 15-3 列出了 ResourceBundle 类的常用方法。

表 15-3　ResourceBundle 类的常用方法

序　号	方 法 原 型	方法的功能及参数说明
1	static final ResourceBundle getBundle (String baseName)	根据指定的基本资源名，得到资源包（使用本机默认区域）
2	static final ResourceBundle getBundle (String baseName,Locale locale)	根据指定的基本资源名和区域，得到资源包

序 号	方 法 原 型	方法的功能及参数说明
3	Locale getLocale()	得到资源包的区域
4	final String getString(String key)	取得资源文件中与指定 key 对应的 value。若指定 key 不存在，则抛出 MissingResourceException 异常（Unchecked 型）
5	final String[] getStringArray(String key)	取得资源文件中与指定 key 对应的 value 数组（资源文件中允许有多个相同的 key，通常不推荐）
6	boolean containsKey(String key)	判断资源文件中是否包含指定的 key
7	Set<String> keySet()	得到资源文件中所有 key 的集合

【例 15.2】 编写一个能够自动适应操作系统的默认区域的程序。

（1）编写各个资源文件。

\ch15\i18n\resource\英文.txt

hello=Hello

thanks=Thank you

sorry=I'm sorry

bye=Bye bye

\ch15\i18n\resource\中文_大陆地区.txt

资源文件中以"#"开头的行是注释

hello=你好

thanks=谢谢

sorry=对不起

bye=再见

\ch15\i18n\resource\中文_台湾地区.txt

hello=你好

thanks=謝謝

sorry=對不起

bye=再见

\ch15\i18n\resource\默认.txt

每个国际化程序都应编写默认资源文件，以防止由于找不到与指定区域相匹配的资源文件而导

致程序出错。为突出演示效果，此文件与"英文.txt"内容有所不同

hello=Hi

thanks=Thanks a lot

sorry=I am sorry

bye=Goodbye

（2）使用 native2ascii 命令分别转换上述 4 个资源文件（略）。注意转换后得到的文件名依次为 Message_en_US.properties、Message_zh_CN.properties、Message_zh_TW.properties 和 Message.properties，它们均位于"ch15. i18n. resource"包下。

（3）编写测试类。

I18nDemo.java

```
001    package ch15.i18n;
002
003    import java.util.ResourceBundle;
004
005    public class I18nDemo {
006        public static void main(String[] args) {
007            // 资源文件基本名称
008            // 注意：资源文件若在包下，需要加上包名
009            String baseName = "ch15.i18n.resource.Message";
010            // 得到资源包对象
011            ResourceBundle rb = ResourceBundle.getBundle(baseName);
012            // 根据 key 取得 value
013            System.out.println(rb.getString("hello"));
014            System.out.println(rb.getString("bye"));
015            System.out.println(rb.getString("sorry"));
016            System.out.println(rb.getString("thanks"));
017        }
018    }
```

（4）将操作系统的默认区域分别更改为"英语（美国）"、"中文（中国大陆）"、"中文（中国台湾）"和"丹麦语（或其他未编写资源文件的区域，仅做测试）"，并 4 次运行测试类，如图 15-2 所示。

图 15-2   程序能自动适应操作系统的默认区域（4 次运行）

15.2.3   消息格式化：java.text.MessageFormat

有时，界面中呈现的部分内容在程序运行时刻才能确定，且格式与指定的区域有关（如日期、时间等）。例如，下面文字中以下画线标识的内容：

截止 2012 年 6 月 10 日，北京时间下午 2:44，我们已向月球发射了 1,250 艘宇宙飞船，共耗资￥840.00 亿，约占国民生产总值的 3%。

这样的文字称为带格式的消息。在资源文件中，那些不确定的内容以占位符（或称参数）的形式给出，例如：

message={0}，欢迎使用本系统，你上次的登录时间是{1}。

完整的消息参数的格式如下：

{参数下标，参数类型，参数样式}

其中，参数下标指定了用代码中传入参数数组中的哪个元素替换该占位符；参数类型与参数

样式都是可选的，主要用于控制替换时的格式，它们与第 14 章中的格式说明和修饰符的意义类似。表 15-4 给出了参数类型与参数样式的常用取值。

表 15-4　格式化消息中常用的参数类型与参数样式

参 数 类 型	参 数 样 式	说　　明
无	无	根据传入的参数自动判断类型
number	无	与 integer 样式相同，具体见 java.text.NumberFormat 类
	integer	整数样式，具体见 java.text.NumberFormat 类
	currency	货币样式，具体见 java.text.NumberFormat 类
	percent	百分比样式，具体见 java.text.NumberFormat 类
date	无	与 medium 样式相同，具体见 java.text.DateFormat 类
	short	短日期样式，具体见 java.text.DateFormat 类
	medium	中日期样式，具体见 java.text.DateFormat 类
	long	长日期样式，具体见 java.text.DateFormat 类
	full	完整日期样式，具体见 java.text.DateFormat 类
time	无	与 medium 样式相同，具体见 java.text.DateFormat 类
	short	短时间样式，具体见 java.text.DateFormat 类
	medium	中时间样式，具体见 java.text.DateFormat 类
	long	长时间样式，具体见 java.text.DateFormat 类
	full	完整时间样式，具体见 java.text.DateFormat 类

MessageFormat 类提供了格式化消息的能力，其继承自 java.text.Format 类。具体来说，MessageFormat 根据指定的区域和样式，将传入的一组对象格式化，然后将格式化得到的字符串插入待格式化消息的适当位置。MessageFormat 类的常用方法如表 15-5 所示。

表 15-5　MessageFormat 类的常用方法

序　号	方 法 原 型	方法的功能及参数说明
1	MessageFormat(String pattern)	构造方法，根据指定的待格式化消息（也称模式）和本机默认的区域创建消息格式化对象
2	MessageFormat(String pattern, Locale locale)	构造方法，根据指定的模式和区域创建消息格式化对象
3	void applyPattern(String pattern)	设置消息格式化对象的模式
4	void setFormatByArgumentIndex (int index, Format fmt)	根据下标设置模式中参数的格式
5	static String format(String pattern, Object ... arguments)	静态方法，根据本机默认区域格式化参数 1 指定的模式，参数 2 为变长参数

【例 15.3】　消息格式化演示（见图 15-3）。

```
<terminated> FormatMessageDemo [Java Application] C:\Program Files\Java\jdk1.6.0_26
Until 3:47 PM on June 10, 2012, we launched 1,250 spaceships on moon,
with $14.00 billion spent, is almost 4% of GDP.

截止2012年6月10日，北京时间下午3:47，我们已向月球发射了1,250艘宇宙飞船，
共耗资￥840.00亿，约占国民生产总值的3%。
```

图 15-3　消息格式化演示

\ch15\i18n\resource\FormatMessage_en_US.properties
若资源文件中的文字太长，可使用"\"字符折行（并非指格式化得到的文字换行），

# 行首的空格将自动略去
message=Until {0, time, short} on {0, date, long}, we launched \
        {2, number, integer} spaceships on {1},\nwith \
        {3, number, currency} billion spent, is almost \
        {4, number, percent} of {5}.

\ch15\i18n\resource\FormatMessage_zh_CN.properties
message=截止{0, date, long}，北京时间{0, time, short}，我们已向{2}发射了{1}艘\
        宇宙飞船，\n 共耗资{3, number, currency}亿，约占{5}的{4, number, percent}。

FormatMessageDemo.java

```
001    package ch15.i18n;
002
003    /* 省略了各 import 语句，请使用 IDE 的自动导入功能 */
007
008    public class FormatMessageDemo {
009        public static void main(String[] args) {
010            String baseName = "ch15.i18n.resource.FormatMessage";
011            // 根据资源文件基本名称和区域构造资源包
012            ResourceBundle rb = ResourceBundle.getBundle(baseName, Locale.US);
013            String msgUS = rb.getString("message");   // 得到字符串（作为模式）
014
015            // 构造消息格式化对象
016            MessageFormat mf = new MessageFormat(msgUS, Locale.US);
017            Date now = new Date();     // 得到当前日期（见 java.util.Date 类）
018            // 用以替换模式中占位符的参数对象数组
019            Object[] values1 = { now, "moon", 1250, 14, 0.04, "GDP" };
020            // 对模式进行格式化（调用的是父类 Format 类的 format 方法）
021            System.out.println(mf.format(values1) + "\n");
022
023            // 重新构造资源包
024            rb = ResourceBundle.getBundle(baseName, Locale.CHINA);
025            String msgCN = rb.getString("message");
026
027            // 重新构造消息格式化对象
028            mf = new MessageFormat(msgCN, Locale.CHINA);
029            Object[] values2 = { now, 1250, "月球", 840, 0.03, "国民生产总值" };
030            System.out.println(mf.format(values2));
031        }
032    }
```

15.3 综合范例 16: 多语言版本的登录窗口

【综合范例 16】 编写一个登录窗口，根据用户的选择以不同语言呈现界面（见图 15-4）。

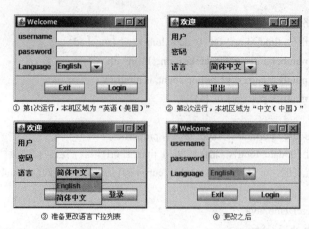

① 第1次运行，本机区域为"英语（美国）" ② 第2次运行，本机区域为"中文（中国）"

③ 准备更改语言下拉列表 ④ 更改之后

图 15-4　多语言版本的登录窗口（2 次运行）

\ch15\login\resource\Login_en_US.properties
frame_title=Welcome
user_label=username
password_label=password
lang_label=Language
login_button=Login
exit_button=Exit

\ch15\login\resource\Login_zh_CN.properties
frame_title=欢迎
user_label=用户
password_label=密码
lang_label=语言
login_button=登录
exit_button=退出

LoginFrame.java
```
001   package ch15.login;
002
003   /* 省略了各 import 语句，请使用 IDE 的自动导入功能 */
015
016   // 登录窗口类
017   public class LoginFrame extends JFrame implements ItemListener {
018       private JLabel userLabel = new JLabel();
019       private JLabel passwordLabel = new JLabel();
020       private JLabel langLabel = new JLabel();
021       private JTextField userTF = new JTextField();
022       private JPasswordField passwordPF = new JPasswordField();
023       private String[] langs = { "English", "简体中文" };          // 可选语言
024       private JComboBox langComb = new JComboBox(langs);          // 语言下拉列表
025       private JSeparator line = new JSeparator();
026       private JButton loginBtn = new JButton();
027       private JButton exitBtn = new JButton();
```

```
028
029        private String baseName = "ch15.login.resource.Login";
030                                                    // 使用本机默认区域
031        private ResourceBundle rb = ResourceBundle.getBundle(baseName);
032
033        LoginFrame() {                              // 构造方法
034            initUI();
035        }
036
037        private void initUI() {                     // 初始化界面
038            setLayout(null);
039
040            userLabel.setBounds(5, 5, 60, 20);      // 设置各组件位置及大小
041            userTF.setBounds(70, 5, 140, 20);
042            passwordLabel.setBounds(5, 30, 60, 20);
043            passwordPF.setBounds(70, 30, 140, 20);
044            langLabel.setBounds(5, 55, 60, 20);
045            langComb.setBounds(70, 55, 80, 20);
046            line.setBounds(0, 80, 230, 20);
047            loginBtn.setBounds(140, 90, 70, 20);
048            exitBtn.setBounds(50, 90, 70, 20);
049
050            add(userLabel);                         // 添加各组件到窗口
051            add(userTF);
052            add(passwordLabel);
053            add(passwordPF);
054            add(langLabel);
055            add(langComb);
056            add(line);
057            add(loginBtn);
058            add(exitBtn);
059
060            updateTexts();                          // 设置各组件的文字
061            langComb.addItemListener(this);
062            selectLang();
063
064            setSize(230, 145);
065            setResizable(false);
066            setDefaultCloseOperation(EXIT_ON_CLOSE);
067            setVisible(true);
068        }
069
070        private void updateTexts() {                // 设置或更新组件的文字
071            setTitle(rb.getString("frame_title"));
072            userLabel.setText(rb.getString("user_label"));
073            passwordLabel.setText(rb.getString("password_label"));
074            langLabel.setText(rb.getString("lang_label"));
```

```
075              loginBtn.setText(rb.getString("login_button"));
076              exitBtn.setText(rb.getString("exit_button"));
077          }
078
079      // 获取本机默认语言，并选择语言下拉列表中的对应语言
080      private void selectLang() {
081          Locale defaultLoc = Locale.getDefault();
082          if (defaultLoc == Locale.CHINA) {            // 简体中文
083              langComb.setSelectedIndex(1);
084          } else {                                     // 其他语言（假设只有两种语言）
085              langComb.setSelectedIndex(0);
086          }
087      }
088
089      // 改变语言下拉列表时
090      public void itemStateChanged(ItemEvent e) {
091          int selected = langComb.getSelectedIndex();  // 得到所选项
092          Locale loc = selected == 1 ? Locale.CHINA : Locale.US;
093          // 用选择的区域重新构造资源包
094          rb = ResourceBundle.getBundle(baseName, loc);
095          updateTexts();                               // 更新各组件的文字
096      }
097  }
```

LoginClient.java
```
001  package ch15.login;
002
003  public class LoginClient {                           // 测试类
004      public static void main(String[] args) {
005          new LoginFrame();
006      }
007  }
```

习题 15

（1）什么是资源文件？其文件命名和内容有何特点？

（2）简述 Java 国际化程序的原理和开发步骤。

（3）结合【综合范例 16】，简述如何在程序运行时动态切换语言。

（4）编写几个对应不同语言的资源文件，分别使用 native2ascii 命令和 IDE 自带的属性文件编辑器对它们进行转换。

第16章 类型信息与反射

假设有这样的需求：程序运行时，根据输入的类名（编程者无法预期，可能是任意的），创建该类的对象——显然，常规的编程技术（如 if 或 switch 语句）无法满足这样的需求。反射（Reflection）是一种强大的编程技术，能够在程序运行时动态获取、创建和修改对象，从而使得程序更具动态性——Java 语言的动态性很大一部分正是由反射机制提供的。

16.1 类型信息

16.1.1 Class 类

每个对象都有所属的类型，java.lang.Class 就是用于描述类型的类——每个具体的类型（包括类、接口、枚举、数组等）都是 Class 类的实例。Class 类是整个反射 API 的基础，通过 Class 类，不仅能够获得任何具体类型的全部信息（包括字段和方法等），而且能够动态创建新的类型和该类型的对象。Class 类的常用方法如表 16-1 所示。

表 16-1 Class 类的常用方法

序 号	方 法 原 型	方法的功能及参数说明
1	static Class<?> forName (String className) throws ClassNotFoundException	静态方法，得到与指定的完全限定名对应的 Class 对象。若不存在，则抛出 ClassNotFoundException 异常（Checked 型）
2	T newInstance() throws InstantiationException, IllegalAccessException	构造当前类的实例，相当于调用该类的无参构造方法。若该类是抽象类、接口、数组、基本类型、void 或不具有无参构造方法，则抛出 Instantiation Exception 异常（Checked 型）；若该类或其无参构造方法不可访问，则抛出 Illegal AccessException 异常（Checked 型）。"T"为泛型参数
3	boolean isInstance(Object obj)	判断 obj 是否为当前类的对象，作用与 instanceof 运算符类似
4	boolean isInterface()	判断当前类是否为接口
5	boolean isEnum()	判断当前类是否为枚举
6	boolean isArray()	判断当前类是否为数组
7	boolean isPrimitive()	判断当前类是否为基本类型（8 种基本类型和 void）
8	boolean isAnonymousClass()	判断当前类是否为匿名类
9	String getName()	得到当前类的名称，返回值具体为： 非数组的对象类型——类的完全限定名； 基本类型或 void——与基本类型和 void 的名称相同； 数组——以 1 至多个连续的"["表示数组维数，再跟上数组元素的类型名称（对象类型为 L+类的完整名称+分号，8 种基本类型除 boolean 型为 Z、long 型为 J 外，其余 6 种为各自类型名的首个字母大写）
10	Class<?> getComponent Type()	若当前类是数组，则得到数组中元素（即组件）的类型，否则返回 null
11	Class<? super T> get Superclass()	得到当前类的父类。若当前类是 Object、接口、基本类型或 void，则返回 null
12	Class<?>[] getInterfaces()	得到当前类实现的接口
13	Package getPackage()	得到当前类所在的包。java.lang.Package 类描述了包信息
14	int getModifiers()	得到当前类的修饰符对应的整数编码，这些整数编码作为静态常量定义于 java.lang.reflect.Modifier 中
15	Field[] getFields()	得到当前类（包括从父类和父接口继承的）所有公共字段。Field 类见 16.2.2 节

序　号	方 法 原 型	方法的功能及参数说明
16	Method[] getMethods()	得到当前类（包括从父类和父接口继承的）所有公共成员方法。Method 类见 16.2.3 节
17	Constructor<?>[] getConstructors()	得到当前类的所有公共构造方法。Constructor 类见 16.2.4 节
18	Field getField(String name)	得到当前类中具有指定名称的公共字段，若不存在，则在当前类的父接口和父类中分别递归寻找。若最后仍未找到，则抛出 NoSuchFieldException 异常（Checked 型）
19	Method getMethod(String name, Class<?> ... paramTypes)	得到当前类中具有指定名称和形参类型的公共成员方法，若不存在，则在当前类的父类和父接口中分别递归寻找。若最后仍未找到，则抛出 NoSuchMethod Exception 异常
20	Constructor<T> getConstructor (Class<?> ... paramTypes)	得到当前类中具有指定形参类型的公共构造方法。若不存在，则抛出 NoSuch MethodException 异常。"T"为泛型参数
21	Field[] getDeclaredFields()	得到当前类声明的（不包括继承的，后同）所有字段
22	Field getDeclaredField (String name)	得到当前类声明的具有指定名称的字段
23	Method[] getDeclaredMethods()	得到当前类声明的所有成员方法
24	Method getDeclaredMethod (String name, Class<?>... param Types)	得到当前类声明的具有指定方法名和形参类型的成员方法
25	Constructor<?>[]getDeclaredConstructors()	得到当前类声明的所有构造方法
26	Constructor<T> getDeclared Constructor(Class<?>... param Types)	得到当前类声明的具有指定形参类型的构造方法
27	InputStream getResourceAsStream (String name)	相对于当前类的所在位置，得到具有指定名称的资源，以输入流对象返回
28	URL getResource(String name)	与方法 27 类似，但返回类型为 java.net.URL
29	T cast(Object obj)	将指定对象造型为当前类

16.1.2　获得 Class 对象

Class 类没有提供构造方法，那么如何获得 Class 类的对象呢？一般通过以下 5 种方式。

1．对象名.getClass()

根类 Object 提供了 getClass 方法用于得到对象的所属类，此方式只适用于对象类型。

【例 16.1】　通过 Object 类的 getClass 方法得到 Class 对象（见图 16-1）。

GetClassDemo.java

```
001    package ch16;
002
003    import java.util.HashSet;
004
005    enum BOOL { // 枚举
006        YES, NO
007    };
008
009    public class GetClassDemo {
010        public static void main(String[] args) {
011            // 得到各种对象的 Class 对象
012            Class c1 = "Hi".getClass();
013            Class c2 = System.out.getClass();
```

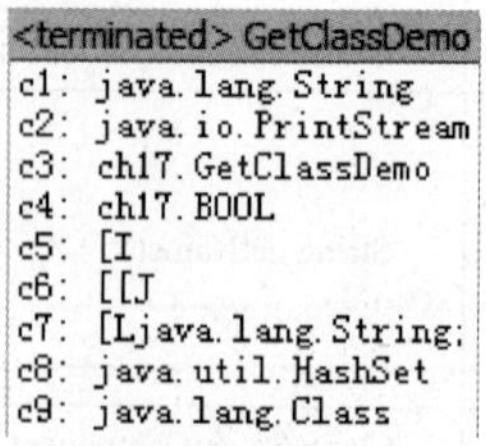

```
<terminated> GetClassDemo
c1: java.lang.String
c2: java.io.PrintStream
c3: ch17.GetClassDemo
c4: ch17.BOOL
c5: [I
c6: [[J
c7: [Ljava.lang.String;
c8: java.util.HashSet
c9: java.lang.Class
```

图 16-1　得到 Class 对象演示（1）

```
014            Class c3 = new GetClassDemo().getClass();        // 当前类的对象
015            Class c4 = BOOL.NO.getClass();                    // 枚举
016            Class c5 = new int[5].getClass();                 // 基本类型一维数组
017            Class c6 = new long[2][5].getClass();             // 基本类型二维数组
018            Class c7 = new String[5].getClass();              // 对象数组
019            Class c8 = new HashSet<String>().getClass();      // 泛型类的对象
020            Class c9 = c1.getClass();                         // Class 类的对象也是一种对象
021
022            // 打印各 Class 对象的名称
023            System.out.println("c1: " + c1.getName());
024            System.out.println("c2: " + c2.getName());
025            System.out.println("c3: " + c3.getName());
026            System.out.println("c4: " + c4.getName());
027            System.out.println("c5: " + c5.getName());
028            System.out.println("c6: " + c6.getName());
029            System.out.println("c7: " + c7.getName());
030            System.out.println("c8: " + c8.getName());
031            System.out.println("c9: " + c9.getName());
032        }
033    }
```

2．类名.class

直接通过类名（而非对象名）得到 Class 对象，此方式也适用于基本类型和 void。

【例 16.2】 通过 ".class" 语法得到 Class 对象（见图 16-2）。

```
DotClassDemo.java
001    package ch16;
002
003    public class DotClassDemo {
004        public static void main(String[] args) {
005            System.out.println(Integer.class.getName());
006            System.out.println(BOOL.class.getName());
007            System.out.println(DotClassDemo.class.getName());
008            System.out.println(byte.class.getName());
009            System.out.println(void.class.getName());
010            System.out.println(int[][][].class.getName());
011        }
012    }
```

```
<terminated> DotClas
java.lang.Integer
ch17.BOOL
ch17.DotClassDemo
byte
void
[[[I
```

图 16-2　得到 Class 对象演示（2）

3．Class.forName(String className)

具体见表 16-1 中的方法 1。

【例 16.3】 通过 Class 类的 forName 方法得到 Class 对象（见图 16-3）。

ForNameDemo.java

图 16-3 得到 Class 对象演示（3）

```java
001    package ch16;
002
003    public class ForNameDemo {
004        public static void main(String[] args) {
005            try {
006                Class c1 = Class.forName("java.lang.Integer");      // 类名要带包名
007                Class c2 = Class.forName("ch06.Person");
008                Class c3 = Class.forName("[D");                      // Double 型一维数组
009                // String 型三维数组
010                Class c4 = Class.forName("[[[Ljava.lang.String;");
011
012                System.out.println(c1.getName());
013                System.out.println(c2.getName());
014                System.out.println(c3.getName());
015                System.out.println(c4.getName());
016                Class c5 = Class.forName("xyz.abc.ClassName");       // 抛出异常
017            } catch (ClassNotFoundException e) {                     // Checked 型异常
018                System.out.println("找不到名为 " + e.getMessage() + " 的类。");
019            }
020        }
021    }
```

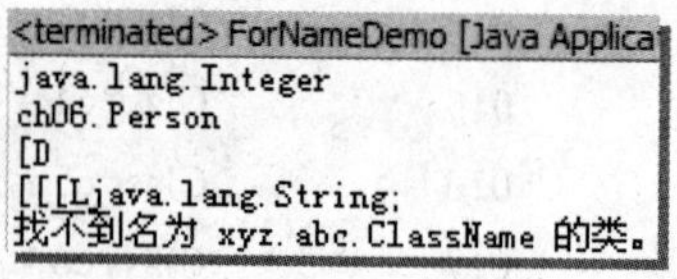

4. 基本类型的包装类.TYPE

对于基本类型和 void（空类型），除方式 2 外，还可以通过各自包装类的 TYPE 字段得到对应的 Class 对象，如 Integer.TYPE（等价于 int.class）、Void.TYPE（等价于 void.class）等。

5. Class 类中能返回 Class 类对象的其他方法

如表 16-1 所示，Class 类的某些方法能返回 Class 类的对象或对象数组，调用这样的方法的前提是，已经直接或间接得到了某个 Class 类的对象。

【**例 16.4**】 输出类的继承结构、所在的包、实现的接口等信息（见图 16-4）。

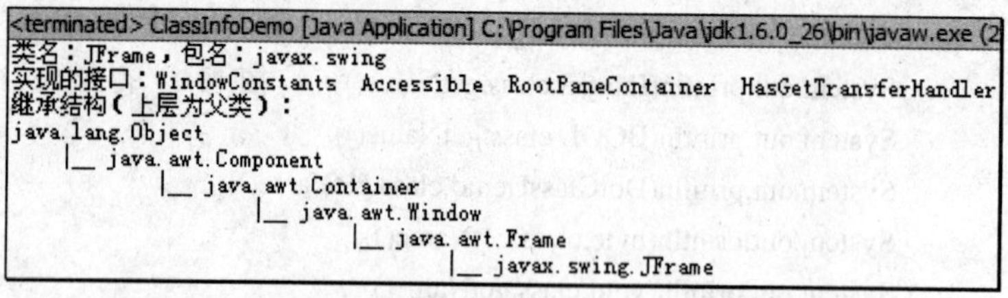

图 16-4 输出类的继承结构、所在的包、实现的接口等信息

ClassInfoDemo.java

```java
001    package ch16;
002
003    import java.util.ArrayDeque;
004    import java.util.Deque;
005
006    public class ClassInfoDemo {
```

```
007        public static void main(String[] args) {
008            String className = "javax.swing.JFrame";        // 类的完全限定名
009            Class<?> cls = null;                             // 使用了泛型（下同）
010            try {
011                cls = Class.forName(className);              // 构造 Class 对象
012            } catch (ClassNotFoundException e) {
013                System.out.println("找不到名为 " + e.getMessage() + " 的类。");
014            }
015            System.out.print("类名：" + cls.getSimpleName());           // 类名
016            System.out.println("，包名：" + cls.getPackage().getName()); // 包名
017            System.out.print("实现的接口：");
018
019            // 得到实现的所有接口
020            for (Class<?> _interface : cls.getInterfaces()) {
021                System.out.print(_interface.getSimpleName() + "   ");
022            }
023
024            // 用栈（实际为双端队列）存放父类，直至 Object 类（最先输出）
025            Deque<Class<?>> stack = new ArrayDeque<Class<?>>();
026            stack.push(cls);        // 压入 cls
027            Class<?> parent = cls.getSuperclass();           // 得到 cls 的直接父类
028            while (parent != null) {                         // 之前已压入 Object 类
029                stack.push(parent);                          // 压入父类
030                parent = parent.getSuperclass();             // 迭代父类（Object 无父类）
031            }
032            System.out.println("\n 继承结构（上层为父类）：");
033            int level = 0;                                   // 继承深度
034            while (!stack.isEmpty()) {                        // 栈非空
035                Class<?> _cls = stack.pop();                 // 弹出栈顶
036                for (int i = 0; i < 4 * (2 * level - 1); i++)
037                    System.out.print(" ");                   // 控制输出缩进
038                if (level > 0)
039                    System.out.print("|__ ");
040                System.out.println(_cls.getName());          // 输出完整类名
041                level++;
042            }
043        }
044    }
```

16.2 成员信息

16.2.1 Member 接口

获得了类型信息后，往往需要对其包含的成员（字段、方法和构造方法）进行操作，这也是反射主要的表现方式。反射包（java.lang.reflect）下定义了一个用于描述类型成员的 Member 接口，

该接口定义的方法如表 16-2 所示。

表 16-2　Member 接口定义的方法

序　号	方 法 原 型	方法的功能及参数说明
1	Class<?> getDeclaringClass()	得到声明当前成员的类型
2	String getName()	得到当前成员的简单名称
3	int getModifiers()	得到当前成员的修饰符对应的整数编码,这些整数编码作为静态常量定义于 java.lang.reflect.Modifier 中
4	boolean isSynthetic()	判断当前成员是否由编译器生成（如默认构造方法）

Member 接口有 3 个实现类——Field、Method 和 Constructor，它们均位于反射包下。

16.2.2　Field 类

Field 类描述了类型的字段，其常用方法如表 16-3 所示。

表 16-3　Field 类的常用方法

序　号	方 法 原 型	方法的功能及参数说明
1	boolean isEnumConstant()	判断当前字段是否为枚举常量
2	Class<?> getType()	得到当前字段的类型
3	Object get(Object obj)	得到指定对象上当前字段的值。若字段是静态字段，则忽略参数；若当前字段不可访问，则抛出 IllegalAccessException 异常，下同
4	xxx getXxx(Object obj)	得到指定对象上当前 xxx 型字段的值。xxx 可以是 8 种基本类型之一
5	void set(Object obj, Object value)	方法 3 的逆方法
6	void setXxx(Object obj, xxx value)	方法 4 的逆方法

【例 16.5】　通过反射机制获得并修改字段的值（见图 16-5）。

FieldDemo.java

```
001    package ch16;
002
003    import java.lang.reflect.Field;
004    import java.util.Arrays;
005    import java.util.List;
006
007    enum BookKind {        // 表示图书种类的枚举
008        COMPUTER, MATH, ENGLISH
009    };
010
011    class Book {        // 图书类
012        double price = 20;
013        String[] authors = { "Daniel", "Jay" };
014        BookKind kind = BookKind.COMPUTER;
015    }
016
017    public class FieldDemo {        // 演示类
018        public static void main(String[] args) {
```

```
<terminated> FieldDemo [Java A
修改前
--------------------
price   = 20.0
authors = [Daniel, Jay]
kind    = COMPUTER

修改后
--------------------
price   = 30.0
authors = [Andy, Joe, Tom]
kind    = MATH
```

图 16-5　Field 类演示

```
019              Book book = new Book();
020              Class<?> cls = book.getClass();
021              try {
022                  /******** 通过名称获得字段对象 ********/
023                  Field priceField = cls.getDeclaredField("price");
024                  Field authorsField = cls.getDeclaredField("authors");
025                  Field kindField = cls.getDeclaredField("kind");
026
027                  /******** 通过反射机制获得各字段值 ********/
028                  System.out.println("修改前\n--------------------");
029                  System.out.printf("%-8s= %s\n", priceField.getName(),
                                         priceField.getDouble(book));
030                  // 将字符串数组转换为列表容器（方便直接输出）
031                  List<String> authorsList = Arrays.asList(
                              (String[]) authorsField.get(book));
032                  System.out.printf("%-8s= %s\n", authorsField.getName(),
                                         authorsList);
033                  System.out.printf("%-8s= %s\n", kindField.getName(),
                                         (BookKind) kindField.get(book));
034
035                  /******** 通过反射机制修改各字段值 ********/
036                  priceField.setDouble(book, 30);
037                  String[] newAuthors = { "Andy", "Joe", "Tom" };
038                  authorsField.set(book, newAuthors);
039                  kindField.set(book, BookKind.MATH);
040
041                  /******** 以常规方式获得各字段值 ********/
042                  System.out.println("\n 修改后\n--------------------");
043                  System.out.printf("%-8s= %s\n", "price", book.price);
044                  System.out.printf("%-8s= %s\n", "authors",
                                         Arrays.asList(book.authors));
045                  System.out.printf("%-8s= %s\n", "kind", book.kind);
046              } catch (NoSuchFieldException e) {    // 由 getDeclaredField 方法抛出
047                  System.out.println("找不到名为" + e.getMessage() + "的字段。");
048              } catch (IllegalAccessException e) {    // 由 get/set 字段的方法抛出
049                  System.out.println("字段不可访问。");
050              }
051          }
052  }
```

16.2.3　Method 类

Method 类描述了类型的方法，以获取方法的返回类型、形参类型、抛出的异常等信息。通过 Method 类，还能动态调用给定对象的方法。Method 类的常用方法如表 16-4 所示。

表 16-4　Method 类的常用方法

序　号	方 法 原 型	方法的功能及参数说明
1	Class<?> getReturnType()	得到当前方法的返回类型
2	Class<?>[] getParameterTypes()	得到当前方法的形参类型
3	Class<?>[] getExceptionTypes()	得到当前方法抛出的异常类型
4	Object invoke(Object obj, Object... args)	调用参数 1 指定对象的当前方法，参数 2 作为调用时的实参。若当前方法不可访问，则抛出 IllegalAccessException 异常；若当前方法抛出异常，则 invoke 方法抛出 InvocationTargetException 异常（Checked 型，封装了当前方法抛出的异常）
5	boolean isVarArgs()	判断当前方法是否包含变长参数

【例 16.6】　在命令行输入要调用的方法名和实参值，输出方法返回值（见图 16-6）。

图 16-6　Method 类演示（8 次运行）

MethodDemo.java

```
001    package ch16;
002
003    import java.lang.reflect.InvocationTargetException;
004    import java.lang.reflect.Method;
005
006    public class MethodDemo {
007        public static void main(String[] args) {
008            if (args.length < 1) {                    // 判断命令行参数个数
009                System.out.print("\t 命令格式错误，正确用法为：
                        java ch16/MethodDemo 方法名 实参 1 实参 2 ...");
010                return;                               // 结束 main 方法
011            }
012            try {
013                // 要调用的方法所在的类
014                Class<?> targetClass = Class.forName("java.lang.Math");
015                // 首个命令行参数是要调用的方法的名称
016                Class<?>[] paraTypes = new Class<?>[args.length - 1];
017                for (int i = 0; i < paraTypes.length; i++) {
018                    paraTypes[i] = double.class;     // 假设所有形参都是 double 型
019                }
```

```
020                    // 要调用的方法
021                    Method targetMethod = targetClass
                                        .getDeclaredMethod(args[0], paraTypes);
022                    // 后 n-1 个命令行参数作为要调用的方法的实参
023                    Double[] arguments = new Double[paraTypes.length];
024                    for (int i = 0; i < arguments.length; i++) {
025                        arguments[i] = Double.parseDouble(args[i + 1]);
026                    }
027                    // 通过反射机制动态调用方法
028                    Object result = targetMethod.invoke(null, (Object[]) arguments);
029                    // 构造实参表（方便打印）
030                    String argsString = "";
031                    for (int i = 0; i < arguments.length; i++) {
032                        argsString += args[i + 1] + ", ";
033                    }
034                    // 去掉最后一个实参后的 "，"
035                    argsString = argsString.substring(0, argsString.length() - 2);
036                    System.out.printf("\t%s.%s(%s)=%s", targetClass.getSimpleName(),
                                        targetMethod.getName(), argsString, result);
037                } catch (ClassNotFoundException e) {
038                    System.out.printf("\t 找不到类：%s。", e.getMessage());
039                } catch (NoSuchMethodException e) {
040                    System.out.printf("\t 找不到方法：%s。", e.getMessage());
041                } catch (IllegalAccessException e) {
042                    System.out.printf("\t 方法 %s 不可访问。" + e.getMessage());
043                } catch (InvocationTargetException e) {
044                    System.out.printf("\t 调用方法 %s 时抛出异常：%s。", args[0],
                                        e.getTargetException().getMessage());
045                }
046        }
047    }
```

16.2.4 Constructor 类

Constructor 类描述了类的构造方法，用于以反射方式创建给定的类的实例，其具有的方法与 Method 类非常类似。与前述 Class 类的 newInstance 方法（表 16-1 中的方法 2）不同，可以通过 Constructor 类调用具有指定形参类型的构造方法。Constructor 类的常用方法如表 16-5 所示。

表 16-5 Constructor 类的常用方法

序　号	方 法 原 型	方法的功能及参数说明
1	Class<?>[] getParameterTypes()	得到当前构造方法的形参类型
2	Class<?>[] getExceptionTypes()	得到当前构造方法抛出的异常类型

序 号	方 法 原 型	方法的功能及参数说明
3	T newInstance (Object ... initargs)	以指定参数作为构造方法的实参调用当前构造方法。若构造方法所在的类型无法被实例化（如类型是基本类型、抽象类、接口等），则抛出 InstantiationException 异常；若当前构造方法不可访问，则抛出 IllegalAccessException 异常；若当前构造方法抛出异常，则 newInstance 方法抛出 InvocationTargetException 异常
4	boolean isVarArgs()	判断当前构造方法是否包含变长参数

【例 16.7】 利用反射获取 Date 类的所有构造方法，并分别调用它们以创建多个日期对象（见图 16-7）。

```
<terminated> ConstructorDemo (1) [Java Application] C:\Program Files\Java\jdk1.6.0_26\bin
new Date(1339844320515) = 2012年06月16日 18：58：40
new Date(112, 11, 25) = 2012年12月25日 00：00：00
new Date(112, 11, 25, 14, 30) = 2012年12月25日 14：30：00
new Date(112, 11, 25, 14, 30, 45) = 2012年12月25日 14：30：45
new Date("Sat, 16 Jun 2012 13:30:45 GMT+0800") = 2012年06月16日 13：30：45
new Date() = 2012年06月16日 18：58：40
```

图 16-7　Constructor 类演示（1 次运行）

ConstructorDemo.java

```
001    package ch16;
002
003    import java.lang.reflect.Constructor;
004    import java.lang.reflect.InvocationTargetException;
005
006    public class ConstructorDemo {
007        public static void main(String[] args) {
008            try {
009                Class<?> cls = Class.forName("java.util.Date");
010                // 得到 Date 类的所有构造方法
011                Constructor<?>[] constructors = cls.getDeclaredConstructors();
012                for (Constructor<?> constructor : constructors) {
013                    // 得到构造方法的形参类型
014                    Class<?>[] paraTypes = constructor.getParameterTypes();
015                    /**** 创建实参数组 ****/
016                    Object[] paraValues = new Object[paraTypes.length];
017                    switch (paraTypes.length) {    // 判断形参个数
018                        case 1: // 有 2 个构造方法具有 1 个形参（分别为 String 和 long）
019                            if (paraTypes[0].getSimpleName().equals("String"))
020                                paraValues[0] = "Sat, 16 Jun 2012 13:30:45 GMT+0800";
021                            else    // long 型
022                                paraValues[0] = System.currentTimeMillis();
023                            break;
024                        case 3:    // 3 个形参（年、月、日，详见 API 文档）
025                            paraValues = new Object[] { 2012 - 1900, 12 - 1, 25 };
026                            break;
027                        case 5:    // 5 个形参（年、月、日、时、分）
028                            paraValues = new Object[] { 2012 - 1900, 12 - 1, 25,
                                                        14, 30 };
029                            break;
```

```
030                  case 6:    // 6 个形参（年、月、日、时、分、秒）
031                          paraValues = new Object[] { 2012 - 1900, 12 - 1, 25,
                                                                14, 30, 45 };
032                          break;
033                  }    // switch 结束
034                  // 构造 Date 对象
035                  Object instance = constructor.newInstance(paraValues);
036                  /**** 构造实参表（方便打印）  ****/
037                  String paraValuesStr = "";
038                  // 将字符串参数用一对双引号括起来
039                  if (paraTypes.length == 1
                          && paraTypes[0].getSimpleName().equals("String"))
040                      paraValuesStr = "\"" + paraValues[0] + "\"";
041                  else {
042                      for (int i = 0; i < paraValues.length; i++)
043                          paraValuesStr += paraValues[i] + ", ";
044                      if (paraValues.length > 0)
045                          paraValuesStr = paraValuesStr.substring(0,
                                  paraValuesStr.length() - 2);
046                  }    // else 结束
047                  // 格式化输出 Date 对象
048                  System.out.printf("new %s(%s) = %3$tY 年%3$tm 月%3$td 日
                      %3$tH：%3$tM：%3$tS\n", cls.getSimpleName(), paraValuesStr, instance);
049              }    // for 结束
050          } catch (ClassNotFoundException e) {
051              System.out.printf("找不到类。");
052          } catch (InstantiationException e) {
053              System.out.printf("实例化发生错误。");
054          } catch (IllegalAccessException e) {
055              System.out.printf("构造方法不可访问。");
056          } catch (InvocationTargetException e) {
057              System.out.printf("调用构造方法时抛出异常。");
058          }
059      }
060  }
```

　　反射机制能够在运行时动态获取类和对象的相关信息，从而使得 Java 程序更具动态性和可扩展性，利用反射机制甚至能编写具有 API 浏览和代码调试功能的 IDE 程序。当然，反射也具有一些不应被忽视的缺点，主要包括性能损失、受限于安全管理器定义的安全策略及暴露了类中不应被访问的信息（利用反射可以访问类的私有字段和方法，而这对于常规编程方式是非法的）等，因此，尽量不要用反射来实现常规编程技术能够实现的操作。

习题 16

（1）什么是反射？如何理解"反射机制使得 Java 程序具有自省的特性"这句话？

（2）获得 Class 对象有哪些方式？各自有何特点？

（3）反射机制有哪些优点和缺点？

实验 14　类型信息与反射

【实验目的】

（1）深刻理解反射的概念和意义。

（2）熟练使用反射相关类和 API 在运行时动态访问对象。

【实验内容】

（1）验证本章【例 16.6】。

（2）编写一个简单的 API 查看器，要求输入任意类名（含包名）后，显示该类的直接父类、字段、构造方法和其他方法的信息（此题可以做成 GUI 的形式，以树呈现）。

（3）编写含 x、y 字段的 Point 类并构造一个对象，分别使用常规和反射方式获得该对象的 x 字段，比较两种方式的性能差异（为方便比较，可循环访问 10 000 次，记录耗时）。

第17章　元数据与注解

17.1　概述

很多程序都需要一些描述信息才能正常工作，这些信息往往独立于代码而被组织到单独的文件中[1]。如果能将这些信息以某种方式"嵌入"代码中，不仅会减少文件维护工作量，同时也可以充分利用编程语言的强制语法检查特性降低出错的可能性。

注解（Annotation）是从 JDK 5.0 开始支持的新特性[2]，其为程序中各个元素（包、类型、字段、构造方法、普通方法、参数、局部变量等）提供描述信息，这些信息被称为元数据（Metadata，即描述数据的数据）。

17.1.1　注解的定义与使用

下面通过一个简单的例子来介绍注解的定义与使用语法。

【例 17.1】　编写一个注解，用以描述方法代码的作者和版本信息。

```
Description.java
001    package ch17;
002
003    import java.lang.annotation.Retention;
004    import java.lang.annotation.RetentionPolicy;
005
006    @Retention(RetentionPolicy.RUNTIME)
007    public @interface Description {        // 定义名为 Description 的注解
008        String author();                   // author 属性
009        String version() default "1.0";    // version 属性（指定了默认值）
010    }
```

几点说明：

（1）注解实际上是一类特殊的接口，以"@interface"标识。

（2）接口中的抽象方法实际上表示了注解所包含的属性，属性的类型只能是基本类型、String、Class、枚举、注解或这些类型对应的数组类型。

（3）每个属性可以通过可选的 default 指定属性的默认值。

（4）属性对应的抽象方法不能带参数，也不能声明抛出异常。

上例在定义 Description 注解时，用到了另外一个名为 Retention 的注解，有关内容将在 17.4 节介绍。有了注解的定义，接下来就可以使用该注解了。

【例 17.2】　使用【例 17.1】中的注解，为类的方法添加作者和版本信息。

1　这样的文件通常称为配置文件，如 Struts、Hibernate 等框架对应的 struts.xml、hibernate.cfg.xml 等。随着 Java 注解特性的出现，这些框架也开始支持以注解而非配置文件的开发方式，并逐渐成为主流。

2　一些资料（包括 JDK 编译器）将 Annotation 译为"注释类型"，为区别于传统注释，本书将其译为注解。

Target.java

```
001    package ch17;
002
003    public class Target {
004        @Description(author = "Daniel Hu")     // 使用之前定义的注解描述方法 methodA
005        public void methodA() {
006        }
007
008        @Deprecated                            // 方法 methodB 使用了多个注解
009        @Description(author = "Bill Gates", version = "1.1")
010        public void methodB() {
011        }
012    }
```

几点说明：

（1）注解可以用于多种元素之前，被注解的元素称为目标元素。

（2）同一注解可用于多个元素，一个元素可使用多个注解。

（3）使用注解时，以"@注解名(属性名 1 = 属性值 1， 属性名 2 = 属性值 2， ...)"的格式为注解的每个属性指定值，未指定值的属性具有定义时的默认值。

（4）不含任何属性的注解称为标记注解（Marker Annotation），使用格式为"@注解名"。

（5）若注解包含唯一的属性值，则最好将属性名起名为 value，这样就可以使用"@注解名(属性值)"的简写方式。

（6）各属性值必须是常量。

17.1.2　访问注解信息

注解中的信息可以在运行时通过反射机制读取。

【例 17.3】 编写一个测试类，获取【例 17.2】Target 类中的注解信息（见图 17-1）。

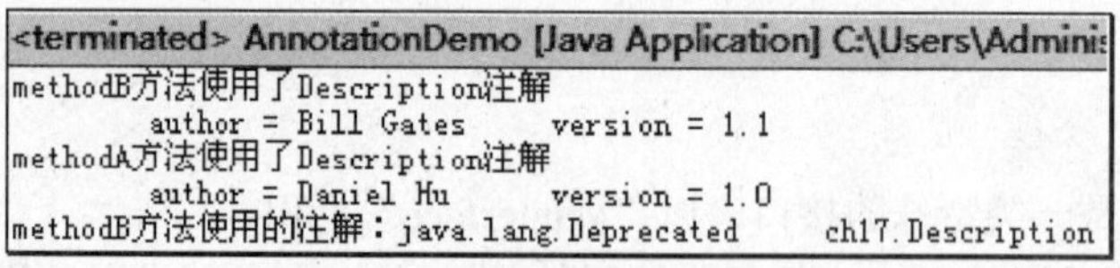

```
<terminated> AnnotationDemo [Java Application] C:\Users\Admini:
methodB方法使用了Description注解
        author = Bill Gates     version = 1.1
methodA方法使用了Description注解
        author = Daniel Hu     version = 1.0
methodB方法使用的注解：java.lang.Deprecated     ch17.Description
```

图 17-1　@Deprecated 注解演示

AnnotationDemo.java

```
001    package ch17;
002
003    import java.lang.annotation.Annotation;
004    import java.lang.reflect.Method;
005
006    public class AnnotationDemo {
007        public static void main(String[] args) throws NoSuchMethodException {
008            Class<Target> c = Target.class;
009            Method[] methods = c.getDeclaredMethods();
```

```
010
011          // 因为 Description 注解标注于方法上, 故要先取得方法对应的 Method 实例
012          for (Method m : methods) {
013              // 判断方法是否使用了 Description 注解
014              if (m.isAnnotationPresent(Description.class)) {
015                  System.out.println(m.getName() + "方法使用了 Description 注解");
016                  // 取得 Description 注解对象
017                  Description annotation = m.getAnnotation(Description.class);
018                  // 取得 author 属性
019                  System.out.print("\tauthor = " + annotation.author());
020                  // 取得 version 属性
021                  System.out.println("\tversion = " + annotation.version());
022              } else {
023                  System.out.println(m.getName() + "方法未使用 Description 注解");
024              }
025          }
026
027          /********** 取得某个方法使用的所有注解 **********/
028          Method m = c.getMethod("methodB");
029          Annotation[] annotations = m.getAnnotations();
030          System.out.print(m.getName() + "方法使用的注解: ");
031
032          // 打印每个注解的名称
033          for (Annotation anno : annotations) {
034              System.out.print(anno.annotationType().getName() + "\t");
035          }
036      }
037  }
```

几点说明:

(1) 所有的注解接口都自动继承自 java.lang.annotation 包下的 Annotation 接口[1], 该接口定义了 "Class<? extends Annotation> annotationType()" 方法 (第 34 行), 以得到注解对象所属的注解类型。

(2) 使用 Java 的反射 API 取得注解时 (第 17、29 行), 得到的实际上是一个实现了注解对应接口的类的对象, 通过该对象可以访问注解包含的各个属性值。

除前述表 16-4 所列方法之外, Method 类还支持一些与注解有关的方法 (如 【例 17.3】中第 14、17、29 行等), 这些方法由 Method 类的父类 AccessibleObject 所实现的 AnnotatedElement 接口 (java.lang.reflect 包下) 定义, 具体如表 17-1 所示。

表 17-1 AnnotatedElement 接口中的方法

序　号	方 法 原 型	方法的功能及参数说明
1	<T extends Annotation> T getAnnotation (Class<T> annotationClass)	若元素使用了指定的注解, 则返回该注解, 否则返回 null

---

[1] 注意, 定义注解接口时并不需要显式指定 "extends Annotation" 以让其继承 Annotation 接口, 因为 "@interface" 的特殊语法会自动被编译器识别和处理。

序　号	方　法　原　型	方法的功能及参数说明
2	Annotation[] getDeclaredAnnotations()	得到元素直接使用的（不含继承得到的）注解
3	Annotation[] getAnnotations()	得到元素使用的所有（含继承得到的）注解
4	booleanisAnnotationPresent(Class<? extends Annotation> annotationClass)	判断元素是否使用了指定的注解

与 Method 类一样，Class、Constructor、Field 及 Package 等反射相关类也实现了 AnnotatedElement 接口并各自定义了一些与注解相关的方法，具体请查阅 API 文档。

除了本节介绍的用户自定义注解（Description）外，Java 中的注解还包括标准注解、文档注解及元注解，下面分别予以介绍。

17.2 标准注解

标准注解是 Java 内置的注解，具体包括 Override、Deprecated 和 SuppressWarnings，它们均位于 java.lang 包下。

17.2.1 @Override

注解 Override 不包含任何属性，因此是一个标记注解，用于告知编译器其标记的方法是由父类（或接口）定义的——即方法重写。由于只有方法才具有重写的概念，因此@Override 只能用于方法之上。

【例 17.4】 @ Override 注解演示（见图 17-2）。

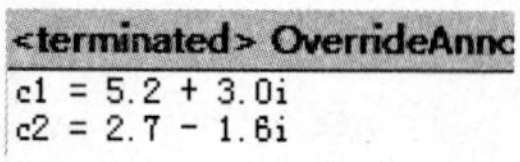

```
OverrideAnnotationDemo.java
001    package ch17;
002
003    /*********** 复数类 ************/
004    class Complex {
005        double real; // 实部
006        double image; // 虚部
007
008        public Complex(double real, double image) {
009            this.real = real;
010            this.image = image;
011        }
012
013        @Override        // 标记其后为重写父类（Object）的方法
014        // 若下面的方法名或参数写错了，编译时会报错。
015        // 若之前未指定@Override，则即使写错了也不会报错
016        public String toString() {
017            String sign = image >= 0 ? " + " : " - ";
018            return real + sign + Math.abs(image) + "i";
019        }
020    }
```

图 17-2　@ Override 注解演示

```
021
022    /********** 测试类 ************/
023    public class OverrideAnnotationDemo {
024        public static void main(String[] args) {
025            Complex c1 = new Complex(5.2, 3);
026            Complex c2 = new Complex(2.7, -1.6);
027            System.out.println("c1 = " + c1.toString());
028            System.out.println("c2 = " + c2.toString());
029        }
030    }
```

重写方法时，是否指定@Override 并不影响代码的编译，但指定该注解能有效避免重写方法时由于粗心而写错方法名、参数等——编译器会提示语法错误。

17.2.2　@Deprecated

注解 Deprecated（废弃、已过时之意）也是一个标记注解，可用于类、字段和方法。若某个元素以"@Deprecated"修饰——如 java.util.Date 类的 setYear(int year)方法，则表示不推荐使用该元素——因为不安全、有其他更好的选择或未来的 JDK 版本可能会不支持该元素等。默认情况下，若代码用到了以@Deprecated 标记的元素，则编译时将出现警告（但仍会生成 class 文件）。

【例 17.5】 @Deprecated 注解演示（见图 17-3）。

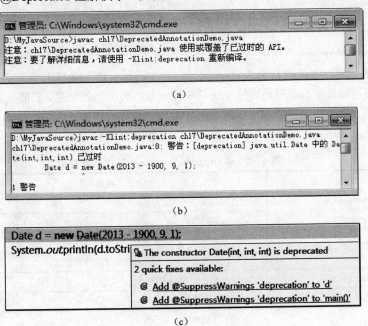

图 17-3　@Deprecated 注解演示

DeprecatedAnnotationDemo.java

```
001    package ch17;
002
003    import java.util.Date;
```

```
004
005    public class DeprecatedAnnotationDemo {
006        public static void main(String[] args) {
007            // 构造方法 Date(int year, int month, int day)已被标记为废弃
008            Date d = new Date(2013 - 1900, 9, 1);
009            System.out.println(d.toString());
010        }
011    }
```

图 17-3（a）在命令行中未指定任何编译选项，编译器只是提示使用了已过时的 API；图 17-3（b）使用了 "-Xlint : deprecation" 编译选项[1]，因而编译器提供了具体的警告信息和引起警告的代码位置；图 17-3（c）显示了 Eclipse 以黄色波浪线标识引起警告的代码[2]，同时在构造方法名 Date 上加了删除线（以示该方法已过时），当鼠标置于黄色波浪线之上时，将提示具体的警告信息及快速修改建议。

需要注意的是，若子类继承或重写了父类中被@Deprecated 标记的元素，则即使子类中该元素未用 @Deprecated 标记，其仍被视为已过时。

使用被标记为已过时的代码会增加未来对程序进行代码维护和 JRE 版本升级时发生潜在错误的可能性。另一方面，若某个类或某个方法被作者标记为已过时，则其通常会提供一个更好的可替换选择，因此，无论是 JDK 还是第三方类库中被标记为已过时的代码，在实际开发中都应尽量避免使用。

17.2.3　@SuppressWarnings

注解 SuppressWarnings 的作用是告知编译器抑制（即忽略）被该注解所标记的代码元素中的某些警告，常用于类、字段和方法之上。@SuppressWarnings 的功能与 17.2.2 节的 "-Xlint" 编译选项类似，区别是后者在编译时通过编译选项来控制是否输出警告信息，而前者通过代码来控制。

如 17.2.2 节所示，"-Xlint" 编译选项是带参数的，使用格式为 "-Xlint : option"，这些参数也可作为@SuppressWarnings 的属性值，其中常用的属性值如表 17-2 所示。

表 17-2　@SuppressWarnings 常用的属性值

序 号	属 性 值	抑制的警告
1	deprecation	已过时的类、字段或方法
2	unchecked	未检查的转换操作
3	rawtypes	使用了原始类型，如使用支持泛型的容器类时未指定泛型
4	static-access	不正确的静态访问，如通过对象访问静态方法
5	fallthrough	case 子句未带 break 语句
6	unused	未使用的变量或无效代码
7	serial	可序列化的类缺少 serialVersionUID 字段
8	all	所有的警告

【例 17.6】　@SuppressWarnings 注解演示。

1　在命令行直接输入 "javac" 并回车，可查看编译器支持的编译选项及简单描述，具体请查阅有关文档。
2　Eclipse 默认是自动编译的——编辑、保存时将自动分析和编译源代码。

SuppressWarningsAnnotationDemo.java

```java
001    package ch17;
002
003    import java.util.ArrayList;
004    import java.util.Date;
005    import java.util.List;
006
007    import javax.swing.JButton;
008
009    @SuppressWarnings("serial")
010    // JButton 类间接实现了 Serializable 接口，因而本演示类是可序列化的
011    public class SuppressWarningsAnnotationDemo extends JButton {
012        @SuppressWarnings("deprecation")
013        public void m1() {
014            // 调用了已过时的方法
015            Date d = new Date(113, 5, 2);
016            System.out.println(d.toString());
017        }
018
019        @SuppressWarnings(value = { "deprecation", "unused" })
020        public void m2() {
021            // 使用了已过时的类，且声明了变量 names 但从未使用
022            java.io.StringBufferInputStream names
                    = new java.io.StringBufferInputStream("test");
023        }
024
025        @SuppressWarnings({ "static-access", "rawtypes", "unchecked" })
026        public void m3() {
027            // valueOf 是 String 类的静态方法
028            System.out.println("abc".valueOf(3.14));
029            List list = new ArrayList(); // 未指定泛型
030            list.add("e1"); // 操作原始类型的容器对象
031        }
032
033        @SuppressWarnings(value = "unused")
034        public void m4() {
035            if (true) {
036                System.out.println("YES");
037            } else { // 此 else 控制的语句永远不可达
038                System.out.println("NO");
039            }
040        }
041    }
```

由图 17-4 可见，编译 SuppressWarningsAnnotationDemo 类时，编译器并未报任何的警告信息，在 IDE 中也是如此。

图 17-4　@SuppressWarnings 注解演示

几点说明：

（1）查看 SuppressWarnings 接口的源代码，可以发现其定义了一个名为 value 的方法，因此属性值可以采用第 12 行或 33 行的语法。

（2）value 方法的返回值为 String 数组类型，因此可以为 SuppressWarnings 注解指定一个或多个属性值，多个属性值采用 String 数组的语法，如第 19、25 行。

（3）若 SuppressWarnings 标记于某个方法之上，则对该方法内所有语句有效。类似地，若标记于类之上，则对该类的所有方法都有效。例如，上例第 12 行可移至类的前面，同时可以删除第 19 行中的 deprecation 属性。

@SuppressWarnings 会抑制警告，看起来似乎增加了程序发生潜在错误的风险，但实际上恰恰相反——程序员必须准确分析每个警告的出现原因，并选择合适的注解属性值。

除了使用 SuppressWarnings 注解之外，IDE 通常还提供了可配置的编译选项。以 Eclipse 为例，选择 Windows 菜单的 Preferences 菜单项，在弹出对话框的左侧依次选择 Java、Compiler、Errors/Warnings 后，右侧将呈现所有可配置的编译选项——是否忽略某种警告，或将其视为错误，具体如图 17-5 所示。

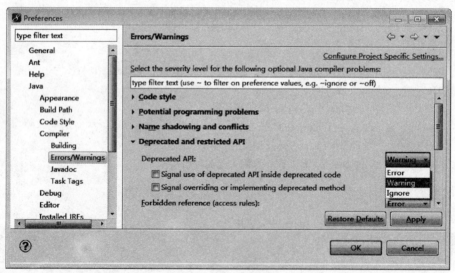

图 17-5　在 Eclipse 中配置编译选项

17.3　文档注解及 API 文档生成

Java 支持一种特殊的注释——文档注释，以作为 HTML 格式的 API 文档的内容（参见附录 C），在文档注释中可以使用文档注解。

17.3.1 文档注解

文档注解用来标记文档注释中某些特定的内容，它们只能出现在文档注释中。文档注解只被文档生成工具（如 javadoc.exe）识别和处理，因而并不影响代码的编译和运行。

表 17-3　常用的文档注解

序　号	注 解 名 称	其后注释的意义
1	@author	类、方法等代码的作者
2	@version	代码版本
3	@since	类、方法或字段首次出现的 JDK 版本
4	@deprecated	类、方法或字段已过时的原因、替代方案或其他信息
5	@see	参考跳转，以转到相关的文档
6	@param	方法的形参说明
7	@return	方法的返回值说明
8	@throws	方法抛出的异常说明

常用的文档注解如表 17-3 所示。需要注意，文档注解@deprecated 与前述的标准注解@Deprecated 的意义是完全不同的——前者被文档生成工具识别以生成 API 文档，而后者被编译器识别。尽管 JDK 5.0 及目前版本的编译器允许使用这两个注解中的任何一个来标记代码已过时，但这种状况可能在后续版本中改变。因此，应尽量使用标准注解@Deprecated 来标记类、方法或字段是过时的，而使用文档注解@deprecated 来说明已过时的原因、替代方案或其他信息。

下面通过一个相对完整的例子来演示如何使用表 17-3 中的常用文档注解，更多细节请读者查阅 JDK 的源码，同时比照相应的 API 文档。

【例 17.7】 文档注解演示。

Language.java

```
001    package ch17.doc;
002
003    /**
004     * <blockquote>
005     * <table border=1>
006     * <tr bgcolor="#ccccff">
007     * <th align=left>枚举常量
008     * <th align=left>意义
009     * </tr>
010     * <tr>
011     * <td><code>CN</code>
012     * <td><code>中文</code>
013     * </tr>
014     * <tr>
015     * <td><code>EN</code>
016     * <td><code>英文</code>
017     * </tr>
018     * </table>
019     * </blockquote>
```

```
020       *
021       * @author 胡平
022       * @version 2.1, 2012 年 1 月 5 日
023       */
024      public enum Language {
025          CN, EN
026      }
```

UnsupportedLanguageException.java

```
001    package ch17.doc;
002
003    /**
004     * 当指定的语言未定义时，抛出此异常。
005     *
006     * @see Language
007     * @author 胡平
008     */
009    public class UnsupportedLanguageException extends RuntimeException {
010
011        /**
012         * 调用父类的构造方法，传入异常描述信息为"尚不支持指定的语言"。
013         */
014        public UnsupportedLanguageException() {
015            super("尚不支持指定的语言");
016        }
017    }
```

DocAnnotationDemo.java

```
001    package ch17.doc;
002
003    import java.text.SimpleDateFormat;
004    import java.util.Date;
005
006    /**
007     * 本类用于演示文档注解。
008     *
009     * @author 胡平
010     * @version 2.0
011     */
012
013    public class DocAnnotationDemo {
014
015        /**
016         * 根据指定的语言，得到当前时间的字符串描述。
```

```
017         *
018         * @param lang
019         *               指定的语言。
020         * @return 当前时间的字符串描述。
021         * @throws UnsupportedLanguageException
022         *               若指定的语言未定义。
023         * @since 2.0
024         * @see Language
025         */
026        public String getTime(Language lang) throws
                    UnsupportedLanguageException {
027            String timeFormatStr;
028            if (lang == Language.CN) {
029                timeFormatStr = "yyyy 年 MM 月 dd 日 HH 时 mm 分 ss 秒";
030            } else if (lang == Language.EN) {
031                timeFormatStr = "MM/dd/yyyy HH:mm:ss";
032            } else {
033                throw new UnsupportedLanguageException();
034            }
035            SimpleDateFormat sdf = new SimpleDateFormat(timeFormatStr);
036            return sdf.format(new Date());
037        }
038
039        /**
040         * 根据默认的语言，得到当前时间的字符串描述。
041         *
042         * @deprecated 从 2.0 开始，由 getTime(Language lang) 取代。
043         * @return 当前时间的字符串描述。
044         * @see #getTime(Language)
045         */
046        @Deprecated
047        public String getTime() {
048            return getTime(Language.EN);
049        }
050    }
```

17.3.2　生成 API 文档

API 文档是软件产品的重要组成部分之一，详细和完整的 API 文档能让程序员快速准确地理解代码，从而提高开发效率。一般通过两种方式生成 API 文档——JDK 提供的 javadoc.exe 命令和 IDE 提供的文档生成功能。相较而言，后者无须记忆众多的命令参数，使用起来更为简单直观。下面以 Eclipse 为例，生成 17.3.1 节中两个类及 1 个枚举的 API 文档。

首先，在 Eclipse 窗口左侧的包浏览器中选中 "doc" 包——要生成文档的类、接口和枚举等所在的包；然后，选择 "Project" 菜单的 "Generate Javadoc..." 菜单项；在弹出对话框的 "Destination"

文本框中指定 API 文档的保存目录，最后单击"Finish"按钮[1]。

API 文档其实是由一系列的 HTML 静态网页文件组成的，其中的"index.html"为首页，通过该文件中的链接可以查看类、方法、字段等的说明信息。请读者对比图 17-6 与 17.3.1 节的代码，以理解各文档注解的用法及意义。

图 17-6　使用网页浏览器查看生成的 API 文档

需要说明的是，若本地有源代码，则通常不必生成 API 文档，而使用 IDE 的"即指即显示"功能——当鼠标指针移动到某些代码之上时，IDE 会自动读取、解析并呈现相应代码中的文档注解和注释，如图 17-7 所示。关于 API 文档的查阅和配置细节，请参考附录 B。

图 17-7　在 Eclipse 中直接查看 API 文档

17.4　元注解

JDK 提供了一类特殊的、用于定义注解的注解，这样的注解称为元注解（Meta Annotation），具体包括@Target、@Retention、@Documented 和@Inherited，它们均位于 java.lang.annotation 包下。

17.4.1　@Target

元注解 Target 指定了注解能够标记的目标元素的类型，其属性值可以是 ElementType 枚举

1　也可以先单击对话框中的"Next"按钮，以自定义 API 文档的生成细节。

（java.lang.annotation 包下）定义的枚举常量中的一个或多个，具体如表 17-4 所示。

表 17-4　**ElementType 定义的枚举常量**

序　号	枚 举 常 量	对应目标元素的类型
1	TYPE	类、接口（含注解）、枚举
2	FIELD	字段、枚举常量
3	METHOD	方法（不含构造方法）
4	PARAMETER	形参
5	CONSTRUCTOR	构造方法
6	LOCAL_VARIABLE	局部变量
7	ANNOTATION_TYPE	注解
8	PACKAGE	包

若注解未使用@Target，则该注解可用于任何类型的目标元素。需要说明的是，作为元注解，本节介绍的 4 个注解目标元素的类型必须是注解，这一点可以通过各自源代码中的 "@Target(ElementType.ANNOTATION_TYPE)" 得到印证。

【例 17.8】 元注解@Target 演示。

MethodAnnotation.java
```
001    package ch17.meta;
002
003    import java.lang.annotation.ElementType;
004    import java.lang.annotation.Target;
005
006    @Target({ ElementType.CONSTRUCTOR, ElementType.METHOD })
007    public @interface MethodAnnotation {
008
009    }
```

TargetAnnotationDemo.java
```
001    package ch17.meta;
002
003    public class TargetAnnotationDemo {
004
005        @MethodAnnotation
006        int i; // 字段
007
008        @MethodAnnotation
009        public TargetAnnotationDemo() { // 构造方法
010        }
011
012        @MethodAnnotation
013        void m1() { // 普通方法
014        }
```

421

015   }

因注解 MethodAnnotation 的第 6 行规定了该注解只能用于构造方法或普通方法之上，故演示类 TargetAnnotationDemo 的第 5 行将报错，如图 17-8 所示。

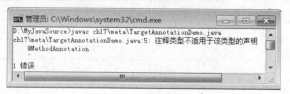

图 17-8   元注解@Target 演示

17.4.2   @Retention

元注解 Retention 规定了目标注解的信息被保留到什么位置，其属性值来自于 RetentionPolicy 枚举（java.lang.annotation 包下）定义的枚举常量，具体如表 17-5 所示。

表 17-5   RetentionPolicy 定义的枚举常量

序 号	枚 举 常 量	目标注解的信息被保留的位置
1	SOURCE	仅保留在源代码中，如@Override、@SuppressWarnings 等
2	CLASS	保留在编译得到的类中，但虚拟机不能读取
3	RUNTIME	与 CLASS 类似，但可以在运行时通过反射机制被虚拟机读取，如@Deprecated、17.1.1 节中的 Description 注解等

若目标注解未通过@Retention 指明保留策略，则保留策略默认为 CLASS。例如，若删除【例 17.1】中 Description 注解的第 6 行，则【例 17.3】的运行结果将如图 17-9 所示。由于在 CLASS 保留策略下，目标注解的信息不能在运行时获取，因此较少适用。

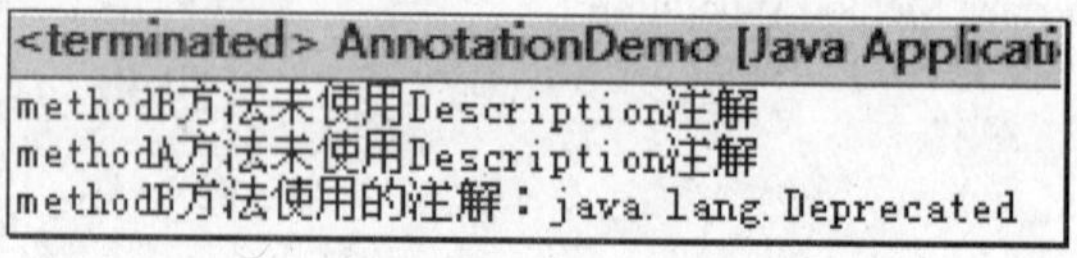

```
<terminated> AnnotationDemo [Java Applicati
methodB方法未使用Description注解
methodA方法未使用Description注解
methodB方法使用的注解：java.lang.Deprecated
```

图 17-9   元注解@Retention 演示

17.4.3   @Documented

有时需要将代码中的注解信息生成到 API 文档中，但默认情况下并不会这样，此时可以使用元注解 Documented。@Documented 是一个标记注解，其标记的目标注解的信息将在生成 API 文档时一并导出。

需要注意，@Documented 并非生成目标注解本身的 API 文档[1]，而是在生成使用了目标注解的其他类的 API 文档时，将目标注解的信息加到该类的 API 文档中。

图 17-10 左图截取了为【例 17.2】的 Target 类生成的 API 文档，可见文档中并不包含为两个方法指定的 Description 注解的有关信息。若在【例 17.1】中 Description 注解的第 6 行之前加上"@Documented"一行，则为 Target 类生成 API 文档时将包括相关的注解信息，如图 17-10 右图所示。

1　是否生成注解的 API 文档，完全取决于用户——即使未加@Documented，也可以生成注解的文档。

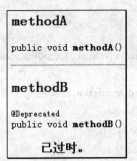

图 17-10　元注解@Documented 演示

请读者思考——若某个元素被标记为已过时，为什么该元素的 API 文档总带有"@Deprecate"的文字？

17.4.4　@Inherited

Inherited 是一个标记注解，表示其标记的目标注解中的属性可被子类继承。下面通过一个例子来演示@Inherited 元注解的用法和意义。

【例 17.9】　元注解@Inherited 演示（见图 17-11）。

InheritedDescription.java

```
001    package ch17.meta;
002
003    import java.lang.annotation.Inherited;
004    import java.lang.annotation.Retention;
005    import java.lang.annotation.RetentionPolicy;
006
007    // 指明@InheritedDescription 的目标类的子类也可访问 author、version 属性
008    @Inherited
009    // 使用@Inherited 时，要同时指定保留策略为 RUNTIME，否则无效
010    @Retention(RetentionPolicy.RUNTIME)
011    public @interface InheritedDescription {
012        String author();
013
014        String version() default "1.0";
015    }
```

图 17-11　元注解@Inherited 演示

InheritedAnnotationDemo.java

```
001    package ch17.meta;
002
003    @InheritedDescription(author = "胡平")
004    class Parent { // 父类（使用了注解）
005    }
006
007    class Child extends Parent { // 子类（未使用注解）
008    }
```

```
009
010    public class InheritedAnnotationDemo {
011        public static void main(String[] args) throws NoSuchMethodException {
012            Child c = new Child();
013            // 为父类 Parent 指定的@InheritedDescription 注解能被子类 Child 继承
014            InheritedDescription anno = c.getClass()
                   .getAnnotation(InheritedDescription.class);
015            System.out.println("c.author = " + anno.author());
016            System.out.println("c.version = " + anno.version());
017        }
018    }
```

若删除 InheritedDescription 注解的第 8 行，则测试类 InheritedAnnotationDemo 的第 15 行将抛出 NullPointerException 异常——此时父类 Parent 使用的注解无法被子类 Child 继承。

使用元注解@Inherited 时，应注意以下几点：

（1）@Inherited 的目标注解的目标元素（如 Parent）类型必须是类。

（2）子类仅能访问父类的注解信息，而不能访问其实现的接口的注解。

（3）除直接父类外，子类也能访问间接父类中的注解信息。

17.5　综合范例 17：简易单元测试工具

【综合范例 17】 使用注解机制，在尽量不修改被测试代码的前提下，实现一个简单的单元测试工具[1]（见图 17-12）。

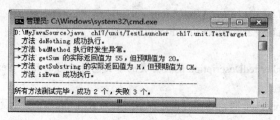

图 17-12　简易单元测试工具演示

Testable.java
```
001    package ch17.unit;
002
003    import java.lang.annotation.ElementType;
004    import java.lang.annotation.Retention;
005    import java.lang.annotation.RetentionPolicy;
006    import java.lang.annotation.Target;
007
008    // 注意下一行不能少
009    @Retention(RetentionPolicy.RUNTIME)
010    // 规定 Testable 注解只适用于普通方法
```

1　单元测试（Unit Testing）是指对软件中的最小可测试单元（如方法）进行检查和验证，是软件开发过程中进行的最低级别的测试活动。Java 平台下目前使用最为广泛的单元测试框架是 JUnit。

```
011    @Target(ElementType.METHOD)
012    public @interface Testable {
013        // 被测试方法的返回值对应的字符串。注意：因注解属性
014        // 不能是 Object 类型，故此处只能用字符串表示
015        String expected() default "";
016    }
```

TestTarget.java

```
001    package ch17.unit;
002
003    public class TestTarget { // 被测试的类
004        // 因 TestLauncher 类采用反射机制实例化被测试类的对象，
005        // 故被测试类需要一个默认的构造方法
006        public TestTarget() {
007        }
008
009        // 使用 Testable 注解标识要被测试的方法
010        @Testable
011        void doNothing() {
012        }
013
014        @Testable
015        void badMethod() {
016            throw new RuntimeException(); // 故意抛出异常
017        }
018
019        void noTestableMethod() { // 此方法不会被测试
020        }
021
022        // 预期值与实际值不一致
023        @Testable(expected = "20")
024        int getSum() {
025            int s = 0;
026            for (int i = 1; i <= 10; i++) {
027                s += i;
028            }
029            return s;
030        }
031
032        // 预期值与实际值一致
033        @Testable(expected = "true")
034        boolean isEven() {
035            int i = 10;
036            return i % 2 == 0;
```

```
037         }
038
039         // 预期值与实际值不一致
040         @Testable(expected = "CH")
041         String getSubstring() {
042             return "CHINA".substring(1, 2);
043         }
044     }
```

TestLauncher.java

```
001    package ch17.unit;
002
003    import java.lang.reflect.Method;
004
005    public class TestLauncher { // 单元测试启动类
006        public static void main(String[] args) {
007            int passed = 0, failed = 0; // 测试成功或失败的方法个数
008            if (args.length != 1) { // 被测试的类以命令行参数指定
009                System.out.println("错误，必须指定要测试的类。");
010                return;
011            }
012            try {
013                Class testTargetClass = Class.forName(args[0]);
014                // 实例化被测试类
015                Object target = testTargetClass.newInstance();
016                // 得到被测试类声明的方法
017                Method[] methods = testTargetClass.getDeclaredMethods();
018                for (Method m : methods) {
019                    // 若方法使用了 Testable 注解
020                    if (m.isAnnotationPresent(Testable.class)) {
021                        // 得到被测试方法的返回类型
022                        Class returnType = m.getReturnType();
023                        Object returnValue = null; // 被测试方法的实际返回值
024                        try {
025                            returnValue = m.invoke(target);// 执行被测试方法
026                        } catch (Throwable e) { // 捕获到异常则认为方法执行失败
027                            System.out.println("→方法  " + m.getName()
                                            + " 执行时发生异常。");
028                            failed++;
029                            continue; // 不再进行返回值与预期值的比较
030                        }
031                        /**** 若被测方法未抛出异常，继续比较返回值与预期值。****/
032                        // 得到方法使用的 Testable 注解
033                        Testable anno = m.getAnnotation(Testable.class);
```

```
034                    String expectedStr = anno.expected();// 获得属性
035                    Object expectedValue = null;
036                    /** 根据方法返回类型，将字符串转换成相应类型的值 **/
037                    if (returnType == int.class) {
038                        expectedValue = Integer.parseInt(expectedStr);
039                    } else if (returnType == float.class) {
040                        expectedValue = Float.parseFloat(expectedStr);
041                    } else if (returnType == String.class) {
042                        expectedValue = expectedStr;
043                    } else if (returnType == boolean.class) {
044                        expectedValue = Boolean.parseBoolean(expectedStr);
045                    }
046                    if (expectedValue != null) {// 注解指定了预期值
047                        if (expectedValue.equals(returnValue)) {// 一致
048                            System.out.println(" 方法 " + m.getName()
                                        + " 成功执行。");
049                            passed++;
050                        } else {// 不一致
051                            System.out.println("→方法 " + m.getName()
                                        + " 的实际返回值为 " + returnValue
                                        + "，但预期值为 " + expectedStr + "。");
052                            failed++;
053                        }
054                    } else {// 注解未指定预期值
055                        System.out.println(" 方法 " + m.getName()
                                        + " 成功执行。");
056                        passed++;
057                    }
058                }
059            }
060            System.out.println("-----------------------------------");
061            System.out.println("所有方法测试完毕，成功 " + passed
                        + " 个，失败 " + failed + " 个。");
062        } catch (ClassNotFoundException e) {
063            System.out.println("找不到类：" + args[0]);
064        } catch (InstantiationException e) {
065            System.out.println("实例化类时发生错误：" + e.getMessage());
066        } catch (IllegalAccessException e) {
067            System.out.println("非法访问错误：" + e.getMessage());
068        }
069    }
070 }
```

附录 A　Eclipse 使用简介

1．Eclipse 简介

Eclipse 最初是由 IBM 开发的用于替代 Visual Age for Java（一个开发 Java 程序的商业软件）的下一代 IDE，其本身就是用 Java 语言编写的。2001 年 11 月，IBM 将 Eclipse 项目无偿捐献给开源社区，现在它由 Eclipse 基金会管理。2003 年，Eclipse 3.0 选用全新的 OSGi 服务平台规范为运行时架构，目前常用版本包括 3.4（2008 年 6 月发布，代号 Ganymede）、3.5（2009 年 6 月发布，代号 Galileo）、3.6（2010 年 6 月发布，代号 Helios）和 3.7（2011 年 6 月发布，代号 Indigo）。

Eclipse 是一个开源的、基于 Java 的可扩展开发平台，就其本身而言，它只是一个提供了若干基础服务的框架。Eclipse 中的每样东西都是插件（Plug-in），尽管大多数用户习惯于将 Eclipse 当作 Java IDE 来使用，但其功能并非仅限于此——只要安装合适的插件，完全可以将其作为 C/C++、Python 等编程语言的 IDE。

2．下载和安装

（1）进入 Eclipse 的官方下载页面 "http://www.eclipse.org/downloads/"（见图 A-1）。

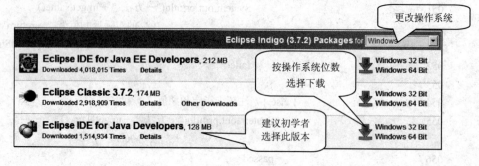

图 A-1

（2）解压下载的压缩包。

（3）运行解压目录中 eclipse 目录下的 eclipse.exe（以 Windows 平台为例），若启动报错，请先安装 JDK 并配置环境变量。

3．IDE 主界面

首次启动时，Eclipse 将弹出工作空间（Workspace）选择对话框（见图 A-2）。工作空间是一个用于存放多个工程（Project）的文件夹，此后建立的工程将保存于该文件夹中。

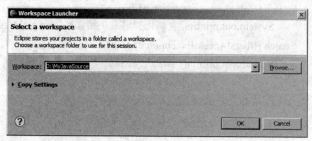

图 A-2

单击对话框中的"Browse"（浏览）按钮选择一个目录（或直接输入），单击"OK"按钮后，Eclipse 将进入欢迎界面。单击"welcome"选项页右侧的关闭按钮后进入主界面（见图 A-3）。

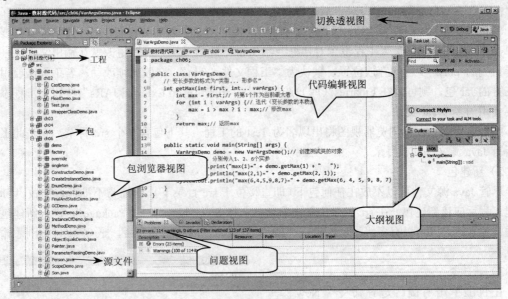

图 A-3

　　Eclipse 包含几种透视图（Perspective），当创建不同种类的工程或工程处于不同状态时，Eclipse 将自动切换透视图。每个透视图默认包含若干视图（View）——界面中能够完成一定操作的子区域。任何时刻，Eclipse 的主界面都是由若干视图组成的。

　　Java 透视图包含的常用视图如下。

　　（1）包浏览器（Package Explorer）视图：以树状结构显示了工作空间下的所有工程、每个工程包含的包、包下的 Java 源文件、工程依赖的 Jar 包等。

　　（2）代码编辑视图：用于编辑 Java 源文件的区域。

　　（3）问题（Problems）视图：以表格的形式列出当前编辑的 Java 源文件的错误和警告信息。

　　（4）大纲（Outline）视图：以树状结构列出当前编辑的 Java 源文件包含的字段、方法等。

4. 工程管理（见图 A-4）

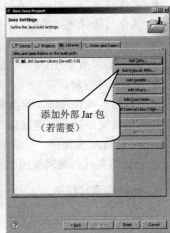

图 A-4

1）新建工程

在包浏览器视图空白处单击右键，选择命令"New"→"Java Project"（或选择菜单命令"File"→"New"→"Java Project"，对于后述操作也是类似的，不再赘述），将弹出新建工程对话框。

输入工程名称（假设为 Test）后，直接单击"Finish"按钮。若需要设置工程（通常没有必要），则单击"Next"按钮，进入工程设置对话框。在 Source 选项页下方可以更改默认输出文件夹——编译得到的 class 文件的存放位置，默认为"工程文件夹/bin"，一般无须改动。若工程需要用到第三方的 Jar 包，则可以在 Libaries（库）选项页中，单击"Add External JARs"按钮向工程添加需要使用的多个 Jar 文件。

回到主界面后，包浏览器视图将出现名为 Test 的工程，其下包含一个 src 目录，它是此工程下所有 Java 源文件的根目录。

2）新建包

尽管 Java 源文件可以不放在任何包下（即直接位于 src 目录下），但通常不推荐这样做。因此，新建工程后应该新建包。在 src 目录上单击右键，选择命令"New"→"Package"，进入新建包对话框，输入包名（可以有多级）后，单击"Finish"按钮。回到主界面后，src 下将显示刚才输入的包。

3）新建类

在包上单击右键，选择命令"New"→"Class"，进入新建类对话框（见图 A-5）。对话框从上到下各项依次如下。

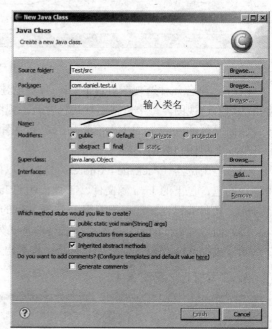

图 A-5

- 源文件夹：无须更改。
- 类所在的包：无须更改，除非有必要。
- 封闭类型：默认未选中，无须更改。
- 类名：必须输入。
- 类修饰符：根据需要选择。
- 父类：可直接输入。若不清楚父类所在的包和准确类名，也可单击右侧的"Browse"按钮，然后输入类名的开头字母，并根据提示选择。
- 实现的接口：单击"Add"按钮，后续操作与选择父类类似。
- 是否自动生成 main 方法、来自父类的构造方法和抽象方法等。
- 是否产生注释。

以上各输入项和选项，除类名必须输入外，其余通常不做改动，以后可以通过直接修改代码达到相同的效果。对于创建接口、枚举等都是类似的。单击"Finish"按钮，回到主界面。

4）编辑 Java 源代码

Eclipse 将在代码编辑视图中打开刚才新建的类的源代码，以便继续编辑。

5. 运行和调试程序

1）运行程序

在包浏览器视图中，选中含 main 方法的类，然后单击工具栏上的 ▶ 图标（或用右键单击含 main 方法的类，选择命令"Run As"→"Java Application"）。若程序有输出，则 Eclipse 将自动打开 Console（控制台）视图——显示输出结果。

2）调试程序

（1）设置断点：在需要停止的代码行左侧双击，或通过菜单命令"Run"→"Toggle Breakpoint"设置。

（2）单击工具栏上的 图标，程序执行到断点处停止，并自动切换到 Debug 透视图。

调试工具栏中几个常用图标（图 A-6 中黑色矩形框部分）的作用如下。

：Step Over（步进），将箭头指向的行执行完后停止。

：Step Into（进入型步进），与 Step Over 不同的是，若箭头指向的行是一个方法调用语句，则转到被调方法中单步执行。

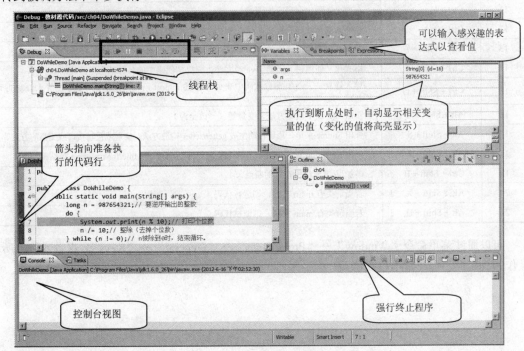

图 A-6

：Step Return（步进返回），从被调方法返回调用处。

：Resume（恢复），继续执行当前线程（连续执行，非步进方式），直至遇到下一个断点。

：Terminator（终止），强行终止程序的执行。

6. 常用操作与快捷键

Eclipse 提供了非常多的辅助功能，限于篇幅，此处仅列出其中最常用的操作（见表 A-1）。建议读者在编程时尽量使用 IDE 提供的辅助功能（并尽量使用快捷键）来编写代码，不仅可以减少出错的机会，而且能极大地提高编程效率。

表 A-1　Eclipse 的常用操作与快捷键（Windows 下）

序　号	默认快捷键	功 能 说 明
1	Alt + /	代码智能提示（先将光标置于需要提示的位置），几乎可用于代码的任何位置。编程应尽量使用提示而非手工输入
2	移动鼠标	显示类、字段、方法的信息或 API 文档，若移动到的代码有语法错误，则显示错误信息

序 号	默认快捷键	功 能 说 明
3	Ctrl + 鼠标左键	定位到类、方法、字段、变量的定义处
4	Ctrl + S	保存当前文件
5	Ctrl + Shift + S	保存所有文件
6	Ctrl + X	剪切所选文件或内容
7	Ctrl + C	复制所选文件或内容
8	Ctrl + V	粘贴所选文件或内容
9	Ctrl + D	删除光标所在行或选中的多行
10	Ctrl + F	在当前编辑区查找/替换
11	Ctrl + H	在整个工程中全局查找/替换
12	Ctrl + /	注释或取消注释光标所在行或选中的多行（以行尾注释的方式）
13	Ctrl + Shift + /	注释或取消注释选中的多行（以块注释的方式）
14	Ctrl + Shift + F	格式化（即缩进）当前 Java 源文件，前提是代码中的各种括号是匹配的
15	Ctrl + Shift + O	导入修复——添加/删除代码中缺少/多余的 import 语句（先将光标置于需导入修复的类名上）
16	Alt + Shift + R	重命名类、字段、方法、变量等（一改全改）
17	Alt + Shift + S	弹出 Source 菜单，用于自动生成 getter/setter/构造方法、实现或重写接口或父类的方法等
18	Alt + Shift + Z	弹出 Surround With 菜单，用于自动将选中代码以 if/while/for/try-catch 等结构环绕
19	Ctrl + Shift + B	添加/取消光标所在行的断点
20	Alt + Shift + X，J	若当前类有 main 方法，则运行代码
21	Alt + Shift + D，J	若当前类有 main 方法，则调试代码

可以通过菜单命令"Window"→"Preferences"→"General"→"Keys"，查看或修改所有操作的快捷键，但通常不建议修改。

附录 B 查阅 API 文档和源码

JDK 提供了数以千计的类和接口，各自又包含了众多的字段和方法，因此，无论是初学者还是具有丰富编程经验的编程者，API 文档都是必备的。对于第三方的 Jar 包，也是如此。

1．下载 API 文档

为方便查阅，可以下载 API 文档的离线中文版，地址为 http://download.java.net/jdk/jdk-api-localizations/ jdk-api-zh-cn/publish/1.6.0/chm/JDK_API_1_6_zh_CN.CHM，CHM 为 Windows 平台支持的 HTML 网页压缩包，下载后直接双击该文件。若读者机器是其他平台，请下载 HTML 的 ZIP 格式压缩包，地址为 http://download.java.net/jdk/jdk-api-localizations/jdk-api-zh-cn/publish/1.6.0/html_zh_CN.zip，解压后打开 index.html。

2．查阅 API 文档

API 文档其实是一系列网页的集合，通过网页中的超链接可以查看类的继承结构，并快速定位到其他类、字段、方法等（见图 B-1）。

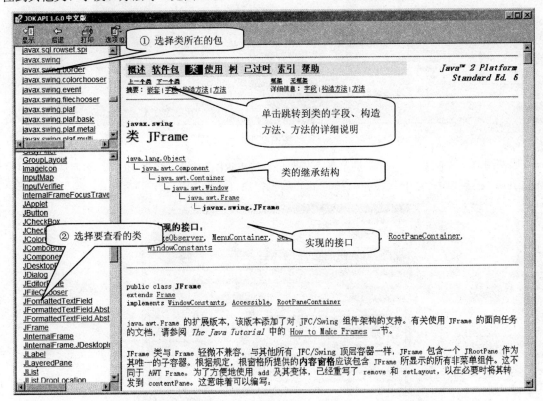

图 B-1

若不清楚类所在的包名或类的准确名称，可以单击左上角区域最上面的"所有类"，然后在左下角区域的空白处单击（以便在该区域查找），再按 Ctrl+F 组合键，在弹出的查找对话框中输入要查看的类的部分名称，并单击"查找下一个"按钮，直至在左下角区域找到要查看的类。

3. 在 IDE 中配置 API 文档

当在 Eclipse 中用鼠标指向某个类、字段、方法等时，若机器能访问网络，则 Eclipse 将自动从网络读取相应的 API 网页并显示。显然，此种方式受限于网络速度，对于不能访问网络的机器则无法工作。上述从 IDE 切换到 API 文档再切换回去这种查阅文档的方式会降低编程效率，此时可以将 API 文档配置到 IDE 中——让 IDE 知道到哪里去找 API 文档。下面给出在 Eclipse 中配置 JDK 的 API 文档的步骤，其他第三方 Jar 包的文档配置也是类似的。

（1）下载 ZIP 格式的 HTML 压缩包（注意不能是 CHM 格式）。

（2）解压 ZIP 文件。

（3）选择菜单命令"Window"→"Preferences"，打开首选项窗口（见图 B-2）。

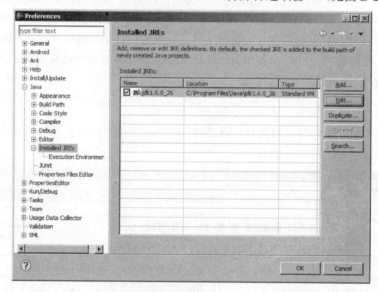

图 B-2

展开图 B-2 左侧的"Java"，选中其下的"Installed JREs"（已安装的 JRE），然后选中右侧勾选的 JRE，最后单击"Edit"按钮，打开 JRE 编辑窗口（见图 B-3）。

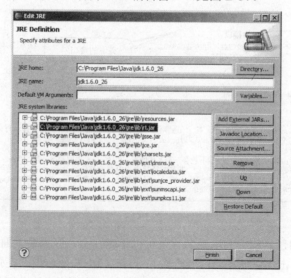

图 B-3

选中窗口下方的"…\rt.jar"，单击右侧的"Javadoc Location"按钮。

在弹出的对话框中（见图 B-4），选中"Javadoc URL"，然后单击"Browse"按钮，一直浏览到之前解压得到的目录中的 api 目录。确定后，回到之前打开的窗口，单击对话框中的"Validate"（验证）按钮，若出现如图 B-5 所示对话框，则配置正确。

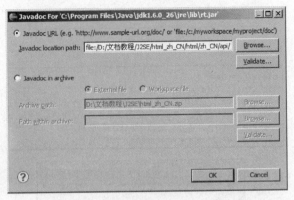

图 B-4

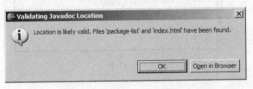

图 B-5

单击"OK"按钮，依次回到之前打开的对话框，分别单击"OK"、"Finish"和"OK"按钮。回到主界面后，将鼠标置于代码编辑区中 JDK 包含的类及其字段和方法时，将显示相应的 API 文档（见图 B-6）。

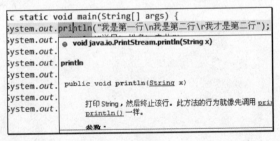

图 B-6

4．在 IDE 中配置源代码

有时还需要查看 JDK 或第三方提供的类的源代码，以便深入地理解代码执行细节。在 IDE 中配置 JDK 源代码的方法与之前配置 API 文档类似——在 JRE 编辑窗口中单击"Source Attachment"（源代码附件）按钮，在弹出的对话框中单击"External File"按钮（见图 B-7），并浏览到 JDK 安装路径下的 src.zip 文件。单击"打开"按钮后，回到之前打开的对话框，依次单击"OK"、"Finish"、"OK"按钮。

回到主界面后，按住 Ctrl 键，将鼠标置于代码编辑区中 JDK 提供的类、字段或方法并单击，将打开相应的源代码——这同样适用于自己编写的代码（见图 B-8）。

Source Attachment Configuration
Select the location (folder, JAR or zip) containing the source for 'rt.jar':
Workspace...
Location path:
C:/Program Files/Java/jdk1.6.0_26/src.zip
External File...
External Folder...
OK
Cancel

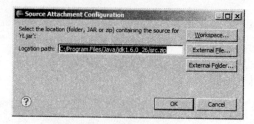

图 B-7

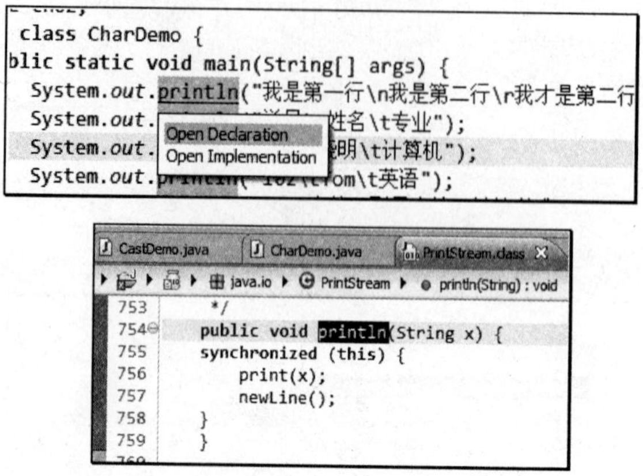

class CharDemo {
blic static void main(String[] args) {
System.out.println("我是第一行\n我是第二行\r我才是第二行
System.out.
姓名\t专业");
System.out.
明\t计算机");
System.out.
om\t英语");
Open Declaration
Open Implementation
CastDemo.java
CharDemo.java
PrintStream.class
java.io
PrintStream
println(String) : void
753 */
754 public void println(String x) {
755 synchronized (this) {
756 print(x);
757 newLine();
758 }
759 }

图 B-8

附录 C   Java 编码规范与最佳实践

编码规范对于程序员而言极其重要，参与实际软件项目开发的每一位程序员都必须遵守一致的编码规范，原因在于：

（1）程序员经常需要接手他人编写的代码。

（2）在软件的整个生命周期中，80%以上的成本用于后期维护。

（3）软件测试与维护人员往往不是编写最初代码的程序员。

制定并遵循一致的编码规范可以使项目中的不同人员快速并准确地理解代码。本附录简要罗列了 Java 语言的编码规范和最佳实践，对其他编程语言同样具有借鉴意义。

1．Java 源文件内容组织

1）开头注释

所有源文件的开头都应该有一个块注释，其中可以包含类名、版本信息、作者、更新日期、版权声明等，例如：

```
/*
 * 类名: ExportChecker
 * 版本: 1.1
 * 作者: 胡平
 * 日期: 2012-11-16 上午 10:50
 * Copyright (c) 2012, Ahpu and/or its affiliates. All rights reserved.
 */
```

2）package 语句

每个类和接口都应该置于某个包下，因此 Java 源文件的第一行非注释内容应该是 package 语句。

3）import 语句

import 语句位于 package 语句之后，可以有零至多条。

4）类和接口的定义

表 C-1 描述了类和接口的定义所包含的各个部分及其出现的先后次序。

表 C-1   类和接口的定义包含的部分及次序

次　序	包含的部分	说　　明
1	类和接口的文档注释	参见后述的"文档注释"
2	类和接口的声明	类和接口的名称、修饰符、继承的父类、实现的接口等
3	字段	多个字段按照 public、protected、无修饰符、private 的顺序放置
4	构造方法	若有多个构造方法，则默认构造方法在前
5	方法	多个方法按照功能而非访问权限分组。重载的多个方法按照实参个数由少到多的顺序放置

2．类和方法的设计

1）创建高内聚的类

方法的功能比类的功能更容易理解，类的功能也常常因此被误解和低估——类仅仅是存放方

437

法的容器。有些程序员甚至把这种误解进一步发挥——将所有方法放入单个类中。之所以不能正确地认识类的功能，原因之一是类的实现实际上并不影响程序的执行逻辑，换句话说，将所有方法都集中在单个类中或分散在几十个类中，这两种设计都能以某种方式正确地实现预期的逻辑。然而，为了便于程序的调试和后期维护，类应该根据方法的相关性来设计和组织。

当类包含一组紧密关联的方法时，可以称该类是高内聚的。反之，若类包含许多互不相关的方法，则该类的内聚力较弱。创建类的基本目的就是将程序划分为相对独立的程序单元，应当努力创建具有高内聚特性的类。

2）创建高度专用的方法

每个方法都应执行一项特定的任务，应避免创建执行许多不同任务的方法。每个方法都应被视为一个黑箱，其他方法不应了解该方法的内部工作细节。

为使方法具有高度专用性，下列类型的代码通常被设计为独立的方法。

（1）复杂的数学计算：若程序涉及复杂的数学计算，应考虑将每个计算放入其自己的方法中，以便使用这些计算的其他方法不包含用于该计算的实际代码，从而更容易发现与该计算相关的问题。

（2）I/O 操作：I/O 操作本身就具有方法的特点——接收并处理输入，然后输出。

（3）可能要频繁修改的代码：将经常变化的代码放入方法，可以降低依赖于该方法的其他方法出现问题的可能性。

（4）基本的业务操作：一个完整的业务逻辑往往由多个基本的业务操作组合而成，例如，用户注册包含了检查用户名/密码是否合法、检查用户名是否存在、存储用户信息等一系列基本操作。通过将基本业务操作置于独立方法，不仅增加了复杂业务的可理解性，而且有利于业务逻辑的变更与重组。

3）编程原则

（1）为类和方法赋予表意性强的名字：为使代码更易于理解，最自然的方式是为每个类和方法起一个表意性强的名字。例如，类名 Exam2_1 和方法名 doIt 的可读性显然不如 LoginFrame 和 calculateSalesTax。应当足够重视类和方法的命名，为减少输入量而降低代码的可理解性是得不偿失的。

（2）尽量减少方法的返回点个数，例如：

```
public double calculateTaxRate(int salary) {
    if (salary < 2000) {
        return 0;                              // 返回点 1
    } else if (salary < 5000) {
        return 0.05;                           // 返回点 2
    } else if (salary < 10000) {
        return 0.1;                            // 返回点 3
    } else {
        return 0.2;                            // 返回点 4
    }
}
```

劣于

```
public double calculateTaxRate(int salary) {
    double taxRate;
```

```
        if (salary < 2000) {
            taxRate = 0;
        } else if (salary < 5000) {
            taxRate = 0.05;
        } else if (salary < 10000) {
            taxRate = 0.1;
        } else {
            taxRate = 0.2;
        }
        return taxRate;                   // 单个返回点
    }
```

（3）除非有足够理由，否则应显式指定每个类和方法的访问权限修饰符。

（4）尽量通过方法参数而非字段在多个方法之间共享数据。

（5）始终校验方法形参的合法性。

3．注释

1）块注释（/* ... */）

块注释用于注释连续的多行，其可以出现在代码的任何地方，例如：

```
    /*
     * 第 1 行注释
     * 第 2 行注释
     */
```

为增加代码可读性，使用块注释时应尽量做到以下几点：

（1）开头的"/*"和结尾的"*/"单独占一行。

（2）每行注释都以"*"开头，并且与开头和结尾行的"*"对齐。

（3）注释内容与"*"之间留一个空格。

（4）用自然语言书写注释，且不要划分段落。

（5）注释应与其后的代码缩进对齐（后述的单行和文档注释也应如此）。

块注释可以只有一行，只有一行的块注释既可以单独占据一行，也可以放在代码之后以说明该行代码，例如：

```
    /* 只有一行的块注释，注释内容左右应留一个空格 */
    int item = 1;            /* 为便于区分，代码后的块注释与代码间要留有足够的空格 */
    ...
    sum += item;            /* 同一结构内若有多个位于代码后的单行块注释，它们应具有相同的缩进 */
```

2）单行注释（//）

单行注释只能注释一行内容，其可以位于代码之后，也可以单独占据一行，例如：

```
    if (count % 2 == 1) {
        // 总数为奇数时继续处理
        ...
```

```
        } else {
            return; // 总数为偶数时直接返回
        }
```

单行注释经常用于一行或一段代码的开启和关闭，如使用单行注释使上述代码段无效：

```
//if (count % 2 == 1) {
//      // 总数为奇数时继续处理
//      ...
//} else {
//      return; // 总数为偶数时直接返回
//}
```

3）文档注释（/** ... */）

文档注释是 Java 特有的一种注释，用于描述紧随其后的 Java 类、接口、构造方法、方法等。除了具有注释的功能外，文档注释还能被 javadoc.exe 和 IDE 等工具处理以生成 HTML 文档。文档注释的用法如下所示：

```
/**
 * 计算 3 个整数的<b>最大者</b>
 *
 * @param a
 *              第 1 个整数
 * @param b
 *              第 2 个整数
 * @param c
 *              第 3 个整数
 * @return a、b、c 中的最大者
 */
public int max(int a, int b, int c) {
    ...
}
```

几点说明：

（1）注意文档注释与块注释的区别，前者的开头含两个"*"。

（2）@param、@return 等是文档注释中的特殊标记，javadoc.exe 和 IDE 等工具会识别并处理这些标记。其他可用标记请读者自行查阅相关资料。

（3）文档注释中可以出现简单的 HTML 标签。

（4）不能在方法体中使用文档注释。

4. 变量

1）定义有焦点的变量

用于多个目的的变量称为无焦点（或多焦点）变量，例如，变量 i 在某处表示循环计数器，在另一处用于存放输入的整数。无焦点变量所代表的意义与程序的执行流程有关，当执行到程序的不同位置时，它所表示的意义也不同，因而会降低代码的可理解性。

2）一行声明一个变量

具有相同类型的多个变量不要放在同一行声明，以方便书写注释，例如：

```
int i;                    // 循环计数器
int productSize;          // 产品数量
```

优于

```
int i, productSize;       // 不推荐
```

3）变量名尽量不包含缩写

不同的人对同一单词可能采取不同的缩写形式，例如，button 被缩写为 bt 或 btn。为了避免理解上的不一致，应尽量使变量名不包含缩写。但以下情形例外：

（1）变量名太长，如超过了 20 个字符（超过多少个字符才算太长，视情况而定）。

（2）包含的缩写是众所周知的，如 vip、id 等。

应在整个项目范围内保证缩写规则的一致性，否则将增加不必要的理解障碍。

4）使用统一的限定词

通过在结尾处放置一个限定词，可以更容易地区分意义相近的多个变量。例如，用 customerFirst 和 customerLast 分别表示第一个和最后一个顾客对象。常用的限定词包括（但不限于）First、Last、Next、Previous、Current 等。

5）使用肯定形式的布尔型变量

给布尔型变量命名时，尽量使用变量的肯定形式，以减少其他人员在理解该变量的值所代表的意义时的难度。例如，用 isMale 而非 isNotFemale 表示"是否为男性"的逻辑。

6）为变量选择最佳的基本数据类型

数值型变量的数据类型可能会影响对该变量进行计算所产生的结果，在这种情况下，编译器不会产生任何运行时错误，只是迫使运算结果符合该数据类型对值的要求。为变量选择最佳的基本数据类型既能减少程序对内存的需求量，同时也降低了出错的可能性。

7）尽量缩小变量的作用域

从资源角度来说，若变量的作用域大于它应有的范围，则当不再需要该变量时，其仍占用着内存资源。另一方面，作用域大的变量可被更大范围内的代码修改，导致有时很难跟踪变量究竟是在何处被修改的。缩小变量的作用域所遵循的一般原则是：

（1）除非有足够理由，否则应尽量使用可见性较低的访问权限修饰符修饰变量。

（2）在满足需求的前提下，优先使用局部变量而非字段。

（3）在满足需求的前提下，将局部变量定义在语句块中。

5．代码缩进与格式化

是否对代码进行（以及如何）缩进和格式化对程序本身的执行逻辑没有任何影响，缩进与格式化只是在视觉上给代码阅读者以清晰的排版，从而方便其快速准确地理解代码。缩进与格式化一般遵循以下原则：

（1）类体、方法体、语句块的开始花括号（"{"）置于结构开始行的末尾。

（2）隶属于上层结构的代码应相对于上层结构开始行的首字符向右缩进，一般以 4 或 8 个空格（或 1 个 Tab 制表符）为基本单位。

（3）级别、层次相同的多行代码的首字符应对齐。

（4）类体、方法体、语句块的结束花括号（"}"）应与同一结构开始行的首字符对齐。

（5）合理插入空行，以分隔程序中逻辑上有一定区别的代码块。具体包括：

① 在变量声明与其后的第一条语句之间插入 1 个空行。

② 在同属于一个方法的具有不同功能的代码块之间插入 1 个空行。

③ 在同属于一个类的多个方法之间插入 1 个空行。

④ 在同属于一个源文件的多个类（或接口）之间插入两个空行。

⑤ 在独占一行或多行的注释之前插入 1 个空行。

（6）为了打印以及在不同分辨率设备上阅读代码方便，尽量保证每行代码不超过 80 个字符。当语句或表达式需要被放置于多行时，可根据如下规则提高代码可读性。

① 在逗号后换行，例如：

```
someMethod(longExpression1, longExpression2, longExpression3,
        longExpression4, longExpression5);
```

② 在运算符前换行，例如：

```
String aLongString = "今天是："
                + year
                + "年"
                + month
                + "月"
                + day
                + "日";
```

③ 新行应与上一行同一级别表达式的开头处对齐，例如：

```
var = someMethod1(longExpression1,
            someMethod2(longExpression2,
                longExpression3));
```

6．语句

1）基本原则

（1）每条语句应独占一行，即不要在一行放置多条语句。

（2）对于 if、else、for 等所有控制结构，即使其只控制 1 条语句，也应用一对花括号将该条语句括起来以构成语句块，即不要依赖"未用花括号时，if、else、for 等结构默认控制其后第一条语句"这一特性，以避免日后添加语句时因忘记加花括号而引入潜在 bug。

2）return 语句

```
return;
return selectedFiles.size();

// 一般不使用圆括号将返回值括起来，除非有意突出返回值
return (value < minValue ? minValue : value);
```

3）if、if-else、if else-if else 语句

```
if (条件) {                        // if
    语句；
}
```

```
    if (条件) {                          // if-else
        语句;
    } else {
        语句;
    }

    if (条件) {                          // if else-if else
        语句;
    } else if (条件) {
        语句;
    } else {
        语句;
    }
```

4) for 语句

```
    for (表达式 1; 表达式 2; 表达式 3) {
        循环体;
    }

    // 循环体为空语句的 for 语句（循环要完成的操作放在了表达式 2 或 3 中）
    for (表达式 1; 表达式 2; 表达式 3);
```

5) while 语句

```
    while (条件) {
        循环体;
    }

    // 循环体为空语句的 while 语句（循环要完成的操作放在了循环条件中）
    while (条件);
```

6) do-while 语句

```
    do {
        循环体;
    } while (条件);
```

7) switch 语句

```
    switch (条件) {
        case 常量 1:
            语句;
            // 不带 break 语句的 case 子句应在子句最后加上注释
        case 常量 2:
            语句;
            break;
```

```
        case 常量 3:
            语句;
            break;
        default:        // switch 语句应总是包含 default 子句
            语句;
            break;
    }
```

8) try-catch、try-catch-finally 语句

```
    try {
        语句;
    } catch (异常类  e) {
        语句;
    }


    try {
        语句;
    } catch (异常类  e) {
        语句;
    } finally {
        语句;
    }
```

附录 D Java 学习路线

Java SE

Java 基础
- 基本语法
- 面向对象
- 异常
- I/O 流
- 多线程
- 容器框架
- 主流 IDE

GUI 编程
- Swing
- 2D 绘图
- 布局管理
- 事件机制

高级主题
- 正则表达式
- Socket 编程
- 国际化
- 反射
- 注解
- 设计模式
- UML/OOA

数据库

SQL 基础
- 关系模型
- SQL 语句
- CRUD
- 多表查询
- 子查询
- 主流 DBMS

JDBC 基础
- 核心 API
- 驱动配置
- 连接池
- 事务管理
- DAO 模式

高级主题
- 视图
- 存储过程
- 触发器
- ORM 基础

网页技术

HTML 基础
- HTML 标签
- 表单标签
- CSS 语法
- DIV 布局

JavaScript
- 基本语法
- 常用对象
- 动态特性

高级主题
- DOM 编程
- 事件处理
- JSON
- ExtJS

Web 开发

JSP
- HTTP 协议
- 基本语法
- 内置对象
- JavaBean
- JSTL
- EL 表达式
- XML
- 容器配置

Servlet
- 核心 API
- Listener
- Filter
- MVC 思想

高级主题
- 多层架构
- Ajax 框架
- JSF

Android/3G 开发

Android 基础
- SDK 安装配置
- 项目结构
- 核心 API
- UI 组件与布局
- 资源管理

高级主题
- I/O 操作
- SQLite
- 图形图像与动画
- 音频与视频
- 传感器编程
- GPS 编程
- Google 服务框架
- OpenGL 3D 编程

企业级开发技术

Struts 2
- 体系结构
- 核心 API
- 类型转换
- 输入校验
- 标签库
- 国际化
- 拦截器
- 上传/下载

Hibernate
- ORM 原理
- 核心 API
- 关系映射
- 多表查询
- 缓存技术
- 延迟加载
- 性能优化
- HQL

常用第三方工具
- JUnit
- Log4j
- JFreeChart
- JasperReport
- JBPM
- Ant/Maven
- SVN/CVS
- JIRA

Spring
- 依赖注入
- Bean 的配置
- 权限控制
- Bean 生命周期
- AOP 与事务
- SSH 整合

Java EE 规范
- JSF
- JNDI
- JTA
- Web Service
- EJB
- JPA
- JMX
- JAX-RPC

非技术专题
- 职业规划
- 面试技巧
- 文档编写
- 总结与提升
- 团队沟通与激励
- 项目管理

反侵权盗版声明

电子工业出版社依法对本作品享有专有出版权。任何未经权利人书面许可，复制、销售或通过信息网络传播本作品的行为；歪曲、篡改、剽窃本作品的行为，均违反《中华人民共和国著作权法》，其行为人应承担相应的民事责任和行政责任，构成犯罪的，将被依法追究刑事责任。

为了维护市场秩序，保护权利人的合法权益，本社将依法查处和打击侵权盗版的单位和个人。欢迎社会各界人士积极举报侵权盗版行为，本社将奖励举报有功人员，并保证举报人的信息不被泄露。

举报电话：（010）88254396；（010）88258888

传　　真：（010）88254397

E-mail：dbqq@phei.com.cn

通信地址：北京市海淀区万寿路 173 信箱

　　　　　电子工业出版社总编办公室

邮　　编：1000362